Grundlagen des Layoutentwurfs elektronischer Schaltungen

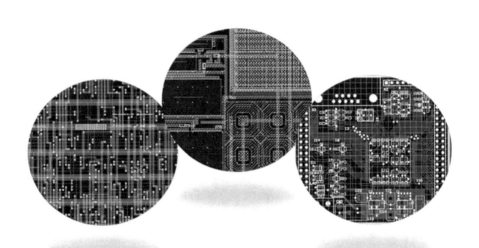

Jens Lienig • Jürgen Scheible

Grundlagen des Layoutentwurfs elektronischer Schaltungen

Springer Vieweg

Jens Lienig
Technische Universität Dresden
Dresden, Deutschland

Jürgen Scheible
Hochschule Reutlingen
Reutlingen, Deutschland

Dieses Buch ist eine Übersetzung des Originals in Englisch "Fundamentals of Layout Design for Electronic Circuits" von Lienig, Jens, und Scheible, Jürgen, publiziert durch Springer Nature Switzerland AG in 2020. Die Übersetzung geschah mit Hilfe von künstlicher Intelligenz (maschinelle Übersetzung durch den Dienst DeepL.com). Anschließend erfolgte eine gründliche Überarbeitung durch die Autoren, um einer herkömmlichen Übersetzung zu entsprechen. Springer Nature arbeitet kontinuierlich an der Weiterentwicklung von Werkzeugen für die Produktion von Büchern und an den damit verbundenen Technologien zur Unterstützung der Autoren.

ISBN 978-3-031-15767-7   ISBN 978-3-031-15768-4 (eBook)
https://doi.org/10.1007/978-3-031-15768-4

Die Deutsche Nationalbibliothek verzeichnet diese Publikation in der Deutschen Nationalbibliografie; detaillierte bibliografische Daten sind im Internet über http://dnb.d-nb.de abrufbar.

Planung/Lektorat: Axel Garbers
Springer Vieweg ist ein Imprint der eingetragenen Gesellschaft Springer Nature Switzerland AG und ist ein Teil von Springer Nature.
Die Anschrift der Gesellschaft ist: Gewerbestrasse 11, 6330 Cham, Switzerland

Vorwort

Wer sollte dieses Buch lesen? Es ist zunächst sicherlich für alle interessant, die etwas über die Herstellung von integrierten Schaltungen und Leiterplatten wissen wollen. Die ersten Kapitel erklären, wie aus Sand ein hochintegrierter Chip entsteht, wobei das Buch aber nicht alle Facetten moderner Fertigungstechnologien erörtern will. Vielmehr werden die Grundlagen erklärt, die jeder Chipdesigner wissen sollte. Dies ist die eigentliche Zielgruppe. Dieses Buch sollten alle lesen, die den physikalischen Entwurf (das sogenannte „Backend Design") einer elektronischen Schaltung lernen wollen, also wie man von einer Schaltung zu den Fertigungsdaten für einen IC oder ein PCB kommt. Für das „Frontend Design", also wie man elektrische Schaltungen entwirft und simuliert, gibt es andere Literatur. Das Buch richtet sich an Studenten und Ingenieure und behandelt sowohl analoge als auch digitale Schaltungen.

Eine Weisheit unter den Chipdesignern lautet, dass jeder Chip analog ist. Obwohl die Öffentlichkeit sich für die großen digitalen Chips wie CPUs, GPUs oder riesige AI-Beschleuniger begeistern kann, ist es der Analog-Designer, der die Standardzellen, IO-Zellen, PLL, PHY-Schnittstellen entwirft. Auch das Chipfinishing und die physikalische Verifikation ist häufig ein Job für den Analog-Designer, der jede Schicht im Layout eines Chips untersuchen und verstehen muss. Dieses Buch bereitet einen darauf vor. Es liefert auch das Verständnis, warum manche Entwurfsregel so ist, wie sie ist, und welche physikalische oder chemische Eigenschaft hinter einer Regel steckt.

Dieses Buch ist wertvoll und einzigartig, weil es sehr viel praxisnahes Wissen vermittelt. Manche der Themen waren bislang über Dutzende Konferenzbeiträge und Journal-Artikel verstreut oder der Geheimhaltung der Hersteller unterworfen. Die Autoren schaffen es, diese Themen (z. B. den Layout-Postprozess), ohne zu sehr ins Detail zu gehen, so zu beschreiben, dass sie für alle modernen Herstellungstechnologien relevant sein dürften.

Ich habe als Application Engineer bei Cadence Design Systems, einem führenden EDA-Tool-Hersteller, im Jahr 2004 als frischgebackener Uni-Absolvent angefangen. Dieses Buch wäre sicherlich geeignet gewesen, mir den damaligen Einstieg zu ebnen und hätte mir manche Überstunde erspart, in der ich mir das Wissen durch

Ausprobieren und seitenweises Lesen von Herstellerdokumentation über die Prozesse aneignete. Diese deutschsprachige Version des Buches „Fundamentals of Layout Design for Electronic Circuits" ermöglicht den Studenten im deutschsprachigen Raum nun einen einfacheren Einstieg in das komplexe Thema des Layoutentwurfs von Chips und PCBs.

Im Jahr 2015 übernahm ich die Leitung des Cadence Academic Network (CAN), einem Netzwerk aus Akademikern und Vertretern von Forschungsinstituten, die Cadence Produkte für Forschung und Bildung einsetzen. Im Zuge dieser Tätigkeit habe ich die Autoren des Buches, Herrn Prof. Scheible und Herrn Prof. Lienig, beides renommierte Hochschullehrer im Bereich EDA mit umfangreicher Industrieerfahrung, kennengelernt. Prof. Lienig ist Spezialist für den digitalen Layoutentwurf, zu dem er bereits mehrere Bücher veröffentlicht hat. Prof. Scheible ist aktives Mitglied des CAN und fungiert dort als „Lead Institution" für analoges Layout. Das bedeutet, seine Hochschule gilt im CAN als Leuchtturm für dieses Thema und immer, wenn ich im Netzwerk nach Unterstützung in diesem Bereich gefragt werde, verweise ich auf Prof. Scheible. Das vorliegende Buch konnte von niemand anderem geschrieben werden als von diesen beiden Autoren, ganz im Sinne der Idee einer Lead Institution, die den anderen den Weg zum Wissen ausleuchtet.

Program Director   Anton Klotz
Cadence Design Systems GmbH
Feldkirchen, Deutschland
Frühjahr 2023

Vorwort zur englischsprachigen Ausgabe

The advances in technology and the continuation of Moore's law mean that we can now make transistors that are smaller than human cells. We can also integrate trillions of these transistors in a single chip and expect that all these transistors turn on and off a few billion times a second synchronously. This engineering feat has been made possible by the ingenuity of computer scientists and mathematicians, who design the algorithms to enhance the performance of the computers, and the inventiveness of engineers who are able to build these complex and intricate systems. Generating the schematic network of a trillion-transistor circuit inside a CAD program is enormously difficult – getting it laid out during physical design so that the circuit works in real silicon flawlessly is, however, the real challenge we face today.

I have been teaching courses on physical design for almost two decades to computer science and electrical engineering students. I have always had to carefully walk the tight rope that separates the teaching of theory from practice. One of the most difficult parts has been finding a textbook that gives a balanced view between theory and actual design. On one hand, the current and future engineers need to know the design algorithms and how to deal with the ever-increasing number of transistors. On the other hand, they need to know how to fabricate ICs and what are the constraints that exist because of the ever-reducing transistor sizes. And here this book comes in: It covers the theoretical concepts and the technical know-how in a practical and application-oriented manner for every layout engineer. It starts with silicon material and IC fabrication and how the silicon material can be manipulated to make microelectronic devices and operate the circuit. Then, the book comes back to changes that happen in the silicon as a result of circuit operation. All of these topics are covered in a practical manner with lots of demonstrations to cement the concepts.

This book is able to connect the theoretical world of design automation to the practical world of the electronic-circuit layout generation. The text focuses on the physical/layout design of integrated circuits (ICs), but also covers printed circuit boards (PCBs) where needed. It takes the reader through a journey starting with how we transform silicon into reliable devices, discusses how we are able to perform such engineering feats, and the important practical considerations during this process. Then, the book bridges to how these vast and complicated physical structures can be best represented as data and how to turn this data back into a physical structure. It continues with the discussion of the models, styles and steps for physical design to give a big picture of how these designs are made, before going into special hands-on requirements for layout design of analog ICs. Finally, it ends by discussing practical considerations that could extend the reliability of the circuits, giving the designers and engineers a 360-degree point of view of the physical design process.

I have known Jens Lienig through his work and books for many years. In his books, he first captures the reader's attention by giving a big picture, with examples and analogies, that provides the reader with an intuitive understanding of the topics to come. Only then does he go into the details, providing the depth of knowledge needed to design high performing systems. Through this combination, his readers are able to understand the material, remember the details, and use them to create new ideas and concepts. This, along with his genuine care for his readers, vast knowledge of the field and practical experience, makes Professor Lienig the ideal person to write such a book – and he has found the perfect match: Jürgen Scheible, who has a wealth of theoretical and practical experience in designing commercial circuits. His extensive experiences as the Head of the IC Layout Department for Bosch means that he has been responsible for layout design of not only a whole slew of designs including smart power chips, sensing circuits and RF designs, but also creating new design flows to adapt to ever-changing technologies. When it comes to design, Professor Scheible knows all the tricks that come from years of industrial experience – the multitude of rules and constraints one must consider when drawing a layout in a given technological framework. The combined experience and knowledge of these two authors have made a great tapestry of theory, practice, and hence, the resulting book is a must-read for every layout engineer.

I am delighted to write this foreword not only because I have the highest regard for both authors, but also because I cannot wait to use the book for teaching physical design. The combined expertise of the authors and the attention they have paid to theory and practice, big picture and detail, illustrative examples and written text, make this book the perfect go-to resource for students and engineers alike.

Department of Electrical and Computer Engineering   Prof. Laleh Behjat
University of Calgary
Calgary, Canada

Vorwort der Autoren

Als ein Ingenieur in einem Londoner Telefonamt es leid war, täglich Hunderte von Kabeln zwischen ihren Anschlussstellen zu entwirren, meldete er 1903 ein Patent mit dem Titel „Improvements in or Connected with Electric Cables and the Jointing of the same" (Verbesserungen an oder in Verbindung mit elektrischen Kabeln und deren Verbindung) an – wahrscheinlich ohne die weitreichenden Folgen seiner „flachen, auf eine Isolierplatte laminierten Folienleiter" vorauszusehen. Damit war die *gedruckte Leiterplatte* geboren, die zu einem technischen Erfolg wurde. Die ersten Leiterplatten erforderten außerordentliche Fertigkeiten bei der Herstellung – die elektronischen Bauteile wurden mittels Federn befestigt und durch Nieten auf einem Pertinax-Substrat elektrisch verbunden. Im Jahr 1936 führte man kupferkaschiertes Basismaterial ein, welches den Weg zu zuverlässigen, massenproduzierten Leiterplatten ebnete. Diese ermöglichten die Herstellung erschwinglicher elektronischer Geräte, wie z. B. Radios, die seither in keinem Haushalt mehr fehlen.

Mit der Erfindung von Miniatur-Vakuumröhren im Jahr 1942 begann dann die erste Generation der modernen Elektronik. Das erste große Rechengerät, der „Electronic Numerical Integrator and Computer" (ENIAC), enthielt beeindruckende 20.000 Vakuumröhren.

Im Jahr 1948 gab die Erfindung des Transistors den Startschuss für die zweite Generation der Elektronik. Transistoren erwiesen sich als kleiner und viel zuverlässiger als ihre Vorgänger, die Vakuumröhren, und ermöglichten wirklich tragbare elektronische Geräte, wie z. B. kleine Transistorradios.

In den 1960er-Jahren begann mit der Entwicklung *integrierter Schaltungen* (*ICs*) die dritte Generation der Elektronik. Zusammen mit Halbleiterspeichern ermöglichten sie immer komplexere und miniaturisierte Systemdesigns. Im Jahr 1971 wurde der erste Mikroprozessor vorgestellt, und kurz darauf folgten zahlreiche technische Durchbrüche, deren Folgen bis heute wirksam sind. 1973 entwickelte Motorola den ersten Prototypen eines Mobiltelefons, 1976 stellte Apple Computer den *Apple I* vor und 1981 brachte IBM den *IBM PC* auf den Markt. Diese Entwicklungen ebneten den Weg für die *iPhones* und *iPads*, welche beim Übergang in das 21. Jahrhundert allgegenwärtig wurden, gefolgt von intelligenter, cloudbasierter Elektronik, die unser Leben heute ergänzt, erleichtert und verbessert. Heutzutage enthält selbst ein einfaches Smartphone mehr Transistoren als es Sterne in der Milchstraße gibt!

Dieser spektakuläre Erfolg der Ingenieurskunst beruht auf einem entscheidenden Schritt: der Umwandlung einer abstrakten, aber immer komplexer werdenden Schaltungsbeschreibung in ein zugehöriges geometrisches Layout, welches sich anschließend fehlerfrei produzieren lässt. Dieser Schritt, der in der Fachwelt als *Layoutentwurf* bezeichnet wird, ist die letzte Stufe im Entwurf einer jeden elektronischen Schaltung. Hier sind alle für die Herstellung von Leiterplatten oder ICs notwendigen Informationen zu erzeugen. Dabei werden alle Komponenten der abstrakten Schaltungsbeschreibung, die aus den Bauteilsymbolen und deren Verbindungen besteht, in Formate übersetzt, die geometrische Objekte beschreiben. Das sind bei Leiterplatten z. B. Footprints und Bohrlöcher oder bei ICs die Layoutmuster der Masken, die aus Milliarden rechteckiger Formen bestehen. Diese Entwürfe werden dann z. B. bei der Herstellung eines ICs verwendet, um die reale elektronische Struktur auf der Oberfläche des Siliziumchips entstehen zu lassen. Wenn dann Elektronen durch das System dieses ICs geschickt werden, muss es genau die gleichen Funktionen ausführen, die in der ursprünglichen Schaltungsbeschreibung vorgesehen waren. Ohne diesen Schritt des Layoutentwurfs gäbe es nicht einmal die einfachsten Radios, geschweige denn Laptops, Smartphones oder die unzähligen elektronischen Geräte, die wir heute als selbstverständlich ansehen.

Der Layoutentwurf war früher ein recht einfacher Prozess. Ausgehend von der Netzliste, welche die logischen Schaltungskomponenten und deren Verbindungen beschreibt, der Technologiedatei und der Bauelemente-Bibliothek, legte der Schaltungsentwickler mithilfe eines Floorplans fest, wo die verschiedenen Schaltungsteile platziert werden sollten. Etwaige Schaltungs- und Timing-Probleme wurden unmittelbar durch eine iterative Verbesserung des Layouts gelöst.

Die Zeiten haben sich geändert: Würde man heute die Leitungen in einem der ICs, wie sie in einem Smartphone zu finden sind, mit den Abmessungen einer normalen Straße auslegen, würde sich die Fläche des resultierenden Chips über einen gesamten Kontinent erstrecken! Die heutigen Schaltkreise mit mehreren Milliarden Transistoren, aber auch hochkomplexe Leiterplatten, erfordern daher einen weitaus strukturierteren Ablauf beim Layoutentwurf. Schaltungsbeschreibungen werden zunächst *partitioniert*, um die Komplexität zu reduzieren und einen parallelen Entwurf zu ermöglichen. Sobald man während des nachfolgenden *Floorplannings* die Form, die Position und die Schnittstellen der Partitionen festgelegt hat, lassen sich diese (oft immer noch komplexen) Blöcke unabhängig voneinander bearbeiten. Die *Platzierung* der Zellen und Bauelemente ist hier der erste Schritt, gefolgt von der *Verdrahtung* ihrer Netze. Die *Layoutverifikation* prüft und überwacht das Einhalten von zeitlichen und geometrischen Randbedingungen, bevor im *Layout-Postprozess* mehrere Maßnahmen zur Anwendung kommen, um die Herstellbarkeit des IC- oder Leiterplatten-Layouts zu gewährleisten.

Der Bereich des Layoutentwurfs ist weit über den Punkt hinausgewachsen, an dem eine einzelne Person alles bewältigen kann. Die bei der Layouterstellung zu berücksichtigenden Randbedingungen sind extrem komplex geworden. Es steht viel auf dem Spiel: Eine einzige verpasste Zuverlässigkeitsprüfung kann einen mehrere

Millionen Euro teuren Entwurf unbrauchbar machen. Die Kosten von Produktions-
anlagen zur Herstellung eines einzigen Technologieknotens übersteigen heutzutage
eine Milliarde Dollar – mit weiter steigender Tendenz. In Forschungsveröffentli-
chungen werden Lösungen für eine Vielzahl dieser Probleme beschrieben, doch die
schiere Menge macht es den Ingenieuren unmöglich, mit den neuesten Entwicklungen Schritt zu halten.

Angesichts dieser Lage besteht die dringende Notwendigkeit, den Fokus nicht
nur auf diese rasanten Entwicklungen zu lenken, sondern sich auch stets mit den
Grundlagen dieser extrem umfangreichen und komplexen Entwurfsphase zu befassen. Fach- und Hochschulen müssen genau diese Grundlagen der heutigen komplizierten Layoutschritte verständlich vermitteln – das „Warum" und „Wie", nicht nur
das „Was". Sowohl Ingenieure als auch Fachleute sollten ihr Wissen auffrischen und
ihren Horizont erweitern, denn schließlich konkurrieren immer neue Technologien
um deren Anwendung. Da das Mooresche Gesetz und damit die kontinuierliche
Verkleinerung durch heterogene Technologien ersetzt wird, kommen neue Entwurfsmethoden ins Spiel. Um diese Herausforderungen erfolgreich zu meistern, ist
ein fundiertes Wissen über die grundlegenden Methoden, Randbedingungen,
Schnittstellen und Entwurfsschritte des Layoutentwurfs erforderlich. Und genau an
dieser Stelle setzt dieses Buch an.

Nach einer gründlichen Einführung in den allgemeinen Elektronik-Entwurf in
Kap. 1 wird in Kap. 2 das grundlegende technologische Wissen vermittelt, das zu
den vielfältigen Randbedingungen führt, die den Layoutentwurf heute zu einem so
komplizierten Prozess machen. Kap. 3 betrachtet das Erstellen eines Layouts „von
außen" – welche Schnittstellen gibt es, warum brauchen wir Entwurfsregeln und
externe Bibliotheken, wie sind diese aufgebaut? In Kap. 4 wird der Layoutentwurf
als ein vollständiger End-to-End-Prozess mit seinen verschiedenen Methoden und
Modellen vorgestellt. Kap. 5 befasst sich dann mit den einzelnen Schritten, die zur
Erstellung eines Layouts gehören, einschließlich der vielfältigen Verifikationsmethoden. Kap. 6 führt den Leser in die besonderen Layouttechniken ein, die für den
Analogentwurf erforderlich sind, bevor in Kap. 7 das immer wichtiger werdende
Thema der Verbesserung der Zuverlässigkeit der erzeugten Layouts behandelt wird.

Dieses Buch ist das Ergebnis langjähriger Lehrtätigkeit auf dem Gebiet des Layoutentwurfs, kombiniert mit Industrieerfahrung, welche die beiden Autoren vor ihrem Eintritt in die akademische Welt gesammelt haben. Die Kap. 1 bis 7 sind gut für
die Lehre in einer zweisemestrigen Vorlesung über den rechnergestützten Layoutentwurf aufbereitet. Für den Einsatz in einer einsemestrigen Lehrveranstaltung
können Kap. 1 (Einführung) und Kap. 2 (Technologie) zum Selbststudium zugewiesen werden, wobei die Lehre mit Kap. 3 (Schnittstellen) beginnt, gefolgt von Entwurfsmethoden (Kap. 4) und Entwurfsschritten (Kap. 5). Alternativ kann auch
Kap. 4 als effektiver Startpunkt verwendet werden, gefolgt von den detaillierten
Entwurfsschritten in Kap. 5, zwischenzeitlich ergänzt mit Material aus den jeweiligen in Kap. 3 vorgestellten Schnittstellen, Entwurfsregeln und Bibliotheken. Alle
Abbildungen des Buches stehen unter https://www.ifte.de/books/pd_dt/ zum Down-
load bereit.

Das vorliegende Werk ist eine überarbeitete Übersetzung der englischen Buchausgabe „Fundamentals of Layout Design for Electronic Circuits". Damit möchten die Autoren den deutschsprachigen Lesern die Inhalte der vielbeachteten Originalausgabe leichter zugänglich machen.

Ein Buch solchen Umfangs und Tiefe erfordert die Unterstützung Vieler. Die Autoren möchten allen, die an der Erstellung dieser oder der englischen Ausgabe mitgewirkt haben, ihren herzlichen Dank aussprechen. Wir danken insbesondere Dr. Andreas Krinke, Kerstin Langner, Dr. Daniel Marolt, Dr. Frank Reifegerste, Susann Rothe, Matthias Schweikardt, Dr. Matthias Thiele, Yannick Uhlmann und Tobias Wolfer für ihre zahlreichen Beiträge. Ein herzliches Dankeschön geht auch an den Springer-Verlag, und hier insbesondere Herrn Dr. Axel Garbers, der uns bei dieser deutschen Ausgabe sehr unterstützt hat.

Die rasante Entwicklung bei der Layoutgestaltung moderner elektronischer Verdrahtungsträger wird sich in den kommenden Jahren fortsetzen, vielleicht auch durch einige der Leser dieses Buches. Die Autoren sind für Kommentare und Anregungen zur Weiterentwicklung des Themas jederzeit dankbar.

Dresden, Deutschland   Jens Lienig
Reutlingen, Deutschland   Jürgen Scheible

Inhaltsverzeichnis

Kapitel 1
Einführung

Der *Layoutentwurf* – oder der *physikalische Entwurf*, wie er in der Fachwelt stellenweise genannt wird – ist der letzte Schritt im Entwurfsprozess einer elektronischen Schaltung. Sein Ziel ist es, alle Daten und Informationen zu erzeugen, die man für den anschließenden Fertigungsprozess benötigt. Um dies zu erreichen, müssen alle Elemente, die das Ergebnis des elektrisch-logischen Entwurfs bilden – also die Auflistung der enthaltenen Bauteile und ihrer elektrischen Verbindungen – in eine geometrische Darstellung überführt werden, die für die Fertigung der Schaltung verwendet wird. Diese geometrischen Daten bestehen typischerweise überwiegend (im Falle mikroelektronischer Herstellungsprozesse praktisch ausschließlich) aus einer Ansammlung von Rechtecken.

Zur Einführung in das Thema des Buches gibt dieses Kapitel eine Übersicht über die Technologien der Elektronik-Fertigung, zeigt Besonderheiten der Mikroelektronik und beschreibt die Aufgabenstellung des Layoutentwurfs elektronischer Schaltungen. Aufbauend auf diesen Grundlagen vertiefen wir in den nachfolgenden Kapiteln alle für den Layoutentwurf relevanten Aspekte und spezifischen Randbedingungen: Halbleitertechnologie (Kap. 2), Schnittstellen, Entwurfsregeln und Bibliotheken (Kap. 3), Entwurfsflüsse, Entwurfsstile und Entwurfsmodelle (Kap. 4), Entwurfsschritte und Entwurfswerkzeuge (Kap. 5), Besonderheiten des Analogentwurfs (Kap. 6) und schließlich Maßnahmen zur Erhöhung der Zuverlässigkeit (Kap. 7).

In Abschn. 1.1 unseres Einleitungskapitels werfen wir zuerst einen Blick auf die wichtigsten Technologien[1] zur Fertigung elektronischer Systeme: die Leiterplatten-,

---

[1] Der Begriff „Technologie" bedeutet allgemein „Lehre von der Technik" (als eine Wissenschaft). Daneben kann „Technologie" auch ein Produktionsverfahren bezeichnen, wobei die Gesamtheit der für die Fertigung eines Produkts notwendigen Arbeitsgänge und -techniken zu verstehen ist. Wir nutzen den Begriff in diesem Buch im Sinne dieser letzteren Bedeutung. Mit „Technologie" sprechen wir also immer einen Fertigungsprozess oder auch eine Familie von Fertigungsprozessen (z. B. der Halbleiterfertigung) an.

© Der/die Autor(en), exklusiv lizenziert an Springer Nature Switzerland AG 2023
J. Lienig, J. Scheible, *Grundlagen des Layoutentwurfs elektronischer Schaltungen*,
https://doi.org/10.1007/978-3-031-15768-4_1

1

die Hybrid- und die Halbleitertechnologie. Letztere ermöglicht die Realisierung von *integrierten Schaltkreisen*. Der Layoutentwurf dieser besonderen Form der modernen Elektronik, die auch als *Mikroelektronik* bezeichnet wird, nimmt den größten Umfang in diesem Buch ein, weshalb wir in Abschn. 1.2 deren Bedeutung und Besonderheiten näher beleuchten und einige für unser Thema hilfreiche Hinweise zur Halbleiterphysik und zur Halbleiterfertigung ergänzen. In Abschn. 1.3 geben wir einen Überblick über die grundlegende Vorgehensweise im Layoutentwurf, indem wir zunächst die primären Entwurfsschritte des Elektronikentwurfs aufzeigen und anschließend die Aufgabenstellungen des Layoutentwurfs von integrierten Schaltungen (Schaltkreisen) und von gedruckten Schaltungen (Leiterplatten) anhand der jeweiligen Ein- und Ausgangsdaten genauer betrachten. Wir beschließen das Einführungskapitel in Abschn. 1.4, in dem wir unsere Motivation für dieses Buch darlegen und die Organisation der nachfolgenden Kapitel beschreiben.

1.1 Technologien der Elektronik-Fertigung

Alle elektronischen Schaltungen bestehen aus *elektronischen Bauelementen* (Transistoren, Widerständen, Kondensatoren usw.) und metallischen Leitern, welche die elektrischen Verbindungen zwischen ihren Anschlusspunkten herstellen. Allerdings gibt es eine Vielzahl unterschiedlicher Möglichkeiten der fertigungstechnischen Realisierung; diese Technologien können in drei Hauptgruppen untergliedert werden:

- *Leiterplattentechnologie*, die sich in folgende Bereiche unterteilen lässt

  - Durchsteckmontage,
  - Oberflächenmontage,

- *Hybridtechnologie*, oft unterteilt in

  - Dickschichttechnik,
  - Dünnschichttechnik,

- *Halbleitertechnologie*, unterteilbar in

  - Diskrete Halbleiterbauelemente,
  - Integrierte Schaltkreise.

Zu jeder dieser Technologien gibt es heute zahlreiche Erweiterungen und Spezialformen für besondere Anwendungen, z. B. für die Automobilelektronik, wo eine besonders hohe Robustheit gefordert wird oder für Mobiltelefone, wo es um extreme Kompaktheit geht. Wir wollen uns nun diese Technologien etwas genauer anschauen, beschränken unsere Betrachtungen dabei aber auf die typischen Erscheinungsformen.

1.1.1 Leiterplattentechnologie

Die Technologie zur Fertigung von Leiterplatten ist die am weitesten verbreitete Technologie zum Aufbau elektronischer Baugruppen. Die eigentliche *Leiterplatte* (*Printed circuit board*, *PCB*, auch *Platine* genannt) hat hierbei zwei Hauptfunktionen: (i) sie dient als mechanischer Träger, auf dem die elektronischen Bauteile – meist durch Auflöten – mechanisch befestigt (man sagt auch „montiert") werden, und (ii) sie bietet eine metallische Oberfläche, aus der sich die Leiterbahnen für die elektrische Verbindung der Bauteile herstellen lassen.

Leiterplatte

Das Grundelement der Leiterplatte ist der *Substratkern* bzw. das *Substrat*. Es wird auch als *Trägersubstrat* bezeichnet, da es die elektronischen Bauteile und die Verbindungen „trägt" (d. h. an Ort und Stelle „hält"). Der Substratkern ist eine elektrisch isolierende Trägerplatte, die in der Regel aus glasfaserverstärktem Epoxidharz besteht. Jeder hat eine solche, häufig in grüner Farbe auftretende, Platte schon einmal gesehen. Daneben gibt es auch mit Phenolharzen stabilisierte Papiere, die besonders in den Anfangsjahren der Elektronik weit verbreitet waren. Leiterplatten auf Papierbasis eignen sich aber nur für Anwendungen mit sehr geringen Anforderungen und kommen heute praktisch nicht mehr zum Einsatz, weshalb wir sie in diesem Buch nicht weiter behandeln.

Die Leiterbahnen werden aus einer Metallschicht herausgeätzt, die auf die Oberfläche des Substratkerns aufgebracht wurde. Für diese Metallschicht, die sich nur auf einer oder auch auf beiden Seiten der Trägerplatte befinden kann, wird Kupfer verwendet, da dieses einige sehr vorteilhafte Eigenschaften hat: (i) es ist ein hervorragender elektrischer Leiter; (ii) es lässt sich gut ätzen; und (iii) es eignet sich gut für Lötverbindungen, mit denen die Bauteile befestigt und gleichzeitig die Anschlussbeinchen (Pins) der Bauelemente elektrisch angeschlossen werden.

Herstellung der Leiterbahnen

Die Herstellung der Leiterbahnen ist in Abb. 1.1 veranschaulicht und nachfolgend anhand der dort dargestellten Schritte (a) bis (i) näher erläutert.

Auf den mit Kupfer beschichteten Substratkern bringt man zunächst eine Schicht aus *Fotolack* (auch als *Fotoresist* bezeichnet) auf (a bis c). Der Fotolack hat die besondere Eigenschaft, dass sich seine Löslichkeit gegenüber einer speziellen Flüssigkeit, die *Entwickler* genannt wird, durch Bestrahlung mit Licht verändern lässt. Für den nächsten Schritt benötigt man eine sog. *Belichtungsmaske* (auch *Fotomaske* oder kurz *Maske*). Dies ist eine (durchsichtige) Glasplatte oder Folie, auf die das Bild der gewünschten Leiterbahnstruktur in einer undurchsichtigen Schicht aufgebracht ist (in Abb. 1.1d schwarz dargestellt).

Nachdem die Maske an die richtige Stelle über der Leiterplatte positioniert wurde (d), bestrahlt man sie mit Licht (e). Diese *Belichtung* erzeugt auf der Leiterplatte einen Schattenwurf und dadurch ein Abbild der Leiterbahnstruktur (beleuch-

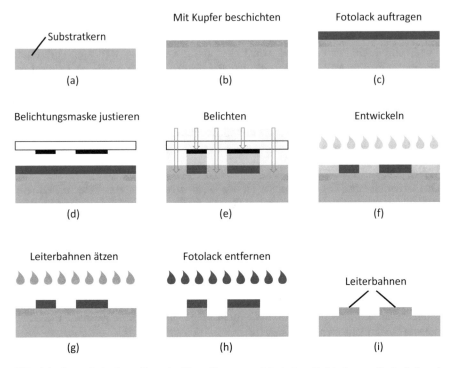

Abb. 1.1 Querschnittsdarstellung der Herstellung von elektrischen Verbindungen (Leiterbahnen) auf Leiterplatten (PCB) mittels Fotolithografie und anschließendem Ätzen der Kupferschicht

tete Bereiche in gelb und schattierte Bereiche in grau, Abb. 1.1e). An den belichteten Stellen (in Abb. 1.1f hellblau dargestellt) wird der Fotolack dadurch löslich und lässt sich mit der Entwicklerflüssigkeit ablösen. Die unbelichteten Bereiche behalten ihren Fotolack, der die darunter liegende Kupferschicht vor dem Ätzen im nächsten Schritt (g) schützt, so dass das Ätzmittel nur das Kupfer an den ungeschützten Stellen abträgt. Man sagt, der Fotolack „maskiert" die Ätzung. Nach der Ätzung bleibt das Kupfer also nur an den zuvor unbelichteten Stellen übrig und der verbliebene Fotolack wird mit einer weiteren hierfür geeigneten Flüssigkeit abgelöst (h). Als Ergebnis erhält man die auf der Belichtungsmaske abgebildete Leiterbahnstruktur in der Kupferschicht (i).

Der Vorgang, mit dem man das Bild einer Fotomaske mittels Belichtung und anschließender Entwicklung in einen Fotolack überträgt (Schritte c bis f), wird als *Fotolithografie* bezeichnet.

Benötigt man nur sehr geringe Stückzahlen einer Leiterplatte, z. B. für Prototypen oder Testplatinen, so werden die Leiterbahnen manchmal nicht durch fotolithografisch maskiertes Ätzen, sondern durch mechanisches Abtragen (Fräsen) der Metallschicht erzeugt.

Multilayer-Leiterplatten

Leiterplatten können aus mehreren gestapelten Substratkernen aufgebaut sein. So entstehen Mehrlagenplatinen, die man auch als *Multilayer-Leiterplatten* bezeichnet. Abb. 1.2 zeigt als Beispiel eine aus drei Substratkernen bestehende Multilayer-Leiterplatte, die sechs Leiterbahnebenen (auch als *Verdrahtungsebenen* oder *Routing-Layer* bezeichnet) enthält (die Ober- und Unterseite jedes der drei Substratkerne). Die Substratkerne sind mit einem Haftvermittler (auch *Prepreg* genannt) zusammengeklebt, der auch als elektrischer Isolator zwischen den gegenüberliegenden Kupferschichten benachbarter Substratkerne wirkt, um Kurzschlüsse zu verhindern.

Um elektrische Verbindungen zwischen unterschiedlichen Verdrahtungsebenen zu ermöglichen, setzt man Durchkontaktierungen ein, oft als *Vias* bezeichnet. Hierzu werden am Anfang des Herstellungsprozesses in die einzelnen Substratkerne Löcher gebohrt, deren Wände man anschließend mit Kupfer beschichtet, damit sie elektrisch leiten. Je nach Lage dieser Löcher spricht man von *vergrabenen* (*buried*), *teilvergrabenen* (*blind*) und *durchgehende* (*through-hole*) Vias (s. Abb. 1.2). Letztere werden erst nach dem Verpressen gebohrt.

Montagetechnologien

Für die Montage von Bauteilen auf Leiterplatten werden hauptsächlich zwei verschiedene Technologien verwendet:

- *Durchsteckmontage* (*through-hole technology, THT*) und
- *Oberflächenmontage* (*surface-mount technology, SMT*).

Für die Durchsteckmontage benötigt man Bauteile, deren elektrische Anschlüsse als Drähte herausgeführt sind. Diese Drähte werden in durchgehende Bohrlöcher eingesteckt und auf der gegenüberliegenden Seite verlötet (s. Abb. 1.2 links). Durch Kapillarwirkung wird das flüssige Lot auch in das verkupferte Montageloch gesaugt, wodurch eine sehr feste Verbindung entsteht. Für die Oberflächenmontage verwendet man Bauelemente, deren Pins als Metallflecken (Oberflächenmetallisierung, in Abb. 1.2 schwarz dargestellt) ausgeführt sind. Entsprechend dieser Montagetechnologien unterscheidet man daher auch *bedrahtete Bauelemente* (*through-hole devices, THDs*) und *oberflächenmontierte Bauelemente* (*surface-mount(ed) devices, SMDs*).

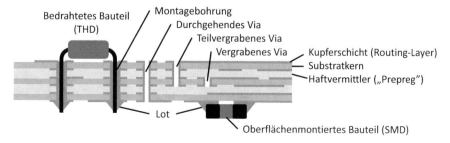

Abb. 1.2 Querschnitt einer Multilayer-Leiterplatte mit sechs Routing-Layern

Die beiden Montagetechnologien können auch gemischt auftreten. Gegenüber THDs sind SMDs wesentlich einfacher durch automatische Bestückungssysteme zu verarbeiten. Da SMDs zudem kleiner sind und sich beidseitig auf einer Leiterplatte montieren lassen, erlauben sie wesentlich höhere Packungsdichten als THDs. Aufgrund dieser Vorteile überwiegt heutzutage die Oberflächenmontage.

Neben diskreten Bauelementen lassen sich auch integrierte Schaltungen (ICs) auf Leiterplatten montieren. Im Allgemeinen müssen sie hierfür in einem *Gehäuse* (*package*) „verpackt" sein. Manchmal werden aber auch unverpackte Chips (*bare dies*, auch *Nacktchips* genannt) direkt auf Leiterplatten montiert. In diesem Fall ist zu berücksichtigen, dass die Stabilität der Verbindung aufgrund der unterschiedlichen Wärmeausdehnungskoeffizienten von Halbleitern und Leiterplatten kritisch sein kann.

1.1.2 Hybridtechnologie

Kennzeichnend für die Hybridtechnologie ist, dass einige der elektronischen Bauteile (wie bei Leiterplatten) von außerhalb zugeführt und auf dem Trägersubstrat montiert werden, während andere Bauelemente während der Herstellung direkt auf dem Trägersubstrat entstehen. Hieraus erklärt sich der Name „Hybrid".

Bei der Hybridtechnologie finden verschiedene Trägermaterialien Anwendung. Verbreitet sind Keramiksubstrate, Glas und Quarz. Auf diesen Trägermaterialien lassen sich SMDs, aber keine THDs montieren, da man in diese Substrate keine Durchgangslöcher für Montagezwecke bohrt.

Ein weiterer Unterschied zur Leiterplatte besteht in der Art, wie die Leiterbahnen aufgebracht werden. Man unterscheidet hierbei die *Dickschichttechnik* und die *Dünnschichttechnik*. Bei der Dickschichttechnik bringt man leitfähige Pasten in einem Siebdruckverfahren auf und brennt sie anschließend ein. Bei der Dünnschichttechnik wird das leitfähige Material zunächst ganzflächig aufgedampft oder aufgesputtert.[2] Die Leiterbahnen werden anschließend in einem fotolithografisch maskierten Ätzverfahren strukturiert wie bei der Leiterplatte.

Die elektrische Leitfähigkeit der abgeschiedenen Schichten lässt sich in einem großen Bereich einstellen, so dass man mit diesen Verfahren neben Leiterbahnen auch elektrische Widerstände erzeugen kann. Durch Nachbearbeitung mit einem Laser lassen sich die Widerstandswerte genau justieren. Bei diesem sog. „Trimmen" schneidet man die flächigen Widerstände mit einem Laserstrahl von außen senkrecht zum Stromfluss ein. Während des Schneidevorgangs steigt der Widerstandswert kontinuierlich. Der Schnitt wird so weit verlängert, bis sich der gewünschte Zielwert einstellt.

Auch Isolationsschichten sind möglich, so dass durch abwechselndes Stapeln von leitfähigen und isolierenden Schichten Mehrlagenverdrahtung und auch Kon-

---

[2] Sputtern ist ein physikalischer Vorgang, bei dem Atome aus einem Festkörper durch Beschuss mit hochenergetischen Ionen herausgelöst werden und in die Gasphase übergehen.

densatoren realisierbar sind. Eine andere Art, Kondensatoren zu erzeugen, besteht darin, dass man kammartige Leiterbahnstrukturen innerhalb einer Metallebene ineinander verschachtelt. Ein Beispiel für einen solchen gedruckten Kondensator ist in Abb. 1.3 dargestellt.

Beispiel: LTCC-Technik
Eine weit verbreitete Variante der Dickschicht-Hybride ist die *LTCC*-Technik (*Low Temperature Cofired Ceramics*), deren Fertigungsablauf wir uns stellvertretend für die vielen Technologievarianten in Abb. 1.3 genauer anschauen.

Bei der LTCC-Technologie verwendet man kein vorgefertigtes Keramiksubstrat. Stattdessen beginnt die Herstellung mit Folien, in denen die Keramikmasse in Pulverform, die mit weiteren Stoffen gebunden ist, vorliegt. Diese als *Green Sheets* (a) bezeichneten Folien werden in späteren Verarbeitungsschritten, wie wir weiter unten zeigen, verfestigt und bilden den Keramikträger.

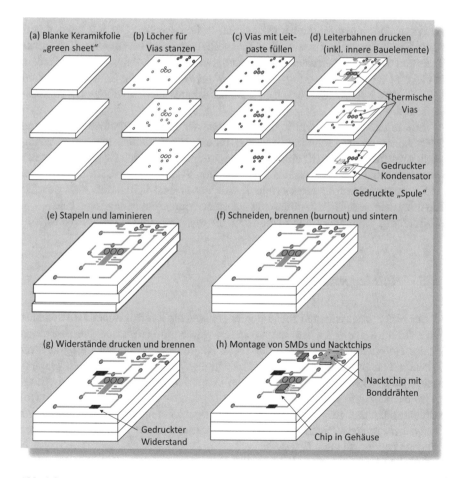

Abb. 1.3 Herstellung einer LTCC-Hybridschaltung mit gedrucktem Kondensator, Spule und Widerstand (LTTC: low temperature co-fired ceramics)

Zunächst werden Löcher für die Vias in die Green Sheets gestanzt (b) und mit leitfähiger Paste gefüllt (c). Anschließend bringt man die Leiterbahngeometrien mit leitfähiger Paste im Siebdruckverfahren auf die Green Sheets auf (d). Die so behandelten Green Sheets werden nun aufeinandergestapelt und unter moderater Erwärmung laminiert, d. h. miteinander verbunden (e). Anschließend wird der Stapel auf Maß geschnitten, zusammengepresst und in einem Ofen gebrannt (f). Bei diesem Brennvorgang schrumpft das Material durch Entweichen des Bindemittels und sintert zu einer Keramikplatte, die auf diese Weise mehrere Leiterbahnebenen in ihrem Inneren enthalten kann. Den mechanischen Pressdruck hält man auch beim Brennen aufrecht. Dadurch lässt sich erreichen, dass der Schrumpfvorgang fast ausschließlich in der z-Achse stattfindet, so dass die lateralen Abmessungen weitgehend erhalten bleiben. Anschließend werden die Widerstände und die leitenden Flächen zur späteren Kontaktierung von SMDs und ICs aufgedruckt und ebenfalls eingebrannt (g).

Schließlich montiert man die SMDs und ICs (h). Bei den SMDs erfolgt die Kontaktierung über einen Leitkleber oder durch Reflow-Lötung. Die ICs können aufgrund der ähnlichen Wärmeausdehnungskoeffizienten des keramischen Trägermaterials und des Halbleitermaterials (Silizium) auch als Nacktchips montiert werden. Ihr elektrischer Anschluss erfolgt über sog. *Bonddrähte*, die von Kontaktflächen auf dem IC, den sog. *Bondpads* oder *Pads*, zu Kontaktflächen auf dem Hybridträger führen.

Vorteile der Hybridtechnologie gegenüber der Leiterplattentechnologie sind (i) eine höhere mechanische Stabilität (z. B. für extreme Vibrations- und Stoßbelastungen in Kraftfahrzeugen), (ii) eine höhere Packungsdichte (durch Bestückbarkeit mit Nacktchips) und (iii) eine bessere Ableitung von Verlustwärme. Letzteres wird bei LTCCs hauptsächlich dadurch erreicht, dass der Hybrid-Schaltkreis sich ganzflächig mit guter thermischer Anbindung auf einer Wärmesenke montieren lässt.

Nachteilig gegenüber Leiterplatten sind die meist höheren Herstellungskosten.

1.1.3 Halbleitertechnologie

Bei den bisher besprochenen Technologien müssen die elektronischen Bauelemente ganz oder teilweise von außen hinzugeliefert werden. Im Gegensatz hierzu ist man mit der *Halbleitertechnologie* in der Lage, eine elektronische Schaltung in ihrer Gesamtheit zu erzeugen, d. h. in dem Herstellungsverfahren entstehen alle elektronischen Bauelemente und alle elektrischen Verbindungen. Die Schaltung wird hierbei vollständig auf einem monolithischen (d. h. aus einem Stück bestehenden) Halbleiterplättchen integriert, woraus sich die Bezeichnung *integrierter Schaltkreis* (*Integrated circuit*, *IC*) ableitet. Diese kleinen, dünnen, aus Silizium bestehenden Plättchen nennt man auch *Chips*.

Natürlich kann man die Halbleitertechnologie auch nutzen, um diskrete (d. h. einzelne) elektronische Bauelemente zu bauen. Typische Beispiele hierfür sind Dioden, Transistoren und Thyristoren zur Steuerung großer Ströme in der Leistungselektronik. Schaut man aber genauer hin, ist zu erkennen, dass auch diese Bauteile zumeist aus sehr vielen gleichartigen und parallel geschalteten Einzelbauelementen auf dem Chip bestehen. Oft sind auch noch Schutzbeschaltungen integriert, die die Eigenschaften des Bauteils verbessern, aber ansonsten nach außen nicht in Erscheinung treten.

Was sind Halbleiter? – Physikalische Aspekte von Halbleitermaterialien

Halbleitende Materialien können zwar elektrischen Strom leiten, allerdings ist ihr elektrischer Widerstand bei Raumtemperatur recht hoch. Mit steigender Temperatur nimmt ihre Leitfähigkeit jedoch exponentiell zu. Dieses Temperaturverhalten, das sich von normalen elektrischen Leitern (Metallen) grundlegend unterscheidet, ist die Auswirkung einer Schlüsseleigenschaft der Halbleiter, weshalb wir uns die zugrunde liegende Physik etwas genauer anschauen wollen.

Für einen Stromfluss sind frei bewegliche Ladungsträger erforderlich. In Festkörpern sind diese Ladungsträger Elektronen. Die Frage ist also: „Wie erhalten wir genügend ‚freie‘ Elektronen?" Wie wir wissen, umkreisen die Elektronen den Atomkern, und ihr Energieniveau nimmt zu, je weiter sie vom Kern entfernt sind. Ebenfalls bekannt ist, dass sie dabei nur auf bestimmten energetischen Niveaus existieren können, die als *Schalen* bezeichnet werden und die sich im Verbund vieler Atome zu sog. *Bändern* aufweiten. Das äußere mit Elektronen besetzte Band eines Stoffes wird *Valenzband* genannt. Können nun Elektronen des Valenzbandes (sog. *Valenzelektronen*) so viel zusätzliche Energie aufnehmen (z. B. durch Zufuhr von Wärme), dass sie in das nächsthöhere Band gelangen, können sie sich dort frei bewegen und somit zur Stromleitung beitragen. Dadurch erhöht sich die Leitfähigkeit, weshalb man dieses Band auch als *Leitungsband* bezeichnet.

In sehr leitfähigen Materialien wie Metallen liegen Valenz- und Leitungsband besonders dicht beieinander; sie können sich sogar überlappen (siehe den orangefarbenen Bereich in Abb. 1.4). In diesem Fall haben sehr viele Valenzelektronen

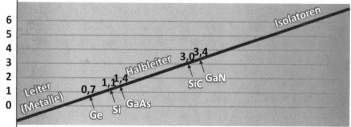

Abb. 1.4 Bandabstand von Materialien der Kategorien „Leiter", „Halbleiter" und „Isolator". Eingetragen sind (gerundete) Werte für typische Halbleiterstoffe bei 300 K. (SiC kann je nach gebildetem Kristallgitter Werte zwischen 2,4 eV und 3,3 eV annehmen. Dargestellt ist der Wert für das Kristallgitter „6H".)

bereits bei Raumtemperatur genügend Energie, dass sie in das Leitungsband springen können. Daher sind Metalle ausgezeichnete Leiter. Bei Isolatoren hingegen ist der energetische Abstand ΔE zwischen Valenz- und Leitungsband (die sogenannte *Bandlücke* oder der *Bandabstand*) so groß, dass er eine faktisch unüberwindbare Schwelle darstellt. In diesem Fall gibt es praktisch keine Elektronen im Leitungsband (blauer Bereich in Abb. 1.4).

Charakteristisch für Halbleiter ist eine Bandlücke, die zwischen diesen beiden Extremen liegt (zentraler grüner Bereich in Abb. 1.4). Dieser Abstand ist einerseits so groß, dass bei Raumtemperatur nur sehr wenige Elektronen des Valenzbandes genügend zusätzliche Energie haben, das Leitungsband zu erreichen. Andererseits liegt das Leitungsband aber nahe genug, dass bereits eine Erwärmung im Bereich von wenigen hundert Kelvin über Raumtemperatur genügend Energie liefert, die Anzahl freier Elektronen und damit die Leitfähigkeit um mehrere Größenordnungen zu steigern.

Die Leitfähigkeit steigt dabei nicht nur durch die freien Elektronen des Leitungsbands, sondern auch durch die im Valenzband entstehen Elektronenlücken, die man als *Defektelektronen* oder auch kurz als *Löcher* bezeichnet. Ein derartiges Loch kann sehr leicht durch das Valenzelektron eines benachbarten Atoms ausgefüllt werden, wodurch das Loch zwar verschwindet, dafür im „elektronenabgebenden" Atom aber ein neues Loch entsteht. Durch einen solchen kettenartigen Platztausch von Valenzelektronen kann ebenfalls ein Stromfluss zustande kommen, was man als *Löcherleitung* bezeichnet. Löcher können daher als freie, positiv geladene Ladungsträger betrachtet werden.

Elektronen und Löcher entstehen also immer paarweise. Die Entstehung eines Elektron-Loch-Paars heißt *Generation*. Wird ein Loch durch ein freies Elektron, das ins Valenzband zurückfällt, besetzt, spricht man von *Rekombination*. Im thermischen Gleichgewicht ist die Generationsrate gleich der Rekombinationsrate, was zu einer zeitlich konstanten Anzahl von freien Ladungsträgern pro Volumeneinheit (Ladungsträgerkonzentration) führt.

Die hier geschilderte Erzeugung freier Ladungsträger (Elektronen und Löcher) durch thermische Energiezufuhr ist allerdings nicht das Ziel der technischen Anwendung, sondern soll nur die zugrundeliegende Physik verdeutlichen, um die eingangs angedeutete Schlüsseleigenschaft von Halbleitern, auf die wir nun eingehen wollen, besser zu verstehen.

Dotieren von Halbleitern
Hierzu betrachten wir Silizium als typisches Beispiel (Abb. 1.5). Für Silizium hat die Bandlücke zwischen dem oberen Rand des Valenzbandes E_V und dem unteren Rand des Leitungsbandes E_C den Wert $\Delta E = E_C - E_V = 1{,}1$ eV. Das Valenzband von Silizium enthält vier Elektronen, weshalb man auch sagt, es ist „4-wertig". Ersetzt man nun ein Siliziumatom durch ein Atom eines anderen 5-wertigen Elements (geeignet sind Phosphor, Arsen und Antimon), so „passt" dieses zusätzliche Elektron nicht in das Valenzband des umgebenden Siliziumkristalls. Es liegt auf einem Energieniveau E_D, das nur knapp unterhalb des Leitungsbands von Silizium liegt – so knapp, dass es bereits bei Raumtemperatur genügend thermische Energie besitzt,

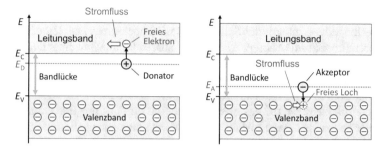

Abb. 1.5 Erzeugung von freien Ladungsträgern durch Dotierung mit Donatoren (links) und mit Akzeptoren (rechts) zur Ermöglichung eines Stromflusses mit Elektronen (links) und mit Löchern (rechts)

um in das Leitungsband zu gelangen (Abb. 1.5, links). Dieser Effekt lässt sich technisch nutzen, indem man gezielt 5-wertige Fremdatome in das Silizium einbringt und dadurch dessen Leitfähigkeit erhöht.

Statt 5-wertiger Fremdatome kann man zur Erhöhung der Leitfähigkeit auch 3-wertige Fremdatome, wie Bor, Indium und Aluminium, in das Silizium einbringen. In diesem Fall bietet das Fremdatom ein Energieniveau E_A, das nur knapp über der Valenzbandkante E_V des Siliziums liegt, wodurch es sehr leicht ein viertes Elektron aus einem benachbarten Siliziumatom aufnehmen kann (Abb. 1.5, rechts). Dadurch erhöht sich die Anzahl der Löcher im Valenzband des Siliziums. Diese wirken, wie oben erwähnt, wie frei bewegliche positive Ladungsträger und stehen für einen möglichen Stromfluss zur Verfügung.

Das Einbringen von Fremdatomen in ein Halbleitersubstrat nennt man *Dotierung*. 5-wertige Fremdatome bezeichnet man als *Donatoren*, da sie ein Elektron (in das Leitungsband) abgeben. Sie stehen im Periodensystem in der Spalte rechts von Silizium. 3-wertige Fremdatome nennt man *Akzeptoren* wegen ihrer Fähigkeit, Valenzelektronen von Nachbaratomen aufnehmen zu können. Sie stehen im Periodensystem in der Spalte links von Silizium.

Ein Halbleiter, der Donatoren enthält, wird als *n-dotiert*, ein Halbleiter, der Akzeptoren enthält, als *p-dotiert* bezeichnet. In Bereichen, die sowohl eine n- als auch eine p-Dotierung aufweisen, rekombinieren die über diese Dotierungen erzeugten zusätzlichen Elektronen und zusätzlichen Löcher. Donatoren und Akzeptoren heben sich in ihrer Wirkung also gegenseitig auf.

Entscheidend für die Leitfähigkeit ist immer ein verbleibender Überschuss an Donatoren oder Akzeptoren. Der Halbleiter gilt als *n-leitend*, wenn ein Stromfluss aufgrund eines Überschusses an Donatoren mehrheitlich von *negativen* Ladungsträgern (also von Elektronen) getragen wird. Als *p-leitend* bezeichnet man den Halbleiter, wenn es überwiegend *positive* Ladungsträger (also Löcher) sind, die zum Stromfluss beitragen, was durch einen Überschuss an Akzeptoren zustande kommt. Die jeweils überwiegende Ladungsträgerart nennt man *Majoritäten* oder *Majoritätsträger*. Entsprechend spricht man bei der jeweils korrespondierenden Ladungsträgerart, die sich in der Minderheit befindet, von *Minoritäten* oder *Minoritätsträgern*.

Technische Nutzung von Halbleitern

Für die Herstellung integrierter Schaltkreise wird hochreines Halbleitermaterial in monokristalliner Form benötigt. Alle Atome müssen räumlich in einer durchgehend regelmäßigen Struktur angeordnet sein. Da diese Art von Struktur in der Natur nicht vorkommt, muss man sie technisch herstellen. Dies geschieht durch „Züchten" von Kristallblöcken in Stangenform, die dann in sehr dünne Scheiben, sogenannte *Wafer,* geschnitten werden, die das Ausgangsmaterial für die Chip-Herstellung bilden. Ein Wafer kann eine riesige Anzahl von Chips enthalten – je nach Chip- und Wafergröße Hunderte bis Zehntausende – die sich alle gleichzeitig auf dem Wafer herstellen lassen. Am Ende des Herstellungsprozesses gewinnt man die einzelnen Chips, sog. *Dies*, durch orthogonale Schnitte aus dem Wafer.

Abb. 1.6 zeigt einen fertig prozessierten Wafer unter einem Mikroskop. Die Chips sind bereits „vereinzelt", d. h. voneinander getrennt. Sie werden durch eine Klebefolie (sog. „Blue tape" oder „Dicing tape") für die nächsten Verarbeitungsschritte an ihrem Platz gehalten.

Das am häufigsten verwendete Material in der Halbleiterindustrie ist Silizium. Für spezielle Anwendungen nutzt man aber auch andere halbleitende Materialen. Verbreitet sind Galliumarsenid (GaAs) und Siliziumgermanium (SiGe) für HF-Schaltungen sowie Galliumnitrid (GaN) und Siliziumkarbid (SiC) in der Leistungselektronik. In SiC und SiGe sind zwei 4-wertige Elemente kombiniert; in GaAs und GaN ist jeweils ein 3-wertiges Element mit einem 5-wertigen Element kombiniert. Die resultierende kristalline Struktur verhält sich wiederum wie ein 4-wertiges Element.

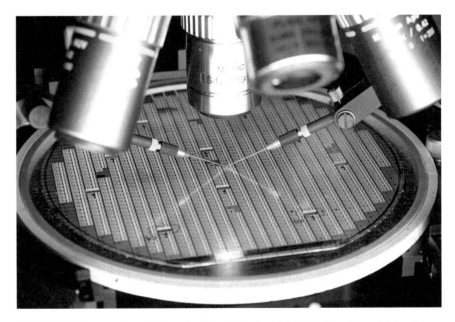

Abb. 1.6 Fertig prozessierter Wafer unter dem Mikroskop. Die Chips bzw. Dies sind bereits vereinzelt (frei gesägt). Einige Chips wurden schon entnommen. Ein Chip ist für Testzwecke durch zwei Messnadeln kontaktiert

Integrierte elektrische Bauelemente und Leiterbahnen

Integrierte Bauelemente entstehen im Wesentlichen dadurch, dass man einen Wafer mehrfach unterschiedlich dotiert. Diese Dotiervorgänge können sich unterscheiden (i) in der Art der Fremdatome (meist gibt es mehrere mögliche Donatoren und Akzeptoren), (ii) in der Konzentration (Anzahl der Fremdatome pro Volumeneinheit), (iii) in der Eindringtiefe (bis zu einigen µm) und (iv) durch den Ort der Dotierung.

Es gibt einfache Halbleiterprozesse mit weniger als zehn Dotiervorgängen. Bei komplexen Prozessen können mehr als zwanzig Dotierungen anfallen. Oft lässt man zwischen den Dotierschritten noch zusätzliche Schichten aus dem verwendeten Basismaterial an der Oberfläche des Wafers aufwachsen, was man als *Epitaxie* bezeichnet.

Wie bei dem in Abschn. 1.1.1 vorgestellten Verfahren zur Strukturierung von Leiterbahnen auf Leiterplatten, so wird auch beim Dotieren eine fotolithografisch erzeugte Maskierung angewendet. Sie ermöglicht ein selektives Einbringen von Dotierstoffen in die Waferoberfläche, womit sich verschieden dotierte Bereiche realisieren lassen.

Die unterschiedlichen Dotiergebiete werden so dimensioniert und kombiniert, dass hierdurch die gewünschten elektronischen Bauelemente (Transistoren, Dioden, Widerstände etc.) entstehen. An dieser Stelle ist hinsichtlich des Sprachgebrauchs aber Vorsicht angebracht. Wenn wir im Kontext integrierter Schaltungen von „Bauelementen" sprechen, so sollte uns bewusst sein, dass es sich dabei immer nur um bestimmte Teilgebiete eines einzigen Stücks Halbleitermaterial handelt. Im Unterschied zu den „Bauteilen" auf Leiterplatten existieren diese, in einem IC *integrierten* „Bauelemente" also niemals isoliert voneinander. Durch die materielle Einbettung in den Halbleiterkristall kann es stets zu Wechselwirkungen zwischen den Bauelementen kommen. Diese Wechselwirkungen sind zumeist unerwünscht (man spricht von *Parasitäreffekten*) und sind im Entwurfsablauf zu berücksichtigen, wie wir in Kap. 7 ausführlich erläutern.

Ablauf einer Halbleiterfertigung

Ein Wafer ist etwas weniger als 1 mm dick. Die elektrisch aktiven Teile befinden sich allerdings nur in einer sehr dünnen Schicht an einer der beiden Oberflächen. Abb. 1.7 zeigt diesen Bereich von etwa 1 bis 2 % der Waferdicke im Querschnitt für drei Stadien des Fertigungsablaufs.

Die Halbleiterfertigung beginnt mit einem *Rohwafer* (Abb. 1.7a). Im sog. „*Front-end-of-line" (FEOL)* des Halbleiterprozesses[3] erfolgen alle Dotierungen und ggf. auch eine Epitaxie. Das Ergebnis ist beispielhaft in Abb. 1.7b anhand eines Bipolartransistors vom NPN-Typ[4] dargestellt. Die mit Fremdatomen dotierten Bereiche

---

[3]Während sich der Begriff „Front-end-of-line" (FEOL) auf den ersten Teil der IC-Fertigung bezieht, in dem die einzelnen Bauelemente strukturiert werden, umfasst „Back-end-of-line" (BEOL) die anschließende Herstellung der metallischen Verdrahtungsebenen. Beide werden in Kap. 2 behandelt.

[4]Bipolartransistoren sind Bauelemente, deren Betrieb von beiden Ladungsträgerarten (Elektronen und Löcher) abhängt. Wir behandeln Bipolartransistoren und ihre Funktionsweise ausführlich in Kap. 6.

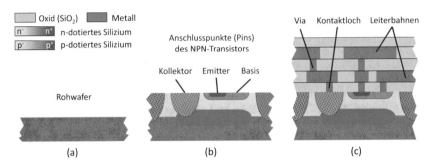

Abb. 1.7 Schematischer Querschnitt durch einen NPN-Transistor **a** zu Beginn, **b** nach „Front-end-of-line" (FEOL) und **c** nach „Back-end-of-line" (BEOL) des Halbleiterprozesses. n-dotierte Bereiche sind blau, p-dotierte Bereiche rot gezeichnet. Metallische Schichten sind braun und isolierende Schichten ockerfarben

sind darin farblich gekennzeichnet. Wir stellen in diesem Lehrbuch n-dotierte Bereiche immer blau und p-dotierte Bereiche immer rot dar. Man erkennt, dass der Rohwafer (a) p-dotiert ist und die Epitaxieschicht (b, aufgebaut auf dem Rohwafer) n-dotiert.

In dem auf das FEOL folgenden sog. *„Back-end-of-line" (BEOL)* des Halbleiterprozesses werden dann abwechselnd isolierende Schichten (ocker) und metallische Schichten (braun) aufeinandergestapelt und strukturiert. Hierbei entstehen die Leiterbahnen und Durchkontaktierungen. Das Ergebnis des BEOL zeigt Abb. 1.7c für den Fall von zwei Verdrahtungsebenen.

Wie bei Leiterplatten bezeichnet man die elektrischen Verbindungen zwischen zwei benachbarten Metallschichten auch beim IC als „Vias". Dieser Sprachgebrauch gilt nicht für die elektrischen Verbindungen der Anschlusspunkte integrierter Bauelemente von der Siliziumoberfläche zur untersten (ersten) Metallschicht. Bei ICs spricht man hier üblicherweise von *Kontakten* oder *Kontaktlöchern* (s. Abb. 1.7c). Wir weisen darauf hin, dass wir im Rahmen dieses Buches den Begriff *Durchkontaktierung* oder *Durchkontakt* für alle diese vertikalen Verbindungen, d. h. als Oberbegriff für „Via" und „Kontakt", verwenden.

Alle Strukturierungsmaßnahmen, ob zur Erzeugung begrenzter Dotiergebiete im FEOL oder zur Herstellung von Leiterbahnen und Durchkontakten im BEOL, werden durch fotolithografische Prozesse realisiert. Dieses Verfahrensprinzip haben wir bereits in Abschn. 1.1.1 bei der Leiterplattentechnologie kennengelernt. Im Unterschied zu Leiterplatten sind die auf einem modernen Chip erzeugten Strukturen allerdings um viele Größenordnungen kleiner (im Nano- bis Mikrometerbereich), woraus sich im Vergleich sehr viel detailliertere und komplexere Gesamtstrukturen ergeben. In der Fertigung von ICs spielt die Fotolithografie eine Schlüsselrolle. Wir werden sie in Kap. 2 im Rahmen der Halbleitertechnologie ausführlich behandeln.

1.2 Integrierte Schaltungen

1.2.1 Bedeutung und Merkmale

Seit dem Erscheinen der ersten integrierten Schaltkreise (ICs) in den 1960er-Jahren hat sich die Mikroelektronik in einem atemberaubenden Tempo entwickelt. Sie ist längst zu einer Schlüsseltechnologie für unseren technischen Fortschritt geworden. Sie hat unser aller Leben schon massiv verändert und wird dies weiterhin tun. Doch woher kommt diese gewaltige, nicht nachlassende Gestaltungskraft? Wir wollen versuchen, diese Frage zu beantworten. Dabei werden wir sehen, dass die Mikroelektronik einige ganz spezielle Eigenschaften in sich vereint und wir sollten erkennen, dass die Triebkräfte dieser rasanten, anhaltenden technischen Evolution aus der Kombination dieser speziellen Eigenschaften erwachsen.

Die Idee, elektronische Schaltkreise auf einem einzigen Stück Halbleitermaterial zu integrieren, wurde erstmals gegen Ende der 1950er-Jahre von Jack Kilby [1] und Robert Noyce [2] unabhängig voneinander geäußert. Der erste kommerzielle integrierte Schaltkreis wurde 1961 hergestellt: Es handelte sich um ein logisches Speicherelement (*Flipflop* genannt) mit vier Transistoren und fünf Widerständen [3].

Das war die Geburtsstunde der Mikroelektronik und der Beginn des modernen Computerzeitalters. Von diesem Zeitpunkt an entwickelte sich die Halbleitertechnologie immer weiter, begleitet von einer unaufhörlichen Miniaturisierung der Strukturen auf einem IC. Diese Miniaturisierung ist die Triebfeder für eine Reihe von Effekten, die sich gegenseitig verstärken und deren kumulative Wirkung bei näherer Betrachtung immer wieder verblüfft.

Durch die stetige Verkleinerung der einzelnen Bauelemente verbrauchen die integrierten Schaltkreise immer weniger Energie, arbeiten dabei schneller und es lassen sich immer mehr Funktionen auf einem Chip unterbringen. Diese Effekte sind gut nachvollziehbar und daher leicht zu verstehen. Weniger offensichtlich ist, dass die realisierten Funktionen dabei auch immer billiger werden. Warum ist das so? Mit zunehmender Miniaturisierung werden die Halbleiterprozesse ja immer aufwändiger, was grundsätzlich zur Verteuerung von Chipfläche führt. Durch die Verkleinerung benötigen die einzelnen Funktionen aber auch eine geringere Fläche auf dem Chip. Dadurch lässt sich die Verteuerung der Prozesskosten immer wieder überkompensieren. Mit jeder neuen Chip-Generation erhält man deshalb mehr Leistung für sein Geld, d. h. „mehr Funktionalität zum gleichen Preis".

Noch weniger offensichtlich, aber für den Erfolg der Mikroelektronik nicht minder wichtig, ist schließlich noch ein weiterer Effekt. Die immer höhere Integrationsdichte in Chips wirkt sich sehr positiv auf die Zuverlässigkeit elektronischer Systeme aus, denn jedes nicht benötigte diskrete Bauelement, jede wegfallende Lötstelle und jeder eingesparte Steckkontakt verringert die Wahrscheinlichkeit eines Systemausfalls. Hinsichtlich des statistischen Ausfallrisikos stellt ein Chip in erster Näherung nur ein einziges Bauteil dar. (Erinnern wir uns: integrierte „Bauelemente" sind nur kleine Teilgebiete *eines* monolithischen Halbleiterchips.) Systeme, die aus hochintegrierten ICs aufgebaut sind, haben daher viel weniger mögliche Fehlerstellen, was zu einer entsprechend geringeren Ausfallwahrscheinlichkeit führt.

Ein kleines Gedankenexperiment soll die geschilderten Effekte verdeutlichen. Wollte man die Elektronik eines modernen Mobiltelefons aus lauter diskreten Bauelementen in Leiterplattentechnologie aufbauen, so bräuchte man, um diese unterzubringen, ein Gehäuse mindestens so groß wie die weltweit größten Industriegebäude. Ein derart monströses „Gerät" wäre nicht nur äußerst unhandlich und damit unbrauchbar; es wäre auch unbezahlbar. Abgesehen davon wäre es praktisch auch ständig defekt (womit man dann wenigstens das Problem, dass es zum Betrieb die Leistung eines Kraftwerks benötigte, los wäre).

Dieses Extrembeispiel zeigt die wundersame Macht der Mikroelektronik. Sie kommt zustande durch das Zusammenwirken der sechs oben geschilderten Effekte. Fassen wir diese Effekte nochmals zusammen: die fortgesetzten Verbesserungen in der Mikroelektronik machen elektronische Systeme immer kleiner, schneller, sparsamer, intelligenter, billiger und zuverlässiger.[5] Betrachten wir andere technische Domänen (z. B. Automobile), erkennen wir schnell, dass sich diese sechs Eigenschaften normalerweise nicht alle gleichzeitig verbessern lassen. In der Regel wirken sie einander entgegen und die Ingenieure müssen für jeden Anwendungsfall den optimalen Kompromiss finden. Bei der Mikroelektronik ist das anders. Hier verstärken sich sämtliche wünschenswerten Eigenschaften gegenseitig. Dadurch lassen sich alle relevanten Leistungsmerkmale von ICs immer weiter verbessern, was ihren anhaltenden und nachhaltigen Erfolg erklärt.

1.2.2   Analoge, digitale und Mixed-Signal-Schaltungen

Moderne integrierte Schaltkreise sind äußerst komplexe Gebilde. Wollen wir die Aufgaben, die sie erfüllen, besser verstehen, dann sollten wir uns als erstes bewusst machen, dass sie digitale und analoge Schaltungen enthalten. Diese beiden Schaltungstypen unterscheiden sich nicht nur fundamental in ihrer Funktionsweise. Auch hinsichtlich ihrer Eignung für die existierenden Entwurfsverfahren und Halbleiterprozesse gibt es große Unterschiede.

Digitale Schaltungen
Betrachten wir zunächst die digitalen Schaltungen. Sie sind technisch viel einfacher zu handhaben als ihre analogen Gegenstücke, da sie ausschließlich diskrete Signalwerte verarbeiten. Dabei handelt es sich in der Regel um binäre Signale, die nur zwei unterscheidbare Werte zulassen, welche sich als die Binärziffern „1" und „0" oder die logischen Werte „wahr" und „falsch" interpretieren lassen.

---

[5] Hinsicht der Zuverlässigkeit müssen wir hier erwähnen, dass das „Downscaling" in der Halbleiterfertigung auf immer kleinere Strukturgrößen einen Punkt erreicht hat, an dem Alterungseffekte zunehmend kritisch werden. Eines der drängendsten Probleme ist beispielsweise die Degradation von Leiterbahnen, hervorgerufen durch Migrationseffekte infolge zunehmender Stromdichten. Vorbeugende Maßnahmen gegen diese Effekte sind vor allem im Layoutentwurf erforderlich. Wir behandeln dieses Thema ausführlich in Kap. 7.

Digitale Logik kann daher elektrisch mit zwei (prinzipiell beliebigen) Spannungspegeln realisiert werden. Es ist ausreichend, wenn diese Spannungspegel nur ungefähr, d. h. innerhalb einer bestimmten Toleranz, erreicht werden. Zwischen den logischen Zuständen ist lediglich ein „verbotener" Spannungsbereich definiert, um eine eindeutige Unterscheidbarkeit zu gewährleisten. Ein einwandfreier Betrieb lässt sich dadurch erreichen, dass man nach jeder Zustandsänderung mit dem nächsten Lesevorgang stets so lange wartet, bis sich alle logischen Zustände sicher auf einen der definierten Signalpegel eingestellt haben. (Dies wird erzielt, indem man die Taktrate entsprechend einstellt.)

Aus diesen beiden Standardisierungsmaßnahmen, nämlich der Einführung wert- und zeitdiskreter Signale, ergeben sich drei signifikante Vorteile der Digitaltechnik. Sie ist erstens unempfindlich gegen äußere Störungen und ermöglicht auch unter erschwerten Betriebsbedingungen einen fehlerfreien Betrieb. Zweitens lassen sich Digitalschaltungen viel effizienter entwerfen, da man im Entwurfsprozess viele Störeinflüsse, welche im Analogentwurf zwingend zu berücksichtigen sind, vernachlässigen kann. (Dies ermöglicht ganz spezifische, automatisierte Entwurfsmethoden, die wir in Kap. 4 und 5 detailliert besprechen.) Dritter Vorteil: weil digitale Schaltungselemente als reine Schalter arbeiten (hierfür kommen heute überwiegend CMOS-Transistoren[6] zum Einsatz), müssen sie nur geringe schaltungstechnische Anforderungen erfüllen. Deshalb können sie im Prinzip beliebig klein ausgelegt werden. Mit anderen Worten: sie eignen sich perfekt für die Miniaturisierung. Die Grenze setzt hier lediglich die verfügbare Halbleitertechnologie.

Moderne ICs der Digitaltechnik integrieren mehrere Rechenkerne inklusive der notwendigen Peripherie auf einem Chip. Derartige Chips können mehrere zehn Milliarden Transistoren enthalten. Abb. 1.8 zeigt den Intel® „i7 Haswell-E" aus dem Jahre 2014 als (historisches) Beispiel. Der in einer 22-nm-Halbleitertechnologie gefertigte Chip hat eine Fläche von 355 mm^2. Er enthält acht Rechenkerne und besteht aus insgesamt 2,6 Milliarden Transistoren [4]. Bilder dieser Chips erinnern an Satellitenaufnahmen großer Metropolen. Es ist erstaunlich, dass sich auf einem Stück Silizium von der Größe eines Fingernagels heutzutage ein elektronisches System von der Komplexität einer gigantischen Großstadt (die sich über einen ganzen Kontinent erstrecken würde!) präzise und fehlerfrei herstellen lässt.

Analoge Schaltungen
Neben digitalen Schaltkreisen werden in elektronischen Systemen auch analoge Schaltungen benötigt. Diese bilden die Schnittstelle zwischen der abstrakten Welt der digitalen Datenverarbeitung und der uns umgebenden realen Welt, in der es vielerlei physikalische Größen gibt, welche sich im Gegensatz zu digitalen Signalen „fließend", d. h. zeit- und wertkontinuierlich ändern.

---

[6]CMOS ist eine Abkürzung für „Complementary Metal Oxide Silicon". Die CMOS-Technologie umfasst zwei komplementäre unipolare Transistoren vom n- und p-Typ. „MOS" bezeichnet die in den ersten CMOS-Prozessen verwendete Schichtenfolge: Metall, Oxid, Silizium. Wir behandeln CMOS in Kap. 2 im Detail.

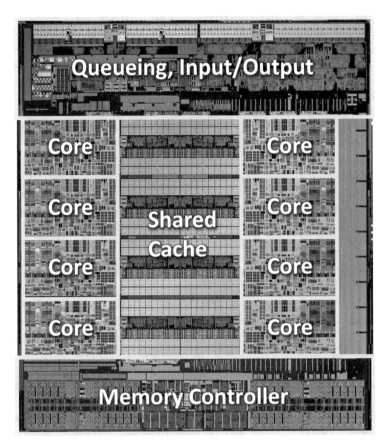

Abb. 1.8 Intel-Mikroprozessor im 22-nm-Technologieknoten mit acht Prozessorkernen („Cores"), Cache-Speicher und allen notwendigen Datenschnittstellen

Diese Aufgabenteilung zeigt viele Analogien zu biologischen Organismen. Neben einem Gehirn zur Informationsverarbeitung benötigt jeder Organismus noch (i) Sinnesorgane, um die Umwelt zu erfassen, (ii) innere Organe zur Versorgung und (iii) Gliedmaßen, um auch physisch agieren, d. h. auf die Umwelt einwirken zu können. In entsprechender Weise benötigt jedes mechatronische oder elektronische System weitere Schaltkreise, die die (digitale) Informationsverarbeitung ergänzen. Diese Systeme (i) tasten analoge Sensoreingänge ab und wandeln sie in digitale Signale um, (ii) versorgen das System mit Strom und Spannung und (iii) setzen die Ergebnisse der digitalen Datenverarbeitung in die leistungselektronische Ansteuerung von Aktoren, wie Elektromotoren, Ventile, Bildschirmanzeigen, Lautsprecher und dergleichen um. All diese Aufgaben werden von vielen unterschiedlichen Schaltungen übernommen, die eines gemeinsam haben: sie verarbeiten und erzeugen *analoge* Signale.

Für viele Aufgaben der analogen Schaltungstechnik kann man die bei Digitalschaltungen verwendete CMOS-Technologie ebenfalls einsetzen. Darüber hinaus gibt es aber auch viele Anwendungen, bei denen Bauelemente mit besonderen Leistungsmerkmalen erforderlich sind. Hierzu gehören bipolare Transistoren, die sich durch hohe Sperrspannungen und Robustheit auszeichnen und deren Temperaturabhängigkeit sich schaltungstechnisch vorteilhaft nutzen lässt, sowie spezielle Leistungstransistoren, die im eingeschalteten Zustand einen sehr geringen Widerstand aufweisen und sehr große Ströme leiten können. Diese meist kundenspezifischen Schaltungen wurden in den frühen Jahren der Halbleiterindustrie mit unterschiedlichen, separaten Chips realisiert, die in Halbleiterprozessen gefertigt wurden, welche auf die jeweiligen Bauelemente zugeschnitten waren. (Diese Option nutzt man teilweise auch heute noch.) Seit den 1990er-Jahren stehen Halbleiterprozesse zur Verfügung, in denen sich *alle* für ein Gesamtsystem notwendigen Bauelementtypen auf einem IC fertigen lassen. Typische Vertreter dieser sog. *Mischprozesse* sind *BICMOS* (bipolare Transistoren und CMOS) und *BCD* (bipolare Transistoren, CMOS und DMOS).[7]

Mixed-Signal-Schaltungen
Aufgrund des heutigen hohen Integrationsgrades ist die Kombination von digitalen und analogen Schaltungsteilen auf einem Chip gängige Praxis. Die meisten Chips sind heute von diesem Typ, die man deshalb auch als *Mixed-Signal*-Chips bezeichnet; sie werden je nach Spezifikation in CMOS oder BICMOS gefertigt. Enthalten sie zusätzlich noch Leistungstransistoren, spricht man auch von *Smart Power* ICs. Diese setzt man in einer BCD-Technologie um.

Abb. 1.9 zeigt als Beispiel einen Smart Power Chip aus dem Jahr 2018 für ein Kfz-Steuergerät der Robert Bosch GmbH®. In diesem Chip sind alle Systemfunktionen integriert: analoge Schaltungen für die Sensorauswertung („Sense"); interne Spannungs- und Stromversorgung („Supply"); Leistungsstufen für die Aktoransteuerung („Act"); digitale Informationsverarbeitung („Think"), die mit *Standardzellen*[8] realisiert ist und auch einen programmierbaren Rechnerkern enthält.

Einen Chip, der all diese verschiedenen Arten von elektronischen Modulen einschließt, bezeichnet man als *SOC* (*System on Chip*) [5]. Der in Abb. 1.9 dargestellte Chip wurde in BCD-Technologie im 130-nm-Knoten hergestellt, hat eine Fläche von 34 mm^2 und enthält 164.000 Bauelemente in den analogen Schaltungsteilen und etwa 3 Millionen Transistoren im digitalen Teil (gelber Kasten). Die externe Betriebsspannung beträgt 14 V. Der Chip hat eine Spannungsfestigkeit[9] von 60 V.

---

[7]DMOS steht für „Double Diffused Metal Oxide Silicon". Dies ist eine Fertigungstechnologie für unipolare Transistoren, die in der Leistungselektronik große Ströme schalten. Mit DMOS-Transistoren lassen sich extrem niedrige Durchlasswiderstände in der Größenordnung von wenigen mΩ realisieren.

[8]Der Entwurf mit Standardzellen ist ein sehr effizienter und daher weit verbreiteter Entwurfsstil für integrierte Digitalschaltungen. Wir stellen Standardzellen und den zugehörigen Entwurfsablauf in Kap. 4 vor.

[9]Die Spannungsfestigkeit eines ICs hängt von der Durchbruchspannung der beteiligten Bauelemente ab. Die Durchbruchspannung gibt die Spannungsdifferenz an, ab der eine Isolierschicht oder eine invers betriebene Diode einen plötzlichen starken Stromanstieg zeigt. Die Kap. 6 und 7 erläutern dies näher.

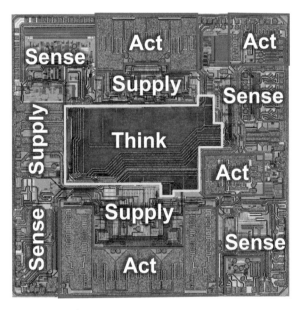

Abb. 1.9 Smart Power Chip von Bosch in 130 nm BCD-Technologie (BCD: Bipolartransistoren, CMOS und DMOS) für die Automobilelektronik

1.2.3   Mooresches Gesetz und Entwurfsscheren

Miniaturisierung

Wie wir gesehen haben, hat die kontinuierliche Evolution der Mikroelektronik ihre Ursache darin, dass es immer wieder aufs Neue gelingt, integrierte Schaltungen weiter zu verkleinern. Halbleitertechnologien werden daher nach der kleinsten Strukturgröße klassifiziert, die sich auf dem Wafer zuverlässig (d. h. reproduzierbar in großer Menge) realisieren lässt. Man spricht in diesem Zusammenhang dann von *Technologieknoten* oder auch von *Prozessknoten*.

Allerdings gibt es keine allgemeingültige Definition, welches Maß unter der „kleinsten Strukturgröße" exakt zu verstehen ist. Die Ermittlung und Angabe dieser Größe ist daher von Hersteller zu Hersteller unterschiedlich. Zu den kleinsten Strukturen auf einem IC gehören die Durchkontaktierungen, die minimal erlaubte Leiterbahnbreite oder die kleinstmögliche aktive Länge eines unipolaren Transistors (gegeben durch den Abstand zwischen Source und Drain). Da die genannten Strukturen innerhalb eines Halbleiterprozesses durchaus ähnlich groß sind, sind die Angaben eines Herstellers zur „kleinsten Strukturgröße", also welchem Technologieknoten er seinen Prozess zuordnet, aber prinzipiell gut vergleichbar. Am häufigsten wird die minimale aktive Länge des Transistors zur Definition hergenommen.

Die Herstellungsverfahren für ICs sind sehr komplex und fragil, weshalb die Fertiger bestrebt sind, Änderungen an eingefahrenen Produktionsprozessen zu vermeiden. Will man die Strukturgröße verkleinern, so erfordert dies i. Allg. einen enormen Aufwand. Die Miniaturisierung ist daher kein kontinuierliches Verfahren, sondern erfolgt in klar definierten Schritten. Die Erfahrung hat gezeigt, dass der Übergang zu einer kleineren Strukturgröße wirtschaftlich sinnvoll ist, wenn sich die Anzahl der pro Flächeneinheit herstellbaren Bauelemente ungefähr verdoppeln lässt. Das bedeutet, dass der Flächenbedarf der Bauelemente ohne Funktionsverlust halbiert werden muss.

Am einfachsten gelingt dies regelmäßig bei Digitalschaltungen. Wie oben beschrieben, kommen dort CMOS-Transistoren zum Einsatz, welche nur als Schalter zwischen zwei Spannungspegeln dienen. Diese, im Vergleich zu Analogschaltungen sehr einfache Anforderung lässt sich seit Jahrzehnten erfüllen, indem man die Transistoren lediglich auf die halbe Fläche verkleinert, wobei ihr innerer Aufbau im Wesentlichen unverändert gelassen werden kann. Rentable Miniaturisierungsschritte lassen sich daher regelmäßig mit einer Stukturverkleinerung um den Faktor $1/\sqrt{2}$ erreichen. In der CMOS-Technologie skaliert man hierfür einfach die Transistorabmessungen linear herunter, was man auch als „Shrinken" bezeichnet.[10] Seit den späten 1970er-Jahren (als die CMOS-Technologie ausgereift war) kann man beobachten, dass sich der Flächenbedarf der kleinsten CMOS-Transistoren und damit von Digitalschaltungen etwa alle zwei Jahre halbiert. Diese technologischen Meilensteine werden durch die bereits erwähnten „Prozessknoten" oder „Technologieknoten" charakterisiert.

Abb. 1.10 zeigt die zeitliche Entwicklung der Technologieknoten für verschiedene Halbleiterprozessfamilien seit 1970 auf einer logarithmischen Skala. Die CMOS-Technologie (rotbraune Kurve) war eindeutig die Haupttriebkraft für diese Fortschritte. Die CMOS-Kurve orientiert sich an den Zeitpunkten, wann die ersten Microcontroller-Chips im jeweiligen Prozessknoten auf dem Markt erschienen sind. Die Halbleiterprozesse für andere Anwendungen (blau dargestellt) folgen dieser sog. *Leading-Edge-Technologie* mit unterschiedlichen Zeitabständen. Alle Kurven stellen einen aus den realen Daten gemittelten Langzeittrend dar. Exakte Aussagen zu bestimmten Zeitpunkten und Strukturgrößen lassen sich daraus nicht ablesen.

Mooresches Gesetz

Wie wir gesehen haben, hat die in Abb. 1.10 dargestellte Miniaturisierung den Weg für die Integration einer immer größeren Anzahl von Bauteilen und damit auch für immer mehr Funktionen auf einem einzigen Chip geebnet. Diese Entwicklung ist im Diagramm in Abb. 1.11 zu sehen, die ebenfalls in den 1970er-Jahren beginnt. Die schwarzen Kurven zeigen den exponentiellen Anstieg der Anzahl der auf einem Chip integrierten Bauelemente (es gilt die linke Skala).[11]

---

[10] Diese Aussage gilt für CMOS-Technologien mit Strukturgrößen von mehr als etwa 20 nm. Darunter kommen unipolare Transistoren mit einem anderen inneren Aufbau, sog. „FinFETs" zum Einsatz, deren Behandlung den Rahmen dieses Buches aber sprengen würde. Das Prinzip des Shrinkens ist aber auch bei FinFETs anwendbar.

[11] Wir verwenden „Bauelemente/IC" (Bauelemente pro Schaltkreis) und nicht, wie die meisten anderen Autoren, „Transistoren/IC" als Maßeinheit, da in Mischprozessen neben Transistoren auch viele andere Arten von Bauelementen verwendet werden. Die Daten für „Transistoren/IC" und „Bauelemente/IC" sind für Logikchips jedoch fast identisch.

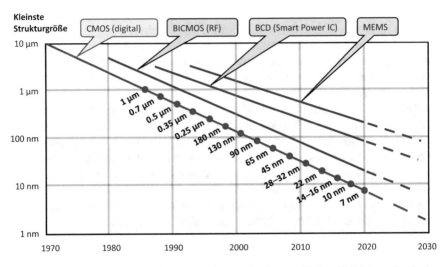

Abb. 1.10 Zeitlicher Verlauf der kleinsten Strukturgrößen für verschiedene Halbleitertechnologie-Familien. Markierte Punkte kennzeichnen typische Prozessknoten

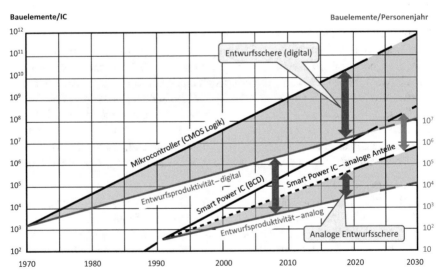

Abb. 1.11 Mittlere Zunahme der Integrationsdichte in Bauelementen pro IC (schwarz, linke Skala) und mittlere Zunahme der Entwurfsproduktivität in Bauelementen pro Personenjahr (rot, rechte Skala) für digitale Chips (oben) und Smart Power ICs, die sowohl analoge als auch digitale Teile enthalten (unten). Die digitale Entwurfsschere, die analoge Entwurfsschere und die Schere zwischen analoger und digitaler Entwurfsproduktivität (roter Doppelpfeil) sind ebenfalls dargestellt

Gordon Moore, Direktor für Forschung und Entwicklung bei Fairchild Semicon-ductor Inc., zeichnete bereits 1965 eine ähnliche Grafik [6], als er gleich zu Beginn der Chip-Miniaturisierung feststellte, dass sich die Anzahl der Bauelemente auf ei-nem Chip jedes Jahr verdoppelt. In seiner Veröffentlichung sagte er auch voraus, dass dieser Trend in absehbarer Zukunft anhalten würde. In den frühen 1970er-Jahren, als die ersten Mikrocontroller entstanden, wurde klar, dass sich dieser Trend inzwischen etabliert hatte. Seit dieser Zeit wird dieses exponentielle Wachstum als *Mooresches Gesetz (Moore's Law)* bezeichnet. Diese Bezeichnung verwendet man bis heute, auch wenn sich gezeigt hat, dass die Verdoppelung der Bauelementanzahl pro IC im langjährigen Mittel nicht jährlich, sondern etwa alle zwei Jahre stattfindet. (Moore selbst revidierte bereits 1975 seine Vorhersage auf eine Verdopplung alle zwei Jahre.)

In Abschn. 1.2.1 haben wir die erstaunlichen Auswirkungen der Miniaturisierung erörtert, die dazu geführt haben, dass das Mooresche Gesetz bis heute wirksam ist. Unsere Betrachtungen erfolgten dabei aus der Sicht der Nutzer und der Halbleitertechnologie. Ein wichtiger Aspekt ist dabei aber noch nicht zur Sprache gekommen, dem wir uns an dieser Stelle nun zuwenden wollen, da er uns zum Thema dieses Buches bringt. Es geht darum, dass all diese wundervollen ICs nicht nur zu fertigen sind. Bevor das geschehen kann, müssen sie zuerst *entworfen* werden!

Die Entwurfsschere im Digitalentwurf

Der Entwurf eines modernen IC ist angesichts der enormen (quantitativen und qualitativen) Komplexität dieser Aufgabe eine riesige Herausforderung. Konnten die zu verschaltenden Logikgatter der ersten Chips noch in Schaltplänen dargestellt und die Maskenvorlagen noch von Hand oder mit einfachen Zeichenprogrammen entworfen werden, so war diese manuelle Vorgehensweise schon in den 1980er-Jahren nicht mehr effizient genug. Parallel zur exponentiellen Komplexitätssteigerung in der Mikroelektronik wurden daher von Seiten der Wissenschaft und der Industrie viele Anstrengungen unternommen, den IC-Entwicklern immer leistungsfähigere Software-Werkzeuge und innovative Entwurfsmethoden an die Hand zu geben. Dieses Fachgebiet wird als *Entwurfsautomatisierung* oder *Electronic Design Automation*, kurz *EDA*, bezeichnet.

Mit Hilfe der EDA konnte man die Entwurfsleistung der IC-Entwickler im Bereich des Digitalentwurfs ganz erheblich steigern. Der Entwurfsprozess für integrierte Logikschaltungen gilt heute als hochautomatisiert. Trotzdem ist zu beobachten, dass der Aufwand für die Entwicklung eines Logikchips kontinuierlich steigt. Dieses Problem lässt sich anschaulich quantifizieren, indem man die Anzahl der Bauelemente auf einem IC und den Gesamtaufwand für seine Entwicklung (gemessen in Personenjahren) erfasst und hieraus den Quotienten bildet. Diese Maßzahl bezeichnet man als *Entwurfsproduktivität* oder *Designproduktivität*. Ihr Verlauf ist in Abb. 1.11 in roter Farbe eingezeichnet und bezieht sich auf die Skala auf der rechten Seite des Diagramms. Man erkennt, dass die Steigerung der Entwurfsproduktivität auch exponentiell verläuft, allerdings bleibt die Steigerungsrate deutlich hinter derjenigen des Mooreschen Gesetzes zurück. Mit anderen Worten: die durchschnittliche IC-Komplexität und die Entwurfsproduktivität driften kontinuierlich auseinander. Dieses als „*Design gap*" bekannte Phänomen wird wegen dieses Auseinanderdriftens auch als *Entwurfsschere* bezeichnet.

Über die Entwurfsschere im Entwurf digitaler ICs ist viel geschrieben worden. Abb. 1.11 visualisiert sie durch den oberen schattierten Bereich und den braunen

Doppelpfeil. Sie ist eines der drängendsten und hartnäckigsten Probleme der Mikroelektronik. Dies wird besonders deutlich, wenn wir die Entwurfsschere quantifizieren. Hierzu teilen wir einfach die IC-Komplexität (schwarz) durch die Entwurfsproduktivität (rot), woraus sich die Kennzahl „Personenjahre/IC" ergibt. Der zeitliche Verlauf dieser Kennzahl zeigt, dass der Aufwand zur Entwicklung eines einzelnen ICs mit der Zeit exponentiell anwächst.

Neben dieser Kostenexplosion gibt es eine weitere gravierende Auswirkung der Entwurfsschere. Da sich die Entwurfzeit für einen IC aus marktstrategischen Gründen nicht verlängern lässt, muss die Anzahl der im Entwurf eines ICs tätigen Entwickler ständig erhöht werden. Um einen neuen Computer-Chip auf den Markt zu bringen, bildet man heute Projektteams mit über 1000 Personen, die oft rund um den Globus verteilt sind.

Die Entwurfsschere im Analogentwurf

Wir wollen an dieser Stelle auf ein weiteres derartiges Problem eingehen, das wir als die *analoge Entwurfsschere* bezeichnen und das seit der Jahrtausendwende zunehmend an Brisanz gewinnt. Betroffen sind alle Chips, welche auch analoge Schaltungsteile enthalten, also insbesondere Mixed-Signal und Smart Power Entwürfe, die – wie bereits dargelegt – die große Mehrheit aller heutigen Chips ausmachen. Auch diese ICs folgen dem Mooreschen Gesetz, wobei das Wachstum der IC-Komplexität gegenüber den digitalen Chips zwar zeitlich verzögert, aber mit einer vergleichbaren Steigerungsrate erfolgt.

Der Anstieg der Anzahl der Bauelemente ist in erster Linie auf die zunehmenden digitalen Schaltungen in diesen Mixed-Signal-Designs zurückzuführen. In Abb. 1.11 haben wir die Verhältnisse für Smart Power ICs in der unteren durchgezogenen schwarzen Kurve dargestellt. Weit mehr als 90 % der Bauteile in einem modernen Smart Power IC befinden sich in dessen Digitalteil. Der Entwurf dieser Digitalteile profitiert massiv von den hochautomatisierten EDA-Verfahren, die für den Digitalentwurf verfügbar sind.

Ganz anders dagegen ist die Situation im Entwurf der analogen Schaltungsteile. Dort wächst die Bauelementanzahl zwar auch exponentiell, aber mit geringerer Steigerungsrate (gestrichelte schwarze Kurve). Wie bereits in Abschn. 1.2.2 beschrieben, sind analoge Signale zeit- und wertkontinuierlich und müssen daher möglichst verzerrungsfrei verarbeitet werden. Das Ziel der IC-Entwickler ist dabei, Störeinflüsse, die zu einer Abweichung des Signals und somit zu Fehlfunktionen führen können, bestmöglich zu unterdrücken. Hierzu wenden sie spezifische Strategien der analogen Schaltungstechnik und des Layoutentwurfs von Analogschaltungen an. Da es eine Vielzahl unterschiedlichster Störeinflüsse gibt, müssen sie hierbei eine große Diversität an physikalischen Wirkzusammenhängen berücksichtigen und sind gezwungen – anders als im Digitalentwurf – alle theoretisch vorhandenen Freiheitsgrade im Entwurf gezielt ausnutzen. Dies macht das Entwurfsproblem in qualitativer Hinsicht so schwierig, dass es sich mathematisch nur sehr schwer modellieren lässt und sich deshalb einer automatisierten Lösungsfindung bislang hartnäckig „widersetzt". Aus diesem Grunde basiert der Entwurf analoger integrierter Schaltungen bis heute noch erheblich auf den Erfahrungen der Entwickler und ist durch einen manuellen Entwurfsstil geprägt.

So kommt es, dass auf die Analogteile in Mixed-Signal und Smart Power ICs heute durchaus 90 % des gesamten Entwicklungsaufwands entfallen können, obwohl diese Analogteile, gemessen an den enthaltenen Bauelementen, nur einen sehr kleinen Teil (typisch < 10 %, in Abb. 1.11 dargestellt durch grauen Doppelpfeil) des ICs ausmachen. Das bedeutet, dass die Entwurfsproduktivität des Analogentwurfs um zwei bis drei Größenordnungen unter der des Digitalentwurfs liegt. Dies ist in Abb. 1.11 am Abstand der roten Kurven (roter Doppelpfeil) ablesbar.

Für Mixed-Signal und Smart Power Entwürfe ist daher längst der Analogentwurf zum „Engpass" geworden. Es bedarf dringender Verbesserungen des analogen Entwurfsflusses, um die wachsende analoge Entwurfsschere (dargestellt durch den unteren schattierten Bereich und den braunen Doppelpfeil) nicht noch größer werden zu lassen. Am Ende des Kap. 4 schlagen wir einige Maßnahmen zur Problemlösung im Layoutentwurf vor.

1.3 Layoutentwurf

1.3.1 Entwurfsablauf einer elektronischen Schaltung

Der Entwurfsablauf eines elektronischen Systems ist in Abb. 1.12 stark vereinfacht dargestellt. Ausgangspunkt ist die Erstellung einer *Spezifikation*, in der die gewünschten Funktionen und Leistungsmerkmale des Systems unter den vorgesehenen Betriebsbedingungen beschrieben sind. Für die dabei entstehende *Funktionsbeschreibung* nutzt man neben der üblichen Darstellung von Signalverläufen im

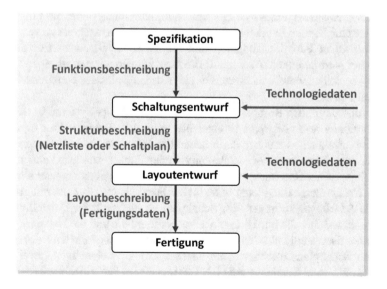

Abb. 1.12 Stark vereinfachte Darstellung des Entwurfsablaufs einer elektronischen Schaltung

Zeit- und Frequenzbereich oft noch weitere Beschreibungsformen, wie Texte, Diagramme, Tabellen oder dergleichen, um das Entwicklungsziel möglichst exakt und umfassend darzustellen.

Die Spezifikation beschreibt, *was* das System tun soll, wobei der Schwerpunkt auf Eingängen und Ausgängen liegt. Ein Teil der Spezifikation könnte beispielsweise so lauten: „Das System soll zwei 8 Bit breite digitale Eingangsdaten über die Pins 0–7 und 8–15 mit einer Frequenz von 1,2 GHz empfangen und das Multiplikationsergebnis dieser Eingangsdaten nach höchstens 5 Taktzyklen an einem 16-Bit-Digitalausgang über die Pins 16–31 ausgeben." Diese Spezifikation beschreibt die auszuführende Aufgabe, legt aber nicht fest, *wie* sie zu erfüllen ist. Dies geschieht erst im nachfolgenden Entwurfsprozess.

Diesen Entwurfsprozess, also die Umsetzung einer Spezifikation in die zur Fertigung benötigten Daten, unterteilt man in die beiden Hauptschritte *Schaltungsentwurf* und *Layoutentwurf* (s. Abb. 1.12), auf die wir im Folgenden näher eingehen.

Was ist der Schaltungsentwurf?
Die Aufgabe des Schaltungsentwurfs ist die Erstellung eines elektrischen Netzwerks, das die in einer Spezifikation beschriebenen Schaltungsfunktionen korrekt implementiert. Dieser Entwurfsvorgang erfolgt meist „Top-down", also beginnend mit der obersten Ebene der Systemhierarchie schrittweise bis zur untersten Hierarchiestufe, was insbesondere bei digitalen Schaltungen mehrere Hierarchieebenen umfasst. Bei diesem Vorgehen werden komplexe Funktionen iterativ in immer einfachere Funktionen zerlegt, von denen sich jede durch eine einzelne Funktionseinheit (bei Digitalschaltungen z. B. ein logisches UND, ein Komparator oder ein Register; bei Analogschaltungen z. B. ein Operationsverstärker oder eine Spannungsreferenz) implementieren lässt.

Das Ergebnis des Schaltungsentwurfs ist eine *Strukturbeschreibung* des elektronischen Systems, z. B. eines ICs. Die Strukturbeschreibung bildet die Eingangsdaten des anschließenden Layoutentwurfs (s. Abb. 1.12). Sie listet alle zu verwendenden elektrischen Funktionseinheiten und die zwischen ihnen zu realisierenden elektrischen Verbindungen (*Netze*) auf. Ein Netz können wir uns als eine Drahtverbindung vorstellen, welche mehrere Ein- und Ausgangspins der Funktionseinheiten elektrisch kurzschließt.

Aufgrund der hohen Komplexität heutiger elektronischer Systeme ist die Strukturbeschreibung normalerweise in einer hierarchischen Baumstruktur organisiert. Als Funktionseinheiten tauchen darin neben den bekannten elektronischen Grundbauelementen daher auch sog. „Schaltungs- oder Funktionsblöcke" auf, in denen Teilschaltungen als Untermengen des Gesamtsystems zusammengefasst sind.

Eine Strukturdarstellung kann in textueller Form als *Netzliste* oder in grafischer Form als *Schaltplan* auftreten. Ein Schaltplan ist die bildliche Darstellung einer Netzliste, in welcher die Funktionseinheiten als Symbole und die Netze als Verbindungslinien dargestellt sind. Abb. 1.13 zeigt auf der rechten Seite ein Beispiel eines einfachen Schaltplans mit vier elektronischen Grundbauelementen (zwei Widerstände R1, R2, zwei Kondensatoren C1, C2) und einem Funktionsblock (ein Operationsverstärker, erkennbar an dem Dreieck-Symbol). Schaltplan und Netzliste sind

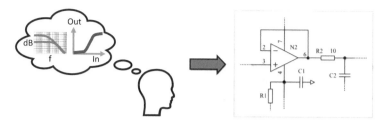

Abb. 1.13 Schaltungsentwurf: von der Spezifikation (links) zum Schaltplan (rechts)

grundsätzlich äquivalente Darstellungen einer Strukturbeschreibung. Es hängt vom jeweiligen Anwendungsfall ab, welche der beiden Formen bevorzugt wird.

In manuell geprägten Entwurfsstilen (analoge ICs, Leiterplatten) wird der Schaltplan durch grafische Eingabebefehle in einem Schaltplaneditor erzeugt. Hierzu platziert man Symbole für die Funktionseinheiten (Bauelemente oder Funktionsblöcke) auf dem Schaltplan und verbindet anschließend deren Anschlüsse über Linienzüge miteinander (Abb. 1.13, rechts). Die Symbole werden in *Symbol-Bibliotheken*, welche Teil der *Technologiedaten* sind (Abb. 1.12), bereitgestellt. Das Entwurfswerkzeug selbst verwaltet die Schaltungsstruktur in Form einer Netzliste. Je nach verwendetem Entwurfsprogramm bleibt die Netzlistenstruktur jedoch für den Nutzer verborgen und wird nur programmintern verwendet.

Bei hochautomatisierten Entwurfsstilen, wie dem Entwurf digitaler ICs, entsteht die Strukturbeschreibung aus automatischen Syntheseverfahren und liegt in Form einer Netzliste vor, die auch der anschließende Layoutentwurf automatisiert weiterverarbeitet. In diesen Fällen ist ein Schaltplan oft entbehrlich. Wird an bestimmten Stellen doch eine Schaltplandarstellung gewünscht, so gibt es hierfür Werkzeuge, die aus einer Netzliste eine Schaltplandarstellung automatisch erzeugen können.

Was ist der Layoutentwurf?

Die Aufgabe des Layoutentwurfs ist es, aus der Strukturbeschreibung einer Schaltung eine *Fertigungsbeschreibung* abzuleiten, auf deren Grundlage die Schaltung hergestellt (d. h. physikalisch realisiert) werden kann (s. Abb. 1.12). Man spricht daher auch von einer *Fertigungsspezifikation*. Das Ergebnis des Layoutentwurfs stellt also eine (physikalische) „Auslegung" der (abstrakten) Strukturbeschreibung dar, weshalb es auch als *Layout* bezeichnet wird. Man nennt den Layoutentwurf deshalb auch *physikalischer Entwurf*.

Bei dieser Transformation verfolgt man *Optimierungsziele* und es sind *Randbedingungen* einzuhalten. Die Randbedingungen lassen sich in prozess- und projektspezifische Randbedingungen unterteilen.

Prozessspezifische Randbedingungen beschreiben die Möglichkeiten und Grenzen der vorgesehenen Fertigungstechnologie; man nennt sie deshalb auch *technologische Randbedingungen*. Sie sind Teil der in Abb. 1.12 angedeuteten Technologiedaten und müssen bei allen Entwürfen, die in der betreffenden Fertigungstechnologie umzusetzen sind, berücksichtigt werden.

Projektspezifische Randbedingungen hingegen gelten nur für das jeweils zu entwickelnde Produkt. Sie entstehen im Schaltungsentwurf als weiteres Ergebnis in Ergänzung zur Strukturbeschreibung und werden als *funktionale* oder *elektrische Randbedingungen* bezeichnet. Man nennt sie auch oft *Constraints*. Sie sind Anweisungen, die im Layoutentwurf besonders zu beachten sind, um die korrekte Funktion oder auch die geforderte Zuverlässigkeit sicherzustellen.

In Kap. 4 behandeln wir Optimierungsziele und Randbedingungen im Kontext verschiedener Entwurfsmodelle und Entwurfsstile.

1.3.2 Layoutentwurf von integrierten Schaltungen

Wie bereits angesprochen, überträgt man in der Halbleitertechnologie alle zu erzeugenden Strukturen mit Hilfe fotolithografischer Verfahren auf den Wafer. Die Fertigungsvorlagen für diese Strukturen befinden sich auf den Belichtungsmasken, welche in den FEOL- und BEOL-Prozessen in einer festgelegten Abfolge angewendet werden, woraus sich die in Abb. 1.7 erkennbaren geschichteten Strukturen in und auf dem Wafer ergeben.

Das Ziel des Layoutentwurfs integrierter Schaltkreise ist die Erzeugung der geometrischen Strukturen für diese Belichtungsmasken. Die Gesamtheit dieser Geometriedaten bezeichnet man als das „Layout eines ICs". Ein derartiges IC-Layout ist ein vollständiges Abbild eines zu fertigenden Chips. Es definiert die physikalische Realisierung aller Schaltungsbestandteile eines ICs. Hierzu gehören (i) der innere Aufbau der Bauelemente, (ii) deren Anordnung auf dem IC, die Ausführung (iii) der Verbindungsleitungen und (iv) der Kontaktlöcher und Vias sowie (v) die meist am Rande des Chips liegenden *Bondpads* für die elektrische Anbindung zur Außenwelt.

Abb. 1.14 zeigt auf der rechten Seite einen kleinen Ausschnitt eines IC-Layouts, wie es in einem für den Layoutentwurf verwendeten Grafikeditor (auch „Layouteditor" genannt) erscheint. Jedes Grafikelement ist dabei einer *Layoutebene* (sog. *Layer*) zugeordnet, welche i. Allg. einer Belichtungsmaske entspricht. Um die optische Erkennung der Layerzugehörigkeit zu vereinfachen, verwendet man bei der Darstellung der Grafikelemente im Layouteditor und auf Layoutplots unterschiedliche layerspezifische Farben, Strichstärken und Füllmuster. Beispielsweise zeigt der in Abb. 1.14 gelb dargestellte Layer „Cont" die Strukturen der Belichtungsmaske, die zur Herstellung von Kontaktlöchern an der Siliziumoberfläche eingesetzt wird. Diese Löcher werden im Halbleiterprozess mit Metall gefüllt, um die Anschlusspunkte der integrierten Bauelemente an der Siliziumoberfläche mit der untersten Metallschicht elektrisch zu verbinden (s. auch Abb. 1.7c).

Im IC-Entwurf unterscheiden sich die Vorgehensweisen beim Layoutentwurf digitaler und analoger Schaltungen sehr stark voneinander.

Digitalschaltungen
Im Layoutentwurf digitaler integrierter Schaltungen arbeitet man mit bereits vorentworfenen Elementen, die als sog. *Zellen* in einer Bibliothek (diese ist Teil der Technologiedaten) abgelegt sind und in ihrem inneren Aufbau nicht mehr verändert wer-

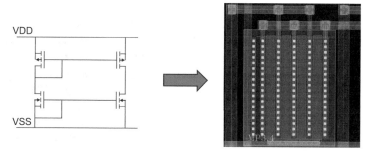

Abb. 1.14 Visualisierung des Layoutentwurfs einer integrierten Schaltung: Überführung der Strukturbeschreibung einer Schaltung (hier ein Schaltplan, links) in geometrische Daten (Layout, rechts), die die Grundlage für die Herstellung der Masken bilden

den. Diese Zellen bilden Grundfunktionen ab, wie logische Gatter und digitale Speicher. Oft hält man auch komplexere Logikblöcke als weitere *Makrozellen* vor. Diese stellen Funktionen auf höheren hierarchischen Schaltungsebene bereit, wie z. B. Addierer und Multiplizierer, oder anwendungsspezifische Komponenten auf noch höherer Hierarchieebene, z. B. Schaltungen, die Kommunikationsprotokolle implementieren.

In einem der ersten Teilschritte des Layoutentwurfs, der *Platzierung*, werden Instanzen dieser Zellen auf der verfügbaren Fläche platziert. Im anschließenden Teilschritt der *Verdrahtung*, auch als *Routing* bezeichnet, entwirft man die Leiterbahnstrukturen, welche die elektrischen Verbindungen der Zellen realisieren. Beide Teilschritte sind fast vollständig automatisiert, weshalb man auch von *Layoutsynthese* spricht. Für die hierbei eingesetzten Rechenprogramme eignen sich Netzlisten als Eingangsdaten.

In Kap. 4 betrachten wir die Verfahren der Layoutsynthese und deren Anwendungen näher.

Analogschaltungen

Ganz anders ist die Situation beim Layoutentwurf analoger integrierter Schaltungen. Hier wird, wie in Abschn. 1.2.2 erläutert, bis heute noch in weiten Teilen manuell gearbeitet. Die Funktionstüchtigkeit einer integrierten Analogschaltung hängt ganz entscheidend von der individuellen Auslegung einzelner Bauelemente und deren relativer Anordnung zueinander ab.[12] Um in dieser Hinsicht die richtigen Entscheidungen treffen zu können, muss der Layoutentwickler (oft kurz *Layouter* genannt) die umzusetzende Schaltung in ihrer Funktion verstehen. Hierfür benötigt er/sie eine Strukturbeschreibung in Form eines Schaltplans. Aus dieser bildlichen Darstellung einer Schaltungsstruktur kann ein Mensch die elektrischen Zusammenhänge (die Schaltungstopologie) und damit die mit der Schaltung realisierte Funktion wesentlich schneller und sicherer erfassen.

---

[12] Eine Schlüsselrolle spielt hierbei das im analogen IC-Layout angewendete Prinzip des sog. *Matchings*. Diesem wichtigen Thema widmen wir uns ausführlich in Kap. 6.

Der Entwurfsablauf beginnt mit der Layouterstellung der Bauelemente. Hierbei wird jedes einzelne Bauelement gemäß der im Schaltplan vorgegebenen elektrischen Parameter (z. B. Transistorlängen und -weiten oder Kapazitätswerte von Kondensatoren) separat dimensioniert und hinsichtlich weiterer Kriterien in der Formgebung an die spezifischen Bedürfnisse des Einzelfalls angepasst. Für diesen Vorgang stehen sog. *Layoutgeneratoren* zur Verfügung. Dies sind Skripte, welche verschiedene Layoutvarianten parametergesteuert automatisch generieren können. Ein Teil der Parameterwerte – hierzu gehören die angesprochenen elektrischen Parameter – wird dabei durch den Schaltplan vorgegeben. Typischerweise gibt es darüber hinaus noch weitere Parameter, die dem Layouter zusätzliche Optionen für automatisierte Anpassungen ermöglichen.

In der anschließenden Platzierung werden die Bauelemente dann angeordnet und sukzessive verdrahtet. Die Platzierung erfolgt aufgrund der Vielzahl der dabei zu berücksichtigenden Anforderungen praktisch ausschließlich durch manuelle Arbeit mit dem Layouteditor. Für die Verdrahtung stehen auch Automatismen zur Verfügung. Diese setzt man in der Praxis aber nur teilweise ein, da zumindest für kritische Teilbereiche des Entwurfs ebenfalls die Expertise der Layouter notwendig ist.

Den Layoutentwurf analoger integrierter Schaltungen werden wir in Kap. 4 und in besonderer Ausführlichkeit in Kap. 6 betrachten.

Abschließende Entwurfsschritte

Das Ergebnis des Layoutentwurfs ist das *IC-Layout*. Es wird als *eine* Grafikdatei abgespeichert. Bevor das IC-Layout in den Fertigungsprozess geht, ist es auf Korrektheit zu prüfen. Hierfür gibt es verschiedene automatische Prüfverfahren. Die beiden wichtigsten dieser Verfahren sind der *Design Rule Check,* kurz *DRC,* und die *elektrische Verifikation.* Sie stellen sehr mächtige „Qualitätstore" der IC-Entwicklung dar, ohne die es völlig unmöglich wäre, ICs mit der heute üblichen Komplexität fehlerfrei herzustellen. DRC und elektrische Verifikation sind daher obligatorisch für jeden IC-Entwurf.

Der DRC prüft das IC-Layout auf Einhaltung der technologischen Randbedingungen, die in Form *geometrischer Entwurfsregeln* niedergelegt sind. Mit diesem Prüfverfahren wird die Herstellbarkeit eines IC-Layouts in einem bestimmten Halbleiterprozess sichergestellt. Die elektrische Verifikation prüft, ob die in der Strukturbeschreibung enthaltenen Vorgaben durch das Layout formal korrekt umgesetzt sind. Diesen Prüfvorgang nennt man daher auch *Layout versus Schematic Check* oder kurz *LVS.* Mit dem LVS lässt sich sicherstellen, dass ein Layout eine Strukturbeschreibung formal korrekt umsetzt, d. h. dass es (i) alle vorgegebenen Bauelemente des jeweiligen Typs enthält, (ii) die Bauelemente richtig dimensioniert und (iii) richtig elektrisch verbunden sind.

Die geometrischen Entwurfsregeln und die für den LVS benötigten Extraktionsregeln sind Teil der Technologiedaten. In Kap. 5 zeigen wir die Funktionsweise und Anwendung dieser und weiterer wichtiger Prüfverfahren des IC-Entwurfs. Darüber hinaus behandeln wir die geometrischen Entwurfsregeln besonders detailliert in Kap. 3.

1.3.3 Layoutentwurf von Leiterplatten

Wie wir in Abschn. 1.1.1 gesehen haben, dient die Leiterplatte als mechanischer Träger für die aus externen Quellen stammenden Bauteile und deren elektrischer Verbindung. Diese Bauteile sind i. Allg. integrierte Schaltkreise (Chips), diskrete Bauelemente (typischerweise passive Elemente wie Widerstände, Kondensatoren, Spulen) und Steckverbinder. Die Aufgabe des Layoutentwurfs einer Leiterplatte ist es, die Anordnung dieser Bauteile festzulegen und die zur Befestigung und elektrischen Verbindung der Bauteile notwendigen Strukturen im Trägersubstrat und in den Verdrahtungsebenen zu entwerfen. Diesen Entwurfsvorgang bezeichnet man als *Leiterplattenentwurf*, *PCB-Entwurf* oder auch *PCB-Design*, sein Ergebnis als *Leiterplatten-Layout* oder *PCB-Layout*.

Die Eingangsdaten des Layoutentwurfs einer Leiterplatte sind gegeben durch einen Schaltplan. Der Entwurfsablauf erfolgt in folgenden Schritten:

(1) Festlegen der Abmessungen der Platine, der Anzahl der Verdrahtungsebenen und der Bestückungstechnologie (THT, SMT, gemischt),
(2) *Platzierung*: Festlegen der Montageorte der Bauteile (x, y-Koordinaten, Ober- oder Unterseite),
(3) *Verdrahtung*: Entwurf der Leiterbahnstrukturen und Vias für alle Verdrahtungsebenen.

Im Entwurfswerkzeug (Layouteditor) sind die Verdrahtungsebenen und Vias in geometrische Datenstrukturen abgebildet, die – ähnlich wie beim Layoutentwurf von ICs – bestimmten *Layern* zugeordnet sind. Zusätzlich zu diesen Layern, die zur Verbindung der Bauelemente dienen, sind je nach vorgesehener Fertigungstechnologie weitere Layer erforderlich, wie Lötstoppmasken, Lotpastenmasken (bei Reflow-Lötung) oder Bestückungsaufdrucke.

Die zur Befestigung und Kontaktierung eines Bauteils auf der Leiterplatte notwendigen Strukturen bezeichnet man als *Footprint* (wörtlich „Fußabdruck"), gelegentlich auch als *Land pattern*. Der Footprint enthält die Geometrie der *Pads* (Kontaktflächen) eines Bauteils und den Bestückungsaufdruck als Polygone, sowie evtl. weitere notwendige Geometrien, wie Montagebohrungen (für THDs) und Vias. Footprints sind in *Footprint-Bibliotheken* organisiert, die einen Teil der Technologiedaten darstellen.

Nach der Festlegung der Randbedingungen (Schritt 1) werden die Bauteile aus dem Schaltplan extrahiert und die passenden Footprints aus der Footprint-Bibliothek geladen. Anschließend platziert man die Footprints, womit man ihre Positionen auf der Leiterplatte festlegt (Schritt 2, Abb. 1.15, rechts).

Die Zugehörigkeit der einzelnen Pads zu den elektrischen Netzen gemäß Schaltplan kann man sich im Layouteditor über sog. „Gummibänder" (engl. *Fly lines*) grafisch anzeigen lassen (Abb. 1.15, rechts). Dies erleichtert den letzten Entwurfsschritt der Verdrahtung, in der nun die konkrete Form und Lage der Leiterbahnen in jeder Verdrahtungsebene und die Lage und Ausführung der Vias festgelegt werden (Schritt 3, Abb. 1.16, rechts). Da man bei der Durchführung dieses Entwurfsschritts

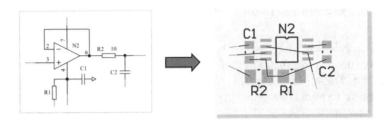

Abb. 1.15 Platzierung der Bauteile auf einer Leiterplatte (rechts), ausgehend von einem Schaltplan (links). Rechts: Footprints mit Pads (orange) und Bestückungsaufdruck (dunkelblau), sowie „Gummibändern" (schwarz)

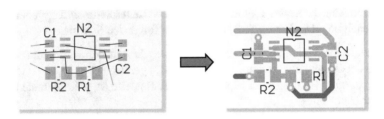

Abb. 1.16 Verdrahtung der Bauteile auf einer Leiterplatte (rechts), ausgehend von einer Bauteil-Platzierung (links) durch Entwurf von Leiterbahnen in den verfügbaren Verdrahtungsebenen (orange und hellblau) und Anordnung von Vias (grau)

die (sich vielfach optisch kreuzenden) Gummibänder sukzessive durch Leiterbahnstrukturen ersetzt, wird der Verdrahtungsvorgang im Leiterplatten-Entwurf auch als *Entflechtung* bezeichnet.

Nach der Platzierung und Entflechtung der Bauelemente wird das Entwurfsergebnis auf Fehlerfreiheit geprüft. Wie beim IC-Layoutentwurf verifiziert man das PCB-Layout mit einem *Design Rule Check (DRC)* auf Einhaltung fertigungstechnischer Vorgaben, um eine fehlerfreie Herstellbarkeit zu gewährleisten. Mit einem *Electrical Rule Check* (*ERC*) lässt sich sicherstellen, dass im PCB-Layout alle elektrischen Verbindungen korrekt gemäß Schaltplan und ohne Kurzschlüsse umgesetzt sind.

Abschließend erzeugt man die zur Produktion benötigten Fertigungsdaten. Im Unterschied zum IC-Layout, bei dem das komplette Layoutergebnis in *einer* Grafikdatei enthalten ist, werden für die Leiterplattenfertigung verschiedene Dateien und Formate benötigt. Die Fertigungsdaten bestehen aus einem Satz sog. *Gerber-Dateien*, welche die Leiterzüge der einzelnen Verdrahtungsebenen, Lötstopp- und Lotpasten-Maske, sowie Bestückungsaufdruck als Grafikdaten beschreiben. Eine *Bohrdatei* enthält die Durchmesser und Koordinaten aller (für Montage und Vias) notwendiger Bohrungen. Schließlich wird eine *Pick-and-Place-Datei* mit der Lage und Ausrichtung der Bauteile für den automatischen Bestückungsprozess erzeugt.

1.4 Motivation und Aufbau dieses Buches

Wie wir in diesem Einleitungskapitel gesehen haben, erzeugt man im Layoutentwurf für alle Elemente einer elektronischen Schaltung geometrische Instanzen. Dies heißt konkret: für alle elektronischen Bauteile (Grundbauelemente, wie z. B. Transistoren; Zellen, wie z. B. Logikgatter) werden Aussehen, Größe und Position bestimmt. Auch legt man für die verfügbaren Metallisierungsebenen die genaue Ausführung aller elektrischen Verbindungsleitungen fest. Das als „Layout" bezeichnete Ergebnis dieses Entwurfsschrittes ist eine Fertigungsspezifikation, welche man abschließend mit verschiedenen Prüfverfahren verifiziert.

Das Layout wirkt sich direkt auf die Leistungsfähigkeit, die Zuverlässigkeit, die Fläche (und damit die Größe), den Stromverbrauch und die Fertigungsausbeute einer Schaltung aus. Die Qualität des Layouts hat daher einen erheblichen Einfluss auf die Gesamtqualität der entstehenden elektronischen Schaltung. Dies gilt für einen IC, einen Hybrid-Schaltkreis und eine Leiterplatte.

Die fortschreitende Miniaturisierung stellt die Entwickler von Layouts, die sog. Layouter, vor immer neue Entwurfsprobleme und Herausforderungen, wie z. B. wachsende Störeinflüsse durch parasitäre Effekte oder zunehmende Restriktionen und immer wieder neuartige Anforderungen aus den komplexer werdenden Fertigungstechnologien. Die Nachfrage nach erfahrenen Layoutern wächst daher kontinuierlich. Gleichzeitig steigt auch der Bedarf an neuen Methoden und Werkzeugen für den Layoutentwurf.

Dieses Buch widmet sich all diesen Herausforderungen. Es stellt alle Kenntnisse, die für den Layoutentwurf elektronischer Schaltungen essenziell sind, von Grund auf dar – von fertigungstechnischen Einflüssen über methodische und schaltungstechnische Aspekte bis zu Zuverlässigkeitsanforderungen. Kapitel für Kapitel vermittelt das Buch das Grundlagenwissen, das ein Layouter besitzen muss, um eine im Schaltungsentwurf entstandene Strukturbeschreibung in ein hochwertiges IC- oder PCB-Layout umzusetzen.

Wir betrachten alle relevanten Entwurfsdomänen des Layoutentwurfs (digitale und analoge Schaltungen, IC- und PCB-Layout), wobei die Leser in einigen Teilen einen Schwerpunkt im Layoutentwurf analoger integrierter Schaltungen feststellen werden. Dies ist auf den bereits erläuterten stärkeren Bedarf an manueller Arbeit im analogen IC-Entwurf zurückzuführen: hier ist das tiefgehende Fachwissen des (menschlichen) Layoutexperten in weit höherem Maße von Bedeutung als in den hochautomatisierten digitalen Entwurfsflüssen. Dessen ungeachtet vermittelt dieses Buch die Grundlagen des Layoutentwurfs über alle Anwendungen hinweg und für alle Entwurfsdomänen. Das dargestellte Basiswissen ist für all diese Ausprägungen gleichermaßen von Bedeutung.

Im folgenden Kap. 2 stellen wir die fertigungstechnischen Schritte, mit der elektronische Schaltungen „in Silizium gegossen" (und damit als ICs realisiert) werden, im Detail vor. Dieses Wissen ist für jeden IC-Layouter von entscheidender Bedeutung, da sich eine Fülle von Randbedingungen, die beim Layoutentwurf zu berücksichtigen sind, direkt aus der spezifischen, für die Realisierung einer mikro-elektronischen Schaltung vorgesehenen, Halbleitertechnologie ergeben. Dieses Kapitel soll dem Leser das für die Layouterstellung nötige Verständnis der Halbleiter-fertigung vermitteln.

Kap. 3 beschreibt die Schnittstellen des Layoutentwurfs im Entwurfsfluss (vgl. Abb. 1.12). Dies sind die vom Schaltungsentwurf kommenden Eingangsdaten (Netzliste, Schaltplan), die Layoutdaten für die eigentliche Layouterstellung (Poly-gone, Layer) und die Maskendaten, die die Ausgangsdaten für die Halbleiterferti-gung bilden. Einen besonderen Schwerpunkt unserer Darstellung bildet der sog. *Layout-Postprozess*, mit dem die Layoutdaten eines ICs in dieses zur Maskenerstel-lung benötigte Format umzuwandeln sind. Wir erläutern alle Schritte, die hierbei auszuführen sind: Chip-Finishing, Retikel-Layout und grafische Manipulationspro-zesse zur Adaption der Daten an spezifische Fertigungsanforderungen. Schließlich gehen wir auf die neben dem Layout-Postprozess weiteren wichtigen Beziehungen ein, die zwischen dem Layoutentwurf und der Zieltechnologie bestehen: Entwurfs-regeln und Bibliotheken. Ein Layouter muss sich der Bedeutung und Auswirkungen all dieser „Brücken zur Technologie" bewusst sein.

In Kap. 4 widmen wir uns den methodischen Aspekten und Strategien des mo-dernen Layoutentwurfs. Zunächst geben wir eine Übersicht über den Entwurfsab-lauf. Anschließend behandeln wir Entwurfsmodelle und -stile und gehen auf die unterschiedlichen Arten von Randbedingungen ein, die im Layoutentwurf zu be-rücksichtigen sind. Schließlich erörtern wir die markanten Unterschiede zwischen analogem und digitalem Entwurf und leiten hieraus einige Perspektiven für metho-dische Verbesserungen des analogen Layoutentwurfs ab. Das Kapitel fasst das Grundwissen zusammen, das ein Elektronik-Entwickler über Methoden des Layout-entwurfs besitzen muss.

Jeder Layoutentwurf wird in Teilschritten abgearbeitet. Aufgrund der hohen quantitativen Komplexität digitaler Schaltungen ist insbesondere der digitale Lay-outentwurf in mehrere, klar getrennte Schritte unterteilt. Diese Entwurfsschritte werden in Kap. 5 nacheinander behandelt. Zunächst zeigen wir, wie man eine Netz-liste generiert, entweder automatisiert mit Hilfe von Hardwarebeschreibungsspra-chen im digitalen Entwurf, oder durch Ableitung aus einem Schaltplan, wie es im analogen Entwurf üblich ist. Anschließend stellen wir die Layout-Entwurfsschritte Partitionierung, Floorplanning, Platzierung und Verdrahtung im Detail vor.

Wie bereits einleitend erläutert, ist ein Layout vollständig auf Einhaltung der technologischen und elektrisch-funktionalen Randbedingungen zu verifizieren, um die Fertigbarkeit und die korrekte Funktion der Gesamtschaltung sicherzustellen. In Kap. 5 zeigen wir alle wichtige Verifikationsverfahren, die man hierzu einsetzt, einschließlich der Verfahren, die bereits im Schaltungsentwurf angewendet werden. Wir sprechen dabei auch typische in der Praxis auftauchende Grenzfälle an, wie z. B. Dummy-Fehler im DRC, und erläutern den Umgang mit ihnen. Damit die Darstellung hinsichtlich der Layout-Entwurfsschritte vollständig ist, gehen wir am Ende des Kapitels nochmals auf den in Kap. 3 bereits ausführlich behandelten Layout-Postprozess ein.

Während die bisher vorgestellten Inhalte des Layoutentwurfs weitgehend universell sind, erfordern integrierte Analogschaltungen zusätzliche, spezielle Layouttechniken und -maßnahmen, die jeder „analoge" Layoutentwerfer kennen und beherrschen muss. Diese Besonderheiten behandeln wir in Kap. 6. Da man für jede Instanz eines analog eingesetzten Bauelements ein individuelles Layout erstellt, erläutern wir für die gängigen Bauelementtypen, wie sie aufgebaut sind, wie sie funktionieren und wie sie im Layout dimensioniert und an besondere Anforderungen angepasst werden. Anschließend zeigen wir die Entstehung und Wirkungsweise der hierfür eingesetzten Layoutgeneratoren. Schließlich erklären wir die zentrale Bedeutung elektrischer Symmetrien für den analogen IC-Entwurf und behandeln ausführlich die zahlreichen Layout-Maßnahmen und -Techniken zur Erreichung dieser Symmetrien, das sog. *Matching*.

Da mit zunehmender Miniaturisierung die Zuverlässigkeit integrierter Schaltungen kritischer wird, gewinnen Maßnahmen zur Erhöhung der Zuverlässigkeit immer mehr an Bedeutung. Das abschließende Kap. 7 fasst alle Zuverlässigkeitsaspekte zusammen, die für den IC-Layoutentwurf von Bedeutung sind. Wir behandeln zuerst alle Zuverlässigkeitsprobleme, die zu *reversiblen* (vorübergehenden) Fehlfunktionen von Schaltungen führen können. Hierfür diskutieren wir nacheinander die parasitären Effekte, die im Inneren des Siliziums, an seiner Oberfläche und in den darüber liegenden Metallschichten auftreten können, und zeigen Layout-Maßnahmen, die ihnen entgegenwirken. Danach befassen wir uns mit der wachsenden Herausforderung, ICs vor *irreversiblen* (dauerhaften) Schäden zu bewahren. Dies erfordert die Betrachtung von Überspannungsereignissen und Migrationsprozessen, wie Elektro-, Thermo- und Stressmigration. Ziel dieses Kapitels ist es, den aktuellen Stand des zuverlässigkeitsorientierten IC-Designs zusammenzufassen und insbesondere die im Layoutentwurf durchführbaren Maßnahmen zur Vermeidung von Fehlfunktionen und Schäden aufzuzeigen – womit letztlich jeder IC-Entwickler befähigt wird, durch Layoutmaßnahmen die Zuverlässigkeit eines Schaltkreises zu erhöhen.

Literatur

1. J. Kilby, Patent No. US3138743: Miniaturized electronic circuits. Patent filed Feb. 6, 1959, published June 23, 1964
2. R. N. Noyce, Patent No. US2981877: Semiconductor device and lead structure. Patent filed June 30, 1959, published April 25, 1961
3. L. Berlin, *The Man Behind the Microchip: Robert Noyce and the Invention of Silicon Valley* (Oxford University Press, Oxford, 2005). ISBN 978-019516343-8. https://doi.org/10.1093/acprof:oso/9780195163438.001.0001
4. https://en.wikipedia.org/wiki/Transistor_count. Zugegriffen 01.01.2023
5. R. Fischbach, J. Lienig, T. Meister, From 3D circuit technologies and data structures to interconnect prediction, in *Proceedings of 2009 International Workshop on System Level Interconnect Prediction (SLIP)* (2009), S. 77–84. https://doi.org/10.1145/1572471.1572485
6. G. E. Moore, Cramming more components onto integrated circuits. *Electronics* **38**(8), 114–117 (1965). https://doi.org/10.1109/N-SSC.2006.4785860

Kapitel 2
Halbleitertechnologie: Vom Silizium zum integrierten Schaltkreis

Wie wir in Kap. 1 gesehen haben, ist es die Aufgabe des Layoutentwurfs, alle Daten zu erzeugen, die zur Fertigung einer elektronischen Schaltung benötigt werden. Vergleichen wir dies mit dem Entwurf eines mechanischen Produkts, so entspricht dies der Arbeit des Konstrukteurs. Es liegt auf der Hand, dass ein Konstrukteur nur dann ein brauchbares – im besten Falle optimales – Ergebnis erzeugen kann, wenn er die Möglichkeiten (und auch die Unmöglichkeiten) der vorgesehenen Fertigungstechnik hinreichend gut kennt.

Nach einigen einleitenden Bemerkungen zu den Grundprinzipien der IC-Herstellung (Abschn. 2.1) und dem dabei verwendeten Basismaterial Silizium (Abschn. 2.2) gehen wir in Abschn. 2.3 zunächst auf das für alle Strukturierungsmaßnahmen eingesetzte Verfahren der Fotolithografie ein. In Abschn. 2.4 machen wir dann theoretische Vorbetrachtungen zu einigen bei der IC-Herstellung grundsätzlich auftretenden Phänomenen. Deren Kenntnis ist für das Verständnis der Prozessschritte, die in den nachfolgenden Abschn. 2.5 bis 2.8 behandelt werden, besonders hilfreich. In Abschn. 2.9 erläutern wir das Funktionsprinzip eines Feldeffekttransistors, dem wichtigsten Bauelement in heutigen ICs, bevor wir in Abschn. 2.10 dessen Entstehung anhand eines einfachen Beispielprozesses beobachten. Am Ende jedes Abschnitts beleuchten wir das behandelte Thema nochmals aus Sicht des Layoutentwurfs und sprechen dabei entwurfsrelevante Aspekte an.

2.1 Grundprinzip der IC-Fertigung

Das zur Herstellung integrierter Schaltkreise verwendete Halbleitermaterial wird in Form von dünnen, monokristallinen Scheiben, sogenannten *Wafern*, bereitgestellt (Abschn. 2.2). Pro Wafer entstehen hierbei viele ICs gleichzeitig, die in Reihen und Spalten auf der Wafer-Oberfläche angeordnet sind. Am Ende des Fertigungsprozesses werden die ICs dann „vereinzelt", indem sie durch parallel und senkrecht zueinander verlaufende Schnitte voneinander getrennt werden. Die entstehenden ICs sind kleine, rechteckige, dünne Plättchen, die auch *Chips* oder – im Fertigungskontext – *Die* genannt werden. Je nach Größe der verwendeten Wafer und der herzustellenden Schaltkreise können auf einem Wafer einige Hunderte bis Zehntausende von Chips Platz finden (s. Abb. 1.6 in Kap. 1).

Die Prozessierung der Wafer erfordert sehr viele (in der Regel mehrere hundert) einzelne Fertigungsschritte, die nacheinander ausgeführt werden. Die Herstellungsdauer in der Wafer-Fabrik (auch *Waferfab* oder kurz *Fab* genannt) beträgt dadurch mehrere Monate. Die dabei angewendeten Verfahren lassen sich in drei Kategorien unterteilen: (i) Material einbringen, (ii) Material aufbringen und (iii) Material abtragen. Diese Verfahren werden mehrfach wiederholt. Die Auswirkungen dieser Verfahren können durch spezifische Maßnahmen auf bestimmte Teilbereiche des Wafers beschränkt werden. In diesen Fällen kommt es zu einer *Strukturierung* der Wafer-Oberfläche. Wir gehen im Folgenden noch etwas näher auf diese Verfahren ein.

Material einbringen

Mit diesen Verfahren, die man als *Dotieren* bezeichnet, werden Fremdstoffe in den Wafer implantiert. Hiermit wird das Ausmaß der p- bzw. n-Leitfähigkeit bestimmt. Das Einbringen der *Dotierstoffe* (*Akzeptoren* oder *Donatoren*) geschieht überwiegend strukturiert (man sagt auch „selektiv"), d. h. nur an bestimmten Stellen der Wafer-Oberfläche. Wir besprechen diese Verfahren in Abschn. 2.6 Aus ihnen ergeben sich die gewünschten (lateral strukturierten) Dotiergebiete und vertikalen Dotierprofile.

Material aufbringen

Mit diesen Verfahren werden zusätzliche Schichten (z. B. aus Siliziumdioxid oder Metall) auf den Wafer aufgebracht. Kennzeichnend hierfür ist, dass die Dicke des bearbeiteten Wafers „wächst". In den meisten Fällen ist die gesamte Wafer-Oberfläche betroffen, mit einigen Ausnahmen, wie der *lokalen Oxidation* (Abschn. 2.5.4).

Material abtragen

Das Abtragen von Material erfolgt überwiegend durch Ätzen, also durch chemische Vorgänge. In vielen Fällen dient das Ätzen zur Strukturierung einer Schicht. Soll der Materialabtrag global erfolgen, kann dies durch reines Ätzen oder durch Ätzen in Verbindung mit einem mechanisch aktivierten Abtrag erfolgen. Ersteres wird als *Blankätzen* bezeichnet. Bei letzterem wird die Wafer-Oberfläche durch sogenanntes *CMP* (*chemisch-mechanisches Polieren*, Abschn. 2.8.3) geglättet.

Strukturierung

Strukturierung ist erforderlich, wenn die oben genannten Manipulationen selektiv angewendet werden müssen, um laterale Strukturen zu erzeugen. Dies geschieht durch eine sogenannte *Maskierung*, mit der sich die Manipulationen auf gewünschte Regionen der Wafer-Oberfläche beschränken lassen, indem sie die nicht zu verändernden Regionen vor der Manipulation „schützt". In diesen Fällen spricht man von *maskierten* Prozessen. Dies ist für alle drei geschilderten Verfahrenskategorien anwendbar, d. h. für das selektive Einbringen, das selektive Aufbringen und das selektive Abtragen von Material. Die Strukturgebung für eine Maskierung wird grundsätzlich mit der Fotolithografie erzeugt (Abschn. 2.3). Die Bildvorlagen für die dabei benötigten Fotomasken liefern die bereits in Kap. 1 (Abschn. 1.3.2) erwähnten Layoutdaten, die das Bild für jede Fotomaske als sogenannte *Layoutebene* oder *Layer* enthalten.

2.2 Grundmaterial Silizium

Für die große Mehrheit der ICs wird Silizium (Si) als Basismaterial verwendet. Wie bereits zu Beginn des Kapitels erwähnt, beschränken wir unsere Betrachtungen auf dieses Material. Der Grund für die Dominanz des Siliziums ist, dass es eine Reihe sehr günstiger Eigenschaften aufweist:

- Silizium hat einen für die meisten schaltungstechnischen Anwendungen idealen Bandabstand von 1,1 eV.[1] Dieser Wert ist so hoch, dass es erst bei über 200 °C zu spürbarer Eigenleitung kommt. Da die Temperaturen in den meisten technischen Anwendungen tiefer liegen, ist der Bandabstand also hoch genug, dass Silizium breit verwendbar ist. Andererseits liegt dieser Wert auch hinreichend niedrig, dass sich aus Silizium problemlos Feldeffekttransistoren mit sehr niedrigen Schwellenspannungen herstellen lassen.
- Aus Silizium lässt sich leicht ein sehr stabiles und gut isolierendes Eigenoxid herstellen, das Siliziumdioxid (SiO_2). SiO_2 wird als Isolator zwischen Leiterbahnen und als Dielektrikum für Kondensatoren und Feldeffekttransistoren verwendet.
- Silizium ist ein guter Wärmeleiter. Dies ist eine wichtige Voraussetzung für die Miniaturisierung, da die auf kleinstem Raum entstehenden Verlustleistungen schnell abgeführt werden müssen, um ein Überhitzen (und damit Eigenleitung oder Zerstörung) zu verhindern.
- Silizium lässt sich problemlos in großen *Monokristallen* züchten, aus denen die Wafer gewonnen werden. In Monokristallen (auch *Einkristalle* genannt) sind die Atome in allen Raumrichtungen absolut regelmäßig und ohne Unterbrechungen angeordnet. Dies ist eine wichtige Voraussetzung für die Verwendung des Siliziums als Basismaterial der IC-Herstellung, da Unregelmäßigkeiten im Gitter (Korngrenzen und Gitterfehler) unerwünschte Strompfade verursachen können.

In der Natur kommt Silizium nur in oxidierter und verunreinigter Form vor, überwiegend als einfacher Sand (Buntsand). Dieser natürliche Rohstoff muss zunächst von gebundenem Sauerstoff und von Verunreinigungen befreit werden. Anschließend wird das reine Silizium dann als Monokristall „gezüchtet". Hierzu wird es geschmolzen, wobei man die Temperatur nur knapp über der Schmelztemperatur von 1414 °C hält. Dann bringt man an die Oberfläche dieser Schmelze einen kleinen

---

[1] 1 eV ist die kinetische Energie, die ein Elektron entlang eines Potenzialgefälles von 1 V aufnimmt.

Silizium-Monokristall. Sobald dieser sogenannte *Impfling* (auch *Impfkristall* genannt) die Schmelze berührt, lagern sich Siliziumatome aus der Schmelze an ihm an, kühlen dabei etwas ab und übernehmen dieselbe regelmäßige Kristallstruktur. Indem man den Impfling sehr langsam von der Schmelze wegbewegt, wächst dieser Monokristall weiter. Durch Zugabe von Dotierstoffen in die Schmelze lässt sich das Silizium bei diesem Vorgang gleich vordotieren.

Die beiden gebräuchlichsten Verfahren zur Kristallzüchtung, das *Czochralski-Verfahren*[2] und das *Zonenschmelzen* (auch *tiegelfreies Zonenziehen* genannt), sind in Abb. 2.1 schematisch dargestellt. Beim Czochralski-Verfahren wird der Silizium-Monokristall aus einer Siliziumschmelze gezogen, wobei er um die Achse, entlang der die Zugkraft wirkt, gedreht wird. Beim Zonenschmelzverfahren beginnt man bereits mit einer Stange aus reinem Silizium, die aber zunächst noch polykristallin ist. Diese Stange wird beginnend beim Impfling durch eine ringförmige Heizung in einem schmalen Bereich aufgeschmolzen, in der dann die Ausrichtung der Atome stattfindet. Die Ringheizung und damit die Schmelzzone werden langsam entlang des Stabes geführt. Die beiden jeweils starren Teile des Stabes werden dabei gegensinnig um ihre Achse gedreht.

Bei den in Abb. 2.1 gezeigten Verfahren entsteht der Monokristall in Form eines Rundstabes, aus welchem die Wafer anschließend ausgesägt werden. Die dabei verwendeten Innenlochsägen erlauben Wafer-Dicken von etwas weniger als 1 mm. Aufgrund der Stangenform sind Wafer also grundsätzlich kreisrunde Scheiben. In diesem Zustand werden die Wafer als Basismaterial für die IC-Fertigung an die Waferfab geliefert. Typische Wafer-Durchmesser liegen heute bei 200 bis 450 mm.

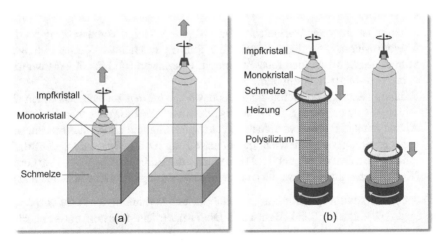

Abb. 2.1 Verfahren zur Herstellung von hochreinem, monokristallinem Silizium: **a** Czochralski-Verfahren, **b** tiegelfreies Zonenziehen

[2] Benannt nach dem polnischen Wissenschaftler Jan Czochralski, der die Methode 1915 bei der Untersuchung der Kristallisationsraten von Metallen erfand.

2.3 Fotolithografie

2.3.1 Grundprinzip

Wie bereits eingangs erwähnt, wird bei allen strukturierenden Prozessschritten die
Fotolithografie eingesetzt. Sie hat die Aufgabe, ein zweidimensionales Bild der auf
dem Wafer zu erzeugenden Strukturen zunächst initial auf die Wafer-Oberfläche zu
übertragen, so dass die nachfolgende Bearbeitung (z. B. Implantation, Ätzen) nur
auf die gewünschten Bereiche wirkt.

Der Wafer wird hierzu zunächst mit einem dünnen, strahlungsempfindlichen
Film beschichtet, dem sogenannten *Fotolack* oder *Fotoresist*. Anschließend wird
über die Bestrahlung einer Fotomaske mit Licht ein Schwarz-Weiß-Bild der gewünschten Struktur auf diesen Fotolack projiziert. Diesen Vorgang nennt man *Belichtung*. An den Stellen, wo der Fotolack vom Licht getroffen wird, verändert sich
seine Löslichkeit gegenüber einer spezifischen Flüssigkeit, die als *Entwickler* bezeichnet wird. Bei der anschließenden *Entwicklung* werden die löslichen Gebiete
des Fotolacks mit dieser Flüssigkeit vom Wafer entfernt. Die unlöslichen Teile des
Fotolacks bleiben erhalten.

Abb. 2.2 zeigt diesen Prozess, für den es die zwei Optionen „Positivlack" und
„Negativlack" gibt, die in Abschn. 2.3.2 näher erläutert werden. Die gewünschte
Struktur ist nun im Fotolack vorhanden. Diese Struktur dient dann als Maskierung
für den eigentlichen Prozessschritt auf dem Wafer.

Eine Maskierung kann auf zwei Arten durchgeführt werden:

- Es gibt Prozessschritte, bei denen der entwickelte Fotolack selbst die Aufgabe
  der Maskierung übernimmt. In diesen Fällen spricht man von *Lackmasken*.
- In anderen Prozessschritten, in denen der entwickelte Fotolack die Aufgabe der
  Maskierung nicht direkt übernehmen kann, muss ein Zwischenschritt eingefügt

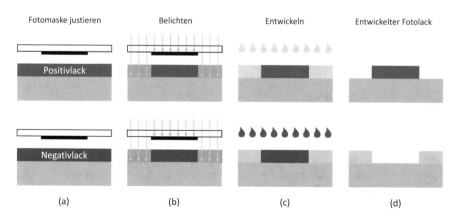

Abb. 2.2 Schematische Darstellung der Fotolithografie mit Positivlack (oben), bei dem die belichteten Bereiche entfernt werden, und Negativlack (unten), bei dem die belichteten Bereiche erhalten bleiben

werden. Hierbei wird die Struktur im entwickelten Fotolack durch Ätzung in eine darunterliegende Schicht übertragen. Diese dient dann ihrerseits als Maskierung für den eigentlichen Prozessschritt.

2.3.2 Fotolack

Der Fotolack wird durch Schleuderbeschichtung auf den Wafer aufgebracht. Hierzu wird der flüssige Lack auf die Mitte des Wafers aufgeträufelt, der in eine schnelle Rotation versetzt ist. Durch die Zentrifugalkraft verteilt sich der flüssige Lack auf dem Wafer. Dabei verdampft das zur Einstellung der Viskosität beigemischte Lösungsmittel, so dass sich eine recht gleichmäßige Schicht in einer gewünschten Dicke erzielen lässt. Eine weitere Methode ist das Aufsprühen des Fotoresists.

Fotolacke sind strahlungsreaktive Polymere. Man unterscheidet Positiv- und Negativlacke. Beim Positivlack kommt es durch die Bestrahlung mit Licht zu einem Um- und Abbau von Molekülketten, wodurch die Löslichkeit stark zunimmt, so dass bei der Entwicklung die belichteten Bereiche entfernt werden und die unbelichteten Bereiche stehen bleiben (s. Abb. 2.2, obere Reihe). Beim Negativlack ist es umgekehrt. Hier führt die Belichtung zu einer stärkeren Vernetzung von Molekülketten, wodurch die Löslichkeit stark abnimmt. Im diesem Falle bleiben bei der Entwicklung die belichteten Bereiche erhalten und die unbelichteten Bereiche werden entfernt (s. Abb. 2.2, untere Reihe).

Fotolacke können so hergestellt werden, dass die beschriebenen Veränderungen der Löslichkeit nur in einem bestimmten, eng begrenzten Wellenlängenbereich geschehen. Die Eigenschaften der Belichtung (Wellenlänge, Intensität, Dauer), des Fotolacks (Schichtdicke, Lichtempfindlichkeit) und des Entwicklers müssen genau aufeinander abgestimmt werden, um das nach der Entwicklung gewünschte Ergebnis hinreichend gut zu erzielen. In jedem Fall dient der entwickelte (und damit verbleibende) Fotolack als Maskierung des nächsten Prozessschritts.

2.3.3 Fotomasken und Belichtung

Die zur Belichtung verwendete Fotomaske wird auch als *Belichtungsmaske* oder nur kurz als *Maske* bezeichnet. Es ist eine Glasscheibe aus Quarzglas, auf der in einer (undurchsichtigen) Chromschicht ein Schwarz-Weiß-Bild der zu prozessierenden Strukturen aufgebracht ist. Die Strukturierung dieser Chromschicht erfolgt durch eine fotolithografisch maskierte Ätzung.[3] Die Belichtung kann in diesem Fall natürlich nicht durch eine Maske erfolgen, denn eine solche ist ja gerade das Ziel des Vorgangs und existiert daher noch nicht. Für die selektive Bestrahlung der gewünschten Teilgebiete des Maskenrohlings verwendet man rechnergesteuerte Blenden oder einen fokussierten Elektronenstrahl. In neueren Prozessen wird nur noch letzteres angewendet.

---

[3] Dieses Prinzip haben wir bereits in Abschn. 1.1.1 bei der Strukturierung von Leiterbahnen auf Leiterplatten kennengelernt.

Mit den so hergestellten Masken können nun die (mit Fotolack beschichteten) Wafer belichtet werden. Bei diesem Belichtungsvorgang unterscheidet man die *Direktbelichtung* und die *Projektionsbelichtung*.

Direktbelichtung

Die Direktbelichtung erfolgt mit der Fotomaske dicht über dem Wafer, entweder im direkten Kontakt mit dem Fotolack (*Kontaktbelichtung*) oder mit einem möglichst geringen Abstand (*Proximity-Belichtung*). Das Prinzip ist also ganz ähnlich zu der in Abb. 2.2b gezeigten schematischen Darstellung. In beiden Fällen wird eine Abbildung im Größenverhältnis 1:1 durchgeführt, die durch einfachen Schattenwurf entsteht. Die Strukturen auf der Maske müssen also in ihrer Größe den auf dem Wafer abzubildenden Strukturen entsprechen (sogenannte „1X-Masken").

Da es bei der Kontaktbelichtung zu Beschädigungen und Verunreinigungen auf der Lackschicht und der Maske kommen kann, eignet sich dieses Verfahren nicht für die Serienproduktion. Bei der Proximity-Belichtung vermeidet man daher den Kontakt. Allerdings führt der Abstand, der nicht beliebig klein gemacht werden kann (etwa 10 bis 40 µm), zu einer Verschlechterung des Auflösungsvermögens. Kommen die Abmessungen der abzubildenden Strukturen in den Bereich der Belichtungswellenlänge, treten signifikante Beugungserscheinungen auf. Die mit Direktbelichtung abbildbaren Strukturgrößen finden daher in dieser Größenordnung ihre Grenze. Bei der Proximity-Belichtung liegt die Auflösungsgrenze aufgrund des notwendigen Abstands sogar deutlich darüber (etwa 3 µm). Die in modernen Halbleiterprozessen geforderten Strukturgrößen lassen sich mit der Direktbelichtung also nicht mehr abbilden, weshalb diese Verfahren heute praktisch nicht mehr angewendet werden.

Projektionsbelichtung

Um die Nachteile der Direktbelichtung zu überwinden, wurde die *Projektionsbelichtung* entwickelt. Dabei wird das Bild auf der Fotomaske über ein Linsensystem auf den mit Fotolack beschichteten Wafer projiziert, wie in Abb. 2.3 schematisch dargestellt. Dadurch ergeben sich zwei wesentliche Vorteile: (i) die Fotomaske und der Wafer lassen sich ohne Nachteile räumlich trennen und (ii) es bietet sich zudem die Möglichkeit, das Bild bei der Projektion optisch zu verkleinern. Dadurch müssen die Strukturen nicht mehr Originalgröße besitzen, sondern können in einem größeren Maßstab auf der Maske gefertigt werden. Hiermit lässt sich die Abbildungsgenauigkeit signifikant verbessern. Verbreitet sind 4X-, 5X- und 10X-Masken, also die Abbildungsverhältnisse 4:1, 5:1 und 10:1.

Mit dieser Methode kann nur ein kleiner Teil eines Wafers in einem Schritt belichtet werden, da die Größe der Fotomasken und Linsen begrenzt ist.[4] Die Fotomasken enthalten deshalb nur die (entsprechend dem Abbildungsverhältnis vergrößerten) Strukturen einer Teilmenge der Dies eines Wafers. Derartige Foto-

---

[4]Wollte man z. B. einen 300 mm-Wafer mit einer 5X-Maske in nur einem Schritt belichten, müsste die Fotomaske einen Durchmesser von 1,5 m haben. Fotomasken und auch entsprechende Linsensysteme dieser Größenordnung sind aus technischen und wirtschaftlichen Gründen nicht realisierbar.

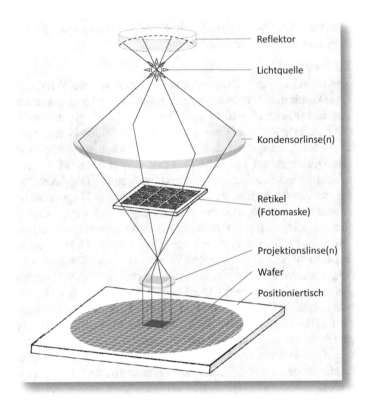

Abb. 2.3 Belichtung eines Wafers mit der Step-and-Repeat-Technik. Mit einem Retikel werden nacheinander mehrere Belichtungen von Teilgebieten des Wafers durchgeführt, um den gesamten Wafer abzudecken

masken nennt man *Retikel*. (Dieser Begriff hat sich als Synoym für „Fotomaske" eingebürgert, da es in heutigen Prozessen praktisch keine für ganze Wafer ausgelegte 1X-Masken mehr gibt.)

Die Belichtung mit Retikeln erfolgt mit der sogenannten *Step-and-Repeat-*Technik, bei der der Wafer in mehreren nacheinander ausgeführten Einzelschritten belichtet wird. Der Wafer wird hierfür auf einem beweglichen Positioniertisch unter der Projektionsoptik verfahren. Derartige Belichtungseinrichtungen werden als *Waferstepper* bezeichnet. Abb. 2.3 zeigt das Funktionsprinzip.

Um die Miniaturisierung (und damit das Mooresche Gesetz) weiter voranzutreiben, werden viele Anstrengungen unternommen. Eine Maßnahme ist die Verwendung von ultraviolettem Licht, mit der aufgrund der kürzeren Wellenlänge eine höhere optische Auflösung erzielbar ist. Zur weiteren Verbesserung der Abbildungsgenauigkeit werden die Belichtungs- und die Maskentechniken laufend weiterentwickelt. Mit vielen Innovationen ist es gelungen, die Grenzen der optischen Lithografie so weit zu verschieben, dass mit der weit verbreiteten Belichtungswellenlänge von 193 nm (Argonfluorid-Laser) Strukturgrößen im Bereich bis hinunter zu etwa 10 nm abgebildet werden können. Bei ICs mit so kleinen Strukturen spricht man daher auch von *Nanoelektronik*.

Neben diesen Entwicklungen gibt es noch weitere Ansätze zur Verkleinerung der Strukturgrößen. Die optische Auflösung kann durch die Verwendung von ultraviolettem Licht kürzerer Wellenlängen weiter verbessert werden. Da die für Linsen verfügbaren Materialien für diese noch kürzeren Wellenlängen aber zunehmend undurchsichtig werden, muss man für die Projektion auf Spiegelsysteme übergehen.

Neben diesem Ansatz werden auch Verfahren zur Direktbelichtung von Wafern mit Elektronenstrahlen eingesetzt. Dieses Vorgehen ist sehr zeitaufwändig, da alle Strukturen einzeln auf den Wafer „geschrieben" werden müssen. Für kleine Losgrößen kann es aber durchaus wirtschaftlich sein, da die in der Herstellung teuren Fotomasken entfallen.

2.3.4   Justage und Justiermarken

Integrierte Bauelemente entstehen durch das Zusammenwirken mehrerer aufeinander aufbauender Strukturierungsschritte im FEOL[5] eines Halbleiterprozesses. Das bedeutet, dass das Retikel (d. h. die Fotomaske) einer Layoutebene stets lagegenau zu den bereits auf dem Wafer befindlichen Strukturen ausgerichtet („justiert") werden muss. Auch im anschließenden BEOL[5] des Halbleiterprozesses, in dem die Bauelemente dann elektrisch verbunden werden, ist darauf zu achten, dass die Durchkontakte passgenau an den Stellen prozessiert werden, wo sich die Bauelementanschlüsse bzw. die zu verbindenden Leiterbahnen benachbarter Metallisierungsebenen befinden.

Vor jeder Belichtung im Step-and-Repeat-Verfahren müssen daher Position und Winkellage des Wafers (mit Hilfe des Positioniertisches) auf das Retikel justiert werden. Dies geschieht auf Basis einer vollautomatischen optischen Erkennung spezieller *Justiermarken*, mit denen die Retikel für diesen Zweck versehen sind (Abb. 2.4). Justiermarken sind spezielle geometrische Figuren (z. B. Kreuze), die, wie alle anderen geometrischen Elemente auf dem Retikel, eine entsprechende Strukturierung auf dem Wafer bewirken (z. B. geätzte Löcher). Sind diese durch Justiermarken verursachten Strukturen auf dem Wafer optisch erkennbar, dann lässt sich mit ihnen die Wafer-Position auf die Justiermarken des nachfolgenden Retikels ausrichten. Oft ist es möglich, die Justiermarken einer Layoutebene auf dem Wafer zur Justierung mehrerer nachfolgender Retikel zu nutzen.

Die Justiermarke rechts in Abb. 2.4 ist eine kreuzförmige Öffnung in der Fotomaske. Der darunterliegende Wafer wird so justiert, dass die (ebenfalls kreuzförmige und hier orangefarben gezeichnete) Struktur auf dem Wafer, die von einem vorhergehenden Strukturierungsschritt erzeugt wurde, genau im Zentrum dieser Öffnung zu liegen kommt.

---

[5] Die Begriffe FEOL (Front-end-of-line) und BEOL (Back-end-of-line) haben wir in Abschn. 1.1.3 eingeführt. Sie bezeichnen die beiden Hauptphasen eines Halbleiterprozesses, Bauelemente erzeugen und Bauelemente verbinden, die wir am Beispiel eines CMOS-Standardprozesses in Abschn. 2.10 zeigen.

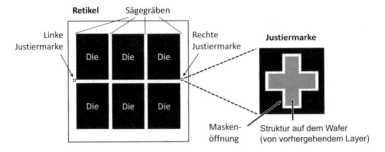

Abb. 2.4 Justiermarken auf einem Retikel (Fotomaske), das die Strukturen von sechs Dies (Chips) enthält

Es gibt Strukturierungsschritte, wie z. B. die durch Ionenimplantation erfolgenden Dotierungen (Abschn. 2.6), die keine verlässlichen optischen Spuren hinterlassen. Dies ist aber auch nicht notwendig. Da sich bei jedem Justiervorgang aufgrund der auftretenden Toleranzen Abweichungen ergeben, werden die Justiervorgänge für möglichst viele Prozessschritte an der *gleichen* Justiermarke auf dem Wafer ausgerichtet, damit sich diese Abweichungen nicht aufsummieren. Erst wenn eine prozessierte Struktur nicht mehr erkennbar ist, wird auf die Justiermarken eines nachfolgenden Prozessschritts übergegangen, an denen sich dann die nächsten Prozessschritte orientieren.

Beim Justiervorgang muss neben der absoluten Position auch auf die korrekte Winkellage des Wafers geachtet werden. Die Justiermarken befinden sich daher an zwei möglichst weit auseinanderliegenden Punkten des Retikels, um eine hohe Genauigkeit für die Winkelausrichtung des Wafers zu erhalten.

Da die Justiermarken nicht zu den funktionalen Strukturen eines IC gehören, werden sie außerhalb der eigentlichen Chips angebracht. Hierfür gibt es eine einfache Möglichkeit. Die Chips haben einen Abstand voneinander, der es ermöglicht, dass sie nach Fertigstellung des Wafers aus diesem ausgesägt werden können. Dieser Abstand wird als *Sägegraben* oder *Ritzgraben* bezeichnet und ist etwa 50 bis 100 µm breit. In diesem Freiraum finden die Justiermarken problemlos Platz (Abb. 2.4, links).

2.3.5 Betrachtungen hinsichtlich Layoutentwurf

Der heute erreichte Miniaturisierungsgrad mit Strukturgrößen im Bereich einiger Nanometer erfordert einen extrem hohen Aufwand für die Herstellung der aus dem Layoutentwurf abgeleiteten Fotomasken. Die Masken für moderne Halbleiterprozesse sind extrem teuer. Der Maskensatz für eine 130 nm-Technologie kostet über 100.000 €. Die Kosten für einen Maskensatz eines modernen Logikchips der Nanoelektronik belaufen sich auf mehrere Millionen €.

Man mache sich bewusst, dass bereits ein einziger Entwurfsfehler die produzierten Fotomasken und Wafer wertlos machen kann. Zu diesem finanziellen Verlust kommt im Fehlerfall noch eine signifikante Verzögerung der Entwicklungszeit, weil die Fehlerbehebung im Entwurf und ein erneuter Fertigungsdurchlauf schnell ein halbes Jahr oder mehr in Anspruch nehmen können. Die hieraus resultierenden finanziellen Verluste sind i. Allg. noch wesentlich gravierender, da hierdurch die Markteinführung eines Produktes entsprechend verzögert wird.

Die entscheidende Schlussfolgerung hieraus lautet: *Der Layoutentwurf eines ICs muss unter allen Umständen absolut fehlerfrei sein!* Dies bedeutet, es muss jede erdenkliche Anstrengung unternommen werden, um Entwurfsrisiken zu erkennen und diese durch geeignete Maßnahmen auszuschließen. Eine enorme Bedeutung für den Layoutentwurf haben in diesem Zusammenhang die automatisierten Prüfverfahren, die wir in den Kap. 3 und 5 behandeln. In den Kap. 6 und 7 zeigen wir zahlreiche weitere Möglichkeiten zur Sicherung und Verbesserung der Layoutqualität, die überwiegend im manuellen Entwurf anzuwenden sind.

2.4 Abbildungsfehler

Wie wir bereits in Kap. 1 (Abschn. 1.3.2) gesehen haben, bestimmen die Layoutdaten die Strukturen auf den Belichtungsmasken. In Kap. 2 haben wir bislang darüber gesprochen, dass diese Maskenstrukturen dann über fotolithografische Abbildungen und daran anschließende, selektiv wirkende Prozessschritte in Strukturen des Wafers übertragen werden. Vergleicht man nun die „auf" bzw. „in" dem Wafer entstandenen Strukturen mit den ursprünglichen Layoutstrukturen, kann man verschiedene Arten von Abweichungen feststellen. Diese unvermeidbaren Abweichungen wollen wir im Folgenden besprechen und wir werden dabei darauf eingehen, wie man im Layoutentwurf mit ihnen umgehen kann.

Es gibt drei Kategorien von Abbildungsfehlern: (i) *Overlay-Fehler*, (ii) *Beugungseffekte* und (3) *Kantenverschiebungen*. Overlay-Fehler und Beugungseffekte treten beim Belichtungsvorgang auf, während Kantenverschiebungen in den jeweils nachfolgenden strukturierenden Prozessschritten auftreten können. Obwohl wir diese Prozessschritte erst in den folgenden Abschn. 2.5 bis 2.8 ausführlich behandeln, wollen wir diese Effekte hier vorab ansprechen, da sie aus Layoutsicht stets dieselbe Charakteristik haben und wir auf Basis dieser Betrachtungen deren Auswirkungen auf den Layoutentwurf bei der Behandlung der Prozessschritte dann besser verstehen können.

2.4.1 Overlay-Fehler

Aufgrund mechanischer Toleranzen und Messungenauigkeiten, die beim Justiervorgang auftreten, lassen sich sowohl der Wafer als auch die Fotomaske (Retikel) in Bezug auf die Belichtungsvorrichtung nicht beliebig genau positionieren. Dies führt dazu, dass die Strukturen der Maske beim Belichtungsvorgang nicht exakt so auf den Wafer abgebildet werden, wie es der Layoutvorlage entspricht.

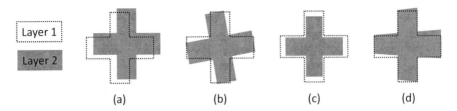

(a)　　　(b)　　　(c)　　　(d)

Abb. 2.5 Mögliche Überlagerungsfehler zwischen zwei Layern: **a** Verschiebung, **b** Drehung, **c** Skalierung, **d** perspektivische Verzerrung

Die Abweichungen, die dabei auftreten können, sind in Abb. 2.5 (übertrieben) dargestellt. Möglich sind Verschiebungen (a) und Verdrehungen (b) gegenüber der Soll-Lage. Zur Fokussierung und Einstellung der Tiefenschärfe werden Wafer und Retikel auch entlang der Belichtungsachse bewegt, wodurch sich die Abstände zwischen Masken, Linsensystem und Wafer verändern. Dadurch werden die Layer relativ zueinander skaliert (c). Durch Verkippung der Maske gegenüber der Belichtungsachse kann es zu perspektivischen Verzerrungen kommen (d).

Eine weitere Ursache von Overlay-Fehlern ist die Tatsache, dass sich sowohl Wafer als auch Fotomasken – wie alle Materialien – bei Erwärmung ausdehnen. Werden die Wafer bei unterschiedlichen Temperaturen belichtet, verändern sich die Abstände zwischen den Strukturen auf dem Wafer. Die Folge sind Verschiebungen (Abb. 2.5a), deren Ausmaß nun vom Ort auf dem belichteten Wafer-Bereich abhängt. Um diesen Effekt zu minimieren, ist man bestrebt, die bei der Belichtung herrschenden Temperaturen über die Fertigungszeit so konstant wie möglich zu halten. Da dies nur in gewissen Grenzen möglich ist, lässt sich auch diese Ursache von Overlay-Fehlern nicht vollkommen eliminieren.

Bei Hochtemperaturschritten im Prozess kann es passieren, dass sich Wafer irreversibel verformen, was zu Verschiebungen und Skalierungen führen kann (Abb. 2.5a, c), die von Wafer zu Wafer unterschiedlich ausfallen.

In welcher Art und in welchem Ausmaß die geschilderten Arten von Overlay-Fehlern auftreten, lässt sich nicht vorhersagen. In ihrer Wirkung überlagern sie sich. Man kann lediglich durch entsprechende Maßnahmen bei den eingesetzten Fertigungseinrichtungen und in der Prozessführung ihren Absolutbetrag begrenzen. Es liegt auf der Hand, dass der maximal zulässige Overlay-Fehler in einem Halbleiterprozess keinesfalls größer sein darf als die minimal abbildbare Strukturgröße. In der Regel muss er sogar deutlich kleiner als dieser Wert sein.

Wir wollen nun ein typisches Beispiel betrachten. Es ist darauf zu achten, dass Kontaktlöcher immer komplett mit Metall abgedeckt sind, damit die gewünschte elektrische Verbindung sicher zustande kommt. Da die Kontaktlöcher und die metallischen Leiterbahnstrukturen mit unterschiedlichen Masken strukturiert werden, führt man eine *Entwurfsregel* ein, deren Einhaltung dafür sorgt, dass die geforderte Metallabdeckung auch beim Auftreten von Overlay-Fehlern sichergestellt ist.

Abb. 2.6 veranschaulicht die Vorgehensweise. Für die Layouterstellung gilt eine „Enclosure"-Entwurfsregel, die verlangt, dass alle Strukturen des Layers „Contact" von Strukturen des Layers „Metal1" bedeckt und an allen Seiten noch um einen Mindestwert überlappt werden. Dieser Mindestwert entspricht dem im Halblei-

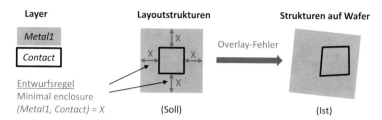

Abb. 2.6 Beispiel zur Handhabung unvermeidbarer Overlay-Fehler im Layoutentwurf. Die technologische Forderung, dass Kontaktlöcher auch bei Auftreten eines maximal zulässigen Overlay-Fehlers vollständig von Metall bedeckt sein müssen, wird erfüllt durch Einführung einer „Enclosure"-Entwurfsregel, die eine „minimale Umschließung" von Strukturen im Layer „Metal1" um Strukturen im Layer „Contact" vorschreibt

terprozess spezifizierten maximal zulässigen Overlay-Fehler, also der Abweichung, die bei Überlagerung aller Overlay-Fehler im ungünstigsten Fall auftreten kann. Diese Entwurfsregel ist für die Layout-Struktur in der Mitte von Abb. 2.6 erfüllt. Die rechte Seite des Bildes zeigt ein mögliches Fertigungsergebnis, wobei der angenommene Overlay-Fehler zur Verdeutlichung des Sachverhalts übertrieben dargestellt ist.

2.4.2 Kantenverschiebungen

Bei manchen Prozessschritten treten Effekte auf, die dazu führen, dass die Grafikelemente auf dem prozessierten Wafer gegenüber den zugehörigen Grafikelementen auf der Fotomaske vergrößert oder verkleinert werden. Achtung: wir sprechen dabei *nicht* von einer Skalierung, bei der sich die Abmessungen der Elemente um einen bestimmten *Faktor* ändern, wie bei einem „Zoom". Die Veränderungen der hier behandelten Vergrößerungs- bzw. Schrumpfungseffekte sind *additiv*, d. h. die Begrenzungslinien der einzelnen Strukturen werden um einen bestimmten Wert nach außen verschoben („positive" Verschiebung) oder nach innen verschoben („negative" Verschiebung). Da die einzelnen Strukturen im Layout grundsätzlich als Polygone, d. h. als von Kantenzügen begrenzte Geometrieelemente modelliert werden (s. Kap. 3, Abschn. 3.2.1), nennen wir diese Kategorie von Abbildungsfehlern *Kantenverschiebungen*.

Abb. 2.7 zeigt ein vereinfachtes Beispiel für einen Prozessschritt, bei dem eine negative Kantenverschiebung auftritt, d. h. die Struktur auf dem Wafer schrumpft in Bezug auf das Element auf der Fotomaske (in der Abbildung rechts mit roten Pfeilen dargestellt).

Die Ausmaße dieser Kantenverschiebungen haben layerspezifische Werte, die für jeden Halbleiterprozess bekannt und in der zugehörigen Technologiebeschreibung klar definiert sind. Hieraus ergibt sich die Möglichkeit, den Effekt beim Erstellen der jeweiligen Maskengeometrien durch einen sogenannten *Technologievorhalt* zu kompensieren. Tritt im Fertigungsprozess beispielsweise eine Kantenverschiebung um den Wert k auf, werden die Kanten der Layoutgeometrien in einem automatischen Nachbearbeitungsschritt um den (negativen) Wert $-k$ verschoben. Mit den so manipulierten Geometriedaten wird dann die Fotomaske erstellt.

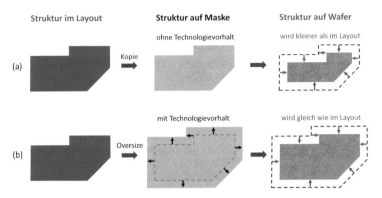

Abb. 2.7 Beispiel zu einer im Wafer-Prozess nach innen (negativ) auftretenden Kantenverschiebung; **a** ohne Technologievorhalt, **b** mit Technologievorhalt (positive Kantenverschiebung durch „oversize")

Als Beispiel zeigt Abb. 2.7 in der unteren Zeile (b) einen Technologievorhalt, mit dem eine in der Fertigung auftretende negative Kantenverschiebung kompensiert wird. Konkret erfolgt dieser Technologievorhalt in dem Schritt *Layout-to-Mask-Preparation* (Kap. 3, Abschn. 3.3.4), der Teil des *Layout-Postprozesses* (Kap. 3, Abschn. 3.3) ist.

2.4.3 Beugungseffekte

Aufgrund der Welleneigenschaften des Lichts kommt es an den Kanten der auf den Masken befindlichen Strukturen zu Beugungserscheinungen, welche die optische Auflösung der Fotolithografie begrenzen. Je kleiner die Größe der abzubildenden Struktur (bei einer gegebenen Belichtungswellenlänge) ist, umso stärker treten diese Beugungseffekte in Erscheinung. Wir demonstrieren die auftretenden Effekte in Abb. 2.8 am Beispiel einer L-förmigen Layoutstruktur.

In der oberen Reihe wird das Layoutelement (graue Umrandung) unverändert auf die Fotomaske übertragen. Es ist deutlich zu erkennen, dass die Form des im Fotolack belichteten Gebiets (in blau) mit kleiner werdender Strukturgröße immer stärker von der Form der Maskenöffnung und damit von der gewollten Layoutstruktur abweicht.

Solange die kleinste abzubildende Strukturgröße (im Beispiel die Dicke der Schenkel) größer als die Belichtungswellenlänge ist, sind die an Ecken auftretenden Verrundungen vernachlässigbar (s. Abb. 2.8 oben links).[6] Sobald jedoch das Verhältnis der Strukturgröße zur Wellenlänge in den Bereich von 1 oder sogar darunter fällt (sogenannte *Sub-wavelengh lithography*), verrunden Ecken immer stärker (sogenanntes *Corner rounding*) und es kommt es zu einer zunehmenden Verkürzung

---

[6] Hinsichtlich des elektrischen Verhaltens haben derartige Verrundungen positive Auswirkungen, indem sie die an Außenecken (Ecken < 180°) auftretenden lokalen Feldstärkeerhöhungen und die an Innenecken (Ecken > 180°) von abknickenden Leiterbahnen auftretenden lokalen Stromdichteerhöhungen begrenzen.

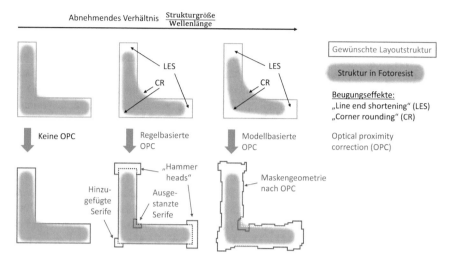

Abb. 2.8 Beugungseffekte in der Fotolithografie (obere Reihe) und mögliche Korrekturmaßnahmen mittels Optical proximity correction (OPC, untere Reihe). Die Abbildungsfehler nehmen zu, wenn das Verhältnis von Strukturgröße zu Belichtungswellenlänge abnimmt (von links nach rechts)

von Linienstrukturen an deren Enden (sogenanntes *Line end shortening*), wie in Abb. 2.8 (oben Mitte und oben rechts) dargestellt.

Diese Beugungseffekte lassen sich korrigieren, indem man die Öffnungen auf der Fotomaske an den unterbelichteten Stellen etwas vergrößert und an den überbelichteten Stellen etwas verkleinert. Diese Korrekturmaßnahme stellt eine weitere Form eines Technologievorhalts dar und wird als *Optical proximity correction* (*OPC*) bezeichnet.

Solange sich die Beugungseffekte nicht stärker als wie in der Mitte der Abb. 2.8 gezeigt auswirken, lassen sich diese Korrekturmaßnahmen über einfache Regeln bestimmen, die sich auf die Formen der Strukturen beziehen. An den Enden „schmaler" Linien (d. h. wenn die Linienbreite im Bereich der kleinsten Strukturgröße des Prozesses liegt) fügt man sogenante *Hammer heads* hinzu. An Ecken arbeitet man mit quadratischen Elementen, die als *Serifen* bezeichnet werden. An Außenecken fügt man die Serifen hinzu, was zu mehr Licht führt. An Innenecken werden die Serifen „ausgestanzt" (auch als *Jog* bezeichnet), so dass an dieser Stelle weniger Licht durch die Maske hindurchtritt. Diese Maßnahmen, die als *regelbasierte OPC* bezeichnet werden, sind in Abb. 2.8, unten Mitte, dargestellt. Darüber hinaus kann die Veränderung von Linienbreiten, die bei mehreren parallelen Linien durch Interferenz entsteht, durch regelbasiertes OPC korrigiert werden (nicht in Abb. 2.8 dargestellt).

Wenn die Strukturgrößen deutlich kleiner als die Belichtungswellenlänge werden, nimmt das Ausmaß der Abbildungsfehler weiter zu (s. Abb. 2.8, oben rechts). Jetzt genügt die regelbasierte OPC nicht mehr, da das Belichtungsergebnis nun zunehmend auch von den in der Umgebung liegenden Strukturen beeinflusst wird. In diesem Fall müssen die auf den Masken vorzunehmenden Korrekturen für alle Strukturen individuell berechnet werden. Die hierfür eingesetzten Algorithmen arbeiten mit Modellen, die die wellenoptischen Effekte beschreiben. Ein Ergebnis einer solchen *modellbasierten OPC* ist in Abb. 2.8 unten rechts dargestellt.

2.4.4   Betrachtungen hinsichtlich Layoutentwurf

Bei den beschriebenen Abbildungsfehlern müssen wir in deterministische und stochastische Abbildungsfehler unterscheiden. Während die ersteren vorhergesagt werden können, ist dies bei den letzteren – bis auf eine angebbare Obergrenze – nicht möglich. Dieser grundsätzliche Unterschied bewirkt, dass sie im Layoutentwurfsprozess unterschiedlich zu handhaben sind.

Deterministische Abbildungsfehler
Kantenverschiebungen im Fertigungsprozess und Beugungseffekte in der Fotolithografie gehören zu den deterministischen Abbildungsfehlern, da sie in Art und Umfang im Voraus bekannt sind. In diesen Fällen haben wir die Möglichkeit, *präventiv korrigierend* einzugreifen. Charakteristisch für diese Maßnahmen ist, dass die Layoutdaten nach Abschluss des Layoutentwurfs in einem automatischen Nachbearbeitungsschritt grafisch verändert werden, bevor hieraus die Masken entstehen. Es handelt sich um die oben beschriebenen Technologievorhalte (Kantenverschiebungen, die komplementär zu den in der Technologie auftretenden Kantenverschiebungen sind) und OPC-Maßnahmen. Konkret erfolgen diese Datenmanipulationen in dem Schritt *Layout-to-Mask-Preparation* (Kap. 3, Abschn. 3.3.4), der Teil des *Layout-Postprozesses* (Kap. 3, Abschn. 3.3) ist.

Das eigentliche Ziel dieser Korrekturmaßnahmen besteht darin, dass die Grafikelemente im Layoutentwurf so konstruiert werden können, wie sie am Ende auf dem prozessierten Wafer erscheinen sollen. Dies vereinfacht die Layoutentwurfsarbeit signifikant, da (i) die Layoutdarstellung dadurch besser „lesbar" wird und (ii) diese Nachbearbeitungen nicht aktiv vom Layouter ausgeführt werden müssen. Beides verringert den Arbeitsaufwand im Layoutentwurf erheblich und reduziert darüber hinaus auch das Risiko von Entwurfsfehlern.

Ein Wort der Vorsicht ist hier jedoch angebracht. Es ist nämlich nicht so, dass die Möglichkeit des Technologievorhalts grundsätzlich für alle in einem Halbleiterprozess auftretenden Kantenverschiebungen in einem Entwurfsfluss auch immer genutzt wird. Wir müssen also damit rechnen, dass manche Layoutstrukturen etwas anders aussehen als die auf dem Wafer erzeugten Strukturen. Wir werden später im Buch an den betreffenden Stellen hierauf hinweisen.

Die Berechnungen zur modellbasierten OPC sind aufgrund der hohen Komplexität integrierter Schaltkreise äußerst rechenintensiv. Der erforderliche Rechenaufwand kann so groß werden, dass es sich empfiehlt, die hierfür nötige Rechnerlaufzeit im Projektplan bewusst einzuplanen. Glücklicherweise sind die Berechnungen gut parallelisierbar.

Wie wir gesehen haben, ist die kleinste technologisch erzielbare Strukturgröße eine Folge der wellenoptischen Eigenschaften der für die Fotolithografie eingesetzten Strahlung. Auch wenn es durch viele Maßnahmen gelingt, diese Grenze für neue Prozessgenerationen immer weiter „nach unten" zu verschieben, wird es für einen bestimmten Prozess immer eine Genauigkeitsgrenze geben. Im Layoutentwurf wird diese technologische Randbedingung durch die Vorgabe von Entwurfsregeln umgesetzt, welche für die Strukturen *innerhalb eines Layers* bestimmte Mindestmaße vorschreiben. Diese Mindestmaße gelten (i) für die Breite der geometrischen Elemente, damit die Elemente sicher abbildbar sind (d. h. die Strukturen auf dem Wafer nicht „verschwinden") und (ii) für den Abstand zweier benachbarter geometrischer Elemente, damit diese sicher getrennt werden (d. h. die Strukturen auf dem Wafer nicht „verschmelzen"). Diese Entwurfsregeln werden als *Mindestbreite* und *Mindestabstand* bezeichnet (s. Kap. 3, Abschn. 3.4 und Kap. 5, Abschn. 5.4.5).

Stochastische Abbildungsfehler
Overlay-Fehler treten grundsätzlich stochastisch auf, sind also nicht exakt vorhersehbar. Man kann lediglich, wie oben beschrieben, über die Einhaltung von Toleranzen bei Fertigungseinrichtungen und Prozessführung dafür sorgen, dass die Summe aller Abweichungen eine bestimmte Grenze nicht übersteigt. Aus diesem maximal zulässigen Overlay-Fehler ergeben sich weitere wichtige Entwurfsregeln, die im Layoutentwurf zu berücksichtigen sind.

Diese Regeln schreiben ebenfalls bestimmte Mindestmaße vor, die aber im Gegensatz zu dem gerade beschriebenen Fall für Strukturen gelten, die *unterschiedlichen Layern* angehören. Die Regeln können Mindestwerte vorschreiben

(1) für die Überlappung zweier sich teilweise überschneidender geometrischer Elemente (damit sich die Strukturen auch auf dem Wafer überlappen oder zumindest berühren),
(2) für die Strecke, um die ein geometrisches Element ein zweites überragt (damit auf dem Wafer die erste Struktur die zweite an dieser Stelle komplett überdeckt),
(3) für die Strecke, um die ein geometrisches Element ein zweites an allen Seiten überragt (damit auf dem Wafer eine Struktur die andere sicher abdeckt, wie in Abb. 2.6 gezeigt), oder
(4) für den Abstand zweier geometrischer Elemente (damit auf dem Wafer die Strukturen einen gewünschten Mindestabstand einhalten oder sich zumindest nicht überlappen).

Diese Entwurfsregeln kann man als (1) Überlappungsregeln, (2) Überhangregeln, (3) Umschließungsregeln und (4) Abstandsregeln bezeichnen (Kap. 3, Abschn. 3.4.2, und in Kap. 5, Abschn. 5.4.5).

2.5 Auftragen und Strukturieren von Oxidschichten

Einer der großen Vorteile von Silizium gegenüber anderen Halbleitern ist, dass es ein sehr stabiles Eigenoxid bildet: Siliziumdioxid (SiO_2). Siliziumdioxid, das wir im Folgenden der Einfachheit halber auch nur als „Oxid" bezeichnen, hat viele vorteilhafte Eigenschaften.

SiO_2 ist ein hervorragender elektrischer Isolator und es ist bestens als Dielektrikum für kapazitive Anwendungen geeignet. Es ist mechanisch sehr stabil und eignet sich dadurch für einen robusten Schichtaufbau. Aus verfahrenstechnischer Sicht ist es einfach herzustellen und man kann es als Maskierungsschicht für manche Prozessschritte nutzen, wie wir noch sehen werden. Darüber hinaus ist es durchsichtig. Das ist zum einen für die Herstellung vorteilhaft, da man dadurch Justierstrukturen unter dem Oxid erkennen kann. Zum anderen werden dadurch erst viele Anwendungen möglich, wie Leuchtdioden (Licht kann vom Silizium austreten) sowie Solarzellen und Fotodioden (Licht kann von außen zum Silizium vordringen).

Zur Erzeugung und Strukturierung von Oxid-Schichten gibt es verschiedene Verfahren. Diese wollen wir uns nun anschauen.

2.5.1 Thermische Oxidation

Bei der thermischen Oxidation wird das Oxid mit dem auf der Wafer-Oberfläche vorhandenen Silizium gebildet. Sobald eine Oxidschicht entstanden ist, kann diese nur weiterwachsen, indem Sauerstoffatome durch sie hindurch diffundieren, bis sie das darunter liegende Silizium erreichen. Mit zunehmender Dicke der Oxidschicht nimmt daher die Geschwindigkeit des Oxidwachstums ab. Das Oxid wächst von der ursprünglichen Siliziumoberfläche aus um etwa 44 % nach innen (dieser Volumenanteil entspricht dem Volumen des für die Oxidation „verbrauchten" Siliziums) und zu etwa 56 % nach außen (Abb. 2.9).

Für die thermische Oxidation gibt es zwei verschiedene Verfahren: die *trockene Oxidation* und die *nasse Oxidation*.

Trockene Oxidation
Die Wafer werden in einem Oxidationsofen erhitzt und bei 1000–1200 °C reinem Sauerstoff (O_2) ausgesetzt. Das Oxidwachstum nach der Formel $Si + O_2 \rightarrow SiO_2$ erfolgt dabei sehr langsam und erzeugt ein Oxid von hoher Qualität mit wenigen Fehlstellen. Dieses Verfahren wird für die sehr dünnen *Gate-Oxide* (*GOX*) von Feldeffekttransistoren und für die Dielektrika in Kondensatoren eingesetzt (Kap. 6).

Nasse Oxidation
Bei diesem Verfahren leitet man den Sauerstoff durch kochendes Wasser, so dass der Wafer zusätzlich heißem Wasserdampf ausgesetzt wird. Die chemische Reaktion erfolgt nach der Formel $Si + 2H_2O \rightarrow SiO_2 + 2H_2$ bei 950–1000 °C und läuft deutlich schneller ab als die trockene Oxidation. Sie ist aber weniger gut kontrollierbar und erzeugt ein Oxid von geringerer Qualität. Mit der nassen Oxidation wird

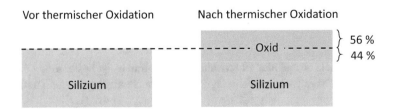

Abb. 2.9 Thermische Oxidation von Silizium (Si) zu Siliziumdioxid (SiO_2)

insbesondere die erste dicke Oxidschicht direkt auf dem Silizium erzeugt, mit der die Bauelemente gegen die darüberliegenden leitfähigen Schichten und auch seitlich voneinander isoliert werden. In älteren Prozessen wurde diese Oxidschicht nur dort erzeugt, wo sich keine Bauelemente im Silizium befanden. Da man diese „nicht aktiven" Gebiete auch als „Feldgebiete" bezeichnete, nennt man diese erste dicke Oxidschicht auch *Feldoxid (FOX)*.

2.5.2 Oxidation durch Abscheidung

Bei der thermischen Oxidation wird das notwendige Silizium aus der Oberfläche des Wafers gewonnen und dadurch „verbraucht". Ist die Siliziumoberfläche jedoch durch andere Schichten verdeckt, erzeugt man das Oxid für weitere Oxidschichten über Abscheidung. Hierfür muss neben dem Sauerstoff auch das Silizium von außen hinzugefügt werden. Es gibt verschiedene Abscheideverfahren, deren Erörterung den Rahmen dieses Buches jedoch sprengen würde.

Die Oxidation durch Abscheidung wird angewendet, um die Metallisierungsschichten elektrisch voneinander zu isolieren.

2.5.3 Strukturierung von Oxidschichten durch Ätzen

Ätzen ist ein Verfahren, bei dem Material chemisch abgetragen wird. Es wird bei der Herstellung von integrierten Schaltkreisen mehrfach und für verschiedene Materialien eingesetzt. Wichtig dabei ist, dass die verwendeten Ätzmittel *selektiv* in Bezug auf die jeweils abzutragende Substanz sind, d. h. andersartige Substanzen nicht (oder zumindest nur sehr schwach) angreifen.

Abb. 2.10 veranschaulicht, wie eine vorhandene Oxidschicht durch Ätzen strukturiert wird. Die Maskierung geschieht durch den belichteten und entwickelten Fotolack, der gegen die Ätzung unempfindlich ist. Das Ätzen selbst kann auf zwei verschiedene Arten erfolgen: durch *Nassätzen* oder durch *Trockenätzen*.

Nassätzen
Beim Nassätzen wird das Oxid durch ein flüssiges chemisches Ätzmittel aufgelöst und abtransportiert. Diese Methode ist einfach und ermöglicht eine schnelle und gut einstellbare Ätzrate.[7] Der Nachteil des Nassätzens ist, dass die Ätzung isotrop ist, d. h. sie wirkt in alle Richtungen gleich. Dadurch kommt es zu unerwünschten seitlichen Ätzungen unter dem Fotolack.

Diese sogenannten *Unterätzungen* bewirken, dass die Oxidöffnungen stets größer sind als die Öffnungen im Fotolack. Nassätzen führt also zu einer Kantenverschiebung (Abb. 2.11, links). Die seitliche Unterätzung hat eine etwas geringere

---

[7] Unter der Ätzrate R versteht man die Dicke T des Materialabtrags pro Zeiteinheit t, d. h. $R = T/t$.

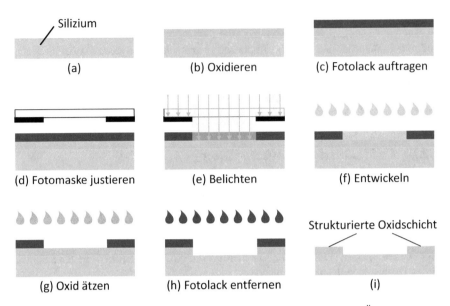

Abb. 2.10 Strukturierung einer Oxidschicht durch fotolithografisch maskiertes Ätzen

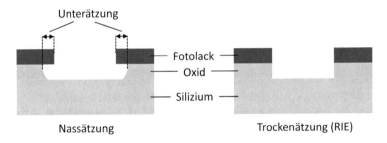

Abb. 2.11 Vergleich von Nassätzen und Trockenätzen (RIE, reaktives Ionenätzen)

Ätzrate als die vertikale Ätzung, da die Ätzflüssigkeit unter dem Fotolack nicht so leicht zirkulieren kann und deshalb dort stärker gesättigt ist. Ein typischer Wert für die seitliche Unterätzung (und damit für das Ausmaß der Kantenverschiebung) ist 80 % der Oxidschichtdicke.

Die durch den Unterätzungseffekt bewirkte Kantenverschiebung hat zur Folge, dass nass geätzte Oxidöffnungen nicht schmaler werden können als etwa zwei- bis dreimal die Schichtdicke des Oxids. Die Schichtdicken von Feldoxiden und den isolierenden Oxiden zwischen den Metallisierungsebenen liegen in der Größenordnung von 1 μm. Somit ist klar, dass das Nassätzen zur Erzeugung der kleinen Strukturgrößen, die für moderne Prozesse typisch sind, nicht mehr geeignet ist. Nassätzen wird daher in modernen Prozessen nur noch zum Entfernen ganzer Schichten eingesetzt (sogenanntes *Blankätzen*).

Trockenätzen

Um den Nachteil der Unterätzung zu vermeiden, wurde das *chemisch-physikalische Trockenätzen* entwickelt, das auch als *reaktives Ionenätzen* (*Reactive ion etching, RIE*) bezeichnet wird. Hierbei wird der ätzende Stoff ionisiert und in Form eines Gasplasmas angewendet. Über ein elektrisches Wechselfeld werden die Ionen in eine Schwingungsbewegung versetzt, wobei die Richtung des Feldes senkrecht zur Wafer-Oberfläche ausgerichtet ist. Die chemisch aktiven Ionen folgen dieser Richtung und können dadurch nur einen vertikalen Ätzabtrag bewirken. Daher tritt keine Kantenverschiebung auf, was der wesentliche Vorteil des RIE ist (Abb. 2.11, rechts).

Die materialabtragende Wirkung entsteht bei diesem Verfahren durch die Kombination eines physikalischen Effekts (gerichteter Teilchenbeschuss) mit einem chemischen Effekt (Ätzen). Mit dem RIE-Verfahren lassen sich sehr feine (laterale) Strukturen erzeugen, wobei die entstehenden Gräben deutlich tiefer als breit sein können.

Oxidstufen

Wird das nach Oxidation und strukturierender Ätzung verbliebene Oxid nicht entfernt, verbleibt eine (vertikale) *Oxidstufe*, die auch bei nachfolgenden Prozessschritten nicht wieder verschwindet. Dies wird in Abb. 2.12 veranschaulicht.

Abb. 2.12a zeigt den Zustand nach der strukturierten Ätzung des Feldoxids (der ersten dicken Oxidschicht). Das ursprüngliche Niveau der Siliziumoberfläche vor der thermischen Erzeugung dieser Oxidschicht ist mit „Level 1" markiert. Führt man nun eine erneute thermische Oxidation durch, so wächst das Oxid in der Öffnung beginnend bei „Level 2" zwar schneller und verringert somit die Stufenhöhe. Da die umgebende Oxidschicht aber „einen Vorsprung hat", wird an der Oberfläche immer eine Stufe verbleiben (Abb. 2.12b).

Auch nach unten bildet sich eine Stufe. Deren Stufenhöhe wächst mit der Zeit an, da das Oxidwachstum in der Öffnung bei dem tiefer liegenden Level 2 beginnt. Hier muss der Sauerstoff stets durch eine dünnere Oxidschicht nach unten diffundieren, um mit dem Silizium reagieren zu können, als außerhalb der Öffnung. Das führt dazu, dass auch dann eine Stufe auf der Wafer-Oberfläche verbleibt, wenn man den Wafer blankätzt, d. h. das gesamte Oxid entfernt (Abb. 2.12c).

Wird der Vorgang der thermischen Oxidation mit anschließender Strukturierung, wie oben beschrieben, mehrfach durchgeführt, so entstehen an der Wafer-Oberfläche

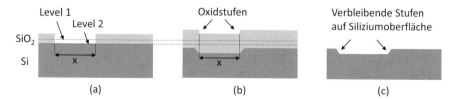

Abb. 2.12 Die Entstehung von Oxidstufen

weitere Oxidstufen. Die Oberfläche des Wafers wird dadurch immer unebener. Diese Unebenheit erschwert das exakte Fokussieren beim Belichtungsvorgang in der Fotolithografie, wodurch die Qualität der Abbildung der Maskenstrukturen auf den Wafer immer weiter abnimmt. Dieser Effekt verhindert prinzipiell das Fortschreiten der Halbleitertechnologien zu immer feineren Strukturen, weshalb man in modernen Prozessen auf mehrfache thermische Oxidation mit anschließender Strukturierung verzichtet.

2.5.4 Lokale Oxidation

Um das soeben beschriebene Problem der Oxidstufen zu mindern, wurde zur Erzeugung des Feldoxids die Methode der *lokalen Oxidation* (*LOCOS* – Abkürzung von „local oxidation of silicon") entwickelt.

Bei der lokalen Oxidation erfolgt die Strukturierung des Feldoxids nicht durch maskiertes Ätzen, sondern dadurch, dass man die Oxidschicht von vornherein nur an den Stellen aufwachsen lässt, wo das Feldoxid gewünscht ist. Es wird also anstelle eines materialabtragenden Vorgangs ein materialaufbringender Vorgang maskiert. Das geschieht, indem man die Stellen, an welchen die Öffnungen im Feldoxid sein sollen, vor der Oxidation schützt. Diese Aufgabe übernimmt eine strukturierte Schicht aus Siliziumnitrid (Si_3Ni_4), welche die Oxidation maskiert.

Abb. 2.13 veranschaulicht das Verfahren. Da das Siliziumnitrid (oft nur kurz „*Nitrid*" genannt) auf Silizium schlecht haftet, wird zunächst eine dünne Oxidschicht als Haftvermittler, das sogenannte *Padoxid*, thermisch erzeugt. Hierauf wird eine Nitridschicht abgeschieden (Abb. 2.13a), die man anschließend durch fotolithografisch maskierte Ätzung strukturiert. Das Ergebnis ist die in Abb. 2.13b dargestellte Nitridmaske für die nachfolgende thermische Oxidation.

Die Bereiche, in denen das Feldoxid wachsen soll, liegen nun frei. Da die thermische Oxidation isotrop abläuft, wächst das Feldoxid an der Nitridkante auch in horizontaler Richtung. Dabei schiebt es sich unter das Nitrid, das dadurch am Rand angehoben wird (Abb. 2.13c). Mit zunehmendem lateralem Wachstum unter dem Nitrid verjüngt sich der Querschnitt der Oxidschicht. Nach Erreichen der gewünschten Oxidschichtdicke wird die Nitridschicht chemisch abgelöst. Übrig bleibt ein Feldoxid, dessen Rand eine spitz auslaufende Form hat, weshalb man diese Stelle als *Vogelschnabel* (*Bird's beak*) bezeichnet (Abb. 2.13d). Die Länge dieses Vogel-

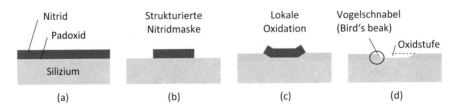

Abb. 2.13 Lokale Oxidation von Silizium (LOCOS)

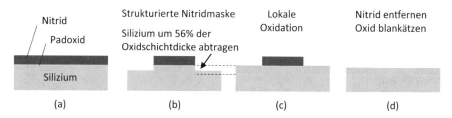

Abb. 2.14 Schematische Darstellung der Erweiterungen des LOCOS-Verfahrens (idealisiert)

schnabels ist eine Kantenverschiebung, um die die Oxidöffnung gegenüber der Maskenöffnung kleiner ist. Es verbleibt eine Oxidstufe (Abb. 2.13d), deren Höhe nur etwa halb (genau 56 %) so hoch ist wie bei der Strukturierung des Feldoxids durch Ätzung (vgl. Abb. 2.12a).

Um auch diese Oxidstufe zu vermeiden, wurden verschiedene Erweiterungen des LOCOS-Verfahrens entwickelt. Abb. 2.14 zeigt eine idealisierte Darstellung des Grundprinzips einer solchen Erweiterung. Der Grundgedanke dabei ist, das Niveau der zu oxidierenden Siliziumoberfläche vorher soweit abzusenken, dass nach der thermischen Oxidation das ursprüngliche Niveau wieder erreicht wird (Abb. 2.14c). Wie wir in Abschn. 2.5.1 gesehen haben, beträgt die hierfür nötige Absenkung gerade 56 % der gewünschten Oxiddicke (Abb. 2.14b). Für diese Absenkung sind zwei Ansätze denkbar: (i) Man ätzt das Silizium maskiert durch die Nitridschicht zurück oder (ii) man nutzt den in Abb. 2.12 gezeigten Effekt der Oxidstufenbildung, indem man zweimal lokal oxidiert. Bei der letzteren Methode hat die erste Oxidschicht die Aufgabe, eine Stufe in der gewünschten Höhe zu hinterlassen, nachdem man sie durch Blankätzen wieder komplett entfernt hat. Die zweite Oxidation ergibt dann die gewünschte Oxidschicht.

Das LOCOS-Verfahren bietet gegenüber der durch Ätzung strukturierten thermischen Oxidation (Abschn. 2.5.3) mehrere Vorteile:

- Innerhalb der Oxidöffnungen wird kein Silizium verbraucht.
- Die mit der LOCOS-Methode erzeugte Oxidstufe ist nur etwa halb so hoch wie bei einer durch Ätzen strukturierten Oxidschicht
- Die Oxidstufe ist abgeschrägt und nicht steil. Das hat den Vorteil, dass über den Rand des Feldoxids aufgebrachte Schichten (Polysilizium, Metall) eine bessere Randüberdeckung haben.
- Mit Erweiterungen des LOCOS-Verfahrens lassen sich Oxidstufen weitgehend vermeiden, so dass eine (nahezu) ebene Oberfläche herstellbar ist.

2.5.5 Betrachtungen hinsichtlich Layoutentwurf

Wir fassen die wichtigsten, für den Layoutentwurf relevanten Erkenntnisse hinsichtlich der Strukturierung von Oxidschichten nachfolgend zusammen.

Kantenverschiebungen

Wird das Feldoxid durch Nassätzen strukturiert, werden die Oxidöffnungen durch Unterätzungseffekte *größer* als die Strukturen auf der Fotomaske (s. Abb. 2.11, links). Dies ist eine Kantenverschiebung (um die Länge der lateralen Unterätzung) *nach außen.*

Wird das Feldoxid durch lokale Oxidation erzeugt, werden die Oxidöffnungen durch den Vogelschnabeleffekt *kleiner* als die Strukturen auf der Fotomaske (s. Abb. 2.13d). Das ist eine Kantenverschiebung (um die „Länge" des Vogelschnabels) *nach innen.*

Beide Effekte sind deterministisch, da das Maß der Unterätzung und die Länge des Vogelschnabels vorab bekannt sind. Die sich daraus ergebenden Kantenverschiebungen lassen sich daher durch geeignete Technologievorhalte im Layout-Postprozess berücksichtigen. Allerdings ist die diesbezügliche Handhabung in den verschiedenen Halbleiterprozessen nicht einheitlich. Man kann daher nicht ohne weiteres davon ausgehen, dass die Feldoxidöffnungen im Layout der realen Topografie auf dem Chip entsprechen. Wir empfehlen dem Leser deshalb, die Dokumentation des Halbleiterprozesses (das sogenannte *Process design kit* oder *PDK*) zu Rate zu ziehen, um sich in dieser Frage Gewissheit zu verschaffen.

In modernen Prozessen werden Durchkontakte (also Kontaktlöcher und Vias) ausschließlich trocken geätzt. Hierbei gibt es *keine* Kantenverschiebungen. Die in alten Prozessen durch Nassätzung verursachten Kantenverschiebungen beim Erzeugen von Durchkontakten werden grundsätzlich durch Technologievorhalte kompensiert. Man kann sich also darauf verlassen, dass Kontaktlöcher und Vias in allen Prozessen im Layout stets die realen Abmessungen zeigen.

Oxidstufen bei Durchkontakten

Unabhängig vom Ätzverfahren entstehen bei der Herstellung von Durchkontakten grundsätzlich Oxidstufen. Diese führen bei der Herstellung der Metalllagen zu mehreren Problemen, für die es in modernen Prozessen allerdings wirksame Gegenmaßnahmen gibt. Wir werden uns mit diesen Fragen in Abschn. 2.8, wo wir die Verfahren zur Metallisierung behandeln, näher befassen.

2.6 Dotierung

2.6.1 Grundprinzip

Unterschiedlich dotierte Halbleitergebiete sind die Grundlage für alle Halbleiterbauelemente. Bei der Dotierung wird (i) ein 5-wertiger Fremdstoff („Donator") oder (ii) ein 3-wertiger Fremdstoff („Akzeptor") in den Halbleiterkristall eingebracht, um die Leitfähigkeit des Kristalls durch (i) einen Überschuss an Elektronen oder (ii) einen Überschuss an Defektelektronen (sogenannte „Löcher") zu erhöhen. Bei der Dotierung von Silizium kommen überwiegend die Elemente Phosphor,

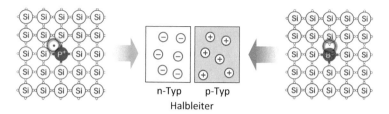

Abb. 2.15 Herstellung unterschiedlich dotierter Halbleiterbereiche durch Einbringen eines 5-wertigen Donators (Phosphor, links) zur Erzeugung freier Elektronen oder eines 3-wertigen Akzeptors (Bor, rechts) zur Erzeugung freier Löcher im Silizium

Arsen und Antimon als Donatoren für die n-Dotierung sowie Bor als Akzeptor für die p-Dotierung zum Einsatz. Wir haben die physikalischen Grundlagen hierzu bereits in Kap. 1 (Abschn. 1.1.3) behandelt; Abb. 2.15 veranschaulicht dies noch einmal. Es ist zu beachten, dass – trotz der Bezeichnung als n- oder p-Typ-Halbleiter – die Gesamtzahl der positiven und negativen Ladungen in beiden Bereichen ausgeglichen bleibt.

Dotieren kann man (i) durch Beimischung der Fremdatome bei der Herstellung der Wafer (vgl. Abschn. 2.2), (ii) durch Zugabe der Fremdatome beim Aufwachsen von Silizium auf den Wafer (Epitaxie, Abschn. 2.7) und (iii) durch Einbringen der Fremdatome von außen in die Oberfläche des Wafers. Wir betrachten hier den letzten Fall (iii), die Dotierung durch die Wafer-Oberfläche. Hierbei unterscheidet man drei Verfahren: *Legierung*, *Diffusion* und *Ionenimplantation*. Wegen ihrer Bedeutung konzentrieren wir uns nachfolgend auf die beiden letztgenannten Verfahren.

2.6.2 Diffusion

Der Begriff „Diffusion" bezeichnet allgemein den Vorgang, bei dem sich ein Stoff aufgrund eines Konzentrationsgefälles von selbst im Raum ausbreitet. Der Siliziumkristall ist ein festes Gitter aus Atomen. Um eine Dotierung dieses Kristalls durch Diffusion zu ermöglichen, müssen die Siliziumatome und die Atome des Fremdstoffs thermisch soweit angeregt werden, dass sie sich innerhalb des Gitters fortbewegen können. Hierfür werden die Wafer in einem Diffusionsofen auf etwa 1200 °C erhitzt. Der Dotierstoff, der über ein Trägergas zugeführt wird, diffundiert dann in die Wafer-Oberfläche, da die Dotierstoffkonzentration im Wafer deutlich geringer ist als im Gas.

Ein Dotieratom wird dann als Donator oder Akzeptor elektrisch wirksam, wenn es auf einen regulären Gitterplatz gelangt. Dies kann geschehen, indem es einen leeren Gitterplatz besetzt oder mit einem Siliziumatom einen Gitterplatz tauscht.

Für die selektive Diffusion benötigt man eine Maskierung, die den eingesetzten Temperaturen standhält. Fotolack ist hierfür ungeeignet. Stattdessen verwendet man eine strukturierte Oxidschicht als Maskierung. Siliziumdioxid (Oxid) ist für die Dotierstoffe undurchdringlich und es bleibt auch bei den im Diffusionsofen herrschenden Temperaturen stabil.

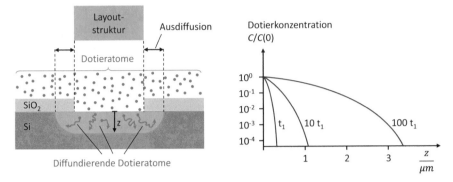

Abb. 2.16 Dotierung von Silizium durch Diffusion. Layout-Struktur (oben links), Querschnitts-ansicht der Diffusionszone (unten links), Dotierprofile für die Charakteristik „Diffusion mit uner-schöpflicher Quelle" zu drei verschiedenen Zeitpunkten (rechts)

Die Dotierstoffe dringen nur in die Bereiche des Wafers ein, welche durch Oxidöffnungen frei gelegt sind (Abb. 2.16, links). Hierbei ergibt sich ein Konzentrationsverlauf des Dotierstoffs im Silizium nach der in Abb. 2.16 (rechts) dargestellten Charakteristik „Diffusion mit unerschöpflicher Quelle". An der Oberfläche des Siliziums ist die Konzentration $C(z = 0)$ gegeben durch das Trägergas, die im Diffusionsofen über die Zeit praktisch konstant bleibt. Mit zunehmender Zeit steigt die Konzentration im Silizium an, wobei sie über die Tiefe z natürlich abnimmt.

Da die Diffusion grundsätzlich in alle Richtungen stattfindet (isotropes Verhalten), wandern die Fremdatome auch seitlich unter das maskierende Oxid (s. Abb. 2.16, links). Diesen Effekt nennt man *Ausdiffusion*. Er führt zu einer Kantenverschiebung, die dafür sorgt, dass die laterale Ausdehnung eines durch Diffusion dotierten Gebietes stets größer als die korrespondierende Oxidöffnung ist.

Wie wir bereits gesehen haben, wird bei der thermischen Oxidation das Silizium an der Oberfläche „verbraucht". An den Stellen, wo der Oxidation bereits Dotierungsschritte vorausgegangen sind, verliert man dadurch wieder einen Teil der dotierten Gebiete. Der Verlust betrifft dabei stets die oberste Schicht, welche grundsätzlich die höchste Dotierkonzentration enthält (s. Abb. 2.16, rechts).

Dieser Verlust kann insbesondere dann zum Problem werden, wenn man mehrere Diffusionen mit unterschiedlichen Maskierungen in Folge vornehmen möchte, da sich dieser Verbrauch durch die dann mehrfach erforderlichen Oxidationen aufsummiert. Hinzu kommt in diesem Fall eine zunehmende Stufenbildung an der Oberfläche (Abschn. 2.5.3, „Oxidstufen"). Um diese Nachteile der Dotierung mittels Diffusion zu überwinden, wurde die Dotierung mittels Ionenimplantation (oft nur kurz „Implantation" genannt) entwickelt.

2.6.3 Ionenimplantation

Bei der Ionenimplantation werden ionisierte Teilchen des Dotierstoffes in einem elektrischen Feld auf eine hohe Geschwindigkeit beschleunigt und auf die Wafer gelenkt. Abb. 2.17 zeigt das Prinzip.

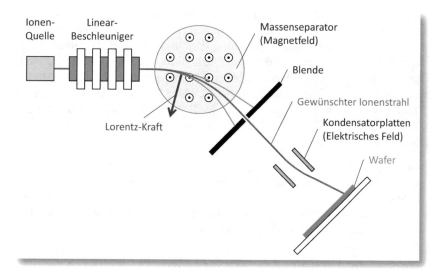

Abb. 2.17 Schematische Darstellung einer Anlage zur Ionenimplantation

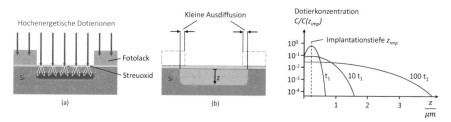

Abb. 2.18 Dotierung durch Ionenimplantation (vorherige Fotolithografie ist nicht dargestellt); **a** Implantation des ionisierten Dotierstoffs, maskiert durch den entwickelten Fotolack; **b** nach Entfernung des Fotolacks und Ausheilung der Kristalle. Die Dotierungsprofile für die „Diffusion mit erschöpflicher Quelle" zu drei verschiedenen Zeitpunkten sind rechts dargestellt

Aus den von der Ionenquelle emittierten Teilchen muss zuerst die richtige Ionenart (das gewünschte chemische Element) herausgefiltert werden. Hierzu nutzt man einen senkrecht zum Ionenstrahl ausgerichtetes Magnetfeld. Die (positiv geladenen) Ionen werden durch die auftretende Lorentz-Kraft auf eine Kreisbahn gezwungen, deren Radius von der Teilchenmasse abhängt, weshalb diese Anordnung auch als *Massenseparator* bezeichnet wird. Dies ermöglicht es, alle nicht gewünschten Teilchen über eine einfache Lochblende zu blockieren und nur die gewünschte Ionenart auszusortieren. Dieser Strahl wird, gesteuert über ein elektrisches Feld, auf den Wafer „geschrieben".

Aufgrund ihrer kinetischen Energie dringen die Ionen dabei wie Geschosse in die Wafer-Oberfläche ein (Abb. 2.18a), wo sie durch Zusammenstöße mit den Siliziumatomen abgebremst werden. Die Eindringtiefe lässt sich über die Beschleunigungsspannung recht genau einstellen. Der gesamte Vorgang findet bei Raumtemperatur statt. Dies ermöglicht es, für selektives Dotieren den entwickelten Fotolack als direkte Maskierung einzusetzen. Man spricht in diesem Fall von *Lackmasken*.

Durch die regelmäßige Anordnung der Siliziumatome ergeben sich im Kristallgitter kanalartige Zwischenräume. Treffen die Ionen des Dotierstoffes genau zwischen den Atomkernen in Richtung dieser Kanäle auf, werden sie nur schwach abgebremst und können entlang der Kanäle deutlich tiefer in das Substrat eindringen als beabsichtigt. Um diesen sogenannten *Channeling-Effekt* zu verhindern, gibt es zwei Möglichkeiten:

- Die Wafer werden um einen geeigneten Winkel zum Ionenstrahl geneigt, so dass die Ionen nicht in Richtung der Gitterkanäle eindringen können. Ein Nachteil hierbei ist, dass es dabei an den Lackrändern zu einer unsymmetrischen Dotierung kommt. Auf der einen Seite der Maskenöffnung dringen die Ionen unter den Lackrand ein, während auf der gegenüberliegenden Seite der Lack die Implantation „abschattet".
- Auf der Wafer-Oberfläche wird ein dünnes sogenanntes *Streuoxid* aufgebracht, das die Ionen zwar passieren lässt, aber ihre Richtung stochastisch ablenkt, d. h. streut. Diese Methode ist in Abb. 2.18a dargestellt.

Durch den Teilchenbeschuss wird die Gitterstruktur an der Oberfläche leicht zerstört. Nach Entfernung des Fotolacks muss der Siliziumkristall deshalb noch durch einen Temperaturschritt bei 800–1000 °C ausgeheilt werden. Dieses sogenannten *Tempern* baut die von ihren Gitterplätzen gestoßenen Siliziumatome wieder ins Kristallgitter ein und auch die Dotieratome gelangen dadurch auf reguläre Gitterplätze, wodurch sie erst elektrisch aktiv werden. Das Tempern löst auch eine geringe Diffusion aus, die zu einer entsprechenden Ausdiffusion unter den Rand der Maske führt. Die damit verbundene Kantenverschiebung ist allerdings gering, da dieser Schritt nur eine kurze Dauer benötigt und bei einer geringeren Temperatur als die „Dotierung mit Diffusion" erfolgt. In Abb. 2.18b ist die Position des bereits entfernten Fotolacks gestrichelt eingezeichnet, um die Ausdiffusion erkennbar zu machen.

Wenn wir die durch eine Implantation erfolgte Dotierung in eine größere Tiefe vorantreiben wollen, so muss dies durch Diffusion geschehen, wobei es dann natürlich wieder zu einer entsprechenden Ausdiffusion und damit zu einer Kantenverschiebung kommt. Die Diffusionsquelle ist in diesem Fall auf die Menge des initial implantierten Dotierstoffs begrenzt. Nur diese Atome können diffundieren. Es kommen keine weiteren hinzu. Das Dotierprofil ergibt sich nun aus der Charakteristik „Diffusion mit erschöpflicher Quelle" (s. Abb. 2.18, rechts). In diesem Fall nimmt die Dotierkonzentration während des Diffusionsvorgangs in Oberflächennähe (durch wegdiffundierende Atome) ab und in tieferen Bereichen zu.

Im Gegensatz zur Dotierung mit Diffusion (Abschn. 2.6.2), bei der viele Wafer gleichzeitig im Diffusionsofen behandelt werden können, muss bei der Implantation jeder Wafer einzeln bearbeitet werden. Zudem ist die Fertigungseinrichtung für die Implantation wesentlich komplexer als ein Diffusionsofen. Die Implantation ist daher deutlich teurer als die Diffusion. Aber nur durch die technischen Vorteile der Implantation war und ist die fortschreitende Miniaturisierung der Strukturgrößen

möglich. Deshalb werden Wafer in modernen Halbleiterprozessen fast ausschließlich mittels Implantation dotiert. Über die erzielbare Flächenersparnis können die
Mehrkosten der Implantation mehr als ausgeglichen werden. Wir fassen die technischen Vorteile der Implantation nachfolgend nochmals kurz zusammen:

- Die Maskierung kann durch Lackmasken erfolgen. Dadurch entfallen die beiden
  hauptsächlichen Nachteile der Maskierung durch strukturiertes Oxid: es gibt
  keine Oxidstufen und der Verlust der obersten, am höchsten dotierten Teilschicht
  entfällt.
- Die Dotierung durch Ionenimplantation ist genauer dosierbar (etwa ±5 %).
- Es kommt nur zu einer geringen Ausdiffusion (es sei denn, die Dotierung wird
  durch anschließende Diffusion in größere Tiefen getrieben).
- Bei mehrfacher Dotierung durch Diffusion diffundieren die aus vorausgegange-
  nen Dotierschritten bereits vorhandenen Dotierstoffe bei jedem weiteren Schritt
  immer mit. Bei der Implantation kann diese *Nachdiffusion* vermieden werden.
  Dies ermöglicht mehr Freiheitsgrade in der Gestaltung von Dotierprofilen.

2.6.4 Betrachtungen hinsichtlich Layoutentwurf

Kantenverschiebungen

Die Ausdiffusionen bewirken, dass die lateralen Ausdehnungen der dotierten Gebiete stets *größer* sind als die jeweilige Maskierung (Oxidöffnung oder Fotolacköff-
nung). Es handelt sich also um eine Kantenverschiebung. Das Maß dieser Kantenverschiebung hängt ab von der Dauer und Temperatur des Diffusionsprozesses und
davon, wie stark der Dotierstoff zur Diffusion neigt. Für jeden Diffusionsvorgang
eines Halbleiterprozesses lässt sich ein charakteristischer Wert für die Kantenverschiebung angeben, der typisch bei 70–80 % der Diffusionstiefe liegt. Damit bietet
sich die Möglichkeit, diese Kantenverschiebung durch einen entsprechenden Technologievorhalt zu kompensieren.

Allerdings ist es so, dass für Layer, welche Dotiergebiete definieren, von der
Möglichkeit des Technologievorhalts üblicherweise *nicht* Gebrauch gemacht wird.
Diese sogenannten *Dotierungslayer*[8] zeigen im Layout daher im Regelfall nicht die
laterale Ausdehnung der resultierenden Dotierungsgebiete, sondern die Maskierung
der Dotierung. Die Ausdiffusion – sofern vorhanden – muss beim Erstellen und
beim Lesen eines Layouts also stets „hinzugedacht" werden!

Aus den bisher behandelten Fertigungsschritten können wir folgende Erkenntnis
ableiten: die Fortentwicklung zu immer kleineren Strukturgrößen ist maßgeblich
dadurch gelungen, dass man in der Halbleitertechnik *isotrope* Verfahren wie Nassät-

---

[8]Aus historischen Gründen werden Layer, welche Dotiergebiete definieren, in der Fachsprache
immer noch „*Diffusionslayer*" genannt, auch wenn die Dotierung heute über Ionenimplantation
erfolgt. Wir wollen in diesem Buch diesen mittlerweile irreführenden Begriff aber vermeiden und
sprechen deshalb von „*Dotierungslayern*".

zen und Diffusion durch *anisotrope* Verfahren wie Trockenätzen und Implantation ersetzen konnte, da hierdurch Kantenverschiebungen verringert oder ganz vermieden werden.

Abstandsregeln

Aufmerksame Entwerfer von Layout werden bemerken, dass viele Entwurfsregeln größere Abstände vorgeben, als das die Strukturgröße des Prozessknotens (bei einem Layer) oder der maximale Overlay-Wert des Prozesses erwarten ließen. Die Ursache hierfür sind oft Ausdiffusionen, die im Layout – wie wir jetzt wissen – nicht zu sehen sind. In den Entwurfsregeln müssen diese Werte natürlich mit einberechnet sein.

Hinzu kommt, dass Dotiergebiete auch aus elektrischen Gründen bestimmte Abstände einhalten müssen, um Kurzschlüsse zu vermeiden. Insbesondere bei Smart-Power-Prozessen, die eine deutlich höhere Spannungsfestigkeit als CMOS-Prozesse für reine Logik-Schaltungen haben, werden die in den Entwurfsregeln festgeschriebenen Abstandswerte zwischen den Dotiergebieten oft von elektrischen Forderungen und nicht von herstellungsbedingten Gegebenheiten dominiert. Wir gehen hierauf in Kap. 6 (Abschn. 6.2) näher ein.

Vertikale p-n-Übergänge, erzeugt durch Diffusion und Ionenimplantation

Wie wir gesehen haben, führen Diffusion und Implantation immer zu (räumlich) inhomogenen Dotierungen. Charakteristisch ist, dass die Konzentration eines Dotierstoffes grundsätzlich mit zunehmender Tiefe (stark) abnimmt, wie die Konzentrationsverläufe in den Abb. 2.16 und 2.18 zeigen (man beachte die logarithmischen Skalen). Dies hat einige wichtige Konsequenzen, die wir uns nachfolgend anschauen wollen.

In Querschnittsbildern werden die unterschiedlichen Dotierungen durch Farben, Schattierungen oder Schraffuren dargestellt. Diese zeichnerischen Darstellungen sind in den jeweiligen Teilgebieten immer homogen und erwecken daher den Anschein einer homogenen Dotierung, was aber im Falle implantierter oder diffundierter Dotiergebiete wegen des erwähnten Konzentrationsgefälles nicht der Fall ist.

Ebenfalls sollten wir uns Folgendes bewusst machen: was die Querschnittsbilder zeigen, sind die Gebiete, in denen der dargestellte Dotierungstyp (n oder p) gegenüber anderen, evtl. dort ebenfalls vorhandenen Dotierstoffen, dominiert. Die zwischen n- und p-Typ gezeichneten Gebietsgrenzen sind die Orte, wo diese Mehrheiten wechseln. Im Falle zweier benachbarter p- und n-Dotierungen zeigen die eingezeichneten Gebietsgrenzen also den Ort, an dem die Konzentrationen von Akzeptoren und Donatoren gerade gleich groß sind. Die Übergänge erfolgen dabei nicht abrupt, sondern kontinuierlich.

Abb. 2.19 zeigt ein Beispiel mit vier unterschiedlich dotierten Gebieten, wobei wir den n-Leitungstyp in Blau und den p-Leitungstyp in Rot darstellen. (Wir folgen dieser Farbkonvention im gesamten Buch). In dem Beispiel gibt es also drei p-n-Übergänge. Mit helleren Farbtönen deuten wir geringere, mit dunkleren Farbtönen stärkere Dotierkonzentrationen an. Wie in der Fachliteratur üblich, bedeuten die hochgestellten Zeichen „+" bzw. „–" bei den Leitfähigkeitstypen „n" und „p", dass

Dotierkonzentration (logarithmisch)

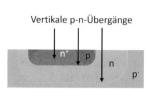

Vertikale p-n-Übergänge

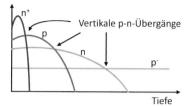

Vertikale p-n-Übergänge

Tiefe

Abb. 2.19 Durch mehrfaches selektives Dotieren erzeugte p-n-Übergänge, deren Leitungstypen nicht abrupt (sprungförmig) wechseln, sondern kontinuierlich ineinander übergehen

es sich um eine besonders hohe bzw. geringe Dotierkonzentration handelt. (Die Zeichen haben also nichts mit elektrisch positiv oder negativ zu tun!) Das Zustandekommen der kontinuierlichen p-n-Übergänge ist aus den Konzentrationsverläufen in Abb. 2.19 (rechts) erkennbar. Die Konzentrationskurve des p^--Leitungstyps hat einen konstanten Verlauf, weil der Rohwafer bereits bei seiner Herstellung so homogen vordotiert wurde.

Noch eine weitere wichtige Erkenntnis ist aus den Konzentrationsverläufen der Abb. 2.19 ableitbar. Dotieren ist ein irreversibler Vorgang, d. h. bei jedem Dotierschritt kommt zusätzlicher Dotierstoff hinzu. Durch wiederholtes Dotieren reichert sich also mehr und mehr Dotierstoff an.

Hieraus folgt, dass vertikale p-n-Übergänge nur erzeugt werden können, indem man bereits dotierte Gebiete in den komplementären Leitungstyp umdotiert. Dabei muss die Konzentration des vorhandenen Dotierstoffs durch die neue Dotierung stets überkompensiert werden, damit der neue Dotierstoff die Mehrheit hat, so dass der komplementäre Leitungstyp entsteht. Um eine „sichere" Umdotierung in den komplementären Leitungstyp zu gewährleisten, muss die Konzentration der neuen Dotierung i. Allg. deutlich höher sein als die Konzentration der vorhandenen Dotierung. Nur so lässt sich wegen des starken vertikalen Konzentrationsgefälles erreichen, dass der umdotierte Bereich eine gewisse vertikale Ausdehnung hat. Oft liegt deshalb die neue Dotierkonzentration um Faktoren oder eine Größenordnung und mehr über der vorhandenen Dotierkonzentration. Dies bedeutet: mehrfach umdotierte Gebiete sind prinzipiell immer „hoch" dotiert.

2.7 Aufwachsen und Strukturieren von Siliziumschichten

Auf der Wafer-Oberfläche lassen sich durch verschiedene Abscheideverfahren Siliziumschichten aufbringen. Diesen Vorgang nennt man *Epitaxie*. Die atomare Kristallstruktur der aufgewachsenen Siliziumschicht wird dabei von der Beschaffenheit der Wafer-Oberfläche bestimmt. Hierbei gibt es zwei Möglichkeiten, die wir nun besprechen wollen: die Homoepitaxie (Abschn. 2.7.1) und die Heteroepitaxie (Abschn. 2.7.2).

2.7.1 Homoepitaxie

Schichtwachstum

Findet die Abscheidung auf der monokristallinen Siliziumoberfläche statt, so übernehmen die hinzukommenden Siliziumatome die vorhandene atomare Struktur. In der aufwachsenden Schicht setzt sich daher die bestehende monokristalline Struktur fort. Dieser Vorgang wird als *Homoepitaxie* bezeichnet.

Im Sprachgebrauch der Halbleitertechnik wird hierfür meist nur der Begriff *Epitaxie* verwendet. Wird also von „Epitaxie" oder kurz von „Epi" gesprochen, so ist normalerweise immer die Homoepitaxie, d. h. das Aufwachsen monokristalliner Schichten, gemeint.

Epitaktisch aufwachsende Schichten lassen sich durch Zugabe von Fremdatomen während des Wachstumsvorgangs beliebig dotieren, wobei sich die Dotierung von derjenigen des Basismaterials unterscheiden kann. Dadurch sind klar definierte abrupte vertikale p-n-Übergänge möglich, die sich dann über den ganzen Wafer erstrecken. Darüber hinaus ist es möglich, sogenannte *vergrabene* Dotiergebiete (*Buried layers*) zu erzeugen, indem man vor dem Epitaxieschritt das Grundmaterial an der Oberfläche entsprechend selektiv dotiert.

Abb. 2.20 veranschaulicht diesen Vorgang mit einem p-dotierten Wafer, auf dem man eine schwach n-dotierte epitaktische Schicht aufwachsen lässt. Die vor der Abscheidung des Siliziums durchgeführte selektive Dotierung (hier n-leitend) kann mittels Ionenimplantation (a_1) oder Diffusion (a_2) erfolgt sein. Da der Epitaxieprozess sehr hohe Temperaturen benötigt, diffundiert die erzeugte Dotierung während des epitaktischen Wachstums weiter aus und breitet sich auch in die Epi-Schicht aus. Um diese, vor allem nach oben hin meistens unerwünschte Ausdiffusion möglichst gering zu halten, verwendet man Arsen oder Antimon als Donatoren, da diese aufgrund ihrer Größe weniger diffundieren als Phosphor.

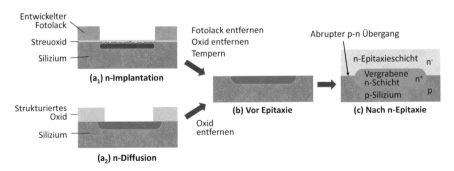

Abb. 2.20 Erzeugung einer Epitaxieschicht mit einer vergrabenen dotierten Schicht. (Die vorherige Fotolithografie und das Ätzen des Oxids für (a_2) sind nicht dargestellt)

Strukturierung

Wie wir bereits in Kap. 1 (Abschn. 1.1) gesehen haben, befinden sich die Bauelemente in einer dünnen, nur wenige μm dicken Schicht an der Oberfläche des monokristallinen Wafers. Je nach Wafer-Dicke und Halbleiterprozess macht diese Schicht
also nur einige Promille bis etwa 2 % der Wafer-Dicke aus. Sie kann durch eine oder
mehrere Epitaxie-Schichten gebildet werden, wie oben beschrieben. Sehr einfache
Halbleiterprozesse kommen ganz ohne Epitaxie aus.

In den ersten Jahrzehnten der IC-Technik war es nicht üblich, diese (aus Silizium
bestehende) Schicht mittels Ätzung zu strukturieren. Die gegenseitige elektrische
Isolation der nebeneinander liegenden Bauelemente wurde an der Oberfläche durch
strukturiertes Feldoxid (vgl. Abschn. 2.5) und unter der Oberfläche durch in Sperrrichtung gepolte p-n-Übergänge[9] realisiert. Mit zunehmender Miniaturisierung der
Bauelemente wuchs der relative Flächenbedarf dieser passiven Feldgebiete und
stand einer weiteren Erhöhung der Integrationsdichte zunehmend im Wege.

Deshalb wurden Verfahren zur sogenannten *Grabenisolation* (*Trench isolation*)
entwickelt, mit denen das Silizium in Gebiete strukturiert werden kann, die zumindest lateral (bis in eine bestimmte Tiefe) gegeneinander isoliert sind. Dazu werden
in die Siliziumoberfläche Gräben geätzt, die so mit anderem Material gefüllt werden, dass sie als elektrisch isolierende Barrieren zwischen benachbarten Bauelementen wirken. Diese Gräben lassen sich sehr schmal ausführen, so dass die
Bauelemente dichter gepackt werden können. Diese Art der dielektrischen Isolierung hat den zusätzlichen Vorteil, dass sich dadurch eine galvanische Trennung realisieren lässt, die unabhängig von den elektrischen Verhältnissen und damit wesentlich weniger störanfälliger ist.

Je nach Halbleiterprozess reicht die Tiefe der Grabenisolation von einigen hundert nm (z. B. bei CMOS-Logikchips) bis zu mehreren μm (z. B. bei BCD-Chips[10]
in der Automobilelektronik). Je nach Tiefe der Gräben unterscheidet man zwischen
Shallow trench isolation (*STI*) und *Deep trench isolation* (*DTI*), wobei die Grenze
zwischen diesen beiden Bezeichnungen nicht klar definiert ist. Es gibt viele verschiedene Prozessvarianten für die Herstellung von Grabenisolationen, die zum Teil
recht komplex sind.

Die Herstellungsprinzipien für „flache" bzw. „tiefe" Isolationsgräben sind in
Abb. 2.21 bzw. 2.22 dargestellt. Details, die für das grundlegende Verständnis im
Rahmen dieses Buches nicht erforderlich sind, wurden weggelassen.

Die Gräben werden in der Regel durch reaktives Ionenätzen (Trockenätzen) erzeugt, da sich hiermit schmale und tiefe Gräben ätzen lassen (in beiden Bildern in

---

[9] Das Verständnis gesperrter p-n-Übergänge ist für den Layoutentwurf wichtig. Wir behandeln dieses Thema im Zusammenhang mit den Entwurfsregeln (Kap. 6, Abschn. 6.2) und den Zuverlässig-
keitsmaßnahmen (Kap. 7, Abschn. 7.1.4).

[10] „BCD" steht für „Bipolar, CMOS, DMOS". BCD-Prozesse eignen sich zur Integration elektronischer Systeme auf einem Chip (Kap. 1, Abschn. 1.2.2). Ein BCD-Chip enthält analoge Schaltkreise (Bipolar, CMOS), digitale Signalverarbeitung (CMOS) und Leistungsendstufen (DMOS).

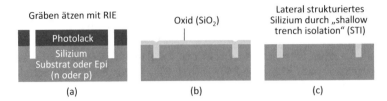

Abb. 2.21 Schematische Darstellung der Herstellung von „flachen" Isolationsgräben (STI); **a** reaktives Ionenätzen (RIE), maskiert mit entwickeltem Fotolack (vorherige Fotolithografie ist nicht dargestellt), **b** Entfernen des Fotolacks und Oxidation, **c** Rückätzen des Oxids und Planarisieren der Oberfläche durch chemisch-mechanisches Polieren (CMP)

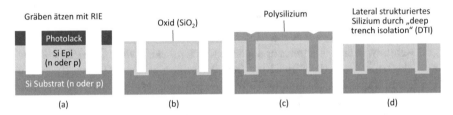

Abb. 2.22 Schematische Darstellung der Herstellung von „tiefen" Isolationsgräben (DTI); **a** reaktives Ionenätzen (RIE), maskiert mit entwickeltem Fotolack (vorherige Fotolithografie ist nicht dargestellt), **b** Entfernen des Fotolacks und Oxidation, **c** Abscheidung von Polysilizium, **d** Rückätzen des Polysiliziums und des Oxids und Planarisieren der Oberfläche durch chemisch-mechanisches Polieren (CMP)

(a) dargestellt). Maskiert wird die Ätzung, wie bereits in Abschn. 2.5.3 erläutert, durch lithografisch strukturierten Fotolack. Da es in der Tiefe kein anderes Material als Silizium gibt, das als Ätzstopp nutzbar wäre, muss die Ätztiefe über die Ätzdauer gesteuert werden.

Bei der Shallow trench isolation (STI) werden die Gräben vollständig mit Oxid gefüllt, entweder durch thermische Oxidation oder – um kein Silizium aus dem Wafer zu verbrauchen – durch kurze thermische Oxidation mit anschließender Oxidabscheidung (Abb. 2.21b).

Bei der Deep trench isolation (DTI) sind die Gräben aufgrund der deutlich größeren Tiefe (mehre μm) um einiges breiter als bei STI. Deshalb werden oft nur die Wände der Gräben soweit mit Oxid beschichtet, wie es für die elektrische Isolation erforderlich ist (Abb. 2.22b). Der Rest wird mit Polysilizium aufgefüllt (Abb. 2.22c), da es fast denselben thermischen Ausdehnungskoeffizienten wie monokristallines Silizium hat. Dadurch lassen sich die bei Temperaturänderungen auftretenden mechanischen Verspannungen, die das elektrische Verhalten stark beeinflussen können,[11] erheblich reduzieren.

---

[11] Mechanischer Stress verändert die Leitfähigkeit des Siliziums, was sich insbesondere auf symmetrische Analogschaltungen negativ auswirkt. In Kap. 6, Abschn. 6.6.3, zeigen wir hierzu Gegenmaßnahmen.

Schließlich werden die Materialien, welche sich während der Prozessierung an der Oberfläche abgelagert haben und dort unerwünscht sind, wieder entfernt. Dies geschieht mit dem sogenannten *chemisch-mechanischen Polieren* (*Chemical-mechanical polishing, CMP*). CMP ist ein spezielles Verfahren, das einen ganzflächigen chemischen Ätzvorgang mit einem mechanischen Abtrag kombiniert. Es wird bei verschiedenen Prozessschritten zur Planarisierung der Wafer-Oberfläche eingesetzt. Im nächsten Abschn. 2.8 erläutern wir das CMP-Verfahren genauer.

Die Techniken zur Grabenisolation wirken nur lateral isolierend. Will man eine komplette dielektrische Isolation eines Bauelementes erreichen, muss dieses an allen Seiten mit isolierendem Material umgeben werden. Die große Herausforderung hierbei ist die Erzeugung einer „vergrabenen" Oxidschicht. Hierzu gibt es verschiedene Verfahren, die als *Silicon on insulator (SOI)* bekannt sind. Wir gehen auf diese Verfahren nicht näher ein, sondern verweisen den Leser hierfür auf die Literatur, z. B. [1].

2.7.2 Heteroepitaxie und Polysilizium

Schichtwachstum

Bei der *Heteroepitaxie* unterscheidet sich die Materialstruktur der Grundlage von der des epitaktisch (kristallin) aufwachsenden Materials.

In der Halbleitertechnik tritt dieser Fall ein, wenn man Silizium auf eine Oxidschicht abscheidet. Oxid ist ein amorphes, also *nicht* kristallines Material. Daher gibt es keine Vorzugsrichtung, an der sich das anlagernde Silizium ausrichten könnte. Es bilden sich zunächst viele kleine Kristallisationskerne, die unabhängig voneinander in verschiedenen Gitterausrichtungen wachsen. Mit zunehmender Dauer des Abscheideprozesses wachsen diese zu einem sogenannten *polykristallinen Silizium* zusammen, das man auch als *Polysilizium* oder kurz *Poly* bezeichnet. Polysilizium besteht also aus winzigen Kristalliten, die auch „Körner" genannt werden.

Die Korngröße hängt von den Prozessparametern ab und kann bis zu einigen hundert nm reichen. An den Korngrenzen stoßen unterschiedliche Gitterausrichtungen aneinander. Hier bilden sich bevorzugte Strompfade, die zu unerwünschten Leckströmen führen können, weshalb sich Polysilizium nicht für die Erzeugung von brauchbaren p-n-Übergängen eignet, sondern nur zur einfachen Stromleitung.

Aber auch mit dieser Einschränkung hat Poly viele Verwendungsmöglichkeiten. Strukturen aus Polysilizium eignen sich als (i) Steuerelektroden von Feldeffekt-Transistoren (Gates), (ii) als ohmsche Widerstände, (iii) als Elektroden für Kondensatoren und (iv) mit Einschränkungen (Abschn. 2.7.3) auch als Leiterbahn.

Strukturierung

Die Strukturierung des Polysiliziums zur Erzeugung der oben genannten Strukturen erfolgt über Fotolithografie und anschließendes Ätzen. In modernen Prozessen wird reaktives Ionenätzen (RIE) eingesetzt, da nur hiermit die erforderlichen Strukturgrößen realisierbar sind.

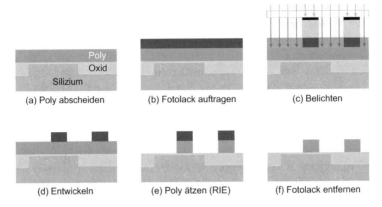

(a) Poly abscheiden   (b) Fotolack auftragen   (c) Belichten

(d) Entwickeln   (e) Poly ätzen (RIE)   (f) Fotolack entfernen

Abb. 2.23 Abscheidung und Strukturierung von Polysilizium (Poly)

Strukturen aus Polysilizium werden im Herstellungsprozess vor den Metallisierungsschichten erzeugt. Sie befinden sich durch Oxide isoliert zwischen dem monokristallinen Silizium des Wafers und den Metalllagen. Wir zeigen den Vorgang der Strukturierung in Abb. 2.23 anhand eines Prozesses mit STI für das Feldoxid (Abschn. 2.7.1). Aus Abb. 2.23a ist ersichtlich, dass Polysilizium nicht nur auf dem dicken Feldoxid, sondern auch auf einer besonders dünnen Oxidschicht abgeschieden wird, welches als Dielektrikum für Kondensatoren und Feldeffekt-Transistoren dient. Aus der letzteren Anwendung stammt der Name *Gate-Oxid* (abgekürzt „*GOX*") für diese dünne Oxidschicht. Die Schritte (b)–(f) in Abb. 2.23 zeigen die Strukturierung der Poly-Schicht durch fotolithografisch maskierte Ätzung mit RIE.

2.7.3 Betrachtungen hinsichtlich Layoutentwurf

Neben den oben genannten Einsatzmöglichkeiten bei der Herstellung von Bauelementen kann man Polysilizium, wenn es über Feldoxid angeordnet ist, im Layoutentwurf auch als Leiterbahn verwenden. Hier ist aber größte Vorsicht geboten. Obwohl Polysilizium i. Allg. sehr hoch dotiert ist, ist der ohmsche Widerstand einer Poly-Leiterbahn etwa drei Größenordnungen höher als der einer metallischen Leiterbahn mit gleichen Abmessungen.

Eine Leiterbahn aus Polysilizium ist daher nur im Einzelfall und nur für sehr kleine Ströme und über kurze Strecken zu empfehlen, z. B. um ein Bauelement anzuschließen (insbesondere wenn das Pin bereits aus Poly besteht) oder um eine andere Leiterbahn zu überbrücken, falls eine andere Metalllage nicht verfügbar ist. In jedem Falle muss man immer den Spannungsabfall,[12] den man beim Routen mit Polysilizium verursacht, im Blick haben.

---

[12] Der Spannungsabfall berechnet sich nach dem ohmschen Gesetz aus dem Produkt des Stromes I mit dem Widerstand R und wird von IC-Designern deshalb oft als *IR-Drop* bezeichnet.

2.8 Metallisierung

2.8.1 Grundprinzip

Die in den Abschn. 2.5, 2.6 und 2.7 behandelten Prozessschritte gehören zum *Front-end-of-line (FEOL)* der IC-Fertigung. Im FEOL, das den ersten Teil jeder IC-Fertigung bildet, werden die elektrischen Bauelemente (Transistoren, Widerstände, Kondensatoren etc.) einer integrierten Schaltung erzeugt.

Nachdem die FEOL-Schritte durchgeführt sind, müssen die entstandenen Bauelemente noch gemäß den in der Schaltungsstrukturbeschreibung vorgegebenen Netzen elektrisch leitend miteinander verbunden werden, um die elektrische Schaltung zu bilden. Dies geschieht im zweiten Teil der IC-Fertigung, dem *Back-end-of-line (BEOL)*, den wir in diesem Abschnitt behandeln wollen.

Die elektrischen Verbindungen entstehen im BEOL durch abwechselndes Aufeinanderstapeln von Isolations- und Metallisierungsschichten. Mit strukturierenden Verfahren formt man in den Metallisierungsschichten die Leiterbahnen (weshalb man die Schichten auch *Leiterbahnebenen* nennt) und in den Isolationsschichten die vertikalen Durchkontakte zwischen den Leiterbahnen benachbarter Metallisierungsschichten, sowie zu den Anschlusspunkten der Bauelemente.

Routing-Layer

Um die Netze der komplexen Schaltungen heutiger ICs realisieren zu können, werden mehrere Leiterbahnebenen benötigt. Für jede dieser Leiterbahnebenen sind im Layoutentwurf die Strukturen *zweier* Technologieebenen zu bestimmen: (i) ein Layer[13] zur Definition der Durchkontakte in einer Oxidschicht und (ii) ein Layer zur Definition der Strukturen in der Leiterbahnebene, die über dieser Oxidschicht liegt. Diesen Teil des Layoutentwurfs (d. h. den Entwurf der Strukturen in diesen Layern) bezeichnet man als *Verdrahtung* oder *Routing*. Die in diesem Entwurfsschritt bearbeiteten Layer fasst man deshalb begrifflich auch als *Verdrahtungsebenen* oder *Routing-Layer* zusammen.

Während sich die Bezeichnung der Layer für das FEOL von Hersteller zu Hersteller und auch von Prozess zu Prozess stark unterscheiden, hat sich für die Bezeichnung der Routing-Layer für das BEOL eine recht einheitliche Bezeichnung eingebürgert, wie in Abb. 2.24 schematisch dargestellt. Die Metall-Layer werden i. Allg. in der Reihenfolge, wie sie in der Fertigung entstehen – also von unten nach oben – durchnummeriert. Dasselbe gilt für die Layer der Durchkontakte mit der Besonderheit, dass man die Durchkontakte zwischen benachbarten Metall-Layern als *Vias* und die untersten Durchkontakte von der Siliziumoberfläche zur untersten Metallebene, mit denen die Bauelemente an ihren Anschlusspunkten kontaktiert werden, als *Kontakte* bezeichnet.

---

[13] Wie bereits in Kap. 1, Abschn. 1.3.2 erläutert, bezeichnet man im Kontext des Layoutentwurfs die zu konstruierenden Ebenen auch als „Layer".

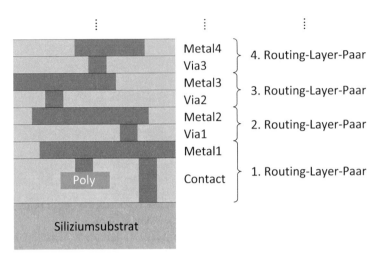

Abb. 2.24 Schnittdarstellung der Routing-Layer (Verdrahtungsebenen) mit typischen Layer-Bezeichnungen

Für jede Verdrahtungsebene ergibt sich somit für das Routing ein Paar aus zwei korrespondierenden Routing-Layern. Diese Layer-Paare (Contact/Metal1 sowie Via[n]/Metal[n+1]) sind in Abb. 2.24 ebenfalls angedeutet.

Materialien und Technologieaspekte
Ein weit verbreitetes Material für die Isolationsschichten ist Siliziumdioxid. Daneben findet man in modernen Prozessen zunehmend auch andere isolierende Materialien mit geringerer relativer Permittivität als SiO_2 Diese sogenannten *Low-k materials* werden eingesetzt, um die parasitären Koppelkapazitäten zwischen den Leiterbahnen zu minimieren, wodurch das Übersprechen zwischen den Leiterbahnen vermindert wird.

Gebräuchliche Bezeichnungen für die Isolationsschichten sind *Interlevel oxide* (ILO), *Intermetal dielectric* (IMD) und *Interlayer dielectric* (ILD). Wir verwenden im Buch die Bezeichnungen „Oxidschicht" und „ILO" unabhängig vom verwendeten Material.

Wenden wir uns nun dem Material für die Metallisierungsschichten zu. Aus Sicht der Fertigung muss es gut abscheidbar und gut strukturierbar sein. Darüber hinaus sollte es auch gut auf der Oxidschicht haften.

Aus Anwendungssicht sollte das Material insbesondere folgende Forderungen erfüllen:

- Hohe elektrische Leitfähigkeit (für möglichst geringe parasitäre Spannungsabfälle),
- hohe Strombelastbarkeit (zur Unterstützung der Miniaturisierung),
- Kontaktierbarkeit zum Silizium (für den elektrischen Anschluss der Bauelemente),
- Kontaktierbarkeit nach außen (für den elektrischen Anschluss des Chips als Ganzes),

- geringe Korrosionsanfälligkeit und mechanische Stabilität (für lange Lebensdauer),
- Möglichkeit der Mehrlagenverdrahtung (zur Einsparung von Chipfläche und Erleichterung des Layoutentwurfs).

Das Material, was diese Anforderungen insgesamt am besten erfüllt, ist *Aluminium* (Al). Durch Anreicherung mit Silizium und Kupfer im Bereich von wenigen Prozent (bekannt als „*AlSiCu*") lassen sich seine Eigenschaften hinsichtlich der genannten Punkte noch etwas verbessern. Aluminium bzw. AlSiCu waren daher lange Zeit das Material der Wahl für die Metallisierung.

Für kleiner werdende Strukturgrößen erfüllt Aluminium aber die Anforderungen immer weniger. Problematisch ist insbesondere der Anstieg des parasitären Widerstands aufgrund der stark abnehmenden Leiterbahnquerschnitte. Aluminium wird daher in modernen Prozessen zunehmend ersetzt durch *Kupfer*, dessen spezifischer Widerstand etwa halb so groß ist. Hinzu kommt, dass Kupfer wesentlich weniger zu Elektromigration neigt als Aluminium und daher eine vergleichsweise höhere Stromdichte erlaubt. In Kupfer können die Leiterbahnen daher deutlich schmaler als in Aluminium ausgelegt werden.

Zudem reduziert sich bei Kupfer durch diese Querschnittsverringerung auch die von der Leiterbahn gebildete Oberfläche und damit der parasitäre Kapazitätsbelag. Das hat den insbesondere in Analogschaltungen wichtigen Vorteil, dass Signale weniger auf Leiterbahnen in benachbarten Metalllagen übersprechen. Aber auch in Digitalschaltungen wirkt sich dieser Effekt sehr positiv aus. Die Laufzeit eines Signals ist proportional zum Produkt aus dem parasitären Widerstand und der parasitären Kapazität der Leitung ($R \cdot C$). Durch Einsatz von Kupfer werden also deutlich schnellere Schaltzeiten möglich.

Den Vorteilen des Kupfers stehen allerdings auch einige Nachteile gegenüber. Kupfer hat die negative Eigenschaft, dass es nahezu alles, mit dem es in Kontakt kommt, kontaminiert. Es neigt stark zur Diffusion in das umliegende Oxid. Zudem korrodiert es leicht, und zwar nicht nur an der Oberfläche wie Aluminium (das sich dadurch selbst gegen weitere Oxidation schützt), sondern durchgängig. Diese Eigenschaften machen zusätzliche Schutzschichten erforderlich, die das Kupfer gegen Diffusion und Oxidation abschirmen. Hinzu kommt, dass man Kupfer nur sehr schlecht trockenätzen kann, weshalb neue Strukturierungsverfahren entwickelt werden mussten. Aufgrund dieser Notwendigkeiten ist die Herstellung von Metallisierungsstrukturen aus Kupfer deutlich aufwändiger und teurer als bei Verwendung von Aluminium.

Der Übergang von Aluminium zu Kupfer als Leiterbahnmaterial vollzieht sich in den Technologieknoten 350 nm bis 90 nm. In diesen Technologieknoten kann man beide Metalle als Leiterbahnmaterial finden, auch gemischt. Bei Smart-Power-Chips wird oft die oberste Metallisierungsebene als extradicke Kupferschicht ausgeführt, um Leiterbahnen für besonders hohe Ströme (in der Größenordnung mehrerer Ampere) bereitzustellen, während die darunterliegenden dünneren Metalllagen in Aluminium ausgeführt werden.

Aus Sicht der Prozessführung kann man Metallisierungsverfahren danach unterscheiden, ob sie zwischen der Erzeugung der einzelnen Metalllagen Verfahrensschritte zur Planarisierung der Wafer-Oberfläche anwenden oder nicht. Wir gehen im folgenden Abschnitt zunächst auf die letzteren (ohne Planarisierung) ein, obwohl diese mittlerweile veraltet sind. Hieraus wird deutlich werden, warum moderne Prozesse mit Strukturgrößen im Sub-Mikron-Bereich nicht ohne planarisierende Zwischenschritte auskommen. Diesen heute wichtigen Verfahren widmen wir uns anschließend in Abschn. 2.8.3 ausführlicher.

2.8.2 Metallisierungsstrukturen ohne Planarisierung

Metallisierungsverfahren ohne Planarisierungsschritte sind heute nicht mehr üblich. Wir werden sie in diesem Kontext nachfolgend deshalb als „historische Metallisierungsverfahren" ansprechen. Aufgrund ihres Alters wurden sie nur mit Aluminium als Leiterbahnmaterial angewendet. Ihre Prozessfolge ist sehr einfach und besteht aus den folgenden vier Prozessschritten:

(1) Aufbringen einer isolierenden Oxidschicht,
(2) selektives Ätzen von Löchern in dieser Oxidschicht für Kontakte/Vias,
(3) Aufbringen der Metallschicht (Aluminium bzw. Aluminiumlegierung),
(4) selektives Ätzen dieser Metallschicht zur Strukturierung der Leiterbahnen.

Die Prozessführung ist also gekennzeichnet durch eine Folge von Verfahrensschritten, bei denen das Material abwechselnd *ganzflächig* auf den Wafer *aufgetragen* und danach wieder *selektiv abgetragen* wird. Der Auftrag des Aluminiums erfolgt durch Aufdampfen, wodurch sich das Material überwiegend senkrecht von oben ablagert. Dabei werden gleichzeitig die (zuvor geätzten) Durchkontakte metallisiert. Die materialabtragenden Prozesse erfolgen durch fotolithografisch maskierte Ätzung. Abb. 2.25 zeigt die Herstellung der ersten und zweiten Leiterbahnebene, d. h. die oben beschriebene Abfolge wird zweimal durchgeführt. (Auf die Darstellung der Fotolithografie wurde verzichtet.)

Das Beispiel zeigt die Kontaktierung und Verdrahtung eines NMOS-Feldeffekttransistors (der Backgate-Kontakt wurde hier weggelassen) und einer separaten Polystruktur. Die Darstellung in Abb. 2.25 veranschaulicht die von den Strukturierungsschritten verursachte Stufenbildung, die zu einer zunehmenden Unebenheit der Wafer-Oberfläche führen. Insbesondere die Stufen im Oxid sind problematisch, da es bei der anschließenden Metallabscheidung schwierig ist, diese Kanten hinreichend mit Metall abzudecken. Die Kanten der Durchkontakte bilden daher prinzipielle Schwachpunkte für die elektrischen Verbindungen (Abb. 2.25, Schritt 3). Ordnet man die Durchkontakte direkt übereinander an, addieren sich die Stufenhöhen, wodurch die elektrische Verbindung noch schwächer wird und evtl. gar nicht mehr zustande kommt (Abb. 2.25, Schritte 6 und 7). In Prozessen dieser Art ist es daher oft verboten, Durchkontakte direkt übereinander anzuordnen (sogenannte *Stacked vias*).

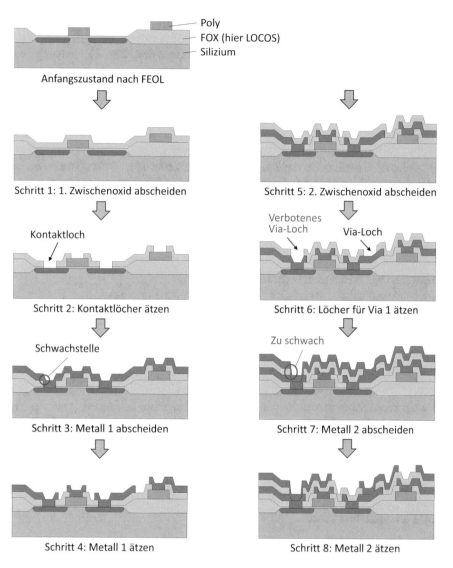

Abb. 2.25 Herstellung der ersten beiden Metallisierungsschichten ohne Anwendung von Planarisierungsverfahren (Fotolithografie ist nicht dargestellt)

Eine bessere Metallabdeckung der Oxidkanten kann erreicht werden, indem man die Kanten der Durchkontakte abschrägt. Diese Abschrägung steht aufgrund ihres Flächenbedarfs aber einer Miniaturisierung im Wege, die möglichst kleine Durchkontakte und daher steile Kanten erfordert. Durch einen Wechsel des Abscheideverfahrens vom Aufdampfen zum Sputtern gelingt es zwar, auch auf senkrechten Kanten Metall abzuscheiden. Allerdings wird es bei den zunehmend kleiner werdenden Lochdurchmessern trotzdem schwieriger, die Oxidlöcher sicher aufzufüllen.

Dieses Problem ist lösbar, wenn man dazu übergeht, in einem separaten Schritt zunächst nur die Kontaktlöcher mit Wolfram aufzufüllen und erst daran anschließend das Aluminium für die Leiterbahnen abzuscheiden. Zur Abscheidung des Wolframs wird das *CVD-Verfahren* (*Chemical vapor deposition*) eingesetzt, das verschiedene Optionen ermöglicht [2]. Je nach verwendeter chemischer Reaktion kann man damit Wolfram ganzflächig auf dem Wafer oder nur auf der Siliziumoberfläche (also direkt im Kontaktloch) abscheiden. Überschüssiges Material wird im Anschluss rückgeätzt. Dadurch bilden sich in den Kontaktlöchern sogenannte *Wolfram-Plugs*. Dieses Verfahren zur Kontaktierung von Aluminium-Leiterbahnen ist bis heute aktuell, da es die Strukturierung der Leiterbahnen über Trockenätzen erlaubt, womit klar definierte Kanten und sehr feine Strukturen herstellbar sind.

2.8.3 Metallisierungsstrukturen mit Planarisierung

Additive Planarisierungsverfahren

Unebenheiten auf der Wafer-Oberfläche führen neben der geschilderten Problematik einer unzureichenden Metallabdeckung über Oxidkanten noch zu weiteren Problemen, insbesondere erschweren sie eine exakte Fokussierung beim Belichtungsvorgang. Deshalb wurden Verfahren entwickelt, die darauf zielen, die Unebenheiten durch Anlagern zusätzlichen Materials auszugleichen.

Hierzu zählt die sogenannte *Reflow-Technik*, bei der man dotierte Gläser bei hohen Temperaturen verflüssigt, das dann bevorzugt in die Vertiefungen fließt. Wegen des niedrigen Schmelzpunktes von Aluminium kann diese Technik aber nur zur Einebnung der Polyschichten angewendet werden. Zur Glättung unebener Aluminiumstrukturen eigenen sich die sogenannten *Spin-On-Gläser (SOG)*, die aus gelösten Siliziumoxid-Verbindungen bestehen. Diese werden bei Raumtemperatur aufgebracht und lassen sich noch unter der Schmelztemperatur von Aluminium aushärten.

Alle diese additiven Maßnahmen können allerdings nur lokale Unebenheiten ausgleichen. Die Probleme der Stufenbildung können sie daher nur abmildern, aber nicht grundsätzlich lösen.

Subtraktive Planarisierung mit chemisch-mechanischem Polieren (CMP)

Der entscheidende Durchbruch zur Lösung der durch die Stufenbildung verursachten Probleme kam in Form eines subtraktiven Verfahrens, mit dem die gesamte Wafer-Oberfläche planarisiert werden kann. Es handelt sich um das *chemisch-mechanische Polieren (Chemical-mechanical polishing, CMP)*. Bei diesem Verfahren werden die Wafer einem chemischen Ätzvorgang ausgesetzt, der mit einem mechanischen Abtrag kombiniert ist. Hierzu werden die in Rotation versetzten Wafer mit ihrer Oberseite gegen einen gegensinnig rotierenden Poliertisch gepresst, wobei kontinuierlich eine Mischung aus Ätzflüssigkeit und Poliermittel zugeführt wird. Dadurch werden die auf dem Wafer befindlichen Erhöhungen solange abgetragen, bis sich über den gesamten Wafer eine durchgängig ebene Oberfläche ergibt. Das Verfahren lässt sich auch nutzen, um bestimmte Materialschichten ganz oder teilweise abzutragen.

Das Damascene-Verfahren

Moderne BEOL-Prozesse nutzen das soeben beschriebene CMP-Verfahren zur abschließenden Planarisierung einer erzeugten Metallisierungsstruktur. Dabei wird CMP nach der Prozessierung jeder Metallisierungsebene angewendet, d. h. es bildet jeweils den Abschluss eines Fertigungszyklus, mit dem ein Layer-Paar gemäß Abb. 2.24 hergestellt wird.

Betrachtet man Abb. 2.25, liegt es auf der Hand, dass die Leiterbahnstrukturen in diesen modernen BEOL-Prozessen nicht mit der in Abschn. 2.8.2 gezeigten Abfolge von Prozessschritten erfolgen kann, da in diesem Fall die strukturierten Leiterbahnen (aufgrund ihrer Erhöhung) durch CMP wieder entfernt würden. Deshalb geht man anders vor. Anstatt die Leiterbahnen durch ganzflächigen Materialauftrag mit anschließender selektiver Ätzung zu strukturieren, ätzt man in die Oxidschicht zuerst Vertiefungen, die anschließend mit Metall aufgefüllt werden. Dieses Vorgehen hat eine gewisse Ähnlichkeit mit der Herstellung der Durchkontakte, mit dem Unterschied, dass diese Vertiefungen nicht durch das ganze Oxid geätzt werden dürfen, damit die darin eingebetteten Leiterbahnen auch nach unten isoliert bleiben. Das CMP hat dann die Aufgabe, das überschüssige Metall soweit abzutragen, so dass nur noch die im Oxidgraben eingebettete Leiterbahnstruktur übrigbleibt. Dieses Verfahren ist als *Damascene*-Verfahren[14] bekannt.

Abb. 2.26 veranschaulicht die entscheidenden Prozessschritte des Damascene-Verfahrens. Zunächst werden die Gräben in das vorhandene Oxid geätzt (Abb. 2.26a). Wegen der bereits beschriebenen Eigenschaften von Kupfer muss dann eine Barriere zur Verhinderung von Diffusion und zum Schutz gegen Oxidation eingebracht werden (Abb. 2.26b). Für diese (leitfähigen) Barrieren, die auch als *Metal liner* oder *Liner layer* bezeichnet werden, eignen sich Tantal (Ta), Tantalnitrid (TaN) und Titaniumnitrid (TiN).

Zur Abscheidung des Kupfers gibt es verschiedene Möglichkeiten. Wird elektrochemisch abgeschieden, muss die Barriereschicht zunächst mit einer dünnen Kupferkeimschicht vorbelegt werden, an der sich dann die weiteren Kupferatome anlagern können (Abb. 2.26c). Nach der Füllung der Gräben wird das überschüssige Kupfer mit CMP abgetragen und eine abschließende Schutzschicht (Barriere) auf-

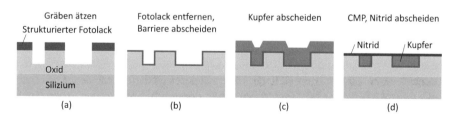

Abb. 2.26 Herstellung von Kupfer-Leiterbahnen mit der Damascene-Technik

[14] Dieser Name stammt von einer antiken Verzierungstechnik der Metallverarbeitung, die man auch als „Damaszierung" (abgeleitet vom Namen der Stadt Damaskus) bezeichnet. Bei dieser Technik werden Metalle wie Gold oder Silber in vorgefertigte Vertiefungen eingelegt, um künstlerische Muster zu erzeugen.

gebracht (Abb. 2.26d). Als dielektrische Barriere eignen sich das bereits bekannte Siliziumnitrid (Nitrid, Si_3N_4) oder auch amorphes Siliziumnitrid (SiN_x).

Dieses Verfahren muss für das Layer-Paar einer Metallisierungsebene zweimal hintereinander (einmal für die Durchkontakte, einmal für die Leiterbahnen) angewendet werden. Damit ergibt sich folgende Abfolge von Prozessschritten für das Damascene-Verfahren:

(1) Auftragen einer ersten isolierenden Schicht (zur Aufnahme der Durchkontakte),
(2) Herstellung der Löcher für die Durchkontakte durch selektives Ätzen dieser Schicht,
(3) Auftragen einer Diffusionsbarriere und einer Keimschicht für die Kupferabscheidung,
(4) Auftragen von Kupfer zur Füllung der Kontaktlöcher,
(5) Abtragen des überschüssigen Metalls und Planarisieren durch CMP,
(6) Auftragen einer Schutzschicht als Barriere gegen Diffusion und Oxidation,
(7) Auftragen der zweiten isolierenden Schicht (zur Aufnahme der Leiterbahnen),
(8) Herstellung der Gräben für die Leiterbahnen durch selektives Ätzen dieser Schicht,
(9) Auftragen einer Diffusionsbarriere und einer Keimschicht für die Kupferabscheidung,
(10) Auftragen von Metall zur Füllung der Leiterbahn-Gräben,
(11) Abtragen des überschüssigen Metalls und Planarisieren durch CMP,
(12) Auftragen einer Schutzschicht als Barriere gegen Diffusion und Oxidation.

Im Unterschied zu den historischen Metallisierungsverfahren (vgl. Abschn. 2.8.2) finden beim Damascene-Verfahren also *alle* Strukturierungsschritte (d. h. für Durchkontakte *und* Leiterbahnen) durch Ätzung von isolierenden Schichten statt (Schritte 2 und 8), in welche das Metall anschließend eingebettet wird (Schritte 4 und 10), gefolgt von einem leistungsfähigen subtraktiven Planarisierungsverfahren (CMP). Mit diesen Innovationen ist es gelungen, Kupfer als Leiterbahnmaterial in der IC-Herstellung einzusetzen, da Kupfer selbst nur sehr schlecht trocken ätzbar ist. Die regelmäßige Planarisierung mit CMP ermöglicht auch für höhere Metalllagen eine sehr exakte Belichtung in der Fotolithografie und damit die Herstellung von sehr fein strukturierten Leiterbahnebenen in einer prinzipiell beliebigen Anzahl.

Das Damascene-Verfahren kann sowohl für Aluminium als auch für Kupfer eingesetzt werden. Während bei Aluminium-Leiterbahnen (wie bereits erwähnt) die Durchkontakte aus Wolfram, d. h. aus einem anderen Material bestehen, kann man bei Kupfer-Leiterbahnen die Durchkontakte aus demselben Material, d. h. auch aus Kupfer, herstellen. Lediglich zur Kontaktierung der Bauelemente mit der ersten (untersten) Metalllage muss das Kupfer durch Wolfram vom Silizium getrennt werden.

Das Dual-Damascene-Verfahren
Das Damascene-Verfahren ist wesentlich aufwändiger als das historische Metallisierungsverfahren aus Abschn. 2.8.2. Zur Reduzierung des Fertigungsaufwands wurde es deshalb weiterentwickelt zum sogenannten *Dual-Damascene-Verfahren*,

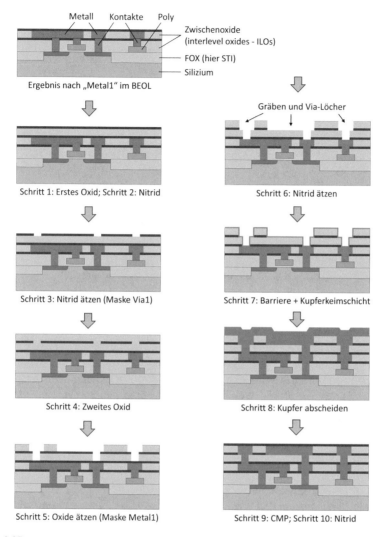

Abb. 2.27 Erzeugen einer Leiterbahnebene (Metall-2) einschließlich ihrer Durchkontaktierungen (Via-1) in Kupfer mit der Dual-Damascene-Technik

bei dem die Via-Löcher und Leiterbahngräben in einem gemeinsamen Abscheidungsprozess mit Metall aufgefüllt werden. Dadurch ist auch nur ein abschließender CMP-Prozess pro Leiterbahnebene erforderlich. Es gibt verschiedene Ausprägungen des Dual-Damascene-Verfahrens. Wir zeigen in Abb. 2.27 eine mögliche Prozessfolge für Kupfer:

(1) Auftragen der ersten isolierenden Oxidschicht,
(2) Auftragen einer Nitridschicht,
(3) Strukturieren der Nitridschicht zur Maskierung der Ätzung der Durchkontakte,
(4) Auftragen der zweiten isolierenden Oxidschicht,

(5) Herstellung der Gräben für die Leiterbahnen durch selektives Ätzen des oberen Oxids und gleichzeitiges (durch Nitrid maskiertes) Ätzen der Löcher für die Durchkontakte,

(6) Nitrid ätzen,

(7) Auftragen einer Diffusionsbarriere und einer Keimschicht für die Kupferabscheidung,

(8) Auftragen von Kupfer zur Füllung der Kontaktlöcher und Leiterbahngräben,

(9) Abtragen des überschüssigen Kupfers und Planarisieren durch CMP,

(10) Auftragen einer Nitridschicht als Barriere gegen Diffusion und Oxidation des Kupfers.

2.8.4   Betrachtungen hinsichtlich Layoutentwurf

Die eingesetzten Metallisierungsverfahren haben gravierende Auswirkungen auf den Layoutentwurf. Wir wollen einige wichtige Aspekte besprechen.

Abstandsregeln bei Leiterbahnstrukturen ohne Planarisierungstechnik

Wir haben gesehen, dass bei historischen Metallisierungstechniken die Metallabdeckung der Oxidkanten von Kontakt- und Via-Löchern einen Schwachpunkt darstellt. In diesen Prozessen ist es normalerweise verboten, Durchkontakte übereinander zu platzieren, da sich durch diese „gestapelten Vias" (*Stacked vias*) ansonsten so steile Kanten ergäben, dass keine hinreichende Metallbedeckung mehr möglich ist. Die sogenannten *Via-Stacks*, welche in Layoutwerkzeugen zur Vereinfachung der Layoutarbeit angeboten werden, dürfen in derartigen Prozessen also nicht verwendet werden. Zu den üblichen Abstandsregeln, die zwischen Kontakten und Vias innerhalb *eines* Layers gelten, kommen in diesem Fall noch weitere Entwurfsregeln hinzu, die auch bestimmte Abstände zwischen Kontakten und Vias in *unterschiedlichen* (insbesondere benachbarten) Layern vorschreiben. Dies erschwert die Aufgabe des Routings beträchtlich.

Je mehr Schichten auf den Wafer aufgebracht werden, desto unebener wird seine Oberfläche in den historischen Prozessen. Dies bewirkt zweierlei: nach oben hin nimmt die Abbildungsschärfe bei der Fotolithografie ab (wie bereits erläutert) *und* man muss die Schichtdicken der Metalllagen erhöhen, damit zuverlässige Leiterbahnen entstehen. Beide Effekte zusammen bewirken, dass die Entwurfsregeln in diesen historischen Prozessen für die oberen Metallisierungsschichten größere Mindestbreiten und -abstände vorschreiben.

Density-Regeln

Die mit der Damascene-Technik erzielbare Planarität erlaubt die Herstellung gestapelter Vias und vieler fein strukturierter Metallisierungsebenen. Dies ist für die Lösung der Verdrahtungsaufgabe im Layoutentwurf sehr hilfreich und erleichtert insbesondere bei hochkomplexen Digitalschaltungen den Einsatz automatischer Routingverfahren.

Allerdings hat die Damascene-Technik aufgrund des angewendeten CMP auch einen signifikanten Nachteil für den Layoutentwurf. Wegen der Kombination chemischer und mechanischer Wirkprozesse hängt beim CMP die Tiefe des Abtrags von den Eigenschaften des abzutragenden Materials ab. Da es sich meistens um einen Materialmix handelt (Silizium/Oxid, Metall/Oxid etc.) entsteht das Problem, dass der Abtrag lokal zu stark oder zu schwach wird, wenn es größere Gebiete mit inhomogener Verteilung dieser Materialien gibt. In diesen Fällen kommt es zu unerwünschten „Eindellungen" oder „Hügeln" auf der Oberfläche. Um diese zu vermeiden, wurden Entwurfsregeln eingeführt, die für die abzutragenden Materialien eine auf die Fläche bezogene mittlere Dichte vorschreiben, weshalb diese Entwurfsregeln *Density-Regeln* (*Density rules*) genannt werden.

Die Einhaltung der Density-Regeln kann zu signifikanter Mehrarbeit im Layout führen. Ist in einem Teilbereich zu wenig eines Materials vorhanden, müssen zusätzliche Füllstrukturen ohne elektrische Funktion eingebracht werden, um die Density zu erhöhen. Hierfür lassen sich teilweise automatische Algorithmen einsetzen. Schwieriger ist es, die „Density" von Materialen zu verringern. So müssen beispielsweise sehr breite Leiterbahnen deshalb mit Schlitzen versehen werden. In ungünstigen Fällen kann es auch passieren, dass vorhandene Strukturen auf größere Abstände zu bringen sind. Oft ist das dann noch mit unerwünschtem Mehrbedarf an Fläche verbunden. Wir erläutern diese Effekte und Abhilfemaßnahmen in Kap. 3 (Abschn. 3.3.2, Abb. 3.16) näher.

Density-Regeln haben die unangenehme Eigenschaft, dass man erst gegen Ende des Layoutentwurfs (wenn erstmals der komplette Chipentwurf vorliegt) ein wirklich klares Bild bekommt, inwieweit sie tatsächlich eingehalten werden. Trotzdem empfiehlt es sich, die Density-Regeln schon in frühen Layoutphasen anzuwenden, um rechtzeitig die richtigen Entwurfsentscheidungen treffen zu können. Damit lässt sich das Risiko aufwändiger und damit zeitkritischer Nacharbeiten deutlich senken. Der Umgang mit Density-Regeln erfordert grundsätzlich viel Erfahrung.

Strombelastbarkeit
Metallisierungsstrukturen müssen im Layoutentwurf stets so dimensioniert werden, dass sie die zu führenden Ströme dauerhaft, d. h. über die spezifizierte Lebensdauer des Chips, zuverlässig führen können. In Kap. 7 (Abschn. 7.5) behandeln wir ausführlich die hierfür anzuwendenden Layoutmaßnahmen.

Bereits an dieser Stelle möchten wir darauf hinweisen, dass in dieser Hinsicht insbesondere die Kontakte und Vias kritische Punkte darstellen [3]. Dies gilt sowohl für historische Prozesse (aufgrund der geschwächten Metallabdeckung an Oxidkanten) als auch für moderne Prozesse (hier sind die Durchkontakte in aller Regel die kleinsten Strukturen). Beim Routing ist also stets darauf zu achten, dass man nicht nur eine für die Strombelastung hinreichende Leiterbahnbreite wählt. Soll ein Strom von einer Metalllage in eine andere wechseln, muss sich der Layouter insbesondere auch immer über eine ausreichende Anzahl von Vias und deren Platzierung Gedanken machen [3]. In Kap. 7, Abschn. 7.5 geben wir auch hierzu Hinweise.

Via Doubling

Durch die Verkleinerung der Strukturen und die damit einhergehende extreme Komplexitätszunahme ist die Anzahl der Vias in modernen ICs mittlerweile so dramatisch angestiegen, dass auch bei exzellenter Prozessbeherrschung die statistische Wahrscheinlichkeit für ein nicht funktionales Via auf dem Chip signifikant gestiegen ist. Da bereits ein einziges Via, das keinen hinreichenden elektrischen Kontakt herstellt, zum Ausfall des ganzen Chips führen kann, wirkt sich dies spürbar auf die Ausbeute[15] aus.

Das Problem wird dadurch angegangen, dass man bewusst redundante Vias vorsieht. Dies bedeutet konkret, dass man für jede Verbindung zwischen zwei Metallebenen grundsätzlich mindestens zwei Vias vorschreibt, auch wenn ein Via hinsichtlich Strombelastbarkeit rechnerisch ausreichen würde. Der Ausfall eines einzelnen Vias hätte bei diesem sogenannten Via Doubling keine Auswirkung mehr auf die Ausbeute.

Metall-Halbleiter-Kontakt

An der Nahtstelle zwischen Halbleiter und Metall kommt es aufgrund der unterschiedlichen Bänderstrukturen zu einer Verarmung an Ladungsträgern und somit zu einer Raumladungszone, die eine energetische Barriere für die Ladungsträger darstellt. Ähnlich wie bei einem p-n-Übergang innerhalb eines Halbleiters resultiert hieraus ein Diodenverhalten, das man in diesem Falle als *Schottky-Diode* bezeichnet. Durch eine hohe Dotierung des Halbleiters kann diese Zone aber so klein gemacht werden, dass die Ladungsträger in der Lage sind, diese Barriere zu „durchtunneln". Es handelt sich dabei also um einen quantenphysikalischen Effekt, den man sich hier zunutze macht.

Im Layoutentwurf ist daher darauf zu achten, dass an Kontaktstellen vom Silizium zum Metall das Silizium grundsätzlich immer hochdotiert sein muss. Dadurch lässt sich an der Schnittstelle vom Silizium zum Metall ein lineares Strom-Spannungs-Verhalten erreichen, d. h. man erhält das gewünschte Verhalten eines „ohmschen" Kontaktes. Typische Widerstandwerte für Einzelkontakte liegen im ein- bis zweistellen Ohm-Bereich. Die lokal hochdotierten Gebiete an den Kontaktstellen nennen wir *Anschlussdotierung*.[16]

Darüber hinaus gibt es weitere physikalische Effekte, wie sich die Materialsysteme Halbleiter-Metall gegenseitig beeinflussen. Je nach Einzelprozessen und Materialien erfordern diese Einflüsse zusätzliche Prozessschritte, um unerwünschte Effekte zu verhindern. Für diese fertigungstechnischen Maßnahmen zur materialtechnischen Gestaltung der Schnittstelle sei auf die Literatur verwiesen, z. B. [4] und [5].

---

[15] Die „Ausbeute" ist das Verhältnis der Anzahl funktionaler Chips zur Gesamtzahl der produzierten Chips.

[16] Der immer noch übliche Fachjargon ist „Anschlussdiffusion". Da die Dotierung in modernen Prozessen aber nicht mehr durch Diffusion, sondern Implantation erzeugt wird, wollen wir in diesem Buch diesen Begriff vermeiden (vgl. auch Fußnote auf Seite 65).

Anzahl der Metalllagen als Optimierungsziel

Bei heutigen Halbleiterprozessen kann die Anzahl der Metalllagen als Option gewählt werden. Die Entscheidung hierzu fällt im Layoutentwurf. Für die richtige
Wahl gilt grundsätzlich das technisch-wirtschaftliche Optimierungsziel „so viel wie
nötig, so wenig wie möglich". Aus technischer Sicht benötigt man eine Mindestzahl
von Leiterbahnebenen, um das Routing-Problem gemäß den Entwurfsregeln lösen
zu können. Aus wirtschaftlicher Sicht hingegen sollten so wenig Metallisierungsschichten wie möglich verwendet werden, um die Herstellungskosten zu minimieren. Das Finden des Optimums ist durchaus nicht trivial, da der Verzicht auf eine
Verdrahtungsebene im Einzelfall vielleicht technisch möglich sein kann, i. Allg.
aber mit einem Zuwachs an Layoutentwurfszeit und oft auch an Chipfläche bezahlt
werden muss.

Halbleiterprozesse für Smart-Power-Chips bieten typischerweise Optionen für
drei bis fünf Metalllagen an. Dabei wird die oberste (letzte) Metalllage oft mit besonders großer Schichtdicke angeboten, um dort hohe Ströme führen zu können.
Bei Nutzung dieser Option gelten für diese Lage dann besondere Entwurfsregeln,
welche deutlich größere Mindestbreiten und Abstände für die Leiterbahnstrukturen
vorgeben.

Moderne CMOS-Prozesse für Digital-ICs (z. B. Mikrorechner) oder komplexe
Mixed-Signal-Anwendungen ohne Endstufen bieten in der Regel noch einige Metalllagen mehr. In diesen Anwendungen kommt es aufgrund der hohen Schaltungskomplexität in erster Linie darauf an, dass man unter Ausnutzung der kleinsten
Strukturgröße möglichst viele Leiterbahnen pro Fläche unterbringt. Die Anzahl der
Metallisierungsschichten hängt i. Allg. in erster Linie von der Schaltungskomplexität ab (vgl. Abb. 1.11 in Kap. 1).

2.9 Funktionsprinzip des Feldeffekttransistors

Bevor wir uns zum Abschluss dieses Kapitel in Abschn. 2.10 die Prozessfolge eines
einfachen CMOS-Prozesses anschauen, wollen wir uns das grundlegende Funktionsprinzip des Feldeffekttransistors (oft abgekürzt *FET*) vergegenwärtigen. Mit
diesem Wissen sind die Gründe für einige der CMOS-Prozessschritte besser verständlich.

Abb. 2.28 zeigt den Querschnitt eines einfachen Feldeffekttransistors des meist-
genutzten NMOS-Typs, kurz auch *NMOS-FET* genannt. Das „N" bedeutet, dass der
Stromfluss durch Elektronen getragen wird (n-Leitungstyp). Löcher sind beim
NMOS-FET nicht am Stromfluss beteiligt. Mit „MOS" ist die von oben nach unten
gerichtete Schichtfolge „Metall-Oxid-Silizium" gemeint. Die oberste Schicht, aus
der die Steuerelektrode des FET gefertigt ist, wird jedoch seit langem statt in Metall
in Polysilizium ausgeführt. Trotzdem hat sich die Bezeichnung „MOS" aus den
Anfängen dieser Technologie bis heute erhalten.

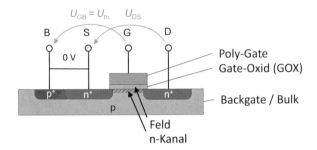

Abb. 2.28 Einfacher NMOS-Feldeffekttransistor (die BEOL-Schichten wurden weggelassen)

Das Komplement zum NMOS-FET ist der *PMOS-FET*, bei dem nur Löcher für den Stromfluss verantwortlich sind.

Das „C" im nachfolgend behandelten *CMOS-Prozess* stets für „Complementary" und bedeutet, dass die betreffende Technologie beide Grundtypen, also einen NMOS-FET *und* einen PMOS-FET, bereitstellt. Da bei Feldeffekttransistoren stets nur ein Leitungstyp am Stromfluss beteiligt ist, nennt man sie auch *unipolare Transistoren*.

Der gewöhnliche Feldeffekttransistor ist gekennzeichnet durch zwei gleichartige, *Source* und *Drain* genannte Dotierungsgebiete (in Abb. 2.28 blau eingezeichnet), die in einer als *Bulk* oder *Backgate* bezeichneten Umgebung eingebettet sind. Über dem Backgate befindet sich, getrennt durch ein dünnes Oxid, eine leitende Schicht, die als Steuerelektrode dient und deshalb als *Gate* bezeichnet wird. Bei der dünnen Trennschicht handelt es sich um das bereits in Abschn. 2.7.2 angesprochene Gate-Oxid (GOX).

Hat das Backgate, wie in Abb. 2.28 der Fall, den komplementären Leitungstyp zu Source und Drain, dann gibt es auf der Strecke von Source zu Drain zwei p-n-Übergänge, die einen Stromfluss zunächst verhindern, da mindestens ein Übergang immer in Sperrrichtung gepolt ist. Zur Erläuterung der elektrischen Ansteuerung beschränken wir uns im Folgenden auf den in Abb. 2.28 gezeigten NMOS-FET. (Für den PMOS-FET gelten alle Aussagen analog. Man muss lediglich die Leitungstypen und die Vorzeichen der Spannungen, Ströme und Felder vertauschen.)

Wir wählen 0 V als Bezugspotenzial und legen dieses an die Source- und Bulk-Anschlüsse. Wenn wir nun eine Spannung $U_{GB} > 0$ zwischen Gate (G) und Backgate (B) anlegen, verhält sich die Anordnung wie ein Plattenkondensator mit dem Gate als positiver Elektrode und dem Backgate als negativer Gegenelektrode. Man mache sich bewusst, dass das Backgate p-leitend ist, was bedeutet, dass hier normalerweise Löcher die Majoritätsladungsträger sind. Das durch U_{GB} aufgebaute elektrische Feld bewirkt also, dass sich an der Grenzfläche des Backgates zum Gate-Oxid in einem p-leitenden Gebiet nun Elektronen anreichern, um die negative Gegenladung zur positiven Ladung der Gate-Elektrode aufzubauen. In gleichem Maße, wie die Elektronendichte ansteigt, werden die Löcher durch das elektrische Feld verdrängt. Die quantitativen Veränderungen der beiden Ladungsträgertypen hängen über die als *Massenwirkungsgesetz* bekannte Beziehung

$$n \cdot p = n_i^2 \qquad (2.1)$$

direkt miteinander zusammen. Hierin bedeuten n die Elektronenkonzentration, p die Löcherkonzentration und n_i die intrinsische (d. h. für undotierte Halbleiter geltende) Ladungsträgerdichte, die für Silizium bei Raumtemperatur etwa den Wert von 10^{10} cm^{-3} hat. Diese Formel besagt, dass n und p stets umgekehrt proportional zueinander sind.[17] Man kann sich dies bildlich wie eine Waage vorstellen, die auf der einen Seite die Elektronen und auf der anderen Seite die Löcher enthält (Abb. 2.29). Wir wollen sie fortan „p-n-Waage" nennen. In einem undotierten Halbleiter ist die p-n-Waage gerade austariert. Je stärker man dotiert, umso stärker neigt sich die p-n-Waage in die jeweilige Richtung.

Erhöhen wir nun die Spannung U_{GB} an unserem NMOS-FET immer weiter, wird ein Punkt erreicht, wo das Feld so stark ist, dass an der Grenzschicht die Elektronendichte die Löcherdichte übersteigt. Diese Spannung nennt man die *Schwellspannung* U_{th} (engl. *threshhold voltage*). Die Minoritäten sind nun zu Majoritäten geworden und die Majoritäten zu Minoritäten. Die Grenzschicht ist damit faktisch n-leitend geworden und an der Siliziumoberfläche existiert eine elektrisch leitende Strecke zwischen den ebenfalls n-leitenden Source und Drain-Gebieten, die man als *Kanal* bezeichnet (s. Abb. 2.28). Legt man zwischen Drain (D) und Source (S) eine positive Spannung U_{DS} an, kann durch diesen Kanal jetzt ein Strom fließen. Der

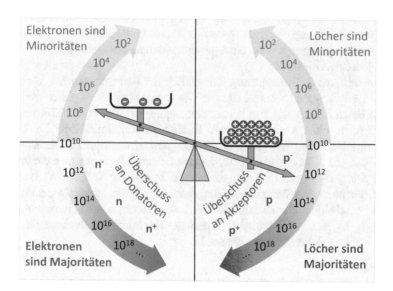

Abb. 2.29 Waagenmodell für freie Elektronen und freie Löcher in einem Halbleiter. Die Skalen geben die Dichte dieser freien Ladungsträger (pro cm^3) an, die durch den Überschuss der jeweiligen Dotieratome bestimmt wird (Überschuss an Donatoren über Akzeptoren, gekennzeichnet durch n$^-$ … n$^+$, oder Überschuss an Akzeptoren über Donatoren, gekennzeichnet durch p$^-$ … p$^+$)

---

[17] Die Beziehung gilt streng genommen nur im thermodynamischen Gleichgewicht, d. h. wenn die Generation und Rekombination von Ladungsträgern (vgl. Kap. 1, Abschn. 1.1.3) im Gleichgewicht sind, wovon wir hier ausgehen. Die intrinsische Ladungsträgerdichte selbst steigt mit der Temperatur stark an.

Widerstand dieses Kanals kann (in einem gewissen Bereich) über die Spannung U_{GB} gesteuert werden.

Der geschilderte Effekt wird durch das elektrische Feld des durch Gate und Backgate gebildeten Kondensators ausgelöst. Hiervon hat der Feldeffekttransistor seinen Namen bekommen. Da er im nicht-angesteuerten Zustand ($U_{GB} = 0$) keinen Kanal ausbildet, wird dieser Typus auch als „*normally off*" bezeichnet. Dasselbe meint die Bezeichnung *Anreichungstyp*, da der Kanal erst durch *aktives Anreichern* des Kanalgebiets mit dem geeigneten Ladungsträgertyp entsteht. Der Anreicherungstyp ist der bei weitem gebräuchlichste FET, weshalb wir in diesem Buch nur von diesem Typ sprechen.

Für den idealen Plattenkondensator kennen wir die Beziehung

$$E = U \, / \, d \qquad\qquad (2.2)$$

welche besagt, dass bei einer bestimmten Spannung U die Feldstärke E umgekehrt proportional zum Abstand d zwischen den Platten ist. Auch wenn es sich beim MOS-FET nicht um einen idealen Plattenkondensator handelt (das Feld dringt auch eine gewisse Strecke in den Halbleiter ein), so sind die Verhältnisse doch so ähnlich, dass diese Beziehung auch hier in guter Näherung anwendbar ist. Wir können daher die folgende Schlussfolgerung ziehen: je dünner das Gate-Oxid ist, desto geringer ist die an das Gate anzulegende Spannung, damit eine für den Feldeffekt ausreichende Feldstärke erzeugt wird. Kurz gesagt: je dünner das Gate-Oxid, umso geringer ist die Schwellspannung U_{th}.

Einen weiteren Zusammenhang hinsichtlich der Schwellspannung können wir aus dem Waagenmodell ablesen. Die p-n-Waage in Abb. 2.29 neigt sich nach rechts zur p-dotierten Seite, zeigt also gerade den Leitungstyp des NMOS-Backgates für $U_{\text{GB}} = 0$ (d. h. ohne Ansteuerung) an. Bildlich gesprochen übt der bei $U_{\text{GB}} > 0$ entstehende Feldeffekt ein gegen den Uhrzeigersinn wirkendes Drehmoment auf die p-n-Waage aus. Ist dieses so groß, dass sie sich nach links neigt, ist die Inversion von der p- zur n-Leitung im Kanalgebiet erreicht und der NMOS-FET beginnt zu leiten. Ohne dies mit weiteren Herleitungen zu begründen, können wir uns mit diesem Bild anschaulich klarmachen, dass die Inversion umso leichter erreicht werden kann (d. h. U_{th} ist umso niedriger), je geringer der durch die Dotierung definierte Anfangsneigungswinkel der p-n-Waage ist.

Merkregel

Der Feldeffekt *steigt* (bzw. die Schwellspannung U_{th} *sinkt*) mit *geringer werdender* Dicke des Gate-Oxids und mit *geringer werdender* Dotierung des Backgates.

2.10   CMOS-Standardprozess

Wir wollen nun das in diesem Kapitel Gelernte anwenden, indem wir die Prozessschritte in einem Halbleiterprozess beobachten. Wir betrachten dazu einen CMOS-Standardprozess. Dabei wollen wir gleich darauf hinweisen, dass es „den"

CMOS-Standardprozess als solchen nicht gibt, da sich die Prozesstechnologie mit fortschreitender Strukturverkleinerung natürlich ständig verändert. Hinzu kommen herstellerspezifische Unterschiede, die auch innerhalb eines Prozessknotens existieren. Mit „Standard" ist gemeint, dass wir uns auf die grundlegenden Schritte des CMOS-Prozessablaufs beschränken, die zur Herstellung von einfachen, aber typischen NMOS- und PMOS-Feldeffekttransistoren nötig sind. Reale industrielle Prozesse werden sich von unserem Beispiel in Details unterscheiden. Für das Grundverständnis, um das es hier geht, ist das aber unerheblich.

2.10.1 Prozess-Optionen

Um sowohl NMOS- als auch PMOS-FETs realisieren zu können, benötigt man p- und n-leitende Bulk-Gebiete. Hierzu gibt es verschiedene Vorgehensweisen, die in Abb. 2.30 angedeutet werden. Die Darstellung geht von p-vordotiertem Substrat aus (erkennbar an der Farbe Rot). Alle Aussagen gelten sinngemäß auch für n-dotiertes Substrat.

Nutzt man die Vordotierung des Rohwafers als gemeinsamen Bulk für einen der beiden Transistortypen (NMOS bzw. PMOS), so müssen die Bulk-Gebiete für den komplementären Typ durch selektives Umdotieren des Substrats hergestellt werden. Dies geschieht durch eine Dotierung mittels Diffusion (Abschn. 2.6.2) oder durch Ionenimplantation mit anschließender Diffusion (Abschn. 2.6.3), wodurch sogenannte *Wannen* (engl. *wells*) entstehen. Eine derartige Variante eines CMOS-Prozesses bezeichnet man als *Single-Well-Prozess*. Im Falle p-vordotierten Substrats, wie in unserem Beispiel, ist diese Wanne also n-dotiert (Abb. 2.30, links) und man spricht von einer „n-Wanne".

Single-Well-Prozesse haben den Nachteil, dass die NMOS- und PMOS-FETs betragsmäßig unterschiedlich große Schwellspannungen haben (sofern keine Korrekturmaßnahmen getroffen werden). Dies wird schnell klar, wenn wir uns an die Aussagen in Abschn. 2.6.4 (Unterabschnitt „Vertikale p-n-Übergänge, erzeugt durch Diffusion und Ionenimplantation") in Erinnerung rufen, wo wir erläutert haben, warum umdotierte Gebiete zwangsläufig eine höhere Dotierkonzentration aufweisen als vor der Umdotierung. In diesem Fall hat die p-n-Waage unseres Waagenmodels (s. Abb. 2.29) für die durch Umdotieren erzeugte n-Wanne eine stärkere Neigung (nach links) als die (nach rechts geneigte) p-n-Waage des durch den p-vordotierten Wafer gebildeten Bulks. Deshalb ist die Schwellspannung des PMOS-FETs hier höher als die des NMOS-FETs.

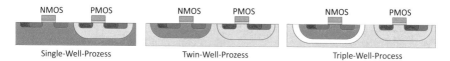

Abb. 2.30 Mögliche CMOS-Prozessoptionen (alle auf Basis von p-dotierten Substraten)

Für die Schaltungsentwicklung sind symmetrische Schwellspannungen aber wesentlich günstiger. In Single-Well-Prozessen wird dies meist dadurch korrigiert, dass man eine sogenannte *Threshold-Adjust-Implantation* über den ganzen Wafer ohne Maskierung durchführt. Im Beispiel in Abb. 2.30, links, mit p-dotierten Wafer werden bei diesem Vorgang in einer dünnen oberflächlichen Schicht gerade so viele Akzeptoren eingebracht, dass sich die Schwellspannungen von PMOS- und NMOS-FET betragsmäßig angleichen, d. h. die Neigungswinkel der p-n-Waagen sind nach dieser Korrekturmaßnahme gleich groß. (Allerdings wird durch die erhöhte Anzahl an Dotieratomen die Beweglichkeit der Löcher im PMOS-FET etwas beeinträchtigt.)

Daher hat es Vorteile, mit einem schwächer vordotierten Rohwafer zu beginnen und die Bulks für beide Transistortypen als separate Wannen im Prozess zu erzeugen (Abb. 2.30, Mitte). Nun kann man die Dotierkonzentration jeweils auf Wunsch einstellen. Diese als *Twin-Well-Prozess* bezeichnete Prozessvariante ist daher trotz des Mehraufwands von einer Maske plus dem zugehörigen Dotierschritt die häufiger genutzte Form.

Darüber hinaus gibt es auch noch die *Triple-Well-Prozesse* (Abb. 2.30, rechts). Dabei wird eines der beiden Bulk-Gebiete durch zweimaliges Umdotieren, d. h. durch „Wanne in Wanne" erzeugt. Dadurch ergeben sich für die Bulks *beider* Transistortypen p-n-Übergänge zum Substrat des Wafers, die in Sperrrichtung gepolt eine elektrische Trennung der Bulk-Gebiete vom Substrat ermöglichen. Mit dieser Erweiterung erhält man also den zusätzlichen Freiheitsgrad, dass man die Bulks *beider* Transistortypen auf beliebige Potenziale legen kann. Diese Option ist insbesondere für Anwendungen von Vorteil, wo man höhere Spannungen zu verarbeiten hat, wie beispielsweise in der Automobilelektronik.

2.10.2 FEOL: Bauelemente herstellen

Das Front-end-of-line (FEOL) ist der erste Teil der IC-Fertigung, in dem die einzelnen Bauelemente hergestellt werden. Nachfolgend zeigen wir den FEOL-Prozessablauf eines Twin-Well-CMOS-Prozesses. Wir beginnen mit einem schwach p-dotierten Rohwafer, d. h. mit einem p^--Substrat.[18]

Der Einfachheit halber werden wir die fotolithografischen Schritte in den Diagrammen nicht darstellen, sondern den Status der einzelnen Schritte nach der Entwicklung des Fotolacks zeigen. Die Maskenöffnungen können aus der Struktur des Fotolacks entnommen werden. Die fünf benötigten Masken sind mit (1)–(5) gekennzeichnet.

---

[18] p-dotierte Substrate werden den (prinzipiell auch möglichen) n-dotierten Substraten allgemein vorgezogen, da sich das Die-Substrat dann auf dem niedrigsten Potenzial der integrierten Schaltung befindet. Wird dieses als Bezugspotenzial (0 V) definiert, kann man in der Schaltungsentwicklung komplett mit positiven Spannungswerten arbeiten.

(1) „Nwell"-Maske – Erzeugung der n- und p-Wannen

Das Substrat wird zunächst mit einer Nitridschicht versehen, die gemäß der Nwell-Maske geätzt wird (Abb. 2.31b). Das verbleibende Nitrid dient als Maskierung für die Implantation der n-Wannen-Gebiete mit Phosphor als Donator (Abb. 2.31c). Das dünne Padoxid (das zunächst für die Haftung des Nitrids benötigt wird) dient hierbei gleich als Streuoxid. Nach Entfernung des Fotolacks muss die Implantation durch Diffusion in die Tiefe getrieben werden. Hierbei kommt es neben einer Ausdiffusion auch zur Bildung eines recht dicken thermischen Oxids, das außerhalb der Nitridschicht aufwächst, da das Nitrid die Oxidation maskiert (Abb. 2.31d; vgl. LOCOS, Abschn. 2.5.4).

Diese Oxidschicht lässt sich nach Entfernung der Nitridschicht als Maskierung für die Implantation der p-Wannen-Gebiete nutzen. Das dünne Padoxid dient hierbei wieder als Streuoxid für die Implantation. Die mit Bor erfolgende Implantation benötigt also keine separate Maske, sondern justiert sich auf diese Weise selbst (Abb. 2.31e). Auch diese Dotierung muss anschließend durch Diffusion in die Tiefe getrieben werden. Die gesamte Wafer-Fläche ist nun lückenlos mit n- und p-Wannen ausgestattet.

Vor dem nächsten Maskenschritt planarisiert man die Wafer-Oberfläche mit CMP. Der Abtrag wird so tief ausgeführt, dass das gesamte Oxid dabei entfernt wird (Abb. 2.31f).

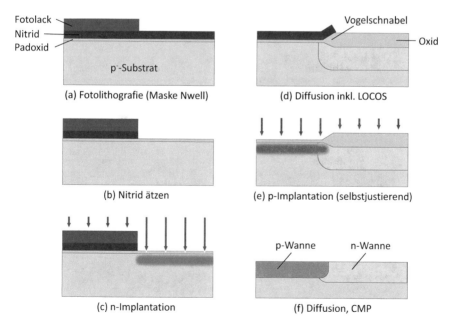

Abb. 2.31 Herstellung der n- und p-Wannen in einem CMOS-Standardprozess des Twin-Well-Typs

(2) „STI"-Maske – Erzeugung des Feldoxids durch Shallow Trench Isolation

Das Feldoxid dient, wie wir wissen, zur galvanischen Trennung der aktiven Gebiete an der Siliziumoberfläche. Durch Einsatz des STI-Verfahrens lassen sich für diesen Zweck an den Schnittstellen der n- und p-Wannen sehr schmale Oxidbarrieren erzeugen, wodurch die Wafer-Fläche optimal ausgenutzt wird.

Fotolithografisch strukturierter Fotolack dient zur Maskierung der Ätzung, die die Gräben erzeugt (Abb. 2.32a, b). Die Grabentiefe beträgt meistens einige hundert nm. Der Gräben werden anschließend mit Oxid aufgefüllt. Der Prozess wird durch Planarisierung mit CMP abgeschlossen (Abb. 2.32c).

Bei einigen Prozessoptionen wird an der Basis der Gräben eine sogenannte *Channel-Stop-Dotierung* vorgenommen, bevor man sie mit Oxid füllt. Hierbei erhöht man unter dem Oxid die Dotierkonzentration, womit die Bildung von parasitären Kanälen beim Schaltungsbetrieb unterdrückt wird. (Wir gehen in Kap. 7, Abschn. 7.2.1, auf parasitäre Kanäle näher ein.) Dies erfordert in der Regel aber einen zusätzlichen Maskierungsschritt.

(3) „Poly"-Maske – Herstellung der Polysilizium-Strukturen

Zunächst wird auf der gereinigten Siliziumoberfläche durch trockene Oxidation eine sehr dünne Oxidschicht aufgebracht, die das spätere Gate-Oxid der FETs bildet (Abb. 2.32d). Dieser Prozess muss sehr sorgfältig und kontrolliert durchgeführt werden, da Reinheit und Genauigkeit der Dicke dieser Schicht von höchster Bedeutung sind. Anschließend wird das Polysilizium in Heteroepitaxie aufgewachsen (Abb. 2.32d) und durch fotolithografisch strukturierte Maskierung geätzt (Abb. 2.32e, f).

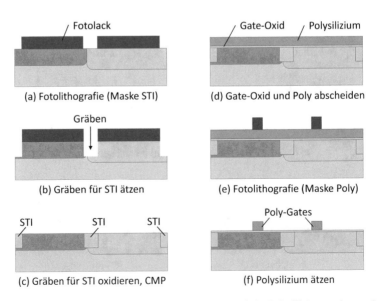

(a) Fotolithografie (Maske STI)

(b) Gräben für STI ätzen

(c) Gräben für STI oxidieren, CMP

(d) Gate-Oxid und Poly abscheiden

(e) Fotolithografie (Maske Poly)

(f) Polysilizium ätzen

Abb. 2.32 Erstellung der Shallow trench isolation (links) und der Polysiliziumstrukturen (rechts)

(4) „NSD"-Maske, (5) „PSD"-Maske – Erzeugung der kanalseitigen Source- und Drain-Kanten

Die linke und rechte Seite von Abb. 2.33 zeigen zwei äquivalent verlaufende Prozessschritte, mit denen die Source- und Drain-Gebiete der beiden FET-Typen zunächst schwach vordotiert werden. Das Gate-Oxid nutzt man dabei als Streuoxid. Die Implantation wird nicht nur durch den Fotolack, sondern auch durch die Polystruktur maskiert. Indem man die Maske „NSD" (NSD: NMOS, Source, Drain) über dem NMOS-Gate und die Maske „PSD" (PSD: PMOS, Source, Drain) über dem PMOS-Gate geöffnet lässt, werden die Kanten der Source- und Drain-Gebiete, welche den Kanalbereich definieren, exakt durch die Kanten der Poly-Gate-Struktur vorgegeben. Damit justieren sie sich selbst (Abb. 2.33b, d).

Durch diese *Selbstjustage* der Kanten gelingt es, den lateralen Überlapp zwischen Gate und Source bzw. Gate und Drain – und damit die schaltungstechnisch unerwünschten parasitären Kapazitäten C_{GS} und C_{GD} – zu minimieren. Die Implantationen werden zusätzlich genutzt, um die Backgate-Kontakte des jeweils komplementären FET-Typs zu dotieren (NSD für n-Wanne des PMOS-FET, PSD für p-Wanne des NMOS-FET).

(4) „NSD"-Maske, (5) „PSD"-Maske – Fertigstellung der Source- und Drain-Bereiche und der Backgate-Verbindungen

Mittels Abscheidung wird zunächst ganzflächig eine dünne Oxidschicht erzeugt. Das angewendete *CVD-Verfahren* (*Chemical vapor deposition*) sorgt dafür, dass das Oxid „konform", d. h. auf horizontalen und senkrechten Kanten gleichermaßen aufwächst (Abb. 2.34a). Durch Trockenätzen wird das Oxid dann solange abgeätzt, bis es von den horizontalen Flächen wieder vollständig entfernt ist. An den senkrechten Flanken der Poly-Strukturen bleibt es jedoch weitgehend bestehen und bildet dort die sogenannten *Spacer* (Abb. 2.34b).

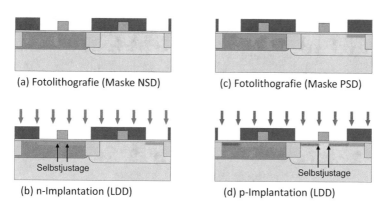

(a) Fotolithografie (Maske NSD)   (c) Fotolithografie (Maske PSD)

(b) n-Implantation (LDD)   (d) p-Implantation (LDD)

Abb. 2.33 Implantieren der „lightly doped drain" (LDD) Strukturen

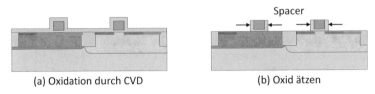

(a) Oxidation durch CVD   (b) Oxid ätzen

Abb. 2.34 Erzeugen der Spacer an den Flanken der Poly-Gates

Nach dieser Vorbereitung werden die mit den Masken „NSD" und „PSD" bereits durchgeführten Schritte noch einmal wiederholt, mit dem Unterschied, dass man jetzt nicht schwach, sondern hoch (d. h. n^+, p^+) dotiert (Abb. 2.35). Die Spacer sorgen dafür, dass die Source- und Drain-Bereiche an den Kanalenden schwach dotiert bleiben. Diese Anordnung wird *Lightly doped drain (LDD)* genannt. Sie erhöht die Spannungsfestigkeit des Transistors am Übergang des Drains zum Kanal. Die Wirkungsweise dieser Maßnahme wird in Kap. 7 (Abschn. 7.2.2) näher erläutert.

Mit diesen Prozessschritten sind die Wannen, Source- und Drain-Gebiete, sowie die jeweiligen Bulkanschlüsse beider FET-Typen fertiggestellt. Die hohe Dotierung ermöglicht niederohmige Übergangswiderstände zum späteren Metall. Bei Source und Drain sorgt sie auch dafür, dass für den Stromfluss durch die Transistoren genügend Majoritätsladungsträger verfügbar sind.

Abschließend findet noch eine Oberflächenbehandlung statt mit dem Ziel, die Kontaktstellen für die anschließende Metallisierung vorzubereiten. Damit ist das FEOL des einfachen CMOS-Standardprozesses abgeschlossen.

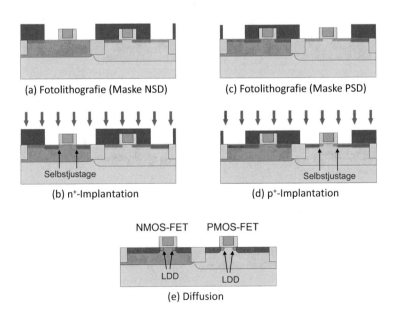

(a) Fotolithografie (Maske NSD)   (c) Fotolithografie (Maske PSD)

(b) n^+-Implantation   (d) p^+-Implantation

NMOS-FET   PMOS-FET

(e) Diffusion

Abb. 2.35 Nochmalige Dotierung der Source- und Drain-Bereiche und Erzeugung der Anschlussdotierungen für die Wannen mit hoher Dotierkonzentration

Mit den gezeigten Prozessschritten lassen sich auch andere elektrische Bauelemente, wie Widerstände, Kondensatoren und Dioden, erzeugen. Hierauf gehen wir in Kap. 6 (Abschn. 6.3) ein.

2.10.3 BEOL: Bauelemente elektrisch verbinden

Im Back-end-of-line (BEOL) wird das Dual-Damascene-Verfahren zur Erzeugung von Kontakten, Leiterbahnen und Vias wiederholt angewendet, um die im FEOL hergestellten Bauelemente elektrisch miteinander zu verbinden. Die Abfolge der einzelnen Prozessschritte haben wir bereits in Abschn. 2.8.3 ausführlich erörtert, weshalb wir an dieser Stelle auf eine Wiederholung verzichten.

Die strukturierenden Prozessschritte des FEOL in unserem exemplarischen CMOS-Standardprozess haben fünf Masken erfordert. Für die Metallisierung im BEOL kommen pro Metallebene weitere zwei Masken hinzu, je eine zur Strukturierung der Durchkontakte und der Leiterbahnen.

Den Abschluss jedes Wafer-Fertigungsprozesses bildet eine finale Schutzschicht, mit der die Chipstrukturen gegen (kleinere) mechanische Einwirkungen und insbesondere gegen eindringende Feuchtigkeit geschützt werden. Diese sogenannte *Passivierung* – häufig wird hier Siliziumnitrid (Si_3N_4) verwendet – muss an den Stellen, wo die elektrischen Anschlüsse des ICs nach außen geführt werden, geöffnet werden. An diesen Stellen befinden sich die sogenannten *Bondpads*. Je nach eingesetzter Verbindungstechnik kontaktiert man hier spezielle Anschlussdrähtchen (sogenannte *Bonddrähte*) oder verlötet diese direkt auf einen Chipträger. Zur Strukturierung dieser Öffnungen in der Passvierungsschicht über den Bondpads wird eine weitere Maske benötigt.

Literatur

1. O. Kononchuk, B.-Y. Nguyen, *Silicon-On-Insulator (SOI) Technology: Manufacture and Applications*, Woodhead Publishing Series in Electronic and Optical Materials, Bd. 58 (Elsevier, Amsterdam, 2014). ISBN 978-0857095268. https://doi.org/10.1016/C2013-0-16306-4
2. J. D. Plummer, M. Deal, P. D. Griffin, *Silicon VLSI Technology: Fundamentals, Practice, and Modeling* (Pearson, London, 2000). ISBN 978-0130850379
3. J. Lienig, M. Thiele, *Fundamentals of Electromigration-Aware Integrated Circuit Design* (Springer, Cham, 2018). ISBN 978-3-319-73557-3. https://doi.org/10.1007/978-3-319-73558-0
4. R. J. Baker, *CMOS: Circuit Design, Layout, and Simulation* (Wiley, Hoboken, 2010). ISBN 978-0-470-88132-3
5. P. van Zant, *Microchip Fabrication: A Practical Guide to Semiconductor Processing* (McGraw-Hill Publ. Comp, New York, 2004). ISBN 978-0071432412

Kapitel 3
Brücken zur Technologie: Schnittstellen, Entwurfsregeln und Bibliotheken

In diesem Kapitel wenden wir uns den Schnittstellen des Layoutentwurfsprozesses zu. Hierzu gehören die im Laufe der Produktentwicklung erzeugten Ein- und Ausgangsdaten des Layoutentwurfs und die Technologiedaten, welche die layoutrelevanten Informationen zu dem verwendeten Fertigungsprozess bereitstellen.

Zunächst erläutern wir in Abschn. 3.1 die Eingangsdaten des Layoutentwurfs: die Strukturbeschreibung einer Schaltung, welche in Form einer Netzliste oder eines Schaltplans vorliegen kann. Anschließend gehen wir in Abschn. 3.2 detailliert auf die Layoutdaten ein, mit denen im Layoutentwurf eines ICs gearbeitet wird. Deren finaler Stand bildet die aus Layern und Polygonen bestehenden Ausgangsdaten des Layoutentwurfs, das „IC-Layout".

In Abschn. 3.3 beschäftigen wir uns eingehend mit dem Layout-Postprozess, in dem die Layoutdaten eines ICs durch diverse Ergänzungen und Manipulationen in die Maskendaten überführt werden. Maskendaten benötigt man zur Herstellung der Fotomasken. Damit dieser Brückenschlag vom IC-Layout zur IC-Fertigung gelingt, sind bereits während des Layoutentwurfs zahlreiche technologische Vorgaben zu berücksichtigen. Diese werden vom IC-Fertiger als Technologiedaten im Rahmen des sogenannten Process design kits (PDK) zur Verfügung gestellt.

Ein unverzichtbarer Teil des PDKs sind die geometrischen Entwurfsregeln, welche die Grenzen der verwendeten IC-Fertigungstechnologie abbilden. Wir behandeln diese Regeln, mit deren Einhaltung man die Herstellbarkeit eines IC-Layouts sicherstellt, ausführlich in Abschn. 3.4.

Technologiedaten werden im IC- und im PCB-Layoutentwurf benötigt. Sie sind in Bibliotheken organisiert. In unserem letzten Abschn. 3.5 gehen wir auf die für den IC- und den PCB-Entwurf typischen Bibliotheksformen ein.

Abb. 3.1 zeigt die wichtigsten Entwurfsschritte und wie ihre Schnittstellen die verschiedenen Abschnitte dieses Kapitels miteinander verbinden.

© Der/die Autor(en), exklusiv lizenziert an Springer Nature Switzerland AG 2023   97
J. Lienig, J. Scheible, *Grundlagen des Layoutentwurfs elektronischer Schaltungen*,
https://doi.org/10.1007/978-3-031-15768-4_3

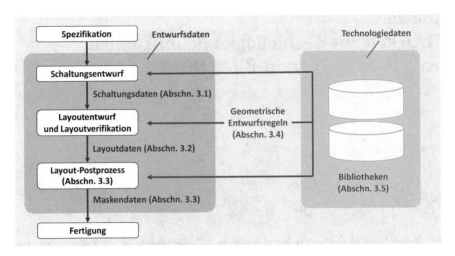

Abb. 3.1 Veranschaulichung der Schnittstellen und damit der Ein- und Ausgangsdaten des Layoutentwurfs, die in diesem Kapitel behandelt werden

3.1 Schaltungsdaten: Schaltpläne und Netzlisten

Wie in Abb. 3.1 dargestellt, sind die Schaltungsdaten die Eingangsdaten für den Layoutentwurf. Sie beschreiben die Struktur der zu entwerfenden Schaltung, d. h. sie geben Auskunft darüber, aus welchen Teilen die Schaltung besteht. Wir betrachten zuerst die allgemeinen Charakteristika einer *Schaltungsstrukturbeschreibung* und gehen dann auf die beiden typischen Darstellungsformen, den Schaltplan und die Netzliste, ein.

3.1.1 Strukturbeschreibung einer Schaltung

Die Strukturbeschreibung einer Schaltung ist eine Beschreibung eines elektrischen Netzwerks. Sie enthält Informationen über die in der Schaltung enthaltenen Funktionseinheiten und deren elektrischer Verbindungen.

Jede Funktionseinheit hat eine bestimmte Anzahl von Anschlusspunkten, die auch *Pins* genannt werden. Die Pins sind die Schnittstellen der Funktionseinheiten, an denen sie elektrisch mit Pins anderer Funktionseinheiten verbunden werden können. Die elektrischen Verbindungen bezeichnet man als *Netze;* ein Netz stellt eine elektrisch ideale (d. h. impendanzfreie) Verbindung zwischen mehreren (mindestens zwei) Pins dar. Innerhalb eines Netzes kann es daher keine Potentialdifferenzen geben. Mit anderen Worten: ein Netz hat keinen Einfluss auf das Verhalten einer Schaltung. Deshalb spricht man bei Netzen auch von *Potentialen* oder *Knoten.* Die nach außen führenden Anschlusspunkte einer Schaltung nennt man oft *Ports.*

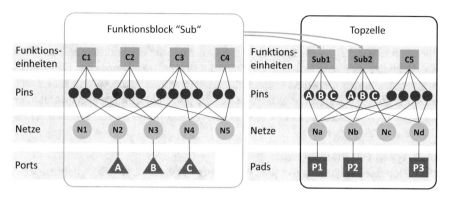

Abb. 3.2 Topologie eines hierarchischen elektrischen Netzwerkes

Die Topologie eines elektrischen Netzes ist in Abb. 3.2 (links) dargestellt. Hier sieht man z. B., dass das „linke" Pin der Funktionseinheit C1 mit dem „linken" Pin der Funktionseinheit C2 elektrisch verbunden ist, was als Netz N1 dargestellt ist.

Die Funktionseinheiten einer Strukturbeschreibung sind elektrische Bauelemente aus der Bibliothek des Herstellungsprozesses. Zusätzlich gibt es die Möglichkeit, Teilmengen einer Schaltung in der Strukturbeschreibung zu einer Funktionseinheit zusammenzufassen, was wir einen *Funktionsblock* oder auch einen *Subcircuit* nennen wollen. Wird diese Teilschaltung in einer anderen Strukturbeschreibung als Funktionsblock verwendet, so bilden ihre Ports dort die Pins dieses Funktionsblocks. Dies ist in Abb. 3.2 dargestellt, wo die (rotbraunen) Ports A, B und C auf der linken Seite zu den Pins A, B und C von Sub1 und Sub2 auf der rechten Seite werden.

Macht man Gebrauch von Funktionsblöcken, handelt es sich um eine hierarchische Strukturbeschreibung. Dabei können grundsätzlich beliebig viele Hierarchiestufen auftreten. Die Verwendung von Funktionsblöcken ist immer dann vorteilhaft, wenn diese mehrfach in einer Gesamtschaltung auftauchen, beispielsweise bei einem Entwurf, der mehrere Addierer, Register oder Operationsverstärker enthält. Auf diese Weise lässt sich eine Strukturbeschreibung übersichtlicher gestalten und es erleichtert auch die Wiederverwendung von vorhandenen Funktionseinheiten.

Die oberste Hierarchieebene innerhalb einer technologischen Domäne (z. B. Chipebene oder Leiterplattenebene) bezeichnet man oft als *Topzelle*. Sie enthält die Gesamtschaltung auf der jeweiligen technologischen Systemebene. Ihre Anschlüsse, die mit der nächsthöheren Systemebene (bei einem Chip z. B. mit dem Leadframe) verbunden sind, werden als *Pads* bezeichnet (s. Abb. 3.2, rechts). Dieser Begriff stammt bereits aus der Layoutrealisierung, weshalb wir hierauf erst später näher eingehen (Abschn. 3.4.4).

Analoge Bauelemente

Im Falle analoger Schaltungen sind die in einer Strukturbeschreibung auftretenden *Bauelemente* die bekannten passiven und aktiven elektrischen Grundbauelemente, also Widerstände, Kondensatoren, Spulen, Dioden, Transistoren und evtl. noch komplexere aktive Bauelemente, wie z. B. Thyristoren.

Digitale Bauelemente

Beim Entwurf digitaler Schaltungen arbeitet man i. Allg. mit Logikgattern und Speicherelementen als elementare und damit kleinste Funktionseinheiten. Diese Elemente stellen zwar schon (kleine) Schaltkreise aus Transistoren dar. Da diese im Entwurfsfluss aber nicht neu entwickelt, sondern (im Schaltungs- und im Layoutentwurf) als unveränderliche Einheiten aus der Bibliothek entnommen werden, erscheinen diese Elementarschaltungen in der Strukturbeschreibung digitaler Schaltungen als *Bauelemente*.

Untertypen von Bauelementen

Oft bietet eine Technologie für jede Bauelementart verschiedene Möglichkeiten der Realisierung. Innerhalb der Bauelementarten sind daher noch Untertypen zu unterscheiden. In ICs gibt es z. B. implantierte Widerstände und Polysilizium-Widerstände. In einem modernen BCD-Prozess lassen sich je nach Prozessvariante einige Dutzend bis über hundert unterschiedliche Untertypen von Bauelementen realisieren. Auch in digitalen Schaltungen spalten sich die Bauelementarten in zahlreiche Untertypen auf. Beispielsweise gibt es für jede Gatterart meistens Varianten mit unterschiedlicher Anzahl an Eingängen.

Instanzen

Jede in einer Schaltung verwendete Funktionseinheit wird als eine *Instanz* bezeichnet. Eine Instanz eines Bauelements kann also als Kopie eines Bauelements aus der Bibliothek betrachtet werden. Technisch wird das Bauelement i. Allg. aber nicht kopiert, sondern es wird meistens lediglich ein Verweis auf das Bibliothekselement eingebracht.

Jede Instanz eines Grundbauelements ist durch ihre elektrischen bzw. geometrischen Parameter charakterisiert, die ihr elektrisches Verhalten bestimmen. Für einen Kondensator ist dies beispielsweise dessen Kapazität oder für einen Feldeffekttransistor (FET) dessen Kanallänge und -weite. Bei Logikgattern werden manchmal unterschiedliche Treiberstärken vorgehalten (was unterschiedlichen Kanalweiten der enthaltenen FETs entspricht).

Eine vollständige Schaltungsstrukturbeschreibung enthält die folgenden Informationen:

- Eine Liste aller Bauelemente und ihrer Eigenschaften. Hierzu gehört für jede Instanz:

  – die Bauelementart und ggf. der Untertyp,
  – die Kennzeichnung der Instanz (normalerweise ein Instanzname),
  – bei Grundbauelementen die Dimensionierung (Parameterwerte).

- Eine Liste aller Netze und deren Zuordnung zu den Bauelementpins.

Besonderheiten bei Leiterplatten

Die Bauelemente auf einer Leiterplatte entstehen nicht im Fertigungsprozess der Leiterplatte, sondern werden als Zukaufteile von außen bezogen. Die Schaltungsstrukturbeschreibung einer Leiterplatte enthält daher die Komponenten, die als physisch separate (sogenannte *diskrete*) Bauteile bestückt werden sollen. Deren elektrische Eigenschaften haben keinen direkten Einfluss auf die Strukturbeschreibung.

3.1.2 Idealisierungen in einer Schaltungsstrukturbeschreibung

Wie bereits erwähnt, betrachtet man Netze als impedanzlose Kurzschlüsse, obwohl dies physikalisch nicht realisierbar ist. Aber auch die Bauelemente einer Strukturbeschreibung stellen grundsätzlich eine Idealisierung der Realität dar.

Analoge Schaltungen

Die Grundbauelemente einer Strukturbeschreibung analoger Schaltungen sind grundsätzlich sogenannte *konzentrierte Bauelemente*. Damit ist gemeint, dass ihre elektrischen Eigenschaften als nicht räumlich verteilt (also konzentriert) angenommen werden, d. h. man ignoriert ihre Feldeigenschaften. Durch diese Idealisierung lassen sich die als *Kirchhoffsche Gesetze* bekannten Erhaltungssätze, namentlich die *Knotenregel* und die *Maschenregel*, anwenden.

Die Knotenregel besagt, dass die Summen der Ströme, die in einen Knoten hinein und aus einem Knoten herausfließen, gleich sind. Die Maschenregel besagt, dass sich die in einem Netzwerk entlang eines geschlossenen Weges auftretenden Spannungen in Summe aufheben müssen. Diese beiden Regeln bilden die Grundlage der Netzwerktheorie, mit deren Hilfe man die Strom- und Spannungsverläufe an jeder Stelle eines elektrischen Netzwerks berechnen kann. Diese Berechnung lässt sich rechnergestützt in Simulatoren durchführen, auf die wir in Kap. 5 noch näher eingehen.

Noch ein Hinweis sei an dieser Stelle gegeben: die Verwendung „konzentrierter Bauelemente" ist zwar eine Idealisierung. Dies bedeutet aber nicht, dass hierbei *ideale* Bauelemente angenommen werden. Konzentrierte Bauelemente erlauben durchaus die Berücksichtigung parasitärer Eigenschaften (z. B. ohmsche Verluste in einem Kondensator oder in einer Spule). In der Simulation geschieht dies, indem man für die elektrischen Bauelemente statt idealer Elemente Ersatzschaltungen (bestehend aus idealen Elementen und ggf. gesteuerten Quellen) verwendet, welche die parasitären Eigenschaften und Nichtlinearitäten modellieren. Dasselbe ist durchführbar für die Netze, deren parasitäre Eigenschaften man abschätzt oder aus einem Layout extrahiert (vgl. Kap. 5, Abschn. 5.4.6). Wir empfehlen [1] als weiterführende Literatur zur Theorie der Schaltungssimulation.

Digitale Schaltungen

Bei der Entwicklung digitaler schaltunenn werden die Bauelemente noch stärker idealisiert. Außer der eigentlichen booleschen Funktion interessieren hier nur noch die Eigenschaften, die das Zeitverhalten einer Schaltung (das sogenannte *Timing*) beeinflussen. Für logische Gatter ist dies die Zeitverzögerung, die vom Anlegen der Eingangssignale bis zum Erscheinen des Ausgangsignals verstreicht. Zur Bestimmung dieser Verzögerungen werden technologische Parameter berücksichtigt, die durch die Charakterisierung der hergestellten Prototypen gewonnen und den Bauelementen zugeordnet werden. Besonderes Augenmerk ist auf die in den Netzen entstehenden Signallaufzeiten zu richten. Diese berücksichtigt man im Entwurfsablauf zunächst durch Schätzung im Schaltungsentwurf und schließlich durch Extraktion aus dem Layout (s. Kap. 5, Abschn. 5.4.4). Als weiterführende Literatur für den Entwurf digitaler Schaltungen und deren Idealisierung empfehlen wir [2].

3.1.3 Darstellungsformen einer Schaltungsstruktur: Netzliste und Schaltplan

Die Strukturbeschreibung einer Schaltung kann in Textform als *Netzliste* oder in grafischer Form als *Schaltplan* vorliegen. Ein Schaltplan, insbesondere im PCB-Entwurf auch *Stromlaufplan* genannt, ist die bildliche Darstellung einer Schaltungsstruktur, in welcher die Funktionseinheiten als Symbole und die Netze als Verbindungslinien dargestellt sind. (In Ergänzung zu den Beispielen hier geben wir in Kap. 5, Abschn. 5.2, eine ausführliche Einführung in Schaltplandarstellungen.)

Die linke Seite von Abb. 3.3 zeigt als Beispiel den Schaltplan einer einfachen Digitalschaltung. Darin sind die Funktionseinheiten grün, deren Pins rot und die Netze (mit Ausnahme des Netzes „Net1") schwarz dargestellt. Bei den Funktionseinheiten in diesem Beispiel handelt es sich um drei Logikgatter. Die Schaltung besitzt drei Ports, die als rotbraune Dreiecke dargestellt sind.

Netzlistentypen
Netzlisten listen die Funktionseinheiten (z. B. Bauelemente oder Gatter) und Netze in einem vorgegebenen Format in einer Datei auf. Je nach Art der Sortierung unterscheidet man zwei Netzlistentypen: *pinorientierte* und *netzorientierte* Netzlisten.

Die rechte Seite in Abb. 3.3 zeigt für jeden dieser beiden Typen ein Beispiel. Zur besseren Orientierung ist das Netz „Net1" im Schaltplan und in den Netzlisten jeweils blau hervorgehoben. Wir haben diese Beispiele frei erfunden. Die Syntax ist aber dem Standard *EDIF* (Electronic Design Interchange Format) [3] sehr ähnlich. Für die Bezeichnung der Instanzen gilt in diesem Beispiel eine Namenskonvention. Die Instanznamen bildet man aus der Bezeichnung der Bauelementart mit daran in

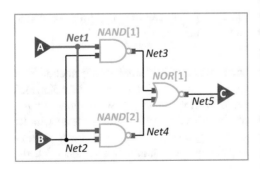

Pinorientierte Netzliste

(A: *Net1*)
(B: Net2)
(C: Net5)
(NAND[1]: IN1 *Net1*, IN2 Net2, OUT Net3)
(NAND[2]: IN1 *Net1*, IN2 Net2, OUT Net4)
(NOR[1]: IN1 Net3, IN2 Net4, OUT Net5)

Netzorientierte Netzliste

(*Net1*: A, NAND[1].*IN1*, NAND[2].*IN1*)
(Net2: B, NAND[1].IN2, NAND[2].IN2)
(Net3: NAND[1].OUT, NOR[1].IN1)
(Net4: NAND[2].OUT, NOR[1].IN2)
(Net5: NOR[1].OUT, C)

Abb. 3.3 Schaltungsstrukturbeschreibungen einer einfachen digitalen Schaltung; links als Schaltplan, rechts oben als pinorientierte Netzliste (jeder Funktionseinheit ist eine Liste zugehöriger Netze pinweise sortiert zugeordnet) und rechts unten als netzorientierte Netzliste (jedem Netz ist eine Liste von Pins zugeordnet)

eckigen Klammern angehängter Nummerierung. Dadurch sind hier gleichzeitig die Bauelementarten definiert. Ports können beliebige Namen erhalten; in diesem Beispiel werden sie „A, B, C" genannt.

In pinorientierten Netzlisten sind die Strukturelemente nach den Funktionseinheiten sortiert. Jede Funktionseinheit wird einmal aufgeführt und die an ihren Pins angeschlossenen Netze werden dazu aufgelistet (Abb. 3.3, rechts oben). Netze tauchen in diesen Listen deshalb mehrfach auf.

In netzorientierten Netzlisten erfolgt die Sortierung der Strukturelemente nach den Netzen. In diesem Fall wird jedes Netz einmal aufgeführt und die durch dieses Netz verbundenen Funktionselemente werden hierzu aufgelistet. (Abb. 3.3, rechts unten). In diesem Falle sind also Funktionseinheiten und Pins mehrfach zu nennen.

Natürlich muss in jeder Netzlistendarstellung sichergestellt sein, dass die Zuordnung der Netze zu den jeweiligen Pins der Funktionseinheiten eindeutig ist. Voraussetzung hierfür ist, dass für jede Funktionseinheit deren Pins in den Technologiedaten (der Bibliothek) definiert sind. Die Zuordnung der Netze zu den Pins kann in der Netzliste dann dadurch geschehen, dass die Namen der Pins explizit aufgeführt werden. Dies ist für die in Abb. 3.3 dargestellten Netzlisten der Fall. Die Pins der logischen Gatter tragen hier jeweils die Namen „IN1, IN2, OUT". In anderen Netzlistenformaten kann die Zuordnung auch implizit durch die in der Bibliothek stehende Reihenfolge der Pins definiert sein.

Verwendung von Schaltplänen

Der Entwurf analoger Schaltungen ist bis heute sehr stark durch das Expertenwissen der Entwickler geprägt. Da ein Mensch die Struktur einer Schaltung – und damit deren Funktion – anhand einer bildlichen Darstellung wesentlich schneller und sicherer erfassen kann, werden Schaltpläne insbesondere im Entwurf analoger Schaltungen eingesetzt.

Dies gilt insbesondere für integrierte Analogschaltungen, deren Qualität in hohem Maße davon abhängt, inwieweit bestimmte typgleiche Bauteile ein symmetrisches elektrisches Verhalten zeigen. Durch die Art der Auslegung und Anordnung dieser Bauelemente im Layout kann man diese Symmetrieeigenschaften entscheidend beeinflussen. Man spricht in diesem Zusammenhang vom *Matching* zwischen den betreffenden Bauelementen. Wir werden in Kap. 6 (Abschn. 6.5 und 6.6) hierauf detailliert eingehen.

Die für das Matching und für weitere Anforderungen zu berücksichtigenden Einflüsse sind so vielschichtig, dass diese Entwurfsaufgabe bis heute von erfahrenen Layoutern in Handarbeit gemacht wird. Um hierbei die richtigen Layoutmaßnahmen bestimmen zu können, muss der Layouter die Struktur einer Schaltung analysieren. Stünde hierfür nur eine Netzliste zur Verfügung, wäre dies praktisch unmöglich. Deshalb sind Schaltpläne auch für den Layoutentwurf integrierter analoger Schaltungen unverzichtbar.

Voraussetzung hierfür ist natürlich, dass die Möglichkeiten der grafischen Darstellung entsprechend sinnvoll genutzt werden. Damit Schaltpläne gut „lesbar" sind, ist es wichtig, dass man bei deren Erstellung gewisse stilistische Regeln anwendet, die von allen Entwicklern gleichermaßen zu befolgen sind. Obwohl es hierzu keine zwingenden Vorschriften gibt, ist dies aber praktisch weltweit der Fall. (Wir gehen auf diese Regeln in Kap. 5, Abschn. 5.2.2, näher ein.) Durch diese Konventionen werden nicht nur der eigentliche Entwurfsprozess, sondern auch der Austausch und die Wiederverwendung von entwickelten Schaltungen und Layouts wesentlich vereinfacht.

Als typisches Beispiel einer Analogschaltung betrachten wir eine sogenannte *Bandgap-Schaltung*. Dieser weit verbreitete Schaltungstyp stellt eine von der Versorgungsspannung unabhängige, temperaturkompensierte Referenzspannung bereit. Der Schaltplan ist in Abb. 3.4 (links) dargestellt. Die Schaltung enthält neben den Grundbauelementen einen in Abb. 3.5 gezeigten *Miller-Operationsverstärker* („Miller opamp"), der als Funktionsblock (erkennbar an dem dreieckigen Schaltplansymbol mit der Bezeichnung „moa") eingesetzt ist. Die Ports im Schaltplan des Miller opamps (Abb. 3.5, links) sind die Pins des Symbols „moa" im Schaltplan der Bandgap (Abb. 3.4, links).

An den Symbolen der Grundbauelemente (grün) befinden sich jeweils ein Instanzname (blau), die Bezeichnung des Bauelementtyps (grün) und die Parameter mit den jeweiligen Werten zur elektrischen Dimensionierung (braun). Für eine bessere Übersichtlichkeit lassen sich diese Angaben in den Editoren auch unsichtbar schalten. In dieser Darstellung sind die Netznamen in schwarz an den jeweiligen Pins (rot) angeschrieben. Netze, die über Ports nach außen führen, erhalten ihre Netznamen von den Ports (rot).

Die Schaltpläne sind gemäß den nachfolgenden stilistischen Konventionen gestaltet. Die Netze der Versorgungsspannung („VDD") sind oben und die des Massepotentials („VSS") sind unten angeordnet. Die weiteren Ports sind die Ein- und Ausgangssignale, wobei der Signalfluss von links nach rechts orientiert ist. Die im

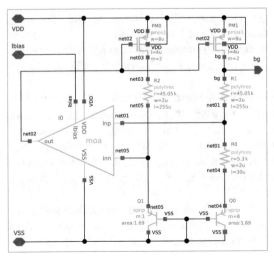

Abb. 3.4 Schaltplan (links) und pinorientierte Netzliste (rechts) einer Bandgap-Schaltung

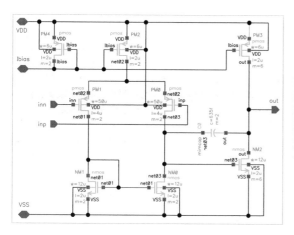

Abb. 3.5 Schaltplan (links) und pinorientierte Netzliste (rechts) eines Miller-Operationsverstärkers. Man beachte, dass diese Schaltung als ein Funktionsblock (mit dreieckigem Schaltplansymbol mit der Bezeichnung „moa") in der Bandgap-Schaltung (s. Abb. 3.4) eingesetzt ist

Layoutentwurf „zu matchenden" Transistoren sind jeweils horizontal nebeneinander angeordnet und dadurch sehr einfach erkennbar. Auch die enthaltenen Widerstände bedürfen eines guten Matchings. Dies erkennt ein erfahrener Layouter aus der Schaltungsfunktion.

Die Abb. 3.4 und 3.5 zeigen jeweils rechts die zu den Schaltungen gehörigen Netzlisten im sogenannten *SPICE-Format* (Simulation Program with Integrated Circuit Emphasis) [4]. Dieses Format ist pinorientiert. Zur besseren Orientierung haben wir die einander entsprechenden Informationen in den Schaltplänen und Netzlisten in denselben Farben gehalten. Die erste Zeile enthält den Namen und die Ports der Schaltung. In den weiteren Zeilen ist jeweils eine Funktionseinheit aufgelistet mit den folgenden Informationen: Instanzname (blau), angeschlossene Netze (schwarz), Bauelementtyp (grün) und Parameterwerte (braun). Die Buchstaben nach den Zahlen bezeichnen die üblicherweise in physikalischen Einheiten verwendeten 10er-Potenzen, d. h. die hier auftretenden Buchstaben „k, u, f" stehen für „kilo, micro, femto". Die physikalischen Einheiten selbst sind über die Bauelementarten definiert, z. B. „Ohm" bei Widerständen, „Farad" bei Kondensatoren. Bei geometrischen Parametern, z. B. „*w*" und „*l*", ist die physikalische Einheit „Meter". Die Pinnamen werden in diesem Format nicht explizit genannt, womit die Nennungsreihenfolge der Netznamen die Zuordnung zu den Bauelementpins bestimmt.

Das SPICE-Netzlistenformat hat eine weitere hilfreiche Eigenschaft. Den Instanznamen ist ein *Kennbuchstabe* vorangestellt, der für die Bauelementart steht. Wir haben diese Buchstaben in den Abb. 3.4 und 3.5 violett hervorgehoben. Die Kennbuchstaben haben die folgenden Bedeutungen: M = MOSFET, C = Kondensator, Q = Bipolartransistor, R = Widerstand, X = Subcircuit (Funktionsblock). Für weitere Informationen zum SPICE-Netzlistenformat empfehlen wir [4].

3.2 Layoutdaten: Layer und Polygone

Wie in Abb. 3.1 dargestellt, sind die Layoutdaten das Ergebnis des Layoutentwurfs. Diese Daten werden aber nicht nur dazu genutzt, ein Entwurfsergebnis abzuspeichern und dieses anschließend für die Fertigung weiterzuverarbeiten; vielmehr arbeitet ein Layouter während des gesamten Entwurfsprozesses kontinuierlich mit den Layoutdaten. Daher werden wir im Folgenden die Struktur dieser Daten und die wichtigsten grafischen Operationen, die der Layouter auf diese Daten anwenden kann, genauer betrachten.

3.2.1 Struktur der Layoutdaten

In Kap. 1 (Abschn. 1.3) haben wir bereits einige wichtige Aspekte der Layoutdaten angesprochen. Dabei haben wir gesehen, dass die IC-Layoutdaten ausschließlich aus Grafikdaten bestehen. Diese Grafikdaten enthalten sämtliche Informationen für die Erstellung der Belichtungsmasken. Sie sind ausschließlich zweidimensional. PCB-Layoutdaten bestehen ebenfalls aus (zweidimensionalen) Grafikdaten, die noch ergänzt werden durch Daten mit den Positionen und Durchmessern für das Bohren der Via- und Montagelöcher und mit den Koordinaten zur Positionierung der Bauteile.

Prinzipiell kann eine zweidimensionale grafische Darstellung als eine Bitmap aus Pixeln oder als Vektorgrafik gehandhabt werden. In einer zweidimensionalen Vektorgrafik werden die Bilder aus grafischen Primitiven (Linienstücken) zusammengesetzt.

Layoutdaten werden ausschließlich in einer vektoriellen Datenstruktur gespeichert und verarbeitet. Dies hat mehrere Gründe: (i) Vektorgrafiken eignen sich ideal für die Darstellung von Layouts; (ii) sie benötigen viel weniger Speicherplatz als Bitmaps; (iii) sie lassen sich aufgrund der darin enthaltenen Information wesentlich schneller und einfacher verarbeiten; und (iv) sie können ohne kritischen Genauigkeitsverlust umgestaltet werden. Der einzige Nachteil der vektoriellen Datenstruktur besteht darin, dass sie für eine Darstellung auf Bildschirmen in eine Bitmap umzurechnen ist. Hierfür stehen in modernen Entwurfsumgebungen aber sehr effiziente Algorithmen und eine leistungsfähige Hardware zur Verfügung, so dass dies heute kein Problem mehr darstellt.

Layer Ein einzelnes Grafikelement der Layoutdaten, z. B. die laterale Struktur eines Dotiergebietes oder eines Leiterbahnsegments, bezeichnen wir als *Shape*. Jedes Shape gehört eindeutig einem *Layer* an. Die Layer-Zugehörigkeit ist eine elementare Eigenschaft jedes Shapes. Sie ermöglicht die Zuordnung zu Belichtungsmasken. Darüber hinaus bildet sie die Voraussetzung für die Anwendung grafischer Verknüpfungsoperationen, wie in Abschn. 3.2.3 gezeigt wird.

Ein wichtiger Hinweis muss an dieser Stelle gegeben werden. Wenn wir bei Layoutdaten von „Layern" sprechen, dann ist damit zunächst nur ein Attribut der Datenstruktur gemeint. Zwar wird es oft so sein, dass ein Layer eine Entsprechung im

Herstellungsprozess hat, wie z. B. der Layer „Nwell" für eine Dotierschicht oder der Layer „Metal1" für eine Metallisierungsschicht stehen. Dies ist aber nicht für jeden Layer der Fall. Layoutdaten enthalten auch Layer, die keine Entsprechung auf einem Wafer haben, wie wir noch sehen werden (Abschn. 3.3.4). Das Umgekehrte kommt ebenfalls vor. Beispielsweise wird die Gate-Oxidschicht nicht als Layer in den Layoutdaten abgebildet.

Um diesen Unterschied bei der Verwendung des Begriffs „Layer" kenntlich machen zu können, werden wir die Layer in den Layoutdaten als *gezeichnete Layer* bezeichnen und diejenigen unter ihnen, die im Herstellungsprozess auftreten, als *physikalische Layer*. Wir werden diese erweiterte Terminologie aber nur verwenden, wenn im Falle des Weglassens die Gefahr von Missverständnissen besteht. Ansonsten sprechen wir der Einfachheit halber nur von „Layern". In diesem Kapitel sind fast immer „gezeichnete Layer" gemeint.

Shapes Die Shapes der Layoutdaten bestehen ausschließlich aus Polygonen. Ein Polygon ist ein zweidimensionales, zusammenhängendes Grafikelement, das von geraden Kantenstücken begrenzt wird. Dies ermöglicht eine sehr effiziente Abbildung in der vektoriellen Datenstruktur. Polygone lassen sich einfach als eine Liste aufeinander folgender Eckkoordinaten abspeichern. Der dadurch entstehende geschlossene Linienzug bestimmt das Polygon, wobei definiert sein muss, ob sich das Polygon links oder rechts des Linienzugs befindet. Das kann abhängig vom Entwurfswerkzeug variieren. In manchen Entwurfswerkzeugen, die wir fortan auch als *Tools* bezeichnen, wird die erste Koordinate der Liste nochmals an deren Ende angehängt, um das Listenende zu markieren.

Abb. 3.6a zeigt ein Beispiel für ein allgemeines Polygon mit sieben Ecken. Seine Koordinaten werden mit C_i bezeichnet und bestehen aus zwei Zahlenwerten (x_i, y_i). Die Definition eines *Arbeitsrasters* (oft als *Manufacturing grid*, *Working grid* oder kurz als *Grid* bezeichnet) ermöglicht die Verwendung von Integer-Werten, also ganzen Zahlen. Das spart Speicherplatz und die Genauigkeit der Darstellung ist klar definiert.

Donuts Polygone mit Löchern (auch *Donuts* genannt) erfordern in der Datenstruktur „doppelte" Kantenzüge, die abschnittsweise in beiden Richtungen „durchlaufen" werden. Die aufeinanderliegenden Kantenstücke bilden keinen realen Rand des Polygons. Ein Beispiel ist in Abb. 3.6b dargestellt. Hier liegt das Kantenstück $(C_8–C_9)$ auf dem Kantenstück $(C_4–C_5)$. Die Koordinaten C_4 und C_9 bilden in diesem Beispiel keine realen Ecken.

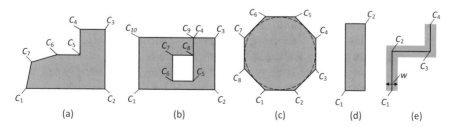

Abb. 3.6 Verschiedene Typen und Sonderformen von Shapes in den Layoutdaten, **a** allgemeines Polygon, **b** Polygon mit Loch („Donut"), **c** stückweise linearisierter Kreis, **d** Rechteck, **e** Pfad

Rundungen Grafikelemente mit kurvenförmigen Begrenzungen (manche Tool-hersteller sprechen hier von „*Conics*") lassen sich durch die vektorielle Datenstruktur nicht exakt abbilden. Kurvenförmige Begrenzungen werden stets durch gerade Kantenstücke angenähert. Die Art der Approximation variiert von Tool zu Tool; z. B. gibt es die Möglichkeit, die Anzahl der zu verwendenden Kantenstücke bezogen auf einen Kreis als Parameter zu definieren. Abb. 3.6c zeigt einen Kreis, der durch ein Polygon mit acht Ecken angenähert wird.

Neben den allgemeinen Polygonen gibt es noch zwei besondere Typen von Shapes: das *Rechteck* und den *Pfad*. Sie stellen Spezialfälle von Polygonen dar, die aufgrund ihrer besonderen Eigenschaften eine noch effizientere Darstellung in der Datenstruktur erlauben. Da Rechtecke und Pfade die mit Abstand am häufigsten vorkommenden Grafikelemente in einem typischen Layout sind, ist deren effiziente Darstellung wichtig.

Rechtecke Ein Rechteck ist ein Polygon mit vier Seiten und vier rechten Winkeln. Liegen die Seiten parallel zu den Achsen des verwendeten kartesischen Koordinatensystems (was fast immer der Fall ist), kann ein Rechteck durch die Koordinaten zweier gegenüberliegender Ecken dargestellt werden (Abb. 3.6d). Dadurch lässt sich die Datenmenge etwa halbieren. Diese Datenstruktur entspricht auch der Art, wie ein Rechteck im Grafikeditor erzeugt wird, nämlich durch Digitalisierung zweier diagonal gegenüberliegender Punkte.

Pfade Pfade sind Linienzüge, denen eine bestimmte Dicke w zugeordnet ist. Sie werden sehr häufig zur Konstruktion von Leiterbahnen genutzt, um dem elektrischen Strom einen bestimmten, konstanten Querschnitt bereitzustellen. Im Editor werden sie konstruiert, indem man die Mittellinie der Leiterbahn digitalisiert und die gewünschte Pfadweite als Parameter einstellt. Die digitalisierten Punkte (im Beispiel in Abb. 3.6e die Koordinaten C_1 bis C_4) werden zusammen mit der Pfadweite w in der Datenstruktur abgelegt. Damit lässt sich die Datenmenge gegenüber allgemeinen Polygonen ebenfalls etwa halbieren. Zudem wird dadurch eine Nachbearbeitung von Pfaden wesentlich vereinfacht.

Neben der in Abb. 3.6e dargestellten Pfadform gibt es noch weitere Sonderformen, mit denen man das Aussehen an spezielle Anforderungen der Technologie anpassen kann. Hierzu gehört insbesondere die Aufweitung der Dicke bei diagonalen Pfadsegmenten. (Manche Toolhersteller bezeichnen dies als *Padded paths*.) Dadurch lässt sich erreichen, dass die Ecken des durch den Pfad gebildeten Polygons auf das Arbeitsraster zu liegen kommen. Damit werden Rundungsfehler, die ansonsten bei der Erstellung der Maskenstrukturen entstehen können, von vornherein vermieden. Weitere Sonderformen bei Pfaden erlauben eine automatische Verlängerung (sogenannte *Extension*) am Beginn und Ende der Pfade. Auf diese Sonderformen, die auch toolabhängig sind, gehen wir nicht weiter ein. Wir empfehlen, hierzu das zugehörige Werkzeughandbuch zu Rate zu ziehen.

Kantenstücke Moderne Tools erlauben nicht nur den Zugriff auf Shapes, sondern auch auf deren Bestandteile. Insbesondere stellen die einzelnen Kantensegmente (C_i, C_{i+1}) adressierbare Datenelemente dar. In einem Layouteditor können also auch einzelne Kantenstücke bzw. Pfadsegmente selektiert und bearbeitet werden. Das ermöglicht für die Layoutarbeit besonders hilfreiche Grafikoperationen, die wir in Abschn. 3.2.3 ansprechen.

Hierarchische Organisation der Layoutdaten

Die Layoutdaten sind hierarchisch aufgebaut. Die hierarchische Struktur ist analog der Hierarchie der zugehörigen Strukturbeschreibung. Jedem Funktionsblock der Strukturbeschreibung – und somit jedem Einzelschaltplan – entspricht eine abgeschlossene Teilmenge des Gesamtlayouts, die man als *Layoutblock* oder kurz als *Block* bezeichnet. Jedem Bauelement der Strukturbeschreibung – und somit jedem Bauelementsymbol in einem Schaltplan – entspricht ein Bauelement im Layout. Unter einem *Bauelement* verstehen wir in diesem Kontext die bekannten Grundbauelemente (Transistoren, Widerstände etc.), die man im Layoutkontext auch als *Devices* bezeichnet. Blöcke und Bauelemente fasst man im Layoutkontext unter dem Begriff *Zellen* zusammen. Zellen sind also die Layoutrepräsentationen der Funktionseinheiten einer Strukturbeschreibung.

Der hierarchische Aufbau eines Layouts (die *Layouthierarchie*) ist in Abb. 3.7 als Baum veranschaulicht. Ein Layoutblock (LB) kann Bauelemente (BE) und weitere Layoutblöcke enthalten. Die Bauelementzellen bilden die unterste Hierarchieebene eines Layouts. Sie enthalten die Shapes der physikalischen Layer, aus denen im FEOL[1] der IC-Fertigung die Bauelemente entstehen (in Abb. 3.7 als „Bauelement-Shapes" bezeichnet). Für die in analogen Schaltungen verwendeten Grundbauelemente stehen meistens Programme zur Verfügung, die das Layout des Bauelements automatisch erzeugen und als *Bauelementgeneratoren* oder *Device-Generatoren* bezeichnet werden. Dabei lässt sich die schaltungsspezifische Dimensionierung

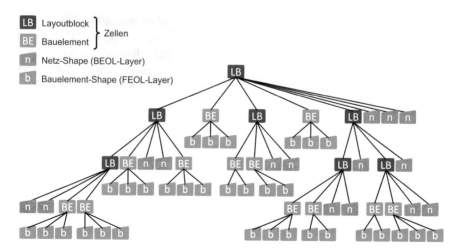

Abb. 3.7 Aus der hierarchischen Strukturbeschreibung abgeleitete Layouthierarchie. Layoutblöcke (LB), die eine Teilmenge des Gesamtlayouts darstellen, enthalten andere Blöcke (LB), Bauelemente (BE) und Netz-Shapes (n). Bauelemente bestehen aus Bauelement-Shapes (b)

---

[1] „FEOL" steht für „Front-end-of-line" und bezeichnet die erste Phase einer IC-Fertigung, in der die Bauelemente im Silizium entstehen (vgl. Kap. 1, Abschn. 1.1.3) Sie wird in Kap. 2 (Abschn. 2.10.2) detailliert vorgestellt.

über Parameter steuern. Derartige Generatoren nennt man daher auch *parametrisierte Zellen* oder *PCells* (von „parameterized cells"). Wir gehen auf PCells zur Erzeugung von Bauelementen in Kap. 6 (Abschn. 6.4) näher ein.

Des Weiteren enthält ein Layoutblock die Shapes, welche die im BEOL[2] der IC-Fertigung entstehenden Metallisierungsstrukturen definieren, also die Strukturen der physikalischen Routing-Layer (in Abb. 3.7 als „Netz-Shapes" bezeichnet). Betrachten wir die Inhalte eines Layoutblockes, so sehen wir, dass die grafischen Strukturen der Zellen (Bauelement-Shapes) grundsätzlich in tieferen Hierarchieebenen liegen, während die grafischen Strukturen der die Zellen verbindenden Netze (Netz-Shapes) Teil des jeweiligen Layoutblockes sind. Routing-Strukturen sind innerhalb eines Blocks also immer sogenannte „flache" Daten.

Der hierarchische Aufbau eines Gesamtlayouts findet sich nicht nur auf der Arbeitsebene des Layouters, sondern setzt sich auch in der Organisation der Entwurfsdaten im Speicher der Entwurfsumgebung fort. Die genaue Art dieser Datenorganisation hängt vom verwendeten Tool ab.

Obwohl es bei der Maskenerstellung letztlich nur auf die Shapes der hierfür relevanten physikalischen Layer ankommt, arbeitet der Layouter mit dieser hierarchisch strukturierten Layoutdarstellung. Dies hat gute Gründe. Durch die Möglichkeit, verschiedene Hierarchieebenen zu nutzen, lässt sich die zu betrachtende Komplexität massiv verringern, was den Layoutentwurf entscheidend erleichtert. Je nach Bedarf lassen sich hierarchisch tiefer liegende Details ausblenden oder man verzichtet – umgekehrt – bewusst auf die Betrachtung hierarchisch höher liegender Blöcke, um sich auf den Layoutkontext eines einzelnen Blocks zu konzentrieren. Zudem unterstützt die Layouthierarchie das Denken in Funktionseinheiten und vermittelt dem Layouter stets ein klares Bild der Schaltungstopologie, was für die vorteilhafte Anordnung und Verdrahtung der Zellen unverzichtbar ist.

Trotz dieser Erleichterung muss ein Layouter die prozesstechnische Bedeutung jedes Layers und die Auswirkung ihrer Kombination gut kennen, da es im Einzelfall durchaus notwendig ist, auch auf der Polygonebene zu arbeiten (man nennt dies „Polygon pushing"). Hierzu muss man Layouts „lesen" können, was wir im folgenden Abschnitt üben.

3.2.2   Lesen eines Layouts

Der obere Teil von Abb. 3.8 zeigt einen Ausschnitt aus einem typischen Layout, wie es in einem Layouteditor erscheint. Wir werden dieses Beispiel nun Schritt für Schritt analysieren und dabei lernen, ein Layout zu „lesen".

---

[2] „BEOL" steht für „Back-end-of-line" und bezeichnet die zweite Phase einer IC-Fertigung, in der die elektrischen Verbindungen entstehen (vgl. Kap. 1, Abschn. 1.1.3). Sie wird in Kap. 2 (Abschn. 2.8) beschrieben.

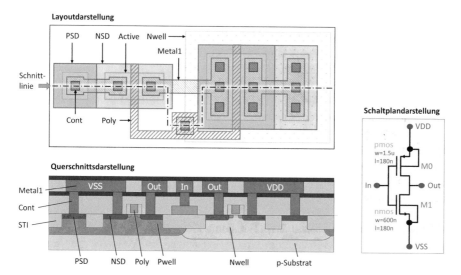

Abb. 3.8 Layout eines einfachen CMOS-Inverters (oben), wie es in einem typischen Layouteditor angezeigt wird, sowie die entsprechende Schnittdarstellung (unten) und das Schaltbild (rechts)

Die in Abb. 3.8 dargestellte Szenerie basiert auf einem CMOS-Standardprozess, wie wir ihn in Kap. 2 (Abschn. 2.10) besprochen haben. Die Querschnittsdarstellung im unteren Teil der Abb. 3.8 (wir verwenden hier die gleichen Farben wie in Kap. 2, Abschn. 2.10) zeigt die Strukturen, die aus dem darüber dargestellten Layout in der Fertigung erzeugt werden. Der Querschnitt bezieht sich auf die im Layout gestrichelt eingezeichnete Schnittlinie.

Aus der Querschnittsdarstellung, welche einen Blick „von der Seite" zeigt, können wir erkennen, dass es sich offenbar um eine Anordnung aus einem NMOS- und einem PMOS-FET handelt. (Man vergleiche den Querschnitt der Abb. 3.8 mit Abb. 2.35 aus Kap. 2.) Im Querschnitt ist auch zu erkennen, dass die an der Siliziumoberfläche befindlichen Anschlusspunkte dieser Transistoren über Kontakte und die erste Metallebene teilweise miteinander verbunden sind. Wir können also bereits von einer „Schaltung" sprechen.

Allerdings hat ein Layouter diese Querschnittsdarstellung nicht zur Verfügung. Er bzw. sie sieht lediglich die in Abb. 3.8 oben gezeigte Layoutdarstellung, die immer nur eine Draufsicht „von oben" bietet. Das heißt, er bzw. sie *arbeitet* zweidimensional. *Denken* sollte man aber dreidimensional! Das „Lesen" eines Layouts bedeutet, die Bauelemente und deren elektrische Verbindungen auf dem Chip hieraus zu erkennen und sich ihren räumlichen Aufbau in allen drei Dimensionen vorzustellen. Wie liest man nun am besten ein Layout?

Als erstes muss man die Bauelemente erkennen. Hierzu achtet man zunächst auf die Layer des FEOL. Die beste Methode, sich hier zurecht zu finden, besteht darin, sich zuerst auf die „aktiven" Gebiete und das Polysilizium zu konzentrieren. Überall dort, wo sich Shapes dieser beiden Layer kreuzförmig überlappen, befindet sich der Kanal eines Feldeffekttransistors. Die Erkennung dieses Musters ist sehr einfach, da man nur auf zwei Layer achten muss. Zudem hat man damit sehr oft bereits die meisten Instanzen eines Layouts identifiziert, da FETs die mit Abstand häufigsten Grundbauelemente sind. Dies gilt für Digitalschaltungen und auch für die meisten Analogschaltungen.

Als *aktive Gebiete* bezeichnet man die Stellen auf dem Chip ohne Feldoxid. In allen Prozessen gibt es hierfür einen Layer, wobei die Bezeichnungen von Hersteller zu Hersteller sehr unterschiedlich sind. In unserem Layoutbeispiel in Abb. 3.8 heißt dieser Layer „Active" und ist ockerfarben dargestellt. Die Maske „STI" wird aus diesem Layer durch Negation erzeugt, d. h. die Shapes in „Active" definieren gerade die Regionen, die von STI frei bleiben (s. Querschnittsbild). „Active" und „Poly" (grün schraffiert) überlappen sich in unserem Beispiel an zwei Stellen. Wir haben also zwei FETs.

In Abb. 3.9 sind die Layouts und Querschnitte dieser beiden Transistoren getrennt dargestellt. In Kap. 2 (Abschn. 2.10.2) hatten wir beobachtet, wie diese Transistoren im FEOL des CMOS-Standardprozesses entstehen. Im Vergleich zur dortigen Abb. 2.35e sehen wir sie hier mit ihren in Metall herausgeführten Source-, Drain- und Bulk-Anschlusspins (gekennzeichnet durch „S", „D" und „B"). Das Anschlusspin des Bulks (auch Backgate genannt) gehört zu einem vollständigen Transistorlayout dazu, da hierüber das Potenzial der jeweiligen Wanne definiert wird. In den Layouts der FETs (Abb. 3.9 oben) sind auch die Abmessungen eingezeichnet, welche die Kanalweite w und Kanallänge l der beiden Transistoren bestimmen. Wie man Bauelemente im Layout dimensioniert, erläutern wir ausführlich in Kap. 6 (Abschn. 6.3).

Die Unterscheidung von NMOS- und PMOS-FETs erkennen wir am Layer „Nwell" (hellblau getupft, s. Abb. 3.9, oben rechts), der in Prozessen mit p-Substrat die Bulk-Gebiete der PMOS-FETs definiert. Die Transistoren außerhalb von

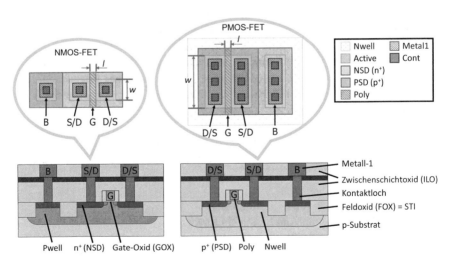

Abb. 3.9 Das Layout und die entsprechenden Schnittbilder der beiden Transistoren aus Abb. 3.8 mit markierten Kontakten (D/S: drain/source, B: bulk) und Gates (G). Transistoren lassen sich in jeder Layout-Struktur identifizieren, indem man sich auf die Kreuzungen der aktiven Flächen (Schicht „Active", hier in ocker dargestellt) und des Polysiliziums (Schicht „Poly", hier grün schattiert) konzentriert

Nwell-Gebieten sind folglich NMOS-FETs. Deren Bulks sind entweder das p-dotierte Substrat des Wafers (bei Single-Well-Prozessen) oder (bei Twin-Well-Prozessen) die Gebiete mit Pwell. In unserem Layoutbeispiel könnte beides der Fall sein, da die Gebiete der Pwell-Dotierung (wie wir in Kap. 2, Abschn. 2.10.2, gesehen haben) aus dem Layer „Nwell" durch Negation abgeleitet werden können und daher im Layout nicht als eigener Layer auftauchen.

Da wir nun wissen, dass es sich um NMOS-FETs und PMOS-FETs handelt, sind auch die Dotierungsarten (n oder p) der blauen und roten Schichten, die die Source- und Drain-Bereiche bilden, klar. Üblicherweise erkennt man n- und p-Dotierung auch an den Namen der Layer. In unserem Layoutbeispiel sind dies die Layer „NSD" und „PSD", welche die n^+- bzw. p^+-dotierten Gebiete definieren.

Recht einfach zu erkennen sind die Layer des BEOL. Es sind zum einen die Durchkontakte, welche in modernen Prozessen normalerweise aus identischen kleinen Quadraten bestehen. Zum anderen sind es Metallstrukturen, welche die Durchkontakte immer überdecken müssen und die über die Bauelemente hinweg führenden Leiterbahnen bilden. In unserem Layoutbeispiel haben wir Kontaktlöcher im Layer „Cont" (dunkelgrau) zur Kontaktierung der Source-, Drain- und Bulk-Gebiete. Die Leiterbahnstrukturen sind durch den Layer „Met1" (hellgrau schraffiert) gegeben. Die durch Poly elektrisch verbundenen Gates besitzen einen gemeinsamen Anschluss in Metall, der durch denselben Layer „Cont" kontaktiert wird.

Die beiden Transistoren sind zu einem logischen Inverter verbunden. Der Schaltplan für das Beispiel ist rechts in Abb. 3.8 dargestellt.

3.2.3 Grafik-Operationen

Moderne Layouteditoren bieten eine Fülle von Editierbefehlen und Grafikoperation an. Wir betrachten hier nur die Operationen, welche sich auf die Manipulation und Selektion von Shapes beziehen. Komfortfunktionen, wie z. B. zur Anordnung von mehreren Elementen (Verteilen, Ausrichten, Kompaktieren etc.) behandeln wir hier nicht, da sie bekannt und intuitiv anwendbar sind.

Interaktive Bearbeitung von Shapes
Selbstverständlich bieten Layouteditoren alle gängigen Grafikbefehle, die wir auch aus anderen Zeichenprogrammen kennen. Hierzu gehören das Erzeugen („Add"), Löschen („Delete"), Verschieben („Move"), Kopieren („Copy"), Einsetzen („Paste"), Spiegeln („Flip") und Drehen („Rotate") von Shapes. Layouteditoren bieten hier verschiedene Bedienkonzepte an, die das Arbeiten erleichtern. Neben der Eingabe mit der Maus sind zusätzlich auch numerische Eingaben möglich.

Zu diesen gängigen Standardfunktionen kommen weitere Befehle, die spezielle im Layoutentwurf nützliche Manipulation einzelner Shapes ermöglichen:

- Verschieben einer Teilmenge von Kanten oder Ecken („Stretch"),
- Ändern von Polygonen durch Ausschneiden, Abschneiden und Anfügen von Rechtecken oder komplexeren Polygonen (z. B. „Notch"),

- Zusammenführen von sich überlappenden Shapes zu einem Shape („Merge"),
- Teilen von Shapes entlang einer (beliebigen) Schnittlinie („Split").

Logische Verknüpfungen von Layern

Die aus der Logik bekannten booleschen Operationen lassen sich auch auf Shapes unterschiedlicher Layer anwenden. Sie sind sehr wichtige und leistungsfähige Operatoren, die den grafischen Inhalt dieser Layer „logisch verknüpfen". Sie werden zwar gelegentlich bei Layoutentwurfsarbeit eingesetzt, aber ihr Haupteinsatzgebiet ist der *Design Rule Check* (*DRC*) zur Identifizierung bestimmter Layoutkonstellationen für die Prüfung auf geometrische Entwurfsregeln (Abschn. 3.4 und Kap. 5, Abschn. 5.4.5) und im *Layout-Postprozess* (Abschn. 3.3) bei der Erzeugung von Maskendaten. Wir demonstrieren in Abb. 3.10 die folgenden, allgemein gebräuchlichen logischen Verknüpfungsoperationen:

- OR: erzeugt die geometrische Vereinigungsmenge zweier Layer,
- UND: erzeugt die geometrische Schnittmenge zweier Layer,
- XOR: erzeugt die Vereinigungsmenge abzüglich der Schnittmenge zweier Layer,
- ANDNOT: erzeugt die geometrische Differenz zweier Layer (aus dem ersten Layer wird alles „ausgestanzt", was sich im zweiten Layer befindet).

Der obere Teil der Abbildung zeigt ein einfaches Beispiellayout, bestehend aus vier rechteckigen Shapes, von denen zwei dem Layer „rot" und die anderen beiden dem Layer „blau" angehören. Die Ergebnisse der Operationen werden in eine neue Ebene „x" geschrieben, die unten in Abb. 3.10 grau dargestellt ist.

Selektierbefehle

Mit speziellen Selektierbefehlen lassen sich aus einem Layer diejenigen Shapes herausfiltern, die ein Auswahlkriterium erfüllen. In Abb. 3.11 demonstrieren wir einige wichtige Auswahlkriterien, die auf bestimmten Relationen zwischen den Shapes der beteiligten Layer basieren.

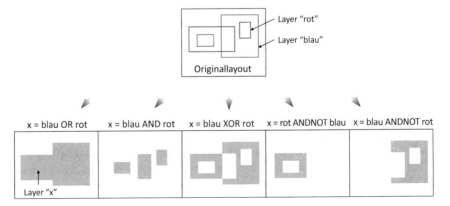

Abb. 3.10 Layoutbeispiel mit vier Shapes in zwei Layern (oben). Ergebnis aus der Anwendung der logischen Verknüpfungsoperatoren OR, AND, XOR, ANDNOT auf das Layoutbeispiel (unten, von links nach rechts)

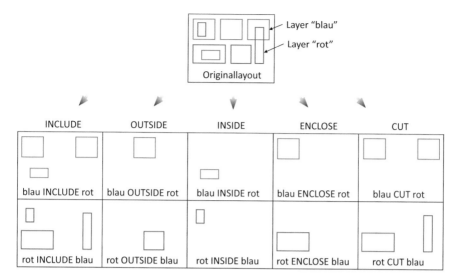

Abb. 3.11 Selektierbefehle zum Filtern von Shapes eines Layers basierend auf geometrischen Relationen zwischen diesen Shapes und den Shapes eines anderen Layers

- INCLUDE: wählt Shapes eines Layers aus, die sich in irgendeiner Weise mit Shapes eines zweiten Layers überschneiden,
- OUTSIDE: wählt Shapes eines Layers aus, die sich nicht mit Shapes eines zweiten Layers überschneiden,
- INSIDE: wählt Shapes eines Layers aus, die vollständig von Shapes eines zweiten Layers bedeckt werden,
- ENCLOSE: wählt Shapes eines Layers aus, die Shapes eines zweiten Layers vollständig bedecken,
- CUT: wählt Shapes eines Layers aus, die einen Teil ihrer Fläche mit Shapes eines zweiten Layers teilen, aber nicht ihre ganze Fläche.

Bei den Selektierbefehlen entstehen im Gegensatz zu den Verknüpfungsoperationen keine neuen Geometrien. Bei Bedarf können die Ergebnisse in einem neuen Layer abgespeichert werden. Die Selektierbefehle sind insbesondere für den DRC von großer Bedeutung, da man hiermit interessierende Teilmengen von Layern selektieren kann (Abschn. 3.4.3, Beispiel 3).

Sizing

Beim Sizing verändert man ein Polygon, indem alle Kanten um einen bestimmten Wert senkrecht zur Kantenausrichtung verschoben werden. Bei einer Verschiebung um positive Werte findet eine Vergrößerung des Polygons statt. In diesem Fall spricht man vom *Oversizing*. Bei negativen Werten handelt sich um ein sogenanntes *Undersizing*, wodurch sich das Polygon verkleinert.

Die Sizing-Operation haben wir bereits in Kap. 2 (Abschn. 2.4.2) zur Umsetzung von Technologievorhalten kennengelernt. (Dabei werden im Fertigungsprozess auftretende Kantenverschiebungen durch Sizing der Layoutstrukturen mit umgekehrtem Vorzeichen kompensiert.) Sizing ist auch im DRC sehr hilfreich, um Layouts auf Einhaltung komplexerer Entwurfsregeln zu überprüfen (Abschn. 3.4.3, Beispiele 2 und 4).

Das Sizing hat einige besondere Eigenschaften, die zu überraschenden Ergebnissen führen können, wenn man diese Eigenschaften nicht kennt. Man kann diese Eigenschaften auch bewusst nutzen, um bestimmte Effekte zu erzielen. Beispielsweise lassen sich mithilfe des Sizings Layouts „bereinigen". Diese Effekte werden wir uns nun anschauen.

Ungleichmäßiges Wachstum beim Sizing

Beim Sizing um einen Wert s werden die Ecken eines Polygons um eine Strecke $v \cdot s$ verschoben, wobei grundsätzlich $v > s$ ist, d. h. die Ecken entfernen sich von ihren ursprünglichen Positionen immer weiter als der Verschiebungswert s. Für rechte Winkel ist z. B. $v = \sqrt{2}$. Bei spitzen Winkeln (Winkel < 90°) wird der Wert v größer als $\sqrt{2}$ und kann theoretisch über alle Grenzen wachsen (Abb. 3.12, links). Dieser Effekt ist ein prinzipieller Fehler des Sizings, da man i. Allg. ein „gleichmäßiges" Wachstum in alle Richtungen wünscht.

Hierfür müssten beim Oversizing idealerweise an den Ecken Kreisbögen entstehen, welche aber mit der vektoriellen Datenstruktur nicht darstellbar sind. Abhängig vom verwendeten Tool gibt es daher die Möglichkeit, das Oversizing so zu konfigurieren, dass die Ecken durch zusätzliche Kanten „abgeschrägt" werden, um sich einem Kreisbogen anzunähern, wie in Abb. 3.6c dargestellt. Abb. 3.12 (rechts) zeigt hierzu zwei Beispiele.

Sizing ohne Abschrägung   Sizing mit Abschrägung

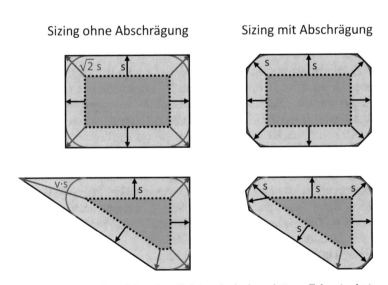

Abb. 3.12 Beispiele zum Oversizing ohne (links) und mit abgeschrägten Ecken (rechts)

Irreversibilität und Rundungsfehler

Führt man zwei Sizing-Operationen, die den gleichen Betrag aber umgekehrtes Vorzeichen haben, direkt hintereinander aus, so führt dies nicht immer zu den ursprünglichen Strukturen. Hierfür gibt es folgende Ursachen:

- Beim Undersizing verschwinden kleine Polygone (auch schmale Stege), Abb. 3.13a,
- Beim Oversizing verschwinden kleine Löcher (auch schmale Schlitze) in Polygonen, Abb. 3.13b,
- Rundungsfehler verursachen Formveränderungen, Abb. 3.13c.

Ursache der Formveränderungen ist, dass im Falle schräger Kanten die Ecken nach dem Sizing rechnerisch nicht auf dem Arbeitsraster zu liegen kommen. Durch die Verwendung von Integer-Werten bei den Koordinaten entstehen Rundungsfehler. Diese können oft vernachlässigt werden. Im Allgemeinen verändern sich dadurch allerdings die Winkel gegenüber den Achsen des Koordinatensystems (Abb. 3.13c), was in manchen Fällen zu unerwünschten Ergebnissen führt. Beispielsweise können durch diesen Effekt Entwurfsregeln verletzt werden, die bei mathematisch exaktem Sizing nicht aufgetreten wären.

Bereinigung von Layouts

Nutzt man Sequenzen aus Sizing-Operationen und logischen Verknüpfungen zur Erzeugung bestimmter Layoutstrukturen (z. B. im Postprozess oder im DRC), so kann es insbesondere durch Rundungsfehler zur Erzeugung von unerwünschten Shapes kommen, die i. Allg. sehr kleine Abmessungen haben. Die in Abb. 3.13a, b beschriebenen Effekte können dazu genutzt werden, um derartige Artefakte zu eliminieren, d. h. Layouts lassen sich auf diese Weise „bereinigen".

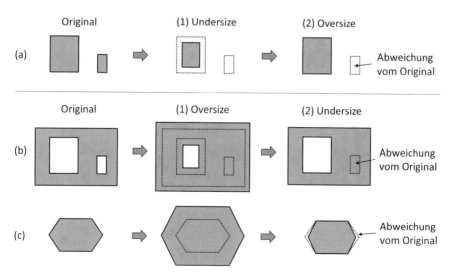

Abb. 3.13 Effekte bei zweimaligem Sizing mit gleichem Betrag und umgekehrtem Vorzeichen. Es können Polygone entstehen, die von der ursprünglichen Form abweichen

3.3   Maskendaten: Layout-Postprozess

3.3.1   Übersicht

Nach der Fertigstellung und der abschließenden Prüfung des Layouts sind noch einige Aufgaben zu erledigen, bevor die Masken produziert werden können. Teile der Daten müssen herausgefiltert, andere müssen verändert und neue, zusätzliche Daten müssen erzeugt werden. Diese Ergänzungen und Manipulationen der IC-Layoutdaten führt man im *Layout-Postprozess* (engl. *Layout post processing*) durch, den wir in drei Phasen gliedern:

(a) *Chip finishing* (Abschn. 3.3.2),
(b) *Retikel-Layout* (Abschn. 3.3.3) und
(c) *Layout to mask preparation* (Abschn. 3.3.4).

Eine Übersicht über diese Prozessphasen und die dabei erzeugten Daten zeigt Abb. 3.14. Die Nummerierung (1) bis (8) gibt die Reihenfolge der Prozessschritte

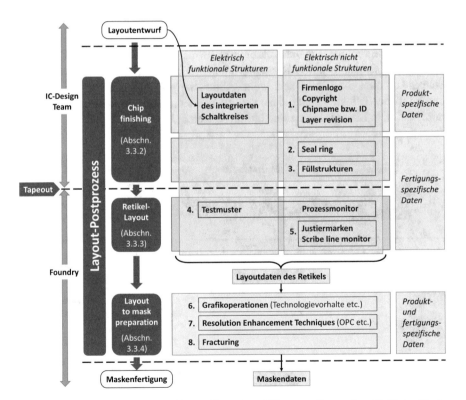

Abb. 3.14 Layout-Postprozess zur Umwandlung eines IC-Layouts (*Layoutdaten*) in Daten für die Herstellung der Fotomasken (*Maskendaten*), unterteilt in drei Prozessphasen (links) und acht Prozessschritte

an, welche die Inhalte erzeugen. Die Abläufe sind typischerweise firmenspezifisch und können sich auch von Prozess zu Prozess unterscheiden. Im Einzelfall wird es durchaus Abweichungen hiervon geben. Dies gilt auch für die Wahl der Terminologie. Unser Ziel ist es, einen typischen Ablauf mit den wichtigsten Schritten und Inhalten darzustellen und dadurch auch einen Beitrag zur Standardisierung der Begrifflichkeiten dieser Schnittstelle zwischen dem Entwurf und der Fertigung eines ICs zu leisten.

Die Abläufe zur Erstellung der Maskendaten aus den IC-Layoutdaten erfordern Ingenieure mit viel Erfahrung und werden in allen Firmen von Spezialisten durchgeführt.

3.3.2 Chip Finishing

Schritt 1: Produktspezifische Strukturen
Nachdem das Layout des integrierten Schaltkreises (also der elektrisch aktive Teil des Chips) fertiggestellt ist, bringt man zunächst firmenspezifische Inhalte zur Kennzeichnung des Produktes ein (Schritt 1 in Abb. 3.14). Das geschieht in der Regel auf der aktiven Chipfläche, d. h. für diese Teile müssen dort entsprechende Flächen freigehalten werden. Jeder Chip enthält gewöhnlich ein Abbild des Firmenlogos und eine Kennzeichnung des Designs, zumeist ein Chipname. Hinzu kommen evtl. Copyright-Informationen. Damit diese Informationen optisch erkennbar sind, werden sie i. Allg. in der obersten Metallebene eingebracht. In Abb. 3.15 sind diese Inhalte in braun angedeutet.

Darüber hinaus bringt man in diesem Schritt auf der Chipfläche – zumeist an deren Rand – Strukturen mit Informationen zum Versionsstand eines IC-Designs an.

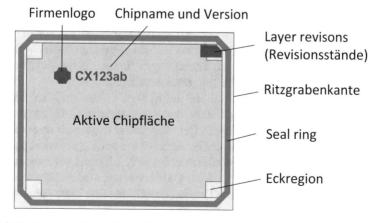

Abb. 3.15 Firmenspezifische Kennzeichnungen eines Designs (braun) und Lage des Seal rings (blau) auf einem Chip (schematisch)

Diese sind je nach Firma allgemein lesbar (z. B. in Form von Zahlen) oder firmenspezifisch kodiert. Diese Angaben können so detailliert sein, dass sie den Revisionsstand für jede Maske zeigen. Das ist sinnvoll, da eine neue Version eines IC-Designs nicht grundsätzlich die Erneuerung aller Masken erfordert. Oft genügt bereits die Änderung weniger Masken. Beispielsweise lässt sich mit einer Layoutänderung eines Routing-Layer-Paars (Metall- und Via-Ebene) bereits eine andere Verdrahtung vorhandener Zellen realisieren.

Schritt 2: Seal ring

Anschließend werden Strukturen erzeugt, die für die Herstellbarkeit des Chips von Bedeutung sind. Derartige Maßnahmen bezeichnet man als *Design for Manufacturability* (*DfM*). Hierzu gehören der sogenannte *Seal ring* und *Füllstrukturen*.

Der Seal ring (Schritt 2 in Abb. 3.14) bildet einen Rahmen um den elektrisch aktiven Teil des ICs. Dies ist schematisch in Abb. 3.15 dargestellt. Er sorgt zunächst für einen Abstand der aktiven Strukturen vom Sägegraben und späteren Chiprand. Da der Chiprand durch die Kombination aus Sägen und Brechen sehr unregelmäßig strukturiert ist, ist er aufgrund von Kapillareffekten recht anfällig für eindringende Feuchtigkeit. Aufgabe des Seal rings ist es, das Innere des Chips gegen seitlich von außen eindringende Feuchtigkeit zu schützen. Zusätzlich schützt er die aktiven Strukturen auch gegen Beschädigungen beim Sägen. Er wird daher auch *Scribe seal* genannt.

Der innere Aufbau eines Seal rings ist komplex. Er enthält in der Regel einen Stapel aus allen verarbeiteten Metallschichten. Die Layoutstrukturen in den Schichten werden von der Waferfab festgelegt und sind daher vertraulich.

Schritt 3: Füllstrukturen

Schließlich bringt man im gesamten Chipgebiet durch einen vollautomatischen Prozess *Füllstrukturen* (engl. *Filler structures*) ein (Schritt 3 in Abb. 3.14). Sie dienen dazu, die durch das CMP-Verfahren (chemisch-mechanisches Polieren) erreichbare Planarität zu verbessern. Hiervon sind in der Regel alle physikalischen Layer betroffen, welche in der späteren Fertigung durch einen CMP-Schritt planarisiert werden.

CMP-Verfahren sind darauf angewiesen, dass der Materialmix in der zu planarisierenden Schicht eine möglichst homogene Verteilung hat. Ist dies nicht der Fall, kommt es zu einem ungleichmäßigen Materialabtrag mit der Folge von Eindellungen oder Beulen in dem betroffenen Teilgebiet des Chips.

Wir erläutern diese Effekte am Beispiel des in Kap. 2 (Abschn. 2.8.3) beschriebenen *Damascene-Prozesses*. Das Ziel des dort angewendeten CMP-Verfahrens ist der Abtrag von überschüssigem Kupfer. Der chemisch aktive Anteil im Schleifmittel ist daher so eingestellt, dass das CMP möglichst nur auf Kupfer wirkt und nicht auf das Oxid, da man letzteres möglichst erhalten will. Aufgrund der mechanischen Komponente des CMPs wird aber auch das Oxid etwas abgetragen. Dies nennt man *Erosion*. Wichtig ist nun, dass diese Erosion überall dieselbe Tiefe hat, damit die Oberfläche möglichst planar wird.

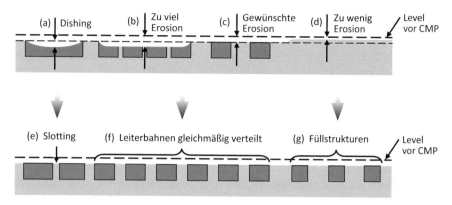

Abb. 3.16 Dishing und Erosion beim Kupfer-CMP (oben) und Gegenmaßnahmen (unten). Im Chip finishing findet nur die (automatische) Einbringung von Füllstrukturen statt (g). Die Gegenmaßnahmen (e) und (f) sind noch im Layoutentwurf durchzuführen

Die auftretenden Effekte und Gegenmaßnahmen sind in Abb. 3.16 visualisiert. An Stellen ohne Kupfer ist die Erosion zu schwach (d). Dies wird durch zusätzliche Füllstrukturen aus Kupfer kompensiert (g). Andererseits kommt es an Stellen, wo zu viel Kupfer vorhanden ist, zu verstärktem Druck auf die Oxidstege, die dadurch stärker als gewollt abgetragen werden (b). Daher ist bereits im Layoutentwurf darauf zu achten, dass die Kupferdichte auch nicht zu hoch ist. In Gebieten mit hoher Verdrahtungsdichte kann es daher erforderlich sein, die Leiterbahnabstände aufzuweiten (f). Bei sehr breiten Leiterbahnen (a) muss man im Layout sogar zusätzliche Schlitze vorsehen. Dies nennt man *Slotting* (e), was einer Einfügung von Oxidstegen entspricht und einem zu starken Abtrag von Kupfer, dem sogenannten *Dishing* (a), entgegenwirkt.

Die hinzugefügten Füllstrukturen haben keine elektrische Funktion und sind deshalb so zu erzeugen, dass sie die elektrisch aktiven Strukturen nicht negativ beeinflussen. So dürfen die in unserem Beispiel eingesetzten Füllstrukturen in Metall natürlich nirgends einen Kurzschluss verursachen. Um sicherzustellen, dass keine derartigen Fehler entstanden sind, ist der gesamte Entwurf nach dem Chip finishing nochmals einer kompletten Verifikation zu unterziehen (mit DRC und LVS, s. Kap. 5, Abschn. 5.4), bevor das Layout an die Fab übergeben wird.

Es ist wichtig, die im Chip finishing erzeugten Inhalte in der Datenstruktur von den Layoutdaten, welche die elektrisch relevanten Strukturen des IC beschreiben, getrennt zu halten. Empfehlenswert ist die Speicherung in getrennten Zellen. Meistens gibt es firmenspezifische Vorschriften zum Aufbau der Datenhierarchie und auch zur Namensgebung der Zellen. Dies erleichtert den Einsatz von Automatismen im Chip finishing und es vereinfacht die Durchführung von Redesigns, wo man z. B. die Füllstrukturen wieder entfernen muss.

3.3.3 Retikel-Layout

Ist ein Chipdesign in Serie zu fertigen, so wird zur Erzeugung des Retikel-Layouts das Chiplayout mehrfach in Form einer Matrix instanziiert. Die Größe dieser Matrix orientiert sich an der maximal belichtbaren Wafer-Fläche, die durch die Größe des Retikels gegeben ist (vgl. Abb. 2.3 in Kap. 2). Sollen nur wenige Entwicklungsmuster hergestellt werden, so kann man die Retikelfläche für verschiedene Chipprojekte nutzen, wodurch sich die Maskenkosten auf die beteiligten Projekte aufteilen lassen. In Abb. 3.17 ist ein Retikel-Layout mit neun Dies für eine Serienfertigung schematisch dargestellt.

Damit sich die Dies nach dem Wafer-Prozess vereinzeln lassen, muss zwischen benachbarten Dies ein ausreichender Abstand vorhanden sein. Zur Vereinzelung der Dies wird mit einer Diamantsäge oder mit einem Laserstrahl auf der Wafer-Oberfläche eine Einkerbung zwischen den Dies erzeugt, an der die einzelnen Dies dann auseinandergebrochen werden. Der hierfür notwendige Abstand zwischen den Dies liegt in der Größenordnung 50 bis 100 μm und wird als *Sägegraben* oder *Ritzgraben* bezeichnet.

Schritt 4: Teststrukturen

Die Sägegräben nutzt man, um darin *Teststrukturen* unterzubringen, die nur während der Wafer-Fertigung gebraucht werden (Schritt 4 in Abb. 3.14). Hierbei unterscheidet man zwei Arten: (i) Prozessmonitore und (ii) Testmuster.

Prozessmonitore dienen der Kontrolle des Herstellungsprozesses (in Abb. 3.17 blau schraffierter Bereich). Es sind Strukturen, mit deren Hilfe sich einzelne Prozessschritte auf Einhaltung vorgegebener Fertigungstoleranzen überprüfen lassen.

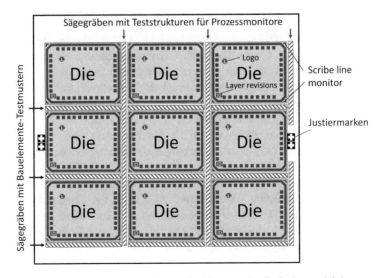

Abb. 3.17 Schematische Darstellung eines Retikel-Layouts für die Serienproduktion

Das sind z. B. optische Messungen zur Überprüfung von Strukturgrößen oder die Messung elektrischer Widerstandswerte mit Messnadeln zur Überprüfung von Schichtwiderständen. Bei Abweichungen gibt es in manchen Fällen die Möglichkeit einer Nachbesserung.

Testmuster sind elektrisch komplette Grundbauelemente oder Zellen (braun schraffierter Bereich in Abb. 3.17). Diese können frühestens nach Abschluss des FEOL und der ersten Metallisierungsebene vermessen werden. Prozessmonitore und Testmuster sind meistens getrennt in den vertikalen und horizontalen Sägegräben untergebracht.

Bei sehr großen Dies kann es vorkommen, dass die sich ergebenden Sägegräben zu wenig Fläche bereitstellen, um alle Teststrukturen unterbringen zu können. In einem solchen Fall sind zwei Maßnahmen denkbar. (i) Ein Sägegraben wird verbreitert, um Platz für weitere Teststrukturen zu schaffen. Dies verbraucht allerdings Wafer-Fläche. (ii) Alternativ verzichtet man bewusst auf manche Teststrukturen, um Wafer-Fläche zu sparen. Dadurch erhöht sich die Ausbeute an Chips pro Wafer.

Schritt 5: Justiermarken und Scribe line monitor
Liegen Sägegräben und Teststrukturauswahl fest, werden an gegenüberliegenden Seiten des Retikels ebenfalls im Sägegrabenbereich die *Justiermarken* angeordnet (Schritt 5 in Abb. 3.14). Diese benötigt man, um bei der Belichtung die Maskenstrukturen und die Waferstrukturen aufeinander ausrichten zu können. Wir haben diesen Vorgang bereits in Kap. 2 (Abschn. 2.3.4) ausführlich behandelt. Schließlich wird in diesem Schritt noch der *Scribe line monitor* eingebracht. Dieser erzeugt auf dem Wafer Metallstrukturen, an der sich die automatische Steuerung der Diamantsäge bzw. des Laserstrahls orientieren kann.

3.3.4 Layout-to-Mask Preparation

Nach der Fertigstellung des Retikel-Layouts (Abschn. 3.3.3) ist dieses in die Maskendaten umzuwandeln, mit denen die Geräte zum „Schreiben" der Fotomasken angesteuert werden. Diese letzte Phase des Layout-Postprozesses verläuft vollautomatisch und besteht aus den folgenden drei Schritten (Abb. 3.14, Schritte 6–8):

(a) Zunächst werden die Retikel-Layoutdaten mit diversen *Grafikoperationen* überarbeitet (Abb. 3.14, Schritt 6).

(b) Diese Grafikdaten werden anschließend weiteren Maßnahmen unterworfen, die der Erhöhung der optischen Auflösung beim Belichten dienen (Abb. 3.14, Schritt 7).

(c) Abschließend werden die Grafikdaten durch ein sogenanntes *Fracturing* für die Maskenproduktion umgewandelt (Abb. 3.14, Schritt 8).

Diese drei Prozessschritte wollen wir uns nun der Reihe nach eingehend anschauen.

Schritt 6: Grafikoperationen
Es gibt eine Fülle verschiedener Grafikoperationen, die auf die Retikel-Layoutdaten angewendet werden. Für eine Kategorisierung der Grafikoperationen vergleichen wir zunächst die Eingangsdaten (das Retikel-Layout aus Schritt 5) mit den Ausgangsdaten dieses Schrittes. Die Ausgangsdaten unterscheiden sich von den Eingangsdaten durch folgende Aspekte:

- Die Eingangsdaten sind hierarchisch. Die Ausgangsdaten sind nicht hierarchisch.
- Die Eingangsdaten bestehen aus *logischen Layern* und *physikalischen Layern*. (Letztere enthalten maskenrelevante Strukturen; erstere sind nicht maskenrelevant.) Die Ausgangsdaten enthalten ausschließlich physikalische Layer.
- Die Ausgangsdaten enthalten *zusätzliche* Layer, die in den Eingangsdaten nicht enthalten sind. Diese zusätzlichen Layer nennen wir *abgeleitete Layer*.
- Die Eingangsdaten enthalten Layer, die in den Ausgangsdaten *nicht mehr* vorhanden sind, also herausgefiltert werden. Logische Layer werden alle herausgefiltert.
- In manchen Layern in den Ausgangsdaten sind die Shapes über Sizing verändert.

Je nach Herstellungsprozess und verwendetem Entwurfsfluss kann es sein, dass einzelne Inhalte des Retikel-Layouts bereits für die o. g. Stufe (b) (Abb. 3.14, Schritt 7) vorbereitet sind. Diese Inhalte können von der Anwendung der Grafikoperationen ausgenommen werden. In jedem Falle unterwirft man aber die gesamten Layoutdaten aus dem Chip-Layout (Ergebnis aus Schritt 3 in Abb. 3.14) den Grafikoperationen.

Nachfolgend erläutern wir, wie die oben angeführten Unterschiede zwischen Ein- und Ausgangsdaten des Schrittes 6 „Grafikoperationen" zustande kommen.

„Ausflachen" der Datenstruktur
Die Semantik der einzelnen Layoutstrukturen in den Eingangsdaten, d. h. ihre jeweiligen elektrischen, produktspezifischen und fertigungsspezifischen Funktionen, sind in dieser Phase des Layout-Postprozesses nicht mehr von Interesse. Für die Maskenerstellung ist nur noch die Layer-Zugehörigkeit der geometrischen Strukturen relevant. Daher wird die Datenhierarchie aufgelöst und alle Shapes werden nach ihren Layern sortiert. Aufgrund der nun fehlenden Hierarchieebenen spricht man auch von *flachen Daten*.

Abgeleitete Layer
Für manche physikalischen Layer besteht die Möglichkeit, dass sich dessen Maskengeometrien aus den Inhalten anderer Layer ableiten lassen. In diesen Fällen ist es möglich, auf die Bearbeitung eines solchen Layers im Layoutentwurf zu verzichten. Der betreffende Layer taucht dann in den Layoutdaten nicht auf, was den Layouter in seiner Arbeit entlastet. Für die Maskendaten wird der Layer dann mittels entsprechender Grafikoperationen automatisch erzeugt.

Ein typisches Beispiel hierfür ist die Erzeugung der aktiven Gebiete für die NMOS- und PMOS-FETs in einem CMOS-Prozess. Abb. 3.18 zeigt zwei unterschiedliche Vorgehensweisen. Im oberen Teil der Abbildung sehen wir einen Layoutentwurfsfluss, in dem dies ohne abgeleitete Layer umgesetzt wird (Layout-Postprozess A). In diesem Fall werden also alle Layer im Layout so verwendet

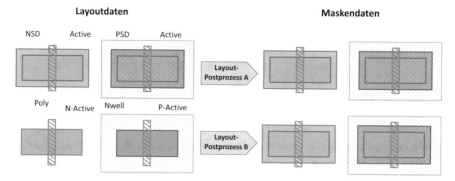

Abb. 3.18 Vereinfachung von Layouts durch Ableitung von Masken-Layern aus Layout-Layern über Grafikoperationen, gezeigt für NMOS- und PMOS-FET. Im Postprozess B (unten) werden die drei Masken-Layer „Active", „NSD" und „PSD" mit Grafikoperationen aus den beiden Layout-Layern „N-Active" und „P-Active" abgeleitet. Im Layout-Postprozess A (oben) sind Layout- und Masken-Layer identisch

und die Shapes so konstruiert, wie sie später auf die Maske kommen sollen. Das entspricht auch der Handhabung in unserem Layoutbeispiel in Abschn. 3.2.2 (s. Abb. 3.8 und 3.9).

Im Entwurfsfluss mit Layout-Postprozesses B (Abb. 3.18, unten) werden die drei Layer „Active" (Oxidöffnung), „NSD" (n⁺-Implantation) und „PSD" (p⁺-Implantation) für die Maskendaten mit Grafikoperationen aus den beiden gezeichneten Layern „N-Active" und „P-Active" der Layoutdaten abgeleitet. Dabei verwendet man eine logische Verknüpfungsoperation (s. Abb. 3.10) und die Sizing-Operation (s. Abb. 3.12):

- „Active" entsteht aus der logischen Operation „Active = N-Active ODER P-Active".
- „NSD" bzw. „PSD" entstehen aus „N-Active" bzw. „P-Active" durch Oversizing um k mit den Befehlen: „NSD = SIZE (N-Active, k)" und „PSD = SIZE (P-Active, k)".

Im Layoutentwurfsfluss mit Postprozess B kommt man also im Vergleich zum Layoutentwurfsfluss mit Postprozess A mit einem gezeichneten Layer weniger und einer reduzierten Anzahl an Shapes aus. Der Wert k ergibt sich aus der maximalen Justiertoleranz (Overlay-Fehler) des Prozesses[3] (vgl. Kap. 2, Abschn. 2.4.1)

Logische Layer

Die Verwendung *logischer Layer* – das sind zusätzliche Layer im Layout, die nicht für die Maskenerstellung benötigt werden – erwächst aus der Forderung nach auto-

---

[3] Die Entwurfsregeln geben hier vor, dass die Shapes in „PSD" und „NSD" die Shapes in „Active" an allen Seiten um den Wert k überragen. Dadurch wird sichergestellt, dass die Oxidöffnungen auch dann noch komplett implantiert werden, wenn bei der Justierung der Masken „PSD" bzw. „NSD" die maximal erlaubte Justierabweichung auftritt.

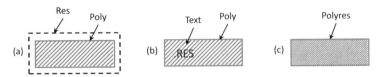

Abb. 3.19 Möglichkeiten zur Kennzeichnung der elektrischen Funktion einer Layoutstruktur mit logischen Layern (**a** und **b**) oder mit dedizierten physikalischen Layern (**c**)

matischer Prüfbarkeit der geometrischen Entwurfsregeln (diese behandeln wir in Abschn. 3.4). Es kommt vor, dass für einzelne Layer Regeln gelten, die von der schaltungstechnischen Funktion der jeweiligen Struktur abhängen. Diese Funktion muss für den DRC also erkennbar gemacht werden.

Beispielsweise kann eine Struktur im Layer „Poly" als Gate, als Widerstand, als Kondensatorelektrode oder – wegen des relativ hohen Schichtwiderstands mit entsprechender Vorsicht – auch als Leiterbahn verwendet werden. Wie macht man dies unterscheidbar? Nehmen wir an, wir wollen eine Poly-Struktur als Widerstand verwenden. In Abb. 3.19 zeigen wir drei typische Möglichkeiten, wie man diese elektrische Funktion eines Poly-Shapes automatisch erkennbar machen kann:

(a) Wir definieren einen gezeichneten Layer „Res" und zeichnen damit ein zusätzliches Shape, das die Poly-Struktur umschließt.

(b) Wir nutzen einen Layer „Text", um textuelle Hinweise in das Layout einzubringen. Nun kann man einen erläuternden Textstring, z. B. „RES" über der Poly-Struktur platzieren. (Texte sind keine Shapes und per definitionem „flächenlos". Sie können sich daher nicht in Maskendaten niederschlagen.)

(c) Wir legen für jede elektrische Funktion, die eine Struktur in einem physikalischen Layer übernehmen kann, einen separaten gezeichneten Layer an, hier z. B. „Polyres", und zeichnen die Struktur dann in diesem Layer.

Welche Art der Kennzeichnung man wählt, hängt natürlich davon ab, was von den eingesetzten Werkzeugen und Sprachen, in denen die Entwurfsregeln geschrieben sind, unterstützt wird. Die hier gezeigten Methoden sind alle verbreitet.

Die Ebenen „Res" und „Text" in den Beispielen (a) und (b) werden als *logische* Layer bezeichnet. Wie bereits erwähnt, werden diese Layer nicht (wie die von uns als *physikalisch* bezeichneten Layer) zur Erzeugung der Masken verwendet.

Bei Nutzung der Methode (c) gäbe es neben „Polyres" folglich weitere physikalische Layer zur Definition von Gate-, Kondensatorplatten- und Leiterbahnstrukturen aus Poly. In diesem Fall müsste man den physikalischen Layer „Poly" zur Erstellung der Poly-Maske noch aus der Vereinigung aller dieser Layer ableiten. Die Grafikoperation für diese Ableitung wäre in diesem Falle eine logische Verknüpfung, die so aussehen könnte:

„Poly = (Polyres OR Polygate OR Polycap OR Polyline)".

In Halbleitertechnogien, in denen höhere Spannungen verarbeitet werden, insbesondere bei BCD-Prozessen, können Entwurfsregeln auch noch von der an einer

Struktur angelegten Spannung abhängig sein. (Dieses Thema wird in Kap. 6, Abschn. 6.2, näher behandelt.) Das ist ein weiterer Fall für die Verwendung zusätzlicher Layer im Layout. Hier werden sie eingesetzt, um dem DRC das an einer Struktur anliegende elektrische Potential mitzuteilen. Im Allgemeinen arbeitet man in diesen Fällen mit Spannungsklassen, die man mit entsprechenden Layern (ähnlich wie im obigen Beispiel) kennzeichnet.

Veränderte Layer (Technologievorhalte)
In Kap. 2 haben wir verschiedene Fälle kennengelernt, wo die auf der Belichtungsmaske befindlichen Shapes in der Fertigung vergrößert oder verkleinert auf die Strukturen des Wafers übertragen werden. Diese Größenänderung kann bezogen auf die polygonale Darstellung der Shapes als eine Kantenverschiebung nach außen (Oversize) oder nach innen (Undersize) beschrieben werden. Diese in der Fertigung auftretende Kantenverschiebung um einen Wert k lässt sich bei den Grafikoperationen des Prozesses kompensieren, indem man die Kanten der Shapes in den Layoutdaten um einen entsprechend negierten Wert $-k$ verschiebt. Dies hatten wir bereits in Kap. 2 (Abschn. 2.4.2) als einen *Technologievorhalt* bezeichnet und anhand eines Beispiels erläutert. Ziel des Technologievorhalts, den man auch als *Pre-sizing* bezeichnet, ist es, dass die Strukturen im Layout so dargestellt werden, wie sie später auf dem prozessierten Wafer erscheinen.

Schritt 7: Resolution Enhancement Techniques (RET)
Die mit dem Mooreschem Gesetz beständig fortgeschrittene Miniaturisierung (vgl. Kap. 1, Abschn. 1.2.3) hat dazu geführt, dass die in modernen Prozessen erreichbaren Strukturgrößen mittlerweile deutlich kleiner sind als die in der Fotolithografie verwendeten Belichtungswellenlängen. Auf den ersten Blick scheint dies im Widerspruch zur physikalischen Machbarkeit zu stehen. Möglich wurde diese Entwicklung durch viele ausgeklügelte technische Maßnahmen, mit denen es gelang, die optische Auflösungsgrenze immer weiter zu steigern. Zu diesen sogenannten *Resolution enhancement techniques* (*RET*) gehören Manipulation der Layoutdaten (Abb. 3.14, Schritt 7). Darunter fällt die *Optical proximity correction* (*OPC*), bei der die Layoutstrukturen im Postprozess so verändert werden, dass die Intensitätsverteilung des auf den Fotolack auftreffenden Lichts bestmöglich an die im Layout gezeichneten Strukturen angenähert wird. Wir haben in Kap. 2 (Abschn. 2.4.3) bereits zwei OPC-Verfahren ausführlich dargestellt.

Darüber hinaus gibt es zahlreiche weitere RETs, wie die Verwendung von Phasenmasken (engl. Phase-shift masks) und Mehrfachbelichtungsverfahren (Kap. 5, Abschn. 5.5). Eine weitere industriell angewendete RET ist die Verwendung extrem kurzwelliger UV-Strahlung (EUV), was reflektierende Masken und Spiegel anstelle von Linsen erforderlich macht. Die Behandlung derartiger Verfahren liegt außerhalb dieses Buchs; für eine Einführung in RETs sei [5] empfohlen.

Schritt 8: Fracturing
Im *Fracturing* (Abb. 3.14, Schritt 8) wandelt man die Grafikdaten von der im Layout verwendeten Polygonform (wie in Abschn. 3.2.1 erläutert, s. Abb. 3.6) schließlich in eine Darstellungsform um, welche die Hardware zur Herstellung der Foto-

masken benötigt. Die Maskenfertigung basiert, wie die Strukturierung der Wafer, auf einem fotolithografisch maskierten Prozess, mit der die strahlungsundurchlässige Schicht (z. B. Chrom) strukturiert wird. Zur Maskierung des Belichtungsvorgangs gibt es hauptsächlich zwei Verfahren: (i) man belichtet mit Hilfe verstellbarer Blenden oder (ii) man „schreibt" direkt mit einem fokussierten Elektronenstrahl.

Das Blendenverfahren basiert auf zwei orthogonal zueinander ausgerichteten, verstellbaren Blenden. Zur Ansteuerung dieses Vorgangs müssen somit im Fracturing die Polygone in einfache Rechtecke umgewandelt werden. Deren Seitenlängen geben die Einstellung dieser Blenden vor.

Beim Direktschreiben überstreicht ein Elektronenstrahl die zu strukturierende Fläche zeilenweise und wird dabei ein- und ausgeschaltet. Zur Ansteuerung dieses Vorgangs sind die Polygone im Fracturing daher in entsprechende Scanlines umzuwandeln.

3.4 Geometrische Entwurfsregeln

3.4.1 Technologische Randbedingungen

Die Grenzen und Möglichkeiten einer Fertigung werden als *technologische Randbedingungen* bezeichnet. Die *geometrischen Entwurfsregeln* haben die Aufgabe, diese technologischen Randbedingungen für die Anwendung im Layoutentwurf abzubilden. (Dies gilt auch für den Entwurf von Leiterplatten). Die geometrischen Entwurfsregeln stellen also Randbedingungen für den Layoutentwurf dar, deren Einhaltung die Herstellbarkeit des Layoutergebnisses sicherstellt. Sie sind Teil der Technologiedaten (s. Abb. 3.1).

Die Einhaltung der geometrischen Entwurfsregeln (im weiteren Verlauf dieses Abschnitts nennen wir sie auch nur kurz „Entwurfsregeln" oder „Regeln") ist eine zwingende Vorgabe im Layoutentwurf. Im Gegensatz zu Optimierungszielen (z. B. die Erzielung einer möglichst kleinen Chipfläche), die i. Allg. keine festen Werte vorgeben und damit als „weiche" Anforderungen aufgefasst werden können, stellen die Entwurfsregeln klar definierte Grenzwerte, und damit „harte" Anforderungen, dar.

Die Prüfung eines Layouts auf Einhaltung der Entwurfsregeln erfolgt in einem automatischen *Design rule check (DRC)*. Werden hierbei keine Fehler gefunden, so gilt das geprüfte Layout als „fehlerfrei". Dieser Prüfschritt ist ein wichtiges Qualitätstor in der Elektronikfertigung. Im IC-Entwurf ist es eine Voraussetzung dafür, dass die Layoutdaten in das sogenannte *Tapeout* (vgl. Abb. 3.14), d. h. zur Fertigung gehen können.

Diese Definition der *Fehlerfreiheit* eines Layouts hat weitreichende Konsequenzen. Stellt es sich beispielsweise heraus, dass trotz Durchführung eines DRC, der keinen Fehlerbefund erbracht hat, eine bestimmte Konstellation von Layoutstrukturen nicht wie erwartet gefertigt werden kann, so ist dies per definitionem kein *Lay-*

outfehler. Das bedeutet, die Problemursache liegt nicht im Layout, sondern darin, dass die technologischen Randbedingungen für diese Konstellation nicht korrekt in den Entwurfsregeln abgebildet sind. Eine solche Entwurfsregel wird als *nicht robust* bezeichnet. Eine Entwurfsregel, die eine technologische Randbedingung korrekt modelliert, ist also eine *robuste Entwurfsregel*.

Darüber hinaus bezeichnen wir ein Layout als *robustes Layout*, wenn es (im Rahmen der spezifizierten Fertigungstoleranzen) sicher produziert werden kann. Daraus folgt, dass ein Layout dann robust ist, wenn es fehlerfrei ist *und* die Entwurfsregeln robust sind. Wir werden diese Erkenntnis im folgenden Abschn. 3.4.2 anhand einiger Beispiele demonstrieren.

Andererseits bleibt ein Verstoß gegen eine Entwurfsregel auch dann ein Layoutfehler, wenn die Fertigung trotz dieses Regelverstoßes möglich ist. Es gibt Szenarien, in denen ein solches Ereignis nicht vermieden werden kann (Kap. 5, Abschn. 5.4.1)

3.4.2 Elementare geometrische Entwurfsregeln

Eine elementare geometrische Entwurfsregel schreibt für die Abmessung eines bestimmten Layoutmerkmals einen erlaubten Wertebereich vor. Hierbei gibt es folgende Fälle:

(a) *Abmessung ≥ Minwert,*
(b) *Abmessung ≤ Maxwert,*
(c) *Abmessung = Exaktwert.*

Darin bedeuten *Abmessung* die geometrische Abmessung des Layoutmerkmals und die Konstanten *Minwert*, *Maxwert* und *Exaktwert* fest vorgegebene, technologiespezifische Werte in der physikalischen Einheit Meter. In den meisten Fällen schreiben Entwurfsregeln Mindestwerte vor (Fall a). Es kommt aber durchaus vor, dass auch Höchstwerte vorgeschrieben werden (Fall b) oder sogar die Einhaltung eines exakten Wertes (Fall c). Durch Kombination von Fall a und Fall b kann auch ein Werteintervall vorgegeben werden.

Unter *Abmessung* ist – allgemein gesprochen – der Abstand zweier gegenüberliegender Polygonkanten zu verstehen. Dies eröffnet verschiedene Kombinationsmöglichkeiten: die Kanten können zum selben oder zu unterschiedlichen Polygonen gehören. Im letzteren Fall können die Polygone demselben oder unterschiedlichen Layern angehören. Schließlich kann sich die Maßangabe auf das Innere oder das Äußere der beteiligten Polygone beziehen. Aus diesen Kombinationsmöglichkeiten leiten sich die gebräuchlichen Typen elementarer Entwurfsregeln ab, die in Tab. 3.1 zusammengestellt sind. Die für die Regeltypen gewählten Namen beschreiben das Layoutmerkmal, das mit der Entwurfsregel adressiert wird (in Klammern stehen die in englischer Fachsprache gebräuchlichen Begriffe, die wir auch als Befehlsnamen in unseren Code-Beispielen verwenden).

Tab. 3.1 Elementare Entwurfsregeltypen (links) decken die typischen zu prüfenden Layout-merkmale ab

Elementare Entwurfsregel		Beziehung der Kanten	Anzahl beteiligter Layer	Anzahl beteiligter Shapes
Breite	(Width)	Innen/Innen	1	1
Abstand	(Spacing)	Außen/Außen	1	1 oder 2
			2	2
Überhang	(Extension)	Innen/Außen	2	2
Überlappung	(Intrusion)	Innen/Innen	2	2
Umschließung	(Enclosure)	Außen/Innen	2	2

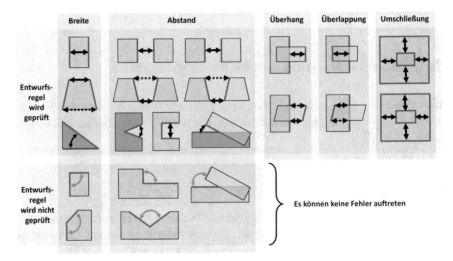

Abb. 3.20 Veranschaulichung elementarer geometrischer Entwurfsregeln (Breite, Abstand, Überhang, Überlappung und Umschließung). Breitenregeln betreffen einen Layer. Abstandsregeln können sich auf einen oder zwei Layer beziehen. Überhangs-, Überlappungs- und Umschließungsregeln beziehen sich immer auf zwei Layer

Zur Illustration zeigt Abb. 3.20 einige einfache Beispiele für die in Tab. 3.1 aufgeführten elementaren Entwurfsregeln. Die Polygonkanten, auf die sich die Regeln beziehen, sind jeweils rot hervorgehoben. Damit diese Regeln sinnvoll angewendet werden können, bedarf es noch einer Festlegung, wann zwei Kanten als „gegenüberliegend" – und damit als prüfrelevant – betrachtet werden. Im Allgemeinen gelten Kanten als gegenüberliegend, wenn sie bezogen auf den zu messenden Bereich (in Abb. 3.20 durch Doppelpfeile angedeutet) einen Winkel kleiner als 90 Grad zueinander haben. Mit anderen Worten: Sie gelten als gegenüberliegend, wenn sie parallel oder in spitzem Winkel zueinander verlaufen. Ist diesen Fällen ist die jeweilige Regel anzuwenden (Abb. 3.20, oben), andernfalls nicht (Abb. 3.20, unten).

Berühren sich gegenüberliegende Kanten (was nur bei spitzen Winkeln der Fall sein kann), so führt dies bei Breiten- und Abstandsregeln, die ein Mindestmaß fordern, grundsätzlich zu Fehlern. Derartige Fälle sind in Abb. 3.20 durch die in dunklerem Blau hervorgehobenen Shapes gekennzeichnet.

In Fällen, wo sich in spitzem Winkel gegenüberliegende Kanten nicht berühren, gibt es auch eine Besonderheit. Die für eine Layoutanordnung relevanten Breiten- und Abstandsmaße hängen davon ab, ob eine Regel einen Minimalwert oder einen Maximalwert fordert. Letzteres ist in Abb. 3.20 durch gestrichelte Pfeile angedeutet.

Die elementaren Entwurfsregeltypen lassen sich insbesondere zwei Arten von technologischen Randbedingungen zuordnen. Entwurfsregeln, die Mindestwerte für die Shapes *eines Layers* (s. Tab. 3.1, 3. Spalte) vorgeben, sind typischerweise aus dem Auflösungsvermögen des Halbleiterprozesses abgeleitet, d. h. sie beschreiben die kleinsten herstellbaren Strukturgrößen. Entwurfsregeln, die sich auf *zwei Layer* beziehen (s. Tab. 3.1, 3. Spalte), sind meistens aus dem maximal zulässigen Overlayfehler des Halbleiterprozesses abgeleitet, d. h. sie modellieren die bei der Justierung der Fotomasken auftretenden Toleranzen. Wir haben diese Zusammenhänge bereits in Kap. 2 (Abschn. 2.4.4) angesprochen und wollen sie nachfolgend anhand typischer Beispiele vertiefen.

Entwurfsregeln zur Modellierung der kleinsten fertigbaren Strukturgrößen
Wir wollen uns die Wirkung der Entwurfsregeln, die durch die kleinsten herstellbaren Strukturgrößen einer Technologie bestimmt sind (d. h. für *einen* Layer gelten), nun anhand eines Beispiels veranschaulichen.

Abb. 3.21 zeigt ein einfaches Layoutbeispiel für eine Metallebene. Es besteht aus zwei parallelen Leiterbahnen. Links sind zwei Layoutvarianten dargestellt. In bei-

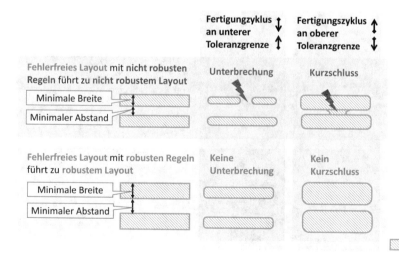

Abb. 3.21 Layoutbeispiel für Entwurfsregeln, die für einen Layer gelten. Die Auswirkungen von Fertigungstoleranzen, die zu kleineren (links) oder größeren (rechts) Leiterbahnbreiten führen können, hängen von der Robustheit der verwendeten Entwurfsregeln ab. Ein robustes Layout (unten) kann trotz der unvermeidlichen Fertigungstoleranzen sicher hergestellt werden

den Layouts sind die Leiterbahnen mit minimaler Breite und minimalem Abstand gemäß den jeweils geltenden Entwurfsregeln erzeugt. Damit sind beide Layouts *fehlerfrei*. In der Variante oben sind die Entwurfsregeln „nicht robust", d. h. die technologischen Randbedingungen sind in den Regeln nicht ausreichend gut modelliert worden. In der unteren Variante sind die Regeln „robust" formuliert, modellieren die technologischen Randbedingungen also so, dass das Layout innerhalb der Fertigungstoleranzen sicher produziert werden kann.

Die Bilder machen die Auswirkung von unvermeidlichen Fertigungstoleranzen für die beiden Fälle deutlich. Wir betrachten die Ergebnisse zweier Fertigungszyklen: im ersten Fall (links) werden die Leiterbahnen schmaler, im zweiten Fall (rechts) breiter als der Sollwert. Bei Verwendung nicht robuster Regeln (obere Variante) besteht das Risiko unterbrochener bzw. kurzgeschlossener Leiterbahnen. Durch Verwendung robuster Entwurfsregeln lassen sich diese Fehlerfälle vermeiden (untere Variante).

Entwurfsregeln zur Modellierung des maximalen Overlay-Fehlers

Betrachten wir nun die Wirkung der Entwurfsregeln, die man aus dem maximalen Overlay-Fehler (Kap. 2, Abschn. 2.4.1) ableitet (und damit für die Strukturen *zweier* Layer gelten) anhand einiger Beispiele.

Die linke Seite der Abb. 3.22 zeigt zwei Layoutvarianten eines einfachen NMOS-FETs (ohne Backgate-Anschluss) als Layoutbeispiel. Auch hier gehen wir davon aus, dass beide Layouts fehlerfrei sind, d. h. sie entsprechen den jeweils geltenden Entwurfsregeln. Die obere Variante zeigt wieder den Fall nicht robuster Entwurfsre-

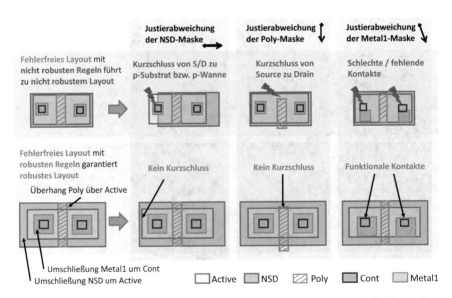

Abb. 3.22 Layoutbeispiel für Entwurfsregeln, die für zwei Layer gelten. Durch die Verwendung robuster Entwurfsregeln (hier „Umschließung" und „Überhang") werden Fertigungsfehler aufgrund unvermeidbarer Overlay-Fehler (Toleranzen bei Justierung der Fotomasken) verhindert

geln, was zu einem hinsichtlich der technologischen Randbedingungen nicht robusten Layout führt. Das untere Layout ist hinsichtlich der für Overlay-Fehler wichtigen Entwurfsregeln „Umschließung" und „Überhang" robust ausgelegt. In den drei Spalten werden die Fertigungsergebnisse für drei unterschiedliche Overlay-Fehler skizziert. Für die obere Variante ergeben sich verschiedene Fehlerfälle, die im Bild erläutert sind. Mit Einhaltung der robusten Regeln lassen sich diese Fehler bei gleichem Overlay vermeiden.

Weitere Ursachen für geometrische Entwurfsregeln

Nicht nur technologische Anforderungen führen zu geometrischen Entwurfsregeln. Es gibt auch elektrische (also anwendungsspezifische) Randbedingungen, die sich in geometrische Entwurfsregeln abbilden lassen. Hierzu zählen spannungsabhängige Abstandsregeln. Diese schreiben Mindestabstände zwischen Strukturen vor, die von den elektrischen Potentialen dieser Strukturen abhängen (Kap. 6, Abschn. 6.2.3).

Die bislang gezeigten Beispiele beziehen sich alle auf Entwurfsregeln, die Mindestwerte vorgeben. Es gibt aber auch Entwurfsregeln, die Maximalwerte fordern, insbesondere bei den Entwurfsregeln für *einen* Layer. Hierzu geben wir nachfolgend zwei Beispiele.

Die in das Siliziumsubstrat eingebettete STI-Struktur führt bei Temperaturwechseln zu mechanischen Verspannungen im umgebenden Siliziumkristall, da sich Oxid bei Erwärmung schwächer ausdehnt als Silizium. Dies verändert die Beweglichkeit (Mobilität) der freien Ladungsträger und damit die Leitfähigkeit der dotierten Gebiete. Um diesen Effekt zu begrenzen, gelten deshalb manchmal Abstandsobergrenzen für die Shapes im Layer „Active". Dadurch wird die Ausdehnung des STI-Oxids, das sich ja in den Zwischenräumen der „Active"-Gebiete befindet, begrenzt. (Innerhalb der aktiven Bereiche, also in den Wannen, gelten wegen desselben Effekts Mindestabstände von FETs zu den Wannenrändern. Man spricht hierbei vom *Well proximity effect*, den wir in Kap. 6, Abschn. 6.6.3, nochmals ansprechen.)

Ein Beispiel für eine geforderte Höchstbreite ist die Begrenzung der Weite von Metallstrukturen zur Vermeidung des Dishing-Effekts bei der Anwendung des CMP-Verfahrens. Das haben wir bereits in Abschn. 3.3.2 (vgl. Abb. 3.16) erläutert. (Das CMP-Verfahren erfordert die Einhaltung weiterer, sogenannter *Density-Regeln*, die Vorgaben für die Flächendichte des abzutragenden Materialmixes machen.)

Schließlich wollen wir noch ein typisches Beispiel für Entwurfsregeln nennen, die keine Höchst- oder Mindestmaße, sondern genaue Maße vorschreiben. In modernen Prozessen finden wir für Kontakte und Vias gewöhnlich Maßvorgaben, die nicht durch eine Ungleichung gegeben sind, sondern eine exakte Weite vorgeben. Der Grund hierfür ist, dass der Strukturierungsprozess für die Zwischenoxide sehr genau auf diese Durchmesser optimiert ist. Benötigt man für einen vertikal (d. h. von einer Schicht zu einer benachbarten Schicht) zu führenden Strom ein größere Querschnittsfläche, dann muss man im Layout die Durchkontakte (unter Einhaltung der geltenden Abstandsregeln) entsprechend vervielfachen. Man spricht dann von *Mehrfachkontakten* und von *Via arrays* [6]. Mit letzterem bezeichnet man die sehr oft eingesetzte matrixförmige Anordnung von Vias.

3.4.3 Programmierte geometrische Entwurfsregeln

Neben Layoutanordnungen, die durch die elementaren Entwurfsregeln hinreichend abgedeckt werden, gibt es in modernen Prozessen auch viele Layoutkonstellationen, deren technologische Randbedingungen eine komplexere Beschreibung erfordern. Hierzu gehören beispielsweise die Entwurfsregeln zur Vermeidung des Antenneneffekts (s. Kap. 5, Abschn. 5.4.5 und Kap. 7, Abschn. 7.4.2). In diesen Fällen nutzt man die in Abschn. 3.2.3 beschriebenen Grafikoperation (Selektierbefehle, logische Verknüpfungen und Sizing), um die betreffende Layoutkonstellation zuerst zu extrahieren. Hierbei können beliebig viele Zwischenergebnisse erzeugt werden, bis man den zu prüfenden geometrischen Sachverhalt in einem abgeleiteten Layer dargestellt hat. Auf dieses Ergebnis lassen sich dann bei Bedarf elementare Entwurfsregeln (Abschn. 3.4.2) anwenden.

Man spricht in diesem Zusammenhang vom „Programmieren" von Entwurfsregeln. Heutige Tools bieten hierfür eine große Fülle an Funktionalitäten. Wir zeigen nachfolgend einige Beispiele für ein derartiges Vorgehen.

Beispiel 1: Vergleichen zweier Layer mit „Compare"
Oft hat man im Layoutentwurf die Situation, dass man den Inhalt zweier Layer vergleichen will. Dies kommt insbesondere dann vor, wenn man an einem fertigen Layout noch nachträgliche Korrekturarbeiten durchführt. Ein typischer Fall ist die Durchführung eines *Redesigns* zur Eliminierung von entdeckten Entwurfsfehlern. Um sicherzustellen, dass bei diesen Layoutüberarbeitungen ausschließlich die beabsichtigten Änderungen durchgeführt wurden, führt man auf die beiden Versionsstände eine XOR-Operation (s. Abb. 3.10) aus. Das Ergebnis dieser Operation zeigt die geometrischen Unterschiede, weshalb man diese Operation auch als *Compare* bezeichnet.

Beispiel 2: Prüfen auf zu große Strukturgrößen
Zu große Strukturbreiten lassen sich prinzipiell natürlich mit den bereits beschriebenen elementaren Breitenregeln prüfen. Für sehr komplexe Polygone, insbesondere solche mit vielen Löchern, kann dies Probleme bereiten. Eine elegante alternative Prüfmöglichkeit lässt sich mit dem in Abb. 3.13 gezeigten Verfahren zur Eliminierung „kleiner" Shapes durch serielles Under- und Oversizing um denselben Wert realisieren.

Nehmen wir an, wir wollen unser Layout auf eine maximal zulässige Strukturgröße „*Maxwert*" prüfen. Dann können wir die Shapes, welche diese Regel verletzen, einfach durch serielles Undersizing und Oversizing um *Maxwert*/2 identifizieren, da alle regelkonformen Shapes durch das initiale Undersizing eliminiert wurden.

Beispiel 3: Prüfen auf korrekte Platzierung von FETs in zugehörige Wannen
Wir betrachten das Layout des Inverters in Abb. 3.8. Für den PMOS-FET (rechts im Bild) muss die Nwell eine Umschließung um die Shapes in Active einhalten, d. h. an allen Seiten um einen Mindestbetrag, den wir *Minwert_p* nennen wollen, überragen. Nur so ist sichergestellt, dass das aktive Gebiet unter Berücksichtigung des Prozess-Overlays komplett in der n-Wanne eingebettet ist. Andererseits muss das aktive Gebiet des NMOS-FET (links im Bild) einen Sicherheitsabstand, den wir

Minwert_n nennen, zur Nwell einhalten, damit auch dieser Transistor komplett im richtigen Backgate (p-Substrat im Falle eines Single-Well-Prozesses oder p-Wanne im Falle eines Twin-Well-Prozesses) liegt. Um beide Anforderungen über Entwurfsregeln sicherstellen zu können, muss man also zunächst die beiden Active-Gebiete hinsichtlich ihrer Zugehörigkeit zu den beiden Transistortypen unterscheiden. In einem Layoutentwurfsfluss, der die Active-Gebiete, wie in Abschn. 3.3.4 (s. Abb. 3.18, unten) dargestellt, erst im Layout-Postprozess durch Ableitung generiert, ist diese Unterscheidung bereits vorhanden (dort mit den Layernamen „P-Active" und „N-Active" bezeichnet). In einem solchen Fall ist zur Unterscheidung also nichts weiter zu tun. Gibt es diese Unterscheidung über unterschiedliche Layer aber nicht, kann man das z. B. über folgende Selektierbefehle (s. Abb. 3.11) erreichen:

(a) P-Active = Active INSIDE Nwell,
(b) N-Active = Active OUTSIDE Nwell.

Die Layer „P-Active" bzw. „N-Active" enthalten nun alle Shapes, die komplett innerhalb bzw. außerhalb Nwell liegen. Damit sind die beiden interessierenden Fälle für diese Shapes nun mit den folgenden elementaren Entwurfsregeln (s. Tab. 3.1) getrennt prüfbar:

(c) ENCLOSURE (P-Active, Nwell, Minwert_p),
(d) SPACING (N-Active, Nwell, *Minwert_n*).

Nicht erfasst werden hierbei die Active-Gebiete, welche weder komplett innerhalb noch komplett außerhalb Nwell liegen. Diese Shapes sind natürlich alle nicht regelkonform. Sie lassen sich z. B. über die Vereinigung von N-Active mit P-Active (mit OR-Operator) und anschließende Differenzbildung mit Active (mit Compare-Operator) oder einfach mit folgendem Selektierbefehl identifizieren:

(e) CUT (Active, Nwell).

Beispiel 4: Prüfen auf fehlende Kontakte in Source- und Drain-Gebieten
Source- und Drain-Gebiete sollten immer mit so viel Kontakten wie möglich elektrisch angeschlossen werden, um im eingeschalteten Zustand einen möglichst gleichmäßig verteilten Stromfluss von Source zu Drain zu erzielen. Bei inhomogener Stromverteilung leidet das Verhalten des FETs. Abb. 3.23 zeigt einen NMOS-FET, bei dem diese Vorgabe nicht eingehalten ist.

Die Prüfung dieser Vorgabe lässt sich beispielsweise mit der in Abb. 3.23 gezeigten Befehlssequenz umsetzen. Der erste Befehl extrahiert die Source- und Drain-Gebiete und schreibt sie in den Layer „X1". Im zweiten Schritt werden hieraus die vorhandenen Kontakte „ausgestanzt" und in Layer „X2" geschrieben. Im dritten und vierten Schritt werden dann eine Undersize und Oversize-Sequenz um einen Wert *clear* durchgeführt. Das Ziel des Undersizings ist es, alle Gebiete, welche für eine regelkonforme Platzierung von Kontakten nicht ausreichen, verschwinden zu lassen. Den Wert *clear* wählt man daher so, dass die Gebiete, in die Kontakte „gerade noch" passen, nicht ganz verschwinden, also ein kleines bisschen weniger als

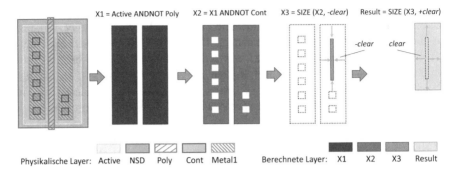

Abb. 3.23 Beispiel zur Programmierung einer Entwurfsregel, bei der mit Hilfe einer Befehlssequenz, die Strukturen in temporären Layern (X1, X2, X3 und Result) erzeugt, die Source/Drain-Bereiche mit fehlenden Kontakten (gelb, rechts) lokalisiert werden. Berechnete Layer wie der „Result"-Layer können als Fehlerlayer in einem DRC dienen, um Entwurfsregelverletzungen zu visualisieren

die Hälfte der für die regelkonforme Platzierung von Kontakten benötigten Weite eines Source- oder Drain-Gebiets. Das Ergebnis des Oversizings wird in den Layer „Result" geschrieben. „Result" zeigt damit alle Gebiete, in denen noch Kontakte zu platzieren sind.

3.4.4   Montageregeln

Damit ein IC in einem elektronischen System verwendet werden kann, muss man dafür sorgen, dass der Chip (i) in dem vorgesehenen Gerät eine mechanische Befestigung erhält und (ii) seine elektrischen Außenanschlüsse mit dem System verbunden werden können.

Diese externen Anschlüsse auf einer Layoutfläche werden oft als *Pads* bezeichnet. Bei Chips sind die Pads nicht nur einfache elektrische Kontaktstellen nach außen. Dahinter verbergen sich typischerweise ganze Funktionsblöcke, welche neben einer metallischen Kontaktfläche auch noch Schaltungen zum Schutz des IC-Inneren gegen schädigende Überspannung durch elektrostatische Entladung (ESD, Kap. 7, Abschn. 7.4.1) enthalten.

Für die Realisierung der technologischen Schnittstelle zwischen einem IC und der nächsthöheren Systemebene stehen heute vielerlei Möglichkeiten offen [7]. Damit diese technisch umsetzbar sind, sind im IC-Layoutentwurf weitere Anforderungen zu berücksichtigen, die als *Montageregeln* bezeichnet werden.

Eine gängige Art der Montage besteht darin, den Chip in ein *Gehäuse* (*Package*) zu verpacken. Abb. 3.24 zeigt ein schematisches Schnittbild eines derart verpackten Chips. Der Die wird hierzu zunächst auf einem metallischen Träger, dem sogenannten *Leadframe* (durch Klebung oder Lötung) befestigt. Anschließend werden seine Pads zu den auf dem Leadframe vorgesehenen Kontaktstellen verbunden. Diese bil-

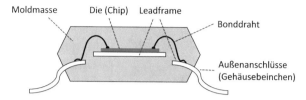

Abb. 3.24 Schematische Querschnittsdarstellung einer Chip-Verpackung

den die späteren Außenanschlüsse des gehäusten Chips (auch *Gehäusebeinchen*) genannt), die sich auf ein Trägersubstrat (z. B. ein PCB) auflöten oder in einen Sockel einstecken lassen. Häufig werden die Verbindungen vom Chip zum Leadframe über sogenannte *Bonddrähte* realisiert. In diesem Fall bezeichnet man die Pads als *Bondpads*.[4]

Diese gesamte Anordnung wird dann mit einem (schwarzen) Kunststoff, der sogenannten *Moldmasse,* umspritzt. Bei diesem Vorgang werden gleichzeitig die Gehäusebeinchen des Leadframes weggestanzt, so dass sie elektrisch voneinander isoliert sind. Die mechanische Festigkeit wird über die erkaltete Moldmasse sichergestellt.

Damit der Chip für diesen Montagevorgang geeignet ist, müssen Montageregeln eingehalten werden. Typische Montageregeln für Serienfertigung sind:

- Die Abmessungen des Die müssen auf das vorgesehene Leadframe passen. Hierzu ist üblicherweise eine Umschließungsregel definiert, die angibt, um wieviel das Leadframe-Rechteck an jeder Seite größer sein muss als der zu montierende Die.
- Der Die darf auch nicht viel kleiner sein als das Leadframe, da die Länge der Bonddrähte einen Höchstwert nicht überschreiten darf. Dies vermindert das Risiko, dass benachbarte Bonddrähte während des Spritzgießens miteinander in Kontakt kommen und dadurch einen Kurzschluss bilden (sogenannte *Bondverwehungen*).
- Für die Bondpads auf dem Chip gelten Breiten- und Abstandsregeln. Die einzuhaltenden Werte hängen von der Bonddrahtdicke und der Bondeinrichtung ab.
- Die Bonddrähte müssen in der Draufsicht überall einen Mindestabstand einhalten.
- Die Winkel der Bonddrähte dürfen nicht beliebig spitz sein, d. h. es gibt eine Mindestgröße für die Winkel der Bonddrähte (blauer Winkel in Abb. 3.25).
- Bondpads dürfen nicht in den Eckbereichen des Dies (in Abb. 3.25 rot markiert) liegen, da hier erhöhte Bruchgefahr beim Bonden besteht.

---

[4] Neben der gehäuseinternen Kontaktierung über Bonddrähte gibt es auch noch andere Alternativen. Verbreitet ist z. B. auch die sogenannte Flip-Chip-Montage, bei der die Kontaktierung mittels Direktlötung sogenannter Bumps erfolgt. Auf diese Techniken gehen wir nicht ein, um die Darstellung einfach zu halten.

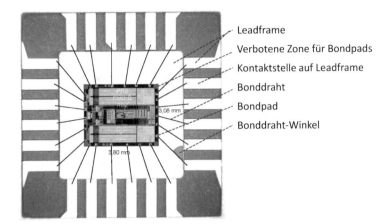

Abb. 3.25 Bonddiagramm eines Chips für ein 24-Pin-Gehäuse mit Bonddrähten von den Bond-pads des Chips zu den Kontaktpunkten am Leadframe. Diese Draufsicht ergänzt die Schnittdarstel-lung in Abb. 3.24

Abb. 3.25 zeigt ein sogenanntes *Bonddiagramm*. Es dient insbesondere zur Darstel-lung der elektrischen Zuordnung der Bondpads zu den Anschlusspunkten des Lead-frames, das man als *Pinning* bezeichnet. Gekennzeichnet sind weitere Details zur Veranschaulichung der Montageregeln.

3.5 Bibliotheken

Wenn wir einen Schaltplan erstellen, verwenden wir Symbole der Bauelemente aus einer Bibliothek und verbinden sie entsprechend der Schaltungsvorgaben. Für die Simulation des Entwurfs ist neben den Eingabestimuli und der Netzliste auch eine Bibliothek mit Bauelementmodellen erforderlich. Für die Generierung des Layouts werden eine Netzliste, eine Technologiedatei und Layoutangaben zu den Bauele-menten benötigt; letztere werden im Falle digitaler Bauelemente wiederum von ei-ner Bibliothek bereitgestellt.

Jeder Entwurfsablauf ist daher mit *Bibliotheken* gekoppelt. Bibliotheken enthal-ten relevante Entwurfsinformationen, wie z. B. Entwurfsregeln und vorgefertigte Layouts für Elemente wie Makros und Standardzellen.

Für jedes dieser Elemente muss die Bibliothek drei Aspekte bereitstellen: (i) ein Symbol, das sein Typ und seine Schnittstellen darstellt, (ii) ein Modell zur Beschrei-bung seines Verhaltens und (iii) ein Layout zur Charakterisierung seines geometri-schen Aufbaus (Abb. 3.26). Dies gilt nicht nur für IC-Zellen, wie das dargestellte NOR-Gatter, sondern auch für diskrete Bauelemente wie Transistoren, Widerstände und Kondensatoren, die auf einer Leiterplatte angeordnet sind und denen ebenfalls eine Symboldarstellung, eine Verhaltensbeschreibung und eine Gehäusegeometrie zugeordnet ist [8].

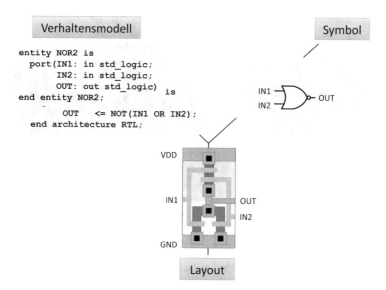

Abb. 3.26 Die drei Aspekte eines Bibliothekselements, z. B. eines NOR-Gatters, entsprechen den Ansichten im Gajski-Kuhn-Y-Diagramm (Kap. 4, Abschn. 4.2.2). Diese Aspekte oder Ansichten sind in verschiedenen Entwurfsphasen notwendig, z. B. beim Schaltungsentwurf die Symbolansicht, bei der Simulation das Verhaltensmodell und beim Layoutentwurf die Layoutdarstellung

Im Folgenden gehen wir auf diese Aspekte oder Ansichten näher ein, indem wir Bibliotheken für den IC-Entwurf (Abschn. 3.5.1 und 3.5.2) und Bibliotheken für den Leiterplattenentwurf (Abschn. 3.5.3) vorstellen.

3.5.1   Process Design Kits und Bauelementbibliotheken

Die Technologie, die für die Herstellung verwendet werden soll, muss (spätestens) beim Layoutentwurf eines ICs bekannt sein. Die verfügbaren Bauelemente, ihre elektrischen Eigenschaften und die Entwurfsregeln hängen von dieser Technologie ab. Daher bietet eine Foundry für jede ihrer Technologien ein *Process design kit* (PDK) an. Die Eigenschaften des Fertigungsprozesses, die für den Entwurf von Interesse sind, werden durch dieses PDK abgebildet. Damit bildet dieses die Grundlage für den Schaltungsentwurf, die Simulation, den Layoutentwurf und die Verifikation in der jeweiligen Technologie (Abb. 3.27). Jedes PDK beinhaltet u. a.:

- Primitive device library: Eine Bauelementbibliothek, die neben den Symbolen und Modellen auch parametrisierte Zellen (PCells) enthält.
- Verification decks: Regeln für die Layoutverifikation, wie z. B. DRC und LVS.
- Technology data: Technologiedaten, wie z. B. Lageneigenschaften und Verdrahtungsregeln.

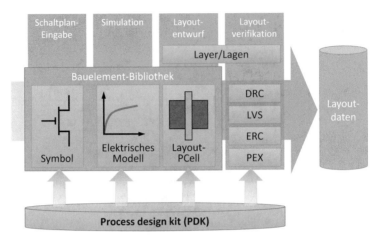

Abb. 3.27 Elemente eines Process design kits (PDK, blau dargestellt) und ihre Beziehung zu den verschiedenen Entwurfsschritten. Das PDK enthält unter anderem eine Bauelementbibliothek mit Basisbauelementen wie Transistoren, Widerständen und Kondensatoren

Foundries bieten proprietäre PDKs an, die verschiedene kommerzielle Design-, Simulations- und Verifikationswerkzeuge unterstützen.

Die von einer Technologie abbildbaren grundlegenden Bauelemente (*Primitive devices*) werden in der *Bauelementbibliothek* des PDK gespeichert. Diese Bibliothek enthält verschiedene Transistoren (MOSFETs, Bipolartransistoren), Widerstände, Kondensatoren, Dioden und E/A-Zellen, die in der Technologie verwendet werden können. Für den Schaltplan- bzw. Schaltungsentwurf enthält jedes dieser Bauelemente ein *Symbol* und eine Liste von Parametern, wie z. B. die Breite und Länge eines Transistors.

Die Funktion der Schaltung kann mit Hilfe von *Simulationsmodellen*, die ebenfalls im PDK enthalten sind, verifiziert werden. Neben der DC-Arbeitspunktanalyse, der AC-Analyse und der transienten Simulation im Zeitbereich unterstützen SPICE-Bauelementmodelle typischerweise auch Best-/worst-case-corner-Simulationen und Monte-Carlo-Simulationen. Mit letzteren können auch Prozessparametervariationen und die statistischen Abweichungen zwischen identischen Bauelementparametern simuliert werden. Aus den Ergebnissen von Monte-Carlo-Simulationen lassen sich Schätzungen der Fertigungsausbeute ableiten.

Für den Layoutentwurf enthält das PDK für jedes Bauelement einen Bauelementgenerator, meistens als *PCell* bezeichnet (engl. für *Parameterized cell*, *parametrisierte Zelle*). Dies sind Prozeduren, die die gewünschten elektrischen und geometrischen Eigenschaften der Bauelemente als Eingangsparameter übernehmen und hieraus automatisch eine korrekte Layoutzelle für eine bestimmte Halbleitertechnologie generieren. Eine Transistor-PCell erzeugt z. B. ein Transistorlayout unter Verwendung der Breite, Länge und anderer Parameter, die während des Schaltungs- und Layoutentwurfs für diesen Transistor definiert wurden (Kap. 6, Abschn. 6.4).

Zusammenfassend kommen damit die im PDK aufgeführten Symbole in Schaltplänen, die Modelle in der Simulation und die PCell-Generatoren beim Layoutentwurf zum Einsatz – was auch gleichzeitig unsere bereits behandelten drei Aspekte eines Bibliothekselements abdeckt (s. Abb. 3.26).

Bei der Generierung der Bauelemente sowie deren Platzierung und Verdrahtung sind dann noch die Technologielagen zu berücksichtigen. Dazu werden vom PDK für jede Lage eine Reihe von Attributen spezifiziert: der Lagenname und seine grafische Darstellung im Layout-Editor, technologische Eigenschaften wie der Flächenwiderstand (Kap. 6, Abschn. 6.1) und Schicht-/Leitungskapazitäten sowie Verdrahtungsregeln, wie Vorzugsrichtung und Pitch (Mittenabstand). Oft sind auch Layouts für verschiedene Via-Konfigurationen zur Verbindung benachbarter Metalllagen im PDK enthalten.

Wie bereits erwähnt, stellt die Layoutverifikation die Herstellbarkeit eines integrierten (Teil-)Schaltkreises sicher und deckt Entwurfsfehler auf. Daher enthält jedes PDK in sogenannten „Verification decks" Regeln für verschiedene Verifikationsschritte und -werkzeuge, wie z. B. den Design Rule Check (DRC). Das PDK beinhaltet auch die Regeln für die Layout-versus-schematic-Prüfung (LVS), bei dem man eine Netzliste aus dem Layout extrahiert und diese mit der originalen Netzliste des Schaltplans vergleicht.

Die extrahierte Netzliste kann auch zusammen mit dem Layout für eine parasitäre Extraktion (PEX) verwendet werden. Die PEX liefert eine ähnliche Netzliste wie die für LVS generierte; zusätzlich enthält die PEX-generierte Netzliste parasitäre Widerstände, Kapazitäten und Induktivitäten (d. h. parasitäre Bauelemente), die in den Verdrahtungsebenen und zwischen diesen Lagen und dem Siliziumsubstrat auftreten. Diese „parasitär erweiterte" Netzliste wird dann simuliert, um zu prüfen, ob die Schaltung trotz dieser parasitären Bauelemente ordnungsgemäß funktioniert. Dabei nutzt die parasitäre Extraktion u. a. die im PDK enthaltene detaillierte Beschreibung der vertikalen Lagenstruktur.

Ein PDK kann auch Regeln für andere Verifikationsschritte einschließen, z. B. den *Antenna rule check* und den *Electrical rule check* (*ERC*). Diese und die vorgenannten Verifikationsschritte behandeln wir in Kap. 5 (Abschn. 5.4) ausführlich.

3.5.2 Zellbibliotheken

Standardzellen-Bibliotheken

Der Entwurf digitaler (Teil-)Schaltungen erfordert eine Standardzellen-Bibliothek. Eine *Standardzelle* führt eine logische Funktion auf niedriger Ebene aus; sie ist aus mehreren Transistoren aufgebaut, die durch Leiterzüge miteinander verbunden sind. Alle Standardzellen haben eine variable Breite, aber eine vorab definierte Höhe (Kap. 4, Abschn. 4.3.1); die Zellhöhen sind also auf eine oder wenige „Standard"-Größen beschränkt, daher der Name. Einige relevante Beispiele für Standardzellen sind kombinatorische Elemente wie NAND- oder NOR-Gatter und Speicherelemente wie Flip-Flops und Latches[5] (Abb. 3.28).

---

[5] Flipflops und Latches sind Schaltungselemente mit einer Speicherfunktion. Diese Speicherfunktion wird in den meisten digitalen Systemen benötigt, da die Ausgabe oft nicht nur von den aktuellen Eingaben abhängt (wie in kombinatorischen Netzwerken), sondern auch von den vorherigen Eingaben und Ausgaben, die den *Zustand* eines Systems bestimmen.

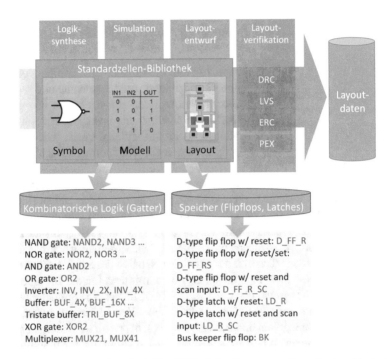

Abb. 3.28 Elemente einer Standardzellen-Bibliothek, die aus grundlegenden kombinatorischen Gattern und Speicherelementen in Form von Flipflops und Latches besteht

Jeder Standardzelle in der Bibliothek wird ein Symbol, ein Modell und ein Layout zugewiesen, ähnlich wie bei den bereits diskutierten grundlegenden Bauelementen (Abschn. 3.5.1). Die Modelle liegen jedoch typischerweise als VHDL- oder Verilog-Code vor und sind mit zusätzlichen Timing-Informationen für die digitale Simulation versehen. Bauelement- bzw. Layoutgeneratoren werden nicht verwendet, da jede Standardzelle bereits ein optimiertes und damit festes Layout hat.

Standardzellen-Bibliotheken sind mit einem bestimmten IC-Fertigungsprozess gekoppelt und daher oft vom Hersteller, d. h. der Fab, erhältlich. Da die Fabs ihr geistiges Eigentum (IP) streng schützen, halten diese stellenweise detaillierte Informationen über die interne Layoutstruktur der Standardzellen geheim. In diesem Fall stehen dem Bibliotheksnutzer nur die externen Schnittstellen- und Forminformationen zur Verfügung; die versteckten internen Strukturen werden erst bei der Maskenerstellung in der Fab eingefügt [8].

Padzellen-Bibliotheken

Padzellen dienen der Verbindung eines IC-Kerns mit der Umgebung, d. h. mit der nächsthöheren Ebene in einer Hierarchie. Ihre Aufgaben sind: (i) Pufferung von Eingangssignalen, (ii) Ansteuerung externer Lasten und Anpassung an externe Logikpegel, (iii) Bereitstellung der Versorgungsspannungen (VDD und GND) und (iv) Schutz des IC-Inneren gegen elektrostatische Entladung (ESD), Verpolung und andere Störungen.

Um die zuletzt genannte Schutzfunktion sicherzustellen, enthalten Padzellen oftmals umfangreiche Schutzstrukturen. Diese bestehen aus integrierten Dioden, die mit den Pad-Versorgungsringen (Pad supply rings) verbunden sind und die interne IC-Struktur vor äußeren ESD-Impulsen u. a. Fehlspannungen schützen (Kap. 7, Abschn. 7.4.1).

Makrozellen-Bibliotheken

Makrozellen-Bibliotheken enthalten *Makrozellen*, oft einfach als *Makros* bezeichnet, die vorgefertigte Kombinationen von Basiszellen sind, um erweiterte Funktionen auszuführen. Sie können unterschieden werden in (i) *feste Makrozellen* (*Hard macros*), die eine vorgegebene Form haben und daher bereits vollständig platziert und verdrahtet sind, und (ii) *flexible Makros* (*Soft macros*), die variable Formen haben, da ihre interne Platzierung und Verdrahtung noch nicht festgelegt sind.

3.5.3   Bibliotheken für den Leiterplattenentwurf

Auch beim Entwurf von Leiterplatten kommen Bibliotheken zum Einsatz. Derartige PCB-Bibliotheken umfassen *Symbol-Bibliotheken*, die Schaltplansymbole enthalten, *Footprint-Bibliotheken*, die Anschlussangaben der Bauelemente enthalten, und *Modell-Bibliotheken* mit Modellen für die Simulationsprogramme. Während diese drei Aspekte eines Bibliothekselements beim IC-Entwurf in einer einzigen Bibliothek zusammengefasst sind, werden sie beim Leiterplattenentwurf oftmals in separaten (Technologie-)Bibliotheken gespeichert.

Die Bibliotheken lassen sich in der Regel mit einem Bibliotheksverwaltungssystem durchsuchen. Auch beim Leiterplattenentwurf werden Kopien der benötigten Elemente im Schaltplan oder Layout platziert. Wie beim IC-Design wird dieser Vorgang als *Instanziierung* bezeichnet.

Innerhalb einer PCB-Bibliothek können sich verschiedene Bibliothekselemente gegenseitig referenzieren. PCB-Bibliotheken sind oft an bestimmte Werkzeuge und Werkzeuganbieter gebunden; daher sind Symbol-, Footprint- und Modell-Bibliotheken für den Leiterplattenentwurf oft nicht zwischen verschiedenen Entwurfswerkzeugen austauschbar. Diese Bibliotheken werden, je nach Tool-Anbieter, entweder im ASCII- oder im Binärformat gespeichert.

Symbol-Bibliotheken

Symbol-Bibliotheken enthalten die für die Erstellung des Schaltplans benötigten Symbole (Abb. 3.29). Sie können im Bibliotheksverwaltungssystem gesucht, angezeigt, ausgewählt und instanziiert werden. Das Symbol in einer Symbol-Bibliothek verweist in der Regel auf einen oder mehrere geeignete Footprints für das zugehörige physische Bauelement. Andere Informationen, wie der Hersteller, der Lieferant oder der Link zu elektrischen Modellen, sind in den meisten Fällen ebenfalls vorhanden.

Wenn die verwendeten Bibliotheken ein benötigtes Symbol nicht enthalten, ist es in der Regel möglich, ein neues Symbol mit einem Symboleditor zu erstellen und

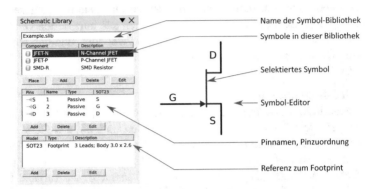

Abb. 3.29 Beispiel einer Symbol-Bibliothek für einen FET mit n-Kanal-Sperrschicht

in der Symbol-Bibliothek zu speichern. Das neue Symbol sollte alle für den Entwurfsprozess notwendigen Informationen enthalten, wie z. B. die Verknüpfung mit dem Footprint, die Pinbelegung und ggf. die Verknüpfung mit dem elektrischen Modell.

Footprint-Bibliotheken

Der Begriff „Footprint" wird häufig verwendet, um die Anordnung von Pads oder Durchgangslöchern zu beschreiben, die zum elektrischen Verbinden und zur Befestigung eines Bauelements auf einer Leiterplatte dienen. Im Zusammenhang mit Bibliotheken wird der Begriff weiter gefasst und umfasst alle physischen Informationen eines Bauelements, die für den Leiterplattenentwurf benötigt werden. Neben der geometrischen Beschreibung der einzelnen Lagen (wie Verdrahtungs-, Lötstopp-, Lötpasten- und Siebdruckebenen, aber auch Bohrungen, Ausschnitte usw.) kann der Footprint eines Bauelements auch dreidimensionale (3D) physische Bauelement-Modelle umfassen.

Footprints werden in Footprint-Bibliotheken verwaltet, von denen ein Beispiel in Abb. 3.30 dargestellt ist.

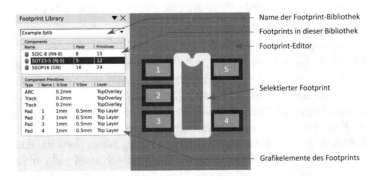

Abb. 3.30 Beispiel für eine Footprint-Bibliothek für ein 5-poliges SMD-Gehäuse

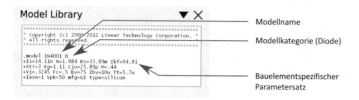

Abb. 3.31 Beispiel einer Modell-Bibliothek für eine Diode mit Parametern

Jedes Symbol eines Bauelements auf dem Schaltplan verweist auf einen (oder mehrere) zugehörige(n) Footprint(s) in der Footprint-Bibliothek. Diese Beziehung wird beim Übergang vom Schaltplan zum PCB-Layoutentwurf genutzt, um die zugehörigen Footprints aus der Footprint-Bibliothek abzuleiten, die dann auf der Leiterplatte platziert werden.

Neue Footprints lassen sich mit dem Footprint-Editor entwerfen und in einer Bibliothek speichern. Dabei ist darauf zu achten, dass der Footprint für die jeweilige Fertigungstechnologie geeignet ist.

Modell-Bibliotheken

Elektrische Modelle für Simulationsprogramme wie *PSpice™*, *LTSpice™* oder *SI-Metrix™* werden in Modell-Bibliotheken zusammengestellt und gespeichert. Sie enthalten die parametrische Beschreibung des elektrischen Verhaltens der Bauelemente (Abb. 3.31).

Das Modell repräsentiert das elektrische Verhalten von Grundelementen wie Widerstände, Kondensatoren und Induktivitäten. Modelle von Halbleiterdioden und -transistoren werden durch eine Reihe von charakteristischen Parametern an das jeweilige Bauelement angepasst. Komplexere Bauelemente lassen sich durch die Verbindung mehrerer Grundelemente modellieren.

Um ihr geistiges Eigentum zu schützen, sind die Modelle einiger Anbieter nur verschlüsselt verfügbar, was einen Einblick in das Innenleben der Simulationsmodelle ausschließt.

Literatur

1. F. N. Najm, *Circuit Simulation* (Wiley, Hoboken, 2010). ISBN 978-0-470-53871-5
2. J. M. Rabaey, A. Chandrakasan, B. Nicolic, *Digital Integrated Circuits – A Design Perspective* (Pearson Education India, Noida, 2017). ISBN 978-933-257392-5
3. S. M. Rubin, *Computer Aids for VLSI Design – Appendix D: Electronic Design Interchange Format* (Addison-Wesley Publishing Company, Boston, 1987). ISBN 0-201-05824-3. https://www.rulabinsky.com/cavd/index.html
4. K. Kundert, *The Designer's Guide to Spice and Spectre* (Springer, New York, 1995). ISBN 978-0-792-39571-3. https://doi.org/10.1007/b101824
5. A. K-K. Wong, *Resolution Enhancement Techniques in Optical Lithography* (SPIE Digital Library, 2001). PDF ISBN 978-081947881-8, Print ISBN 978-081943995-6. https://doi.org/10.1117/3.401208

6. J. Lienig, M. Thiele, *Fundamentals of Electromigration-Aware Integrated Circuit Design* (Springer, Cham, 2018). ISBN 978-3-319-73557-3. https://doi.org/10.1007/978-3-319-73558-0
7. J. Lienig, H. Brümmer, *Elektronische Gerätetechnik* (Springer, Berlin, 2014). ISBN 978-3-642-40961-5. https://doi.org/10.1007/978-3-642-40962-2
8. D. Jansen et al., *The Electronic Design Automation Handbook* (Springer, New York, 2003). ISBN 978-1-402-07502-5. https://doi.org/10.1007/978-0-387-73543-6

Kapitel 4
Layoutentwurf im Überblick: Modelle, Stile, Aufgaben und Abläufe

In Kap. 2 haben wir uns mit technologischen Grundlagen befasst und Kap. 3 führte aus, wie diese Technologien mit dem Entwurf des Layouts zusammenhängen. In diesem Kapitel geben wir nun einen umfassenden Überblick über den Layoutentwurf. Hierzu zeigen wir gebräuchliche Abläufe, wie das Layout einer elektronischen Schaltung erstellt wird. Im nachfolgenden Kap. 5 gehen wir dann auf die einzelnen Schritte hierzu im Detail ein.

Wir beginnen das Kapitel mit einer Einführung in den Entwurfsablauf (Abschn. 4.1), in Entwurfsmodelle (Abschn. 4.2) und in Entwurfsstile (Abschn. 4.3). Anschließend untersuchen wir verschiedene Entwurfsaufgaben und zugehörige Werkzeuge (Abschn. 4.4), bevor wir Optimierungsziele und Randbedingungen diskutieren (Abschn. 4.5). Bis zu diesem Punkt hat sich unsere Abhandlung hauptsächlich auf den digitalen Entwurfsablauf konzentriert. Abschn. 4.6 erläutert die Merkmale und Unterschiede zwischen analogen, digitalen und Mixed-Signal-Entwurfsabläufen. Ausblickend werden in Abschn. 4.7 zwei unterschiedliche, aber komplementäre Visionen für die Automatisierung des Analogentwurfs vorgestellt, um zukünftig die Lücke zwischen Analog- und Digitalentwurf zu verringern.

4.1 Entwurfsablauf

Wir können den Entwicklungsprozess einer elektronischen Schaltung – oder jedes anderen Industrieprodukts – in verschiedene Schritte unterteilen (Abb. 4.1). Jeder Schritt in diesem sequenziellen Prozess konzentriert sich auf einen bestimmten Aspekt der Schaltungsauslegung, wobei der Ausgang eines Schrittes die Eingangsdaten des folgenden Schrittes liefert.

Die Entwurfsphase dieses Prozesses erstellt (nacheinander) eine Reihe von Dokumenten, in der Regel elektronische Dateien. Jedes neue Zwischenergebnis eines Schritts entlang des Entwurfsprozesses ist eine Konkretisierung der Eingangs-

Abb. 4.1 Die wichtigsten
Schritte im
Entwicklungsprozess eines
Produktes

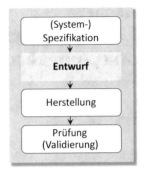

spezifikation. Am Ende liegt eine Beschreibung vor, die sicherstellt, dass die Schaltung in der Fertigungsphase herstellbar ist *und* dabei alle Anforderungen der Spezifikation erfüllt.

Beim Entwurf elektronischer Schaltungen müssen Millionen oder sogar Milliarden von Elementen effektiv verwaltet werden. Eine Aufgabe von solcher Komplexität erfordert einen sehr systematischen Ansatz. Obwohl ein vollautomatischer, fehlerfreier Entwurfsablauf nach wie vor unerreichbar ist, haben sich bestimmte Entwurfsstrategien in der Praxis als nützlich erwiesen, um die Entwurfsphase in Abb. 4.1 umzusetzen:

- Aufteilung des Entwurfsprozesses in einzelne Entwurfsschritte, und
- Einbinden eines Prüfschritts (Verifikation) nach jedem Entwurfsschritt.

Somit ist es sinnvoll, den Entwurfsprozess als eine kontinuierliche Abfolge von Entwurfs- und Verifikationsschritten zu betrachten, wie in Abb. 4.2 verdeutlicht.

Die Notwendigkeit, den Entwurfsprozess in mehrere Entwurfsschritte aufzuteilen, ergab sich erstmals mit dem Aufkommen komplexer integrierter Schaltungen, was mit der Entwicklung digitaler Systeme gemäß dem Mooreschen Gesetz zusammenfiel (Kap. 1, Abb. 1.11). Abb. 4.3 veranschaulicht dieses schrittweise Vorgehen anhand eines Entwurfsablaufs für einen modernen integrierten Schaltkreis

Abb. 4.2 Der allgemeine
Entwurfsablauf, dargestellt
als eine (in Schleifen
verlaufende) Abfolge von
Entwurfs- und
Prüfschritten
(Verifikationen)

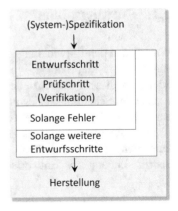

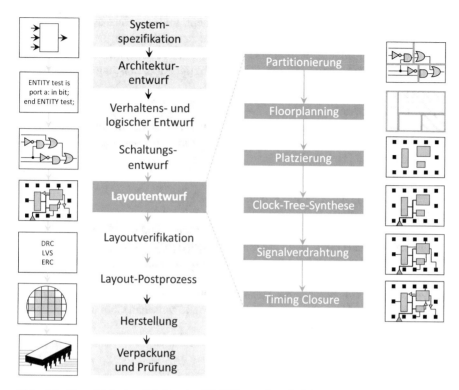

Abb. 4.3 Die wichtigsten Schritte des VLSI-Entwurfs, mit Schwerpunkt auf dem Layoutentwurf [1]

(VLSI-Schaltung).[1] Wie weiter unten gezeigt wird, sind die Schritte am Anfang dieses Flusses abstrakter als die Schritte gegen Ende. Am Ende des Prozesses sind detaillierte Informationen über die geometrische Anordnung und die elektrischen Eigenschaften der einzelnen Schaltungselemente bekannt. Abb. 4.3 stellt auch die einzelnen Schritte innerhalb des Layoutentwurfs dar (rechts).

Die verschiedenen Schritte des Entwurfsablaufs in Abb. 4.3 werden im Folgenden ausführlich erläutert. Während sich unsere nachfolgende Beschreibung in erster Linie auf den (digitalen) VLSI-Entwurfsablauf konzentriert, lassen sich diese Schritte in ähnlicher Weise auf jede elektronische Schaltung, wie z. B. eine analoge Schaltung oder eine Leiterplatte, anwenden.

Systemspezifikation

An der Definition der übergreifenden Ziele und allgemeinen (high-level) Anforderungen an ein zu entwerfendes elektronisches System sind neben den technischen Experten, wie Chiparchitekten und Schaltungsdesigner, auch weitere Akteure

---

[1] Wir verwenden den Begriff „VLSI-Schaltung", um rein *digitale* ICs zu bezeichnen, welche die höchste Schaltungskomplexität besitzen.

beteiligt, wie das Marketing und das Management. Im Falle eines anwendungsspezifischen integrierten Schaltkreises (ASIC), der in der Regel auf Bestellung gefertigt wird, ist der Kunde zusätzlich in diesen ersten Entwurfsschritt eingebunden. Die Ziele und Anforderungen beziehen sich auf Funktionalität, Leistung, Abmessungen und Fertigungstechnologie [1].

Architekturentwurf
Zuerst muss eine Basisarchitektur entworfen werden, die der im vorangegangenen Schritt erfassten Systemspezifikation entspricht. Einige der dabei zu treffenden Entscheidungen sind [1]:

* Partitionierung in Hardware und Software,
* Integration von Analog- und Mixed-Signal-Blöcken,
* Speicherverwaltung (seriell oder parallel) und das Adressierungsschema,
* Anzahl und Art der Rechenkerne, z. B. Prozessoren und digitale Signalverarbeitungseinheiten (DSP), sowie spezifische DSP-Algorithmen,
* Interne und externe Kommunikation, Unterstützung von Standardprotokollen usw.,
* Verwendung von Blöcken mit geistigem Eigentum (IP),
* Pinanschlüsse, Verpackung und die Schnittstelle zwischen Chip und Gehäuse,
* Strombedarf,
* Wahl der Prozesstechnologie und der Lagenanordnung.

Verhaltens- und logischer Entwurf
Sobald die Architektur des gesamten Systems festgelegt ist, sind die Funktionalität und die Verbindungsstruktur für jedes Modul (z. B. eines Prozessorkerns) zu bestimmen. Während dieses Verhaltensentwurfs (auch als funktionaler Entwurf bezeichnet) wird nur das Verhalten auf hoher Ebene (Eingang, Ausgang, Zeitverhalten) für jedes Modul festgelegt.

Der Logikentwurf erfolgt auf der *Register-Transfer-Ebene* (*RTL*) unter Verwendung einer *Hardware-Beschreibungssprache* (*HDL*) mit Hilfe von Softwareprogrammen, die das Funktions- und Zeitverhalten eines Chips oder von Modulen innerhalb eines Chips definieren. Zwei gängige HDLs sind *VHDL* (Very High-Speed Integrated Circuit HDL, entwickelt vom US-Verteidigungsministerium, ca. 1983) und *Verilog* (zusammengesetzt aus den Wörtern „verification" und „logic", entwickelt von Gateway Design Automation, ca. 1985). HDL-Module sind vom Entwerfer erstellte Softwareprogramme, die sich insbesondere zur Simulation des Chipverhaltens eignen. Sie implementieren die Funktionalität bzw. das Verhalten (Eingabe, Ausgabe und Zeitverhalten) der Hardware, welches sie als Software abbilden. HDL-Module sind gründlich zu simulieren und auf ihre Korrektheit hin zu überprüfen, bevor sie für die nachfolgende Logiksynthese verwendet werden.

Logiksynthese-Werkzeuge automatisieren den Prozess der Umwandlung von HDL in Low-Level-Schaltungselemente. Ein HDL-Synthesewerkzeug konvertiert die programmiersprachenähnlichen HDL-Anweisungen in eine entsprechende Darstellung von Logikgattern und Low-Level-Schaltungselementen (Zellen) und damit in eine *Netzliste*. Dabei nutzt ein Logiksynthese-Werkzeug als Eingabe eine Verilog-

oder VHDL-Beschreibung sowie eine Technologiebibliothek und überführt die darin beschriebene Funktionalität zu einer Liste von Signalnetzen und zu konkreten Bauelementen, wie Standardzellen und Transistoren. In diesem Fall kann der nächste Schritt „Schaltungsentwurf" entfallen, da eine so erstellte Netzliste bereits den Layoutentwurf ermöglicht.

Schaltungsentwurf

Beim *Schaltungsentwurf* (auch als *Schaltplan-Entwurf* bezeichnet) wird der Schaltplan analoger Schaltungen auf Ebene der Bauelemente erstellt; auch entwirft man in diesem Schritt statische RAM-Blöcke, Eingangs- und Ausgangszellen, Hochgeschwindigkeitsfunktionen (Multiplizierer) und Schutzschaltungen gegen elektrostatische Entladung (ESD). Zusätzlich zu den analogen Bauelementen sind oft auch digitale Schaltungselemente auf Transistorebene zu entwerfen. Die Korrektheit des Entwurfs auf Schaltungsebene lässt sich u. a. durch Werkzeuge zur Schaltungssimulation, wie SPICE, überprüfen.

Layoutentwurf

Der Layoutentwurf überführt die Funktionsbeschreibung der Schaltung in ihre Fertigungsbeschreibung. Damit wird die Netzliste (bestehend aus Entwurfskomponenten auf Logik- und Schaltungsebene wie Makros, Gatter, Bauelemente usw.) in eine geometrische Darstellung und Anordnung übertragen. Alle Makros, Gatter, Bauelemente usw. werden hierbei geometrisch und lagenspezifisch definiert, d. h. man weist ihnen räumliche Positionen auf dem Verdrahtungsträger zu (*Platzierung*) und es werden ihre Verbindungen untereinander (*Verdrahtung*) in bestimmten Lagen (Layer) festgelegt. Das Ergebnis des Layoutentwurfs ist eine Menge von Fertigungsspezifikationen, die anschließend zu verifizieren sind.

Der Layoutentwurf basiert auf Regeln; diese spiegeln die physikalischen Grenzen des Herstellungsmediums wider. So ergeben sich beispielsweise die Mindestabstände zwischen den Verbindungen und ihre jeweiligen Mindestbreiten aus den Grenzwerten der angestrebten Fertigungstechnologie. Das wiederum heißt, dass das Layout für jede neue Fertigungstechnologie neu erstellt werden muss, damit es den Entwurfsregeln der neuen Technologie entspricht.

Damit sollte klar sein, dass der Layoutentwurf einer der wichtigsten Entwurfsschritte ist, da seine Qualität sich direkt auf die Leistung, die Zuverlässigkeit, den Stromverbrauch und die Produktionsausbeute der Schaltung auswirkt.

Aufgrund seiner hohen Komplexität wird der Layoutentwurf digitaler ICs in die folgenden einzelnen Schritte unterteilt (s. Abb. 4.3) [1]. (Diese Schritte beschreiben wir in Kap. 5 ausführlich.)

- Bei der *Partitionierung* unterteilt man eine Schaltung in kleinere Teilschaltungen oder Module, die sich jeweils einzeln (parallel) entwerfen und prüfen lassen.
- Beim *Floorplanning* werden die Anordnungen und Abmessungen dieser Teilschaltungen (Module) sowie die Positionen ihrer externen Anschlüsse festgelegt. Auch definiert man in diesem Schritt die Lage globaler Netze, wozu insbeson-

dere die Stromversorgungs- und Massenetze (VDD/PWR und VSS/GND) gehören. Die nach der Partitionierung noch flexiblen Teilschaltungen werden also in konkret dimensionierte Schaltungsblöcke überführt.

- Die *Platzierung* bestimmt die räumliche Lage und Ausrichtung aller Zellen innerhalb jedes Schaltungsblocks.
- Die *Clock-Tree-Synthese (Taktbaumsynthese)* bestimmt die Pufferung, das Gating (z. B. für die Energieverwaltung) und die Verdrahtung des Taktsignals, um das vorgeschriebene Zeitverhalten zu erfüllen.
- Die *Signalverdrahtung* besteht aus

  – *Globalverdrahtung*; diese weist den Netzen für deren Verlauf globale Routing-Zellen (GCells) zu; die Netze werden also auf die Layoutfläche entsprechend der vorhandenen Kapazitäten aufgeteilt.
  – *Detaillierte Verdrahtung (Feinverdrahtung)*; hier werden den Netzen konkrete Metallebenen und Verdrahtungsspuren innerhalb der globalen Routing-Zellen zugewiesen, die Netze somit final verlegt.

- Das *Timing Closure* optimiert das mit den Layoutangaben nun besser bestimmbare Schaltungsverhalten durch spezielle Platzierungs- und Verdrahtungsmodifikationen. Parasitäre Widerstände (R), Kapazitäten (C) und Induktivitäten (L) werden aus dem fertigen Layout extrahiert und an Timing-Analyse-Tools weitergeleitet, um das Funktionsverhalten des Chips zu überprüfen. Bei fehlerhaftem Verhalten oder eine unzureichende Toleranz (*Guardband*) gegen mögliche Fertigungs- und Umgebungsschwankungen erfolgt eine schrittweise Modifikation des Designs.

Wie später im Detail beschrieben (Abschn. 4.6, 4.7 und Kap. 6), wird beim Layoutentwurf für analoge Schaltungen ein anderer Ansatz verfolgt. Hier erstellt man geometrische Darstellungen von analogen Schaltungselementen oft mit Hilfe von *Bauelementgeneratoren*, anstatt vorgefertigte Zellen aus einer Bibliothek auszuwählen, wie es beim digitalen Layoutentwurf der Fall ist. Unter Nutzung der angestrebten elektrische Parameter von Schaltungselementen, wie z. B. elektrischen Widerständen, erzeugen Generatoren deren entsprechende geometrische Darstellung, z. B. ein Widerstandslayout mit automatisch berechneter Länge und Breite. Zusätzliche Anforderungen, wie das *Matching* der Bauelemente für ein symmetrisches Verhalten (Abschn. 6.5, 6.6 in Kap. 6), sind bei der Platzierung zu berücksichtigen. Auch ist die Breite der Verbindungen bei der Verdrahtung anzupassen, um eine ausreichende Querschnittsfläche für die Ströme bereitzustellen.

Layoutverifikation

Nach dem Entwurf des Layouts ist dieses vollständig zu verifizieren, um die korrekte elektrische und logische Funktionalität zu gewährleisten. Einige Probleme, die während der Layoutverifikation festgestellt werden, sind tolerierbar, sofern ihre

Auswirkungen auf die Chipausbeute vernachlässigbar sind. In anderen Fällen ist das Layout zu ändern; jedoch sollten diese Änderungen minimal sein und dürfen keine neuen Probleme verursachen. Daher wird ein Layout in dieser Phase in der Regel manuell von erfahrenen Entwicklungsingenieuren geändert. Den wichtigsten Methoden zur Layoutverifikation widmen wir uns in Kap. 5 (Abschn. 5.4) ausführlich; nachfolgend werden sie zusammengefasst vorgestellt:

- Die *Entwurfsregelprüfung* (*Design Rule Check*, *DRC*) prüft, ob das Layout allen technologiebedingten Festlegungen genügt. Diese Entwurfsregeln umfassen die folgenden Kategorien:

  - *Geometrische Entwurfsregeln*, die Mindest- oder Maximalwerte für Breiten sowie Abstands-, Überhang-, Überlappungs- und Umschließungsregeln vorschreiben. Diese Regeln stellen sicher, dass die Layoutstrukturen entsprechend der Prozessgenauigkeit korrekt auf dem Silizium erzeugt werden können.
  - *Schichtdichteregeln*, die gewährleisten, dass das chemisch-mechanische Polieren (CMP) die gewünschte Ebenheit erzeugt.
  - Überprüfung der *Antennenregel*, um den *Antenneneffekt* zu verhindern, der das dünne Transistor-Gate-Oxid während des Plasmaätzens durch die Ansammlung überschüssiger Ladung auf Metall- und Polysiliziumverbindungen beschädigen kann.

- Bei der *Layout-versus-schematic-Prüfung* (*LVS*) wird die Übereinstimmung des Layouts mit der Eingabenetzliste überprüft. Aus dem fertigen Layout wird eine Netzliste erzeugt und mit der ursprünglichen Netzliste aus der Logiksynthese oder dem Schaltungsentwurf verglichen.
- Die *Parasitenextraktion* (*PEX*) leitet aus den geometrischen Darstellungen der Layoutelemente deren elektrische Parameter ab, die dann in Verbindung mit der Netzliste zur Überprüfung der elektrischen Eigenschaften der Schaltung verwendet werden.
- Die *elektrische Regelprüfung* (*ERC*) deckt zusätzliche elektrische Anforderungen ab, um die Funktionalität des Entwurfs sicherzustellen. ERC prüft beispielsweise die Korrektheit der Stromversorgungs- und Masseverbindungen und auf „schwebende" Netze oder Pins sowie offene und kurzgeschlossene Netze.

Layout-Postprozess

Die finalen DRC-/LVS-/PEX-/ERC-geprüften-Layoutdaten sind abschließend einer Nachbearbeitung in einem *Layout-Postprozess* (engl. *Layout post processing*) zu unterziehen. Bei diesem Schritt implementiert man Änderungen und Ergänzungen an den Layoutdaten, um diese dann in Maskendaten umzuwandeln, mit denen die Geräte zum „Schreiben" der Fotomasken angesteuert werden. Diese Nachbearbeitung umfasst drei Schritte: (1) Chip finishing (Endbearbeitung des Chips), (2) Retikel-Layout (Chiplayout, evtl. mehrfach, auf Retikel anordnen) und (3) Layout-to-Mask-Preparation (Umwandlung des Retikel-Layouts in Maskendaten). Die genannten Schritte behandeln wir alle in Kap. 3 (Abschn. 3.3) ausführlich.

Herstellung

Die Maskendaten eines IC werden für die Fertigung in einem *Halbleiterwerk* (engl. *Fab*, kurz für *Semiconductor fabrication plant*), auch Foundry, Halbleiter- oder Chipfabrik genannt, verwendet. Die Übergabe des Entwurfs an den Fertigungsprozess bezeichnet man als *Tapeout*; ein historischer Begriff, der sich auf die große Datei bezieht, die erzeugt wird und die in früheren Generationen auf einem Magnetband geliefert wurde. Die Generierung der Daten für die Fertigung bezeichnet man manchmal auch als *Streaming out* [1].

Im Halbleiterwerk wird das Design mit Hilfe fotolithografischer Verfahren auf verschiedene Schichten aufgebracht. (Wir besprechen die Herstellungstechnologien für integrierte Schaltkreise in Kap. 2.) Dazu verwendet man Fotomasken, so dass nur bestimmte, durch das Layout vorgegebene Siliziummuster einer Laserlichtquelle ausgesetzt sind. Viele Masken werden nacheinander verwendet, um die mikroskopischen Strukturen auf dem Silizium zu erzeugen. Ist das Layout zu ändern, muss man auch einige oder alle Masken ändern.

Die Schaltungen werden auf runden Siliziumwafern aufgebracht. Anschließend testet man die dabei entstehenden *Dies* (Chips) und kennzeichnet sie als *funktionsfähig* oder *defekt*. Stellenweise werden sie in Abhängigkeit von den Funktions- oder Parametertests (Geschwindigkeit, Leistung usw.) in *Bins* sortiert. Am Ende des Herstellungsprozesses wird der Wafer an den Chipgrenzen zerschnitten, was man als *Dicing* bezeichnet und die einzelnen Dies (sogenannte *Nacktchips*) liefert.

Verpackung und Prüfung

Nach dem Dicing werden die funktionalen Dies in der Regel verpackt. Das Gehäuse wird bereits in einem frühen Stadium des Entwurfsprozesses konfiguriert und spiegelt die voraussichtliche Umgebung und Verwendung für die Anwendung sowie die Anforderungen an Kosten und Formfaktor wider. Typische Gehäusetypen sind *Dual In-Line Packages* (*DIPs*), *Pin Grid Arrays* (*PGAs*) und *Ball Grid Arrays* (*BGAs*). Nach der Positionierung eines Dies im Gehäuseinneren werden seine Pins mit den Pins des Gehäuses verbunden, z. B. durch *Drahtbonden* oder mit Lötbumps (*Flip-Chip*). Anschließend wird das Gehäuse verschlossen.

Bei der Integration der Dies (Chips) in Multi-Chip-Modulen (MCM) werden erstere in der Regel nicht einzeln verpackt, sondern direkt als Dies (Nacktchips) in das MCM integriert, welches man später in seiner Gesamtheit einhäust.

Der fertige Schaltkreis wird häufig nach dem Verpacken getestet, um sicherzustellen, dass die vollständig montierte Einheit die Entwurfsanforderungen erfüllt, z. B. in Bezug auf Funktionalität (Eingangs-/Ausgangsbeziehungen), Timing und Verlustleistung.

4.2 Entwurfsmodelle

Entwurfsmodelle sind ein etwas abstraktes Konzept, das dazu dient, die verfügbaren Designstile systematisch miteinander zu verknüpfen. Sie bieten einen Überblick über die verschiedenen Abstraktionsgrade eines Entwurfs und kombinieren sie mit den wichtigsten Parametern, die auf dieser Ebene zu berücksichtigen sind. Der Designer kann zum Beispiel eine der Abstraktionsebenen auswählen und dann von einer Sicht zur anderen wechseln.

Wir gehen auf zwei Entwurfsmodelle ein. Das erste ist ein dreidimensionaler (3D) Entwurfsraum, der einen Entwurfszustand bezogen auf die Dimensionen „Hierarchie", „Version" und „Sicht" abbildet. Anschließend gehen wir auf das bekanntere Gajski-Kuhn-Y-Diagramm ein. Hier wird die bereits erwähnte Dimension „Sicht" in drei verschiedene Bereiche (Verhalten, Struktur, Geometrie) aufgeteilt, denen jeweils eine Achse zugeordnet ist. Die Dimension „Hierarchie" wird auf konzentrische Abstraktionsebenen (Kreise im Y-Diagramm) abgebildet und ist für jeden der drei Bereiche (Verhalten, Struktur, Geometrie) nutzbar.

4.2.1 Dreidimensionaler Entwurfsraum

Das *dreidimensionale Entwurfsraum*, auch als *3D-Entwurfsraum* bezeichnet, spaltet den Gestaltungsraum in die drei Dimensionen „Hierarchie", „Version" und „Sicht" auf, wie in Abb. 4.4 gezeigt. Ein konkreter Entwurfszustand einer elektronischen Schaltung oder eines Layouts ist damit hinsichtlich dieser drei „Koordinaten" eindeutig festgelegt. Auch lassen sich der Entwurfsverlauf definiert beschreiben, was z. B. bei Rückverfolgungen bei Fehlern sinnvoll ist.

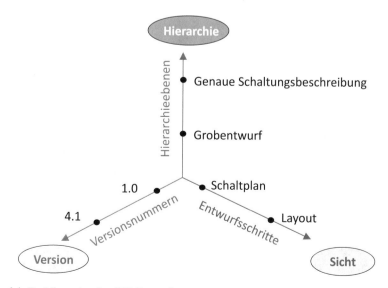

Abb. 4.4 Dreidimensionaler (3D) Entwurfsraum mit seinen wichtigsten Bestandteilen

Die *Hierarchie* ist entscheidend für die Beherrschung der strukturellen Komplexität einer elektronischen Schaltung. In dieser Dimension ist der Prozess von der allgemeinen Schaltungsdarstellung über speziellere Zwischenschritte bis hin zur vollständig detaillierten Schaltungsbeschreibung festgelegt. Die Zwischenschritte ordnen wir verschiedenen Hierarchiestufen zu. Durch den Übergang von einer Hierarchieebene zur nächst niedrigeren Ebene werden Probleme in Teilprobleme zerlegt, die nun von mehreren Experten parallel gelöst werden können. Das ermöglicht bessere und schnellere Lösungen für das Problem auf der höheren Ebene und ist eine klassische Anwendung von „divide and conquer".

Die Klarheit des Entwurfs ist ebenfalls ein Vorteil dieses Ansatzes. Bevor man sich zum Beispiel Gedanken darüber macht, wie sich ein (High-Level-)Logikgatter mit verschiedenen (Low-Level-)Transistoroptionen realisieren lässt, wird die gesamte Schaltungsaufgabe zunächst in kleinere, besser zu bewältigende Teilaufgaben unterteilt. Erst wenn diese Teilaufgaben klein genug sind, um nur wenige Gatter zu umfassen, widmet sich der Designer den Optionen für den Transistorentwurf des Gatters.

Dieser Ansatz ermöglicht auch die Wiederverwendung vieler der Entwurfsentscheidungen auf den oberen Hierarchieebenen, wenn ein Übergang zu einer anderen Fertigungstechnologie oder Implementierung erfolgt.

Offensichtlich wird die Entwurfsaufgabe durch die hierarchische Organisation vereinfacht, indem man eine komplexe Aufgabe rekursiv in mehrere kleineren Aufgaben zerlegt. Wir unterteilen beispielsweise einen Mikroprozessor in logisch unabhängige Teilaufgaben, wie Steuereinheit, RAM, ROM, ALU. Die ALU ist weiter unterteilt in einen Multiplizierer, einen Shifter, logische Operationen usw. Diese sind über Bussysteme miteinander verbunden, die den Daten- und Befehlstransfer zwischen den Komponenten steuern. Die einzelnen Teilaufgaben sind ihrerseits weiter untergliedert. Der Multiplizierer ist so organisiert, dass auf seine Addierer separat zugegriffen werden kann. Auch hier müssen die Daten- und Befehlsströme die Multiplikation und Summation ermöglichen. Der Addierer selbst wird dann mit einfachen Logikgattern aufgebaut.

Abb. 4.5 zeigt, wie man eine analoge Schaltung in einen Baum mit verschiedenen hierarchischen Ebenen zerlegen kann. Wie wir später sehen werden, lassen sich die Ebenen einer solchen Gliederung nur für digitale Schaltungen universell anwendbar definieren. Für analoge Schaltungen gibt es noch keine Standardklassifizierung der Hierarchieebenen. Das heißt, eine andere analoge Schaltung würde wahrscheinlich einen anderen Satz von Hierarchieebenen erfordern als die in Abb. 4.5 dargestellten.

Die Verwendung der hierarchischen Struktur hat sowohl Vorteile als auch Nachteile. So lässt sich beispielsweise ein kleiner Teil der Schaltung mehrfach wiederverwenden und muss nur einmal entworfen werden, was zu einer Zeitersparnis führen kann. Auf der anderen Seite kann die Qualität des Entwurfs darunter leiden, weil Möglichkeiten zur (Layout-)Optimierung ungenutzt bleiben.

Die Dimension der *Version* beschreibt die Entwurfsgeschichte, d. h. wie sich der Entwurf im Laufe der Zeit entwickelt. Abb. 4.6 zeigt ein Beispiel für die Versionsgeschichte einer Schaltung in Form eines Baumes. Die Verwaltung und Überwachung von Entwurfsversionen (d. h. die Konsistenz) wurde in EDA-Systemen lange

Abb. 4.5 Beispiel für eine analoge Schaltung, die in verschiedene Hierarchieebenen unterteilt ist

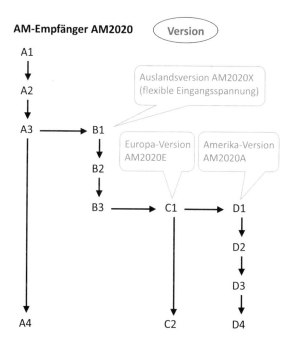

Abb. 4.6 Versionen, die den Verlauf der Entwurfsvarianten im Laufe der Zeit beschreiben

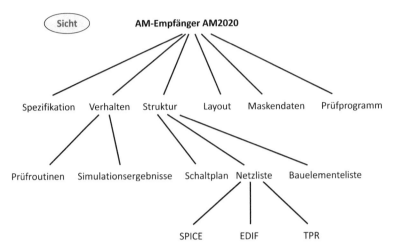

Abb. 4.7 Die Sichten eines Entwurfs sind verschiedene (vom Entwurfsstadium abhängige) Darstellungen derselben Schaltung

Zeit vernachlässigt. Sie sind eine wesentliche Fehlerquelle im Entwurfsprozess, und ihre korrekte Verwendung ist in modernen Entwurfsumgebungen unumgänglich.

Abb. 4.7 veranschaulicht die dritte Dimension des Entwurfsraums, die sogenannte *Sicht*. Hier wird eine Schaltung in verschiedenen Domänen (hier als Sichten bezeichnet) dargestellt, z. B. im Schaltplan und im Layout. Beide Darstellungen beschreiben denselben Entwurf, aber auf völlig unterschiedliche Weise. Die Anzahl der verschiedenen Entwurfssichten kann hoch sein und hängt zumindest indirekt von den Eigenschaften des zugrunde liegenden Entwurfssystems ab.

4.2.2   Das Gajski-Kuhn-Y-Diagramm

Die drei Aspekte einer Schaltung, d. h. die verhaltensbezogene, die strukturelle und die geometrisch-physikalische Sicht, wurden erstmals von Gajski und Kuhn im sogenannten *Gajski-Kuhn-Y-Diagramm* [2] dargestellt. Dieses Diagramm ist wegen seiner drei Arme auch als *Y-Diagramm* bekannt (Abb. 4.8). In diesem Modell wird die Dimension „Hierarchie" des 3D-Entwurfsraums (Abschn. 4.2.1) auf konzentrische Abstraktionsebenen abgebildet. Die im 3D-Entwurfsraum vorhandene Dimension „Sicht" ist in drei verschiedene Bereiche (Verhalten, Struktur, Geometrie) aufgeteilt, die auf drei Achsen angeordnet sind.

Jede Schaltungsentwicklung wird aus der Perspektive von drei Bereichen („Sichten") betrachtet, die man als drei Achsen darstellt. Die *Abstraktionsebenen*, die den Abstraktionsgrad beschreiben (auch als Hierarchie- oder *Entwurfebenen* bezeichnet), sind entlang dieser Achsen ausgerichtet. Die äußeren Schalen sind Verallgemeinerungen, die inneren Schalen inkrementelle Verfeinerungen desselben Aspekts.

Jede der drei Achsen steht für eine andere Entwurfsperspektive, d. h. eine andere Sicht oder einen anderen Bereich. Jede Sicht beschreibt bestimmte Attribute, die

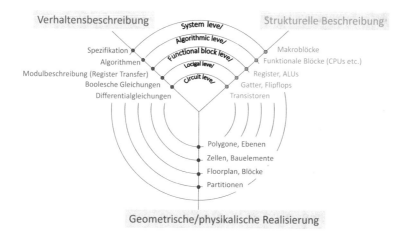

Abb. 4.8 Das Gajski-Kuhn-Y-Diagramm für digitale Schaltungen besteht aus den drei Schaltungsbereichen „Verhaltensbeschreibung" (funktionale Sicht), „Strukturbeschreibung" (strukturelle Sicht) und „geometrische Realisierung" (physikalische Sicht) mit unterschiedlichen Abstraktionsebenen, die zur Mitte hin spezifischer werden. Beim Durchlaufen der Zweige werden die Entwürfe verfeinert oder abstrahiert, während ein Wechsel zu einem anderen Zweig entlang eines der konzentrischen Kreise die Darstellung (Sicht) verändert

das zu entwerfende Element charakterisieren. Alle relevanten Aspekte des Entwurfsgegenstands, z. B. eines NAND-Gatters, werden durch die kollektiven Sichten vollständig beschrieben (Abb. 4.9).

Die *Verhaltensbeschreibung* (auch als *Verhaltenssicht* bezeichnet) umfasst alle Aspekte des Verhaltens des Entwurfsobjekts. Sie enthält die vom entworfenen Element ausgeführten Operationen und seine dynamische Reaktion. Sie umfasst Gleichungen, Funktionen und Algorithmen. Die *strukturelle Beschreibung* (auch *strukturelle Sicht* genannt) bezeichnet die logische Struktur – also die abstrakte Umsetzung des Entwurfsgegenstandes – als topografische Anordnung der Komponenten und ihrer Verbindungen. Die *geometrische/physikalische Realisierung* (auch *physikalische Sicht* genannt) beschreibt, wie der Entwurfsgegenstand umgesetzt wird, d. h. wie die (strukturellen) Komponenten mit realen physikalischen Objekten abgebildet werden. Diese letztgenannte Sicht enthält das vollständige und genaue Layout und die Konfiguration aller Komponenten und Verbindungsarchitekturen.

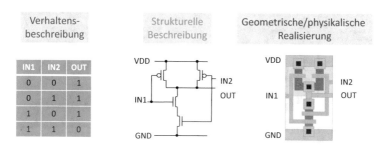

Abb. 4.9 Ein NAND-Gatter, dargestellt mit seinem Verhalten, seiner Struktur und seinem Layout

In jeder der drei Sichten wird der Entwurf durch mehrere Dokumente definiert, die die zu entwerfende Einheit in unterschiedlichen Abstraktionsgraden beschreiben. Die Abstraktionsgrade der Beschreibungen werden durch die jeweiligen Abstraktionsebenen charakterisiert, die man manchmal auch als Entwurfebenen bezeichnet. Der Abstand zum Mittelpunkt des Y ist damit ein Maß für den Abstraktionsgrad auf jeder Ebene.

Im Y-Diagramm gibt es fünf verschiedene Abstraktionsstufen, die mit dem äußeren Kreis beginnen und mit dem inneren Kreis enden:

- Auf der *Systemebene (Architekturebene)* werden die globalen Eigenschaften eines elektronischen Systems beschrieben. Blockdiagramme, die Abstraktionen von Signalen und ihren transienten Reaktionen enthalten, sind Teil der Verhaltensbeschreibung. Blocksymbole für CPUs, Speicher usw. verwendet man in der Struktursicht (Strukturbeschreibung) auf dieser Ebene.
- Auf der *algorithmischen Ebene* werden nebenläufige Algorithmen, wie Signale, Schleifen, Variablen und Zuweisungen, definiert. Blöcke, z. B. eine arithmetisch-logische Einheit (ALUs), sind Teil der strukturellen Sicht.
- Die *Funktionsblockebene* (*Registertransfer*) ist eine detailliertere Abstraktionsebene, auf der man die Interaktionen zwischen kommunizierenden Registern und Logikeinheiten beschreibt. Hier werden Datenstrukturen und Datenflüsse definiert. Der Entwurfsschritt „Floorplanning" repräsentiert die geometrische Sicht (physische Implementierung) auf dieser Ebene.
- Die *logische Ebene* wird in der Verhaltensperspektive durch boolesche Gleichungen beschrieben. Diese Ebene umfasst in der strukturellen Betrachtung Gatter und Flip-Flops. In der geometrischen Sichtweise wird die logische Ebene beispielsweise durch Standardzellen verkörpert.
- Die innerste *Schaltungsebene* wird mathematisch mit Hilfe von Differentialgleichungen modelliert. Dies ist die eigentliche Hardware-Ebene; sie besteht aus Transistoren und Kondensatoren bis hinunter zu Kristallgittern.

Wie in Abb. 4.10 dargestellt, lässt sich das Y-Diagramm zur Veranschaulichung der Layoutbegriffe in Bezug auf Synthese und Generatoren (links) sowie der einzelnen Entwurfsschritte (rechts) verwenden.

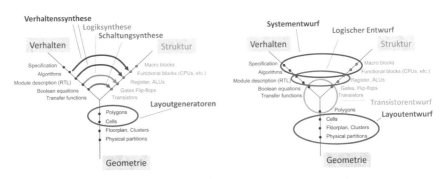

Abb. 4.10 Verwendung des Y-Diagramms zur Veranschaulichung der in den EDA-Tools für die Synthese verwendeten Begriffe (links) und der einzelnen Entwurfsschritte (rechts)

Die Entwurfsdimension „Hierarchie" aus dem zuvor diskutierten 3D-Entwurfsraum (Abschn. 4.2.1) spiegelt sich im hier (Y-Diagramm) verwendeten Konzept der Abstraktionsebene wider, indem sie uns erlaubt, für jede der drei Domänen (Sichten) eine eigene Hierarchie zu definieren. Im Y-Diagramm wird eine Abstraktionsebene aus einem gegebenen Modellierungskonzept für die betreffende Domänenebene abgeleitet, während eine Hierarchie im 3D-Entwurfsraum das Konzept der Komposition/Aufteilung verkörpert („Aufteilung in kleinere Teile" unter Beibehaltung *einer* Sichtachse des Y-Diagramms).

4.3 Entwurfsstile

Ein Entwurfsschritt ist eine Überführung zwischen zwei Entwurfszuständen. Ein *Entwurfsstil* ist durch eine Folge von Entwurfsschritten gekennzeichnet, die in einer fertigungsgerechten Darstellung des Entwurfs (i. Allg. dem Layout) endet.

Jeder Entwurfsstil kann durch das im vorherigen Abschnitt behandelte Y-Modell dargestellt werden. Jeder Entwurfszustand lässt sich durch den Schnittpunkt zwischen einer der Achsen und einem der konzentrischen Kreise des Y-Modells charakterisieren. Der Ausgangspunkt eines Entwurfsablaufs, die Systemspezifikation, wird in diesem Modell normalerweise durch den Entwurfszustand „Verhaltenssicht auf Systemebene" dargestellt.

Im Folgenden werden wir Beispiele für Entwurfsstile und die damit verbundenen Arten von integrierten Schaltungen näher untersuchen.

4.3.1 Kundenspezifischer und standardisierter Entwurfsstil

Die Auswahl eines geeigneten Entwurfsstils ist sehr wichtig, da sie sich auf die Markteinführungszeit und die Entwicklungskosten auswirkt. Es gibt zwei Arten von (digitalen) VLSI-Entwurfsstilen, den *kundenspezifischen* (*Full-custom*) und den *standardisierten* (*Semi-custom*) Entwurfsstil. Der kundenspezifische Entwurfsstil wird in erster Linie für Schaltungen mit hohen Stückzahlen verwendet, bei denen sich die hohen Entwurfskosten über große Produktionsmengen amortisieren. Ein standardisierter Entwurf ist der gängigere Ansatz, da er den Designprozess vereinfacht und somit die Markteinführungszeit sowie die Gesamtkosten reduziert.[2] Den standardisierten Entwurfsstil kann man in zwei Methoden unterteilen:

- *Zellbasiert*: Dieser Entwurf verwendet in der Regel Standard- und Makrozellen und enthält viele *vorgefertigte Bauelemente*, wie z. B. logische Gatter, die aus Bibliotheken kopiert werden.

---

[2]Analoge Schaltungen (auf die wir in den Abschn. 4.6 und 4.7 eingehen) werden immer kundenspezifisch entworfen. Der analoge Entwurf erfordert viel mehr Freiheitsgrade, um die enorme Vielfalt an Randbedingungen zu bewältigen.

- *Array-basiert*: Beispiele hierfür sind Gate-Arrays oder FPGAs, bei denen Transistoren und evtl. weitere Bauelemente zu *vordefinierten, matrixförmig angeordneten Basiszellen* verschaltet sind.

Als Nächstes wird kurz auf den kundenspezifischen Entwurf eingegangen, gefolgt von einer eingehenderen Erörterung verschiedener standardisierter Entwurfsstile.

Kundenspezifischer Entwurf

Von den verfügbaren Entwurfsstilen unterliegt dieser Stil den wenigsten Einschränkungen bei der Layouterstellung. Beispielsweise ist das Zelllayout mit beliebigen Formen möglich. Das Ergebnis ist ein sehr kompakter Chip mit hoch optimierten elektrischen Eigenschaften. Dieser Entwurf ist jedoch teuer, zeitaufwändig und kann aufgrund des geringen Automatisierungsgrades fehleranfällig sein.

Der kundenspezifische Entwurf ist in erster Linie für Mikroprozessoren sinnvoll, bei denen sich die hohen Kosten für den Entwurfsaufwand über große Produktionsmengen amortisieren. Auch für analoge Schaltungen ist er aus technischen (und nicht aus wirtschaftlichen) Gründen gut geeignet, da hier auf ein abgestimmtes Layout (Stichwort: Matching) und die Einhaltung einer Vielzahl strenger Randbedingungen zu achten ist. Diese Art von Schaltungen kann nur von erfahrenen Layoutern entworfen werden – und auch daher ist der Entwurfsstil hauptsächlich manuell.

Standardzellen-Entwurf

Eine digitale Standardzelle ist ein vordefiniertes Element, das eine feste Layoutgröße hat und eine boolesche Standardfunktion realisiert. Abb. 4.11 zeigt drei Beispiele derartiger Zellen (Inverter, NAND- und NOR-Gatter) mit ihren schematischen Symbolen, Wahrheitstabellen und Layout-Darstellungen (entsprechend

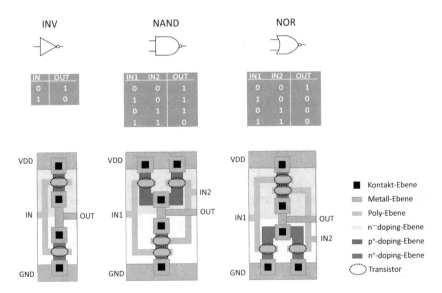

Abb. 4.11 Beispiele für drei gängige Standardzellen mit ihren Layout-Darstellungen

der Struktur-, Verhaltens- und geometrischen Sicht des Y-Diagramms). Standardzellen werden in *Zellbibliotheken* gespeichert, welche die Fab (Foundry) oft kos-
tenlos zur Verfügung stellt und die für die Herstellung vorqualifiziert sind.

Standardzellen werden in Vielfachen einer festen Zellenhöhe entworfen, mit festen Positionen für *Stromversorgungs-* (*VDD*) und Masseanschlüsse (*GND*). Die
Zellenbreiten variieren je nach dem implementierten Transistornetzwerk. Durch
dieses eingeschränkte Layout lassen sich alle Zellen in Reihen anordnen, so dass die
Stromversorgungs- und Masseanschlüsse durch (horizontale) Anschlussbahnen realisierbar sind (Abb. 4.12 und 4.13).

Aufgrund der restriktiven Standardzellenplatzierung (in Reihen) ist die Komplexität dieser Entwurfsmethodik stark reduziert. Das ermöglicht einen vollständig automatisierten Layoutentwurf. Die Zeit bis zur Markteinführung lässt sich somit im
Vergleich zu kundenspezifischen Designs erheblich verkürzen, was jedoch auf Kosten von Eigenschaften wie Leistungseffizienz, Layoutdichte oder Betriebsfrequenz
geht. Daher werden mit dem Standardzellen-Entwurfsstil andere Marktsegmente
bedient, wie z. B. anwendungsspezifische integrierte Schaltkreise (ASICS), als mit
kundenspezifischen Entwürfen.

Dabei ist zu beachten, dass die Entwicklung der Zellbibliothek, um sie für den
Entwurf und die Fertigung zu qualifizieren, einen erheblichen Anfangsaufwand erfordert. Dieser Aufwand wird jedoch nur einmal getätigt; die Verwendung dieser
Bibliothekszellen in vielen nachfolgenden Entwürfen führt bei diesen zu erheblichen Kosteneinsparungen und Effizienzsteigerungen.

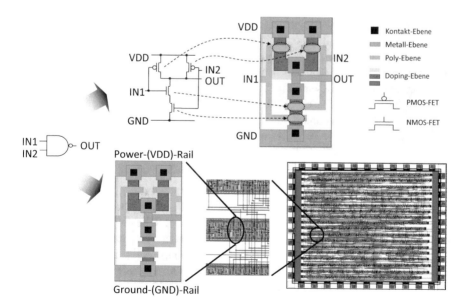

Abb. 4.12 Schaltzeichen, Schaltplan und Layout eines NAND-Gatters in CMOS-Technologie
(oben) und seine Umsetzung in einem Standardzellen-Design (unten) [1]

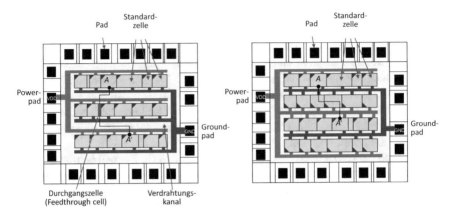

Abb. 4.13 Typische Standardzellenlayouts, bei denen jede Standardzellenreihe ihre eigene Versorgungs- und Masseleitung besitzt (links). Die abwechselnde Ausrichtung der Zellenreihen (Flipped cells, rechts) ermöglicht, dass jeweils zwei Reihen eine Versorgungs- und Massebahn gemeinsam benutzen [1]

Entwurf mit Makrozellen

Makrozellen sind in der Regel große Logikbausteine mit Standardfunktionen, die zur Wiederverwendung geeignet sind. Sie können einfache Zellen sein, die wenige Standardzellen enthalten, oder sie können ganze Teilschaltungen, wie einen eingebetteten Prozessor oder Speicherblock, enthalten. Es gibt sie in vielen verschiedenen Formen und Größen. Makrozellen lassen sich in der Regel an beliebiger Stelle im Layoutbereich platzieren, womit man Verdrahtungslängen oder die elektrischen Eigenschaften der Schaltung optimieren kann.

Aufgrund des Dranges zur Wiederverwendung von optimierten Modulen sind Makrozellen, wie Addierer und Multiplizierer, sehr beliebt geworden. In einigen Fällen kann man fast die gesamte Funktionalität eines Entwurfs aus bereits vorhandenen Makros zusammensetzen. Dies erfordert einen *Top-Level-Entwurf*, bei dem verschiedene Teilschaltungen, wie z. B. Analogblöcke und Standardzellenblöcke, mit einzelnen Zellen, z. B. Puffern (Buffer), kombiniert werden, um die höchste hierarchische Ebene einer komplexen Schaltung zu bilden (Abb. 4.14).

Gate-Array-Entwurf

Gate-Arrays sind Siliziumchips, die Transistoren für matrixförmig angeordnete Basiszellen mit grundlegender Logikfunktionalität enthalten, z. B. NAND und NOR (Abb. 4.15). Der Anwender definiert nur die Masken, welche die Kontakte und Verbindungsleitungen spezifizieren. Dies erfolgt jedoch erst, nachdem die chipspezifischen Anforderungen bekannt sind („Personalisierung des Gate-Arrays"). Gate-Arrays lassen sich so in der verdrahtungslosen Grundkonfiguration in Massenproduktion herstellen. Die Markteinführungszeit für Entwürfe, die auf Gate-Arrays basieren, ist damit auf die Herstellung der Verbindungen (Metallisierung) beschränkt. Daher können Gate-Arrays billiger und schneller hergestellt werden als Standardzellen- oder Makrozellen-basierte Entwürfe, was sie bei der Produktion von Kleinserien präferiert.

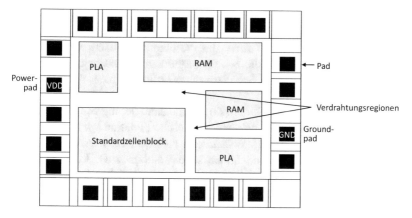

Abb. 4.14 Typisches Makrozellen-Layout, das Standardzellenblöcke und andere vorgefertigte Module enthalten kann [1]

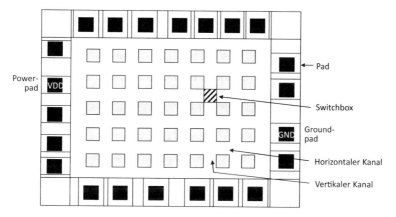

Abb. 4.15 Ein Gate-Array-Layout

Das Layout von Gate-Arrays ist stark eingeschränkt, um Modellierung und Entwurf zu vereinfachen. Es sind bei der „Personalisierung" nur die folgenden zwei Verdrahtungsaufgaben erforderlich [1]:

- Intrazellen-Routing: Erstellen einer Basiszelle (Logikblock) durch Verbinden bestimmter Transistoren, um z. B. ein NAND-Gatter zu implementieren. Übliche Muster von Gatterverbindungen befinden sich in der Regel in Zellbibliotheken.
- Interzellen-Routing: Verbindung der Basiszellen entsprechend der Netzliste der Schaltung.

Beim Layoutentwurf von Gate-Arrays werden die Zellen aus den auf dem Chip verfügbaren Basiszellen ausgewählt. Eine schlechte Platzierung (die streng genommen eine Zuweisung ist) kann jedoch zu nicht-verdrahtbaren Situationen führen, da der Bedarf an Verdrahtungsressourcen von der Platzierungskonfiguration abhängt.

Entwurf mit Field Programmable Gate-Arrays (FPGAs)

Im Gegensatz zum Gate-Array sind beim FPGA neben den Transistoren für die Basisblöcke (Logikelemente) *auch* die Verbindungsbahnen vorgefertigt. Die konkrete, anwendungsspezifische Konfiguration kann direkt beim Entwickler mit durch Transistoren realisierten Schaltern durchgeführt werden, die Nutzung einer Fab entfällt damit (Abb. 4.16).

Hierbei dienen *Lookup-Tabellen (LUTs)* zur Implementierung von Logikelementen. Jedes Logikelement kann eine beliebige boolesche Funktion *mit k Eingängen* darstellen, z. B. $k = 4$ oder $k = 5$ [3]. *Switchboxen* verbinden die Leitbahnen in benachbarten Verdrahtungskanälen und bilden so die Netzliste ab. LUT- und Switchbox-Konfigurationen werden aus einem externen Speicher gelesen und lokal gespeichert.

Neben diesen reprogrammierbaren Konfigurationen der Logikelemente und des Verbindungsnetzwerkes existieren auch (deutlich seltener) nicht-reprogrammierbare FPGAs (One time programmable, OTP), bei denen die Verbindungen mittels Durchbrennen der Isolierschicht dauerhaft hergestellt werden (Antifuse FPGAs).

Der Hauptvorteil von FPGAs besteht darin, dass sie sich ohne die Beteiligung einer Fab für die jeweilige Anwendung konfigurieren lassen, oft auch reversibel. Dadurch werden die Vorabinvestitionen und die Zeit bis zur Markteinführung drastisch reduziert. Die Entwurfskosten sind ebenfalls niedriger, da der Entwurfsfluss auf „Netzlistenebene" endet. Damit sind FPGAs bei kleinen Stückzahlen oder als Prototyp-Entwurf eines noch zu entwerfenden ASICs attraktiv. Allerdings sind FPGAs in der Regel viel langsamer und verbrauchen mehr Strom als ASICs. Ab einem bestimmten Produktionsvolumen werden FPGAs teurer als ASICs, da sich die einmaligen Entwurfs- und Herstellungskosten von ASICs amortisieren.

Die wichtigsten Merkmale der hier behandelten Entwurfsstile sind in Tab. 4.1 zusammengefasst. Diese Optionen repräsentieren ein breites Spektrum an Kosten-, Leistungs- und Terminanforderungen (z. B. Markteinführungszeit), die das Entwicklungsteam bei der Bewertung und Auswahl eines Entwurfsstils berücksichtigen muss.

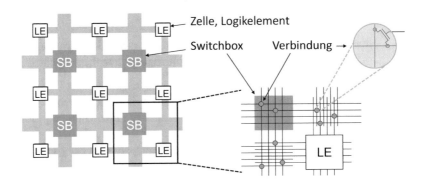

Abb. 4.16 Ein Field Programmable Gate-Array (FPGA) besteht aus Logikelementen (LE) und Switchboxen (SB), die ein vom Entwickler programmierbares Verbindungsnetzwerk bilden. Somit lassen sich die Verbindungen aus einer Netzliste und die enthaltenen logischen Zellen auf dem Chip ohne Fab-Durchlauf implementieren

Tab. 4.1 Vergleich der Entwurfsstile. Die *Entwurfskosten* werden durch den zu leistenden Entwurfsaufwand bestimmt, die *Maskenkosten* durch die Anzahl der benötigten Masken. Die *Fertigungskosten* beziehen sich auf den durch den Entwurfsstil bedingten Flächenverbrauch der Schaltung, die *Leistung* drückt die elektrische Leistung der Schaltung aus, und das *wirtschaftliche Volumen* gibt das Produktionsvolumen an, welches zur Amortisierung der Kosten notwendig ist

Entwurfsstil	Entwurfskosten	Kosten der Maske	Fertigungs-kosten	Leistung	Wirtschaftliches Volumen
Kundenspezifisch	Hoch	Hoch	Niedrig	Hoch	Hoch
Standard-Zelle	Niedrig	Hoch	Mittel	Mittel	Mittlerer Bereich
Makrozelle	Hoch (niedrig bei Wiederverwendung)	Hoch	Niedrig	Hoch	Mittlerer Bereich
Gate-Array	Niedrig	Mittel	Hoch	Niedrig	Niedrig
FPGA	Sehr niedrig	Keine	Hoch	Niedrig	Niedrig

4.3.2   Top-down-, Bottom-up- und Meet-in-the-middle-Entwurfsstile

In den vorangegangenen Diskussionen über die verschiedenen Entwurfsstile sind wir davon ausgegangen, dass der Entwurfsprozess auf hohen Entwurfsebenen beginnt und schrittweise zu niedrigeren Entwurfsebenen fortschreitet. Diese Art des Entwurfs ist allgemein als *Top-down-Entwurfsstil* bekannt. Dieser Ansatz ist zwar sehr effektiv im Umgang mit der Komplexität, aber die verfügbaren Freiheitsgrade lassen sich dabei nicht vollständig nutzen, da sie auf den höheren Ebenen nicht anwendbar sind. Hierfür bietet sich der *Bottom-up-Ansatz* an. Bei diesem Entwurfsstil werden Elemente, die auf niedrigen Ebenen auf der Grundlage geometrischer Entwurfsregeln und elektrischer Eigenschaften optimiert entworfen wurden, für den Entwurf von Elementen auf der nächsthöheren Ebene verwendet.

Entwurfsstile unterteilt man nach der Richtung des Entwurfsprozesses folgendermaßen ein:

Top-down-Entwurfsstil   Beim Top-down-Design wird der Entwurf von der Spezifikation bis zum fertigen Layout schrittweise verfeinert.

Bottom-up-Entwurfsstil   Beim Bottom-up-Design wird zuerst eine Zelle (z. B. ein einfacher Stromspiegel mit zwei aktiven Bauelementen) beginnend auf der elektrischen Ebene im Y-Diagramm entworfen. Auf diese Weise entsteht eine Bibliothek mit verschiedenen Schaltungstypen. Makroblöcke dieser Schaltungen werden auf der nächsthöheren Ebene erstellt, welche man zur Wiederverwendung speichert. Dieser Prozess wird so lange (iterativ) durchgeführt, bis eine Schaltung gemäß der Spezifikation erstellt ist.

Meet-in-the-middle-Entwurfsstil   Dieser Entwurfsstil ist eine Kombination aus den beiden oben genannten Stilen. Der Bottom-up-Entwurfsstil wird auf den unteren Ebenen eingesetzt, während man den Top-down-Stil auf den höheren Ebenen verwendet.

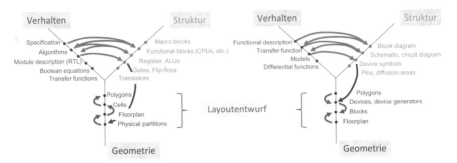

Abb. 4.17 Der klassische (digitale) Top-down-Entwurfsstil (links) und eine Top-down-Strukturzerlegung kombiniert mit einer Bottom-up-Layout-Generierung (rechts), wie sie beim Meet-in-the-middle-Entwurfsstil bei analogen Schaltungen angewendet werden

Moderne digitale Schaltungen basieren auf der Nutzung von Standardelementen, z. B. Standardzellen. Diese Standardelemente erstellt man vorab mit einer Bottom-up-Strategie, um sie anschließend in einer Bibliothek zu speichern. Beim Entwurf einer digitalen Schaltung wählt man diese Standardelemente als feste Zellen aus der Bibliothek aus, d. h. sie werden im Entwurf instanziiert (aus der Bibliothek kopiert) und unverändert eingesetzt. Der Entwurfsstil einer digitalen Schaltung ist also vollständig Top-down (Abb. 4.17, links).

Der „Meet-in-the-middle"-Entwurfsstil ist die am häufigsten verwendete Entwurfsmethode für analoge Schaltungen. Hier werden alle Bauelemente während der Entwurfsphase, d. h. in Echtzeit, in einer Bottom-up-Methode von Hand oder mit Hilfe von Bauelementgeneratoren erstellt, die vom Layouter durch Parameter zu definieren sind. Das gesamte (analoge oder Mixed-Signal-)System wird Top-down entworfen, wobei man die zuvor entworfenen analogen Funktionseinheiten als Bausteine betrachtet. Diese Vorgehensweise ist im Y-Diagramm in Abb. 4.17 (rechts) anhand einer Kombination von Top-down- und Bottom-up-Layoutgenerierung veranschaulicht.

4.4   Entwurfsaufgaben und -werkzeuge

Nach der Einführung von Entwurfsmodellen und Entwurfsstilen widmen wir uns nun möglichen Entwurfsaufgaben und den entsprechenden Werkzeugen. Dazu sind die Aufgaben, die in einem einzelnen Entwurfsschritt ausgeführt werden, genauer zu untersuchen.

Wie bereits erwähnt, ist ein Entwurfsschritt eine Überführung zwischen zwei Entwurfszuständen. Wenn wir einen Entwurfsschritt in Richtung des Entwurfsziels (d. h. hin zur geometrischen Schaltungsdarstellung, dem Layout) betrachten, wird die zugehörige Überführung als *Syntheseschritt bezeichnet*. Eine Überführung in die entgegengesetzte Richtung kennzeichnen wir als *Analyseschritt*.

4.4.1   Erzeugen: Synthese

Ein Syntheseschritt bringt den Entwurfsgegenstand dem Implementierungsziel, d. h. dem endgültigen Entwurfslayout, näher. Ein solcher Schritt ist in der Regel durch eine Verringerung des Abstraktionsgrades und damit einem höheren Detaillierungsgrad der Beschreibung gekennzeichnet. Es werden also neue Informationen in die Entwurfsbeschreibung eingebracht, die vorher nicht explizit vorhanden waren. Der Syntheseschritt ist somit kreativ.

Der jeweils nächste Entwurfsstand muss aus den zuvor generierten Daten und Dokumenten erzeugt werden. Entwurfsstände kann man manuell, automatisch oder halbautomatisch erzeugen. Bei der automatischen Vorgehensweise nutzt man z. B. Place-and-route-Software, die Zellenlayouts in der Geometrie-Sicht aus Gatterschaltungen der Struktur-Sicht erzeugt, oder *Silizium-Compiler*, die eine Verhaltensbeschreibung aus einer beliebigen Abstraktionsebene nahtlos in ein Layout übertragen.

Einige Platzierungs- und Verdrahtungswerkzeuge ermöglichen einen halbautomatischen Entwurf. Bei diesen Softwarepaketen kann der Designer interaktiv in das Programm eingreifen oder Vorplatzierungen vornehmen. Andere Werkzeuge analysieren eine algorithmische Beschreibung und liefern priorisierte Vorschläge für Architekturen, die der Designer dann auswählen kann.

Im Allgemeinen werden wir EDA-Werkzeuge als generativ („erzeugend") bezeichnen, wenn sich die Sicht oder sowohl die Sicht als auch die Entwurfsebene ändern. Wir unterscheiden in diesem Zusammenhang zwischen *Synthesewerkzeugen* und *Generatoren*.

Synthesewerkzeuge führen einen Entwurfsschritt nach allgemeinen Regeln durch, die unabhängig von der spezifischen Problemstellung sind, während Generatoren ihr Ergebnis nach einer problemspezifischen Vorgehensweise ohne die Möglichkeit der Optimierung erzeugen. Ein Werkzeug, das eine Verhaltensbeschreibung (z. B. boolesche Gleichungen) in eine Gatterschaltung umwandelt, ist also ein Logiksynthesewerkzeug, weil es diesen Entwurfsschritt für alle Verhaltensbeschreibungen durchführen kann, unabhängig davon, welche spezifische Funktion sie realisieren.

Im Gegensatz dazu verwendet ein Layoutgenerator spezifizierte (elektrische) Parameter und erzeugt eine entsprechende geometrische Darstellung einer Zelle oder einer Schaltung. Ein Beispiel ist ein *Bauelementgenerator*, der das Layout eines Widerstands auf der Grundlage des Parameterwerts, der den gewünschten Widerstandswert definiert, erzeugt. Da der Generator auf ein bestimmtes Problem beschränkt ist, muss er neu geschrieben werden, wenn sich das Entwurfsproblem ändert, z. B. bei Modifikation der Randbedingungen oder des zugehörigen Ablaufs; aber auch, wenn man zusätzliche Eingabeparameter einführt.

Vereinfacht ausgedrückt führt ein Synthesewerkzeug einen Entwurfsschritt für eine Vielzahl möglicher Eingabearten durch, während ein Generator einen Entwurfsschritt nur für eine Art der Eingabe durchführen kann.

4.4.2   Prüfen: Analyse

Ein Analyseschritt umfasst eine Abstraktion/Extraktion und arbeitet entgegengesetzt zur Entwurfsrichtung (und damit zum Synthesevorgang). Details aus einer gegebenen detaillierten Entwurfsbeschreibung werden zusammengefasst und verallgemeinert, um Informationen zu generieren. (Man beachte den Unterschied zur Synthese, bei der neue Informationen in die Entwurfsbeschreibung eingeführt werden).

Diese Prüfschritte verwendet man in der Regel zur Verifizierung eines Syntheseschrittes. Eine Analyse ist erforderlich, wenn ein Syntheseschritt manuell oder durch ein Verfahren durchgeführt wird, das selbst nicht formal verifiziert wurde, so dass die Entwurfskorrektheit („Correct by construction") nicht garantiert ist.

Der einzige Fall, in dem das Ergebnis nicht geprüft werden muss, ist, wenn der Entwurfsschritt automatisch durchgeführt wird und die Korrektheit des Ergebnisses durch das verwendete Werkzeug garantiert ist. Da der Prozess in allen anderen Szenarien extrem fehleranfällig ist, müssen die Entwurfsmethoden „Verifizierer" enthalten. Es gibt zwei verschiedene Kategorien: (i) Werkzeuge, die die Korrektheit des Ergebnisses überprüfen und (ii) Werkzeuge, die die Korrektheit des Entwurfsschritts überprüfen.

Beispiele für die erste Kategorie von Werkzeugen sind Design-Rule-Checker (DRC), welche die geometrischen Regeln für das Maskenlayout überprüfen, Syntax-Checker für Funktionsbeschreibungen in Hardware-Beschreibungssprachen und Simulatoren speziell für die verschiedenen Abstraktionsebenen. Die zweite Kategorie von Werkzeugen umfasst Netzlistenextraktoren in Kombination mit Netzlistenvergleichern, die den Schritt von der Netzliste zum Maskenlayout überprüfen (Layoutverifikation mittels LVS, Layout vs. schematic). Programme, die die Ergebnisse von Simulationen auf verschiedenen Abstraktionsebenen vergleichen, gehören ebenfalls zur zweiten Kategorie, ebenso die formale Verifikation.

An dieser Stelle ist auch der Unterschied zwischen *Validierung* und *Verifikation* anzusprechen (Abb. 4.18). Bei der Validierung geht es darum, ausreichende Beweise dafür zu erbringen, dass die Entwurfsziele (für den Kunden) erreicht wurden. Die Validierung beantwortet somit die Frage: „Wurde die richtige Schaltung entworfen?" Die Antwort weist dem betrachteten Objekt einen „Gebrauchswert" zu. Die Verifikation hingegen ist der Vergleich mit einem als fehlerfrei bekannten Standard, um die Einhaltung explizit vorgegebener Anforderungen zu bestätigen. Diese können aus dem Projekt (insbesondere der Spezifikation) oder aus der Technologie (d. h. alle Arten von Entwurfsregeln) stammen. Die Verifikation beantwortet die Frage: „Ist die Schaltung korrekt entworfen worden?" Die Antwort „ja" oder „nein" wird durch eine formale Prüfung auf der Grundlage mathematischer Modelle und Operationen ermittelt.

4.4.3   Beseitigung von Mängeln: Optimierung

Wenn der im Y-Diagramm erreichte Punkt nicht alle Anforderungen erfüllt, wird versucht, etwaige Mängel durch eine (lokale) Optimierung zu beseitigen. Dabei handelt es sich nicht um einen Schritt hin zum oder weg vom Entwurfsziel (im

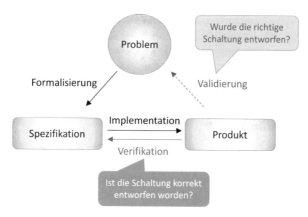

Abb. 4.18 Visualisierung des Unterschieds zwischen den Begriffen „Validierung" und „Verifikation". Während die Validierung die allgemeinen Entwurfsziele aus Anwendersicht überprüft, bestätigt die Verifikation die Einhaltung der formalisierten Spezifikation durch die Überprüfung von Entwurfsregeln, z. B. einem Design Rule Check (DRC)

Sinne unserer ursprünglichen Definition eines Entwurfsschritts) wie bei einem Synthese- oder Analyseschritt, sondern hier wird der aktuelle Entwurfszustand optimiert.

Beispiele für entsprechende Entwurfswerkzeuge sind Kompaktierer, welche die erforderliche Fläche des Maskenlayouts reduzieren oder Logikoptimierer, die die Anzahl der erforderlichen Gatter verringern. Architektonische Änderungen zur Leistungssteigerung der Schaltung sind hier ebenfalls zu nennen.

4.5   Optimierungsziele und Randbedingungen beim Layoutentwurf

4.5.1   Optimierungsziele

Der Layoutentwurf ist ein komplexes *Optimierungsproblem* mit mehreren verschiedenen Zielen, wie z. B. minimale Chipfläche, minimale Verdrahtungslänge und minimale Anzahl von Durchkontaktierungen. Die Verbesserung der Schaltkreisleistung, der Zuverlässigkeit usw. sind weitere gängige Optimierungsziele. Wie gut diese Optimierungsziele erreicht werden, ist ein Maß für die *Qualität* des Layouts.

Optimierungsziele lassen sich unter Umständen nur schwer in Algorithmen einbauen und können miteinander in Konflikt geraten. Abwägungen zwischen mehreren Zielen kann man jedoch häufig durch eine *Zielfunktion* präzise ausdrücken. Zum Beispiel können wir die Verdrahtungsqualität F mit der Formel optimieren:

$$F = w_1 \cdot A + w_2 \cdot L. \tag{4.1}$$

Dabei ist A die Chipfläche, L die Gesamtlänge der Verdrahtung, und w_1 und w_2 sind *Wichtungen*, die die relative Bedeutung von A und L darstellen.

Die Gewichte bestimmen also den Einfluss jedes Ziels auf die Gesamtkostenfunktion. In der Praxis ist $0 \leq w_1 \leq 1$, $0 \leq w_2 \leq 1$ und $w_1 + w_2 = 1$.

4.5.2 Randbedingungen

Bei der Optimierung des Layouts sind gleichzeitig *Randbedingungen* zu berücksichtigen. Die Einhaltung dieser Randbedingungen ist für das ordnungsgemäße Funktionieren und die Umsetzung des Layouts zwingend erforderlich. (Eine Ausnahme bilden hier die entwurfsmethodischen Randbedingungen, auf die später konkret eingegangen wird.)

Während verfehlte Optimierungsziele die Qualität der Schaltung (und nicht ihre Gesamtfunktion) einschränken, sind Randbedingungen kritische „Grenzwerte", bei deren Nichteinhaltung das Schaltungslayout unbrauchbar wird. Randbedingungen werden also entweder eingehalten oder verletzt; „wie gut" sie eingehalten sind, ist dabei unerheblich (hier ist der Unterschied zu Optimierungszielen zu beachten).

Die Randbedingungen für den Entwurf eines Layouts lassen sich wie folgt in drei Kategorien einteilen (Abb. 4.19).

Technologische Randbedingungen
Die Einhaltung der technologischen Randbedingungen stellt die Herstellbarkeit der entworfenen Schaltung sicher. Die technologischen Randbedingungen leiten sich aus der Fertigungstechnologie und ihren konkreten Grenzwerten ab; zur Anwendbarkeit beim Layoutentwurf überträgt man sie in geometrische Entwurfsregeln (Kap. 3, Abschn. 3.4.2). Diese Regeln lassen sich in die fünf Kategorien Breiten-, Abstands-, Überhang-, Überlappungs- und Umschließungsregeln unterteilen (vgl. Abb. 3.20 in Kap. 3).

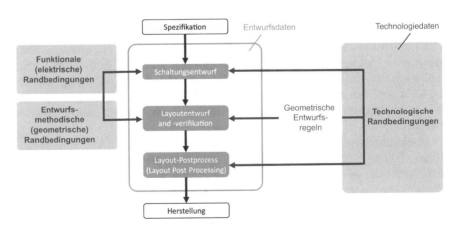

Abb. 4.19 Randbedingungen und ihre Beziehungen zu den wichtigsten Entwurfsschritten

Geometrische Entwurfsregeln werden in einer Technologiedatei gespeichert, die Teil des *Process design kits* (*PDK*) für eine bestimmte Technologie ist (Kap. 3, Abschn. 3.5.1). Diese Regeln werden von der Fab definiert und dem Schaltungs- und Layoutdesigner vor dem eigentlichen Entwurf zur Verfügung gestellt.

Funktionale bzw. elektrische Randbedingungen
Die Einhaltung der funktionalen bzw. elektrischen Randbedingungen gewährleistet das angestrebte elektrische Verhalten (und damit die Funktionalität) der Schaltung. Sie berücksichtigen auch die erforderliche Zuverlässigkeit der Schaltung und ergeben sich aus der Produktspezifikation und aus der Technologie.

Beispiele für produktspezifische funktionale Randbedingungen sind Obergrenzen für gegenseitige Kopplungen, um Störungen von Signalen in verschiedenen Schaltkreisen zu verhindern. Beispiele für technologiespezifische funktionale Randbedingungen sind Obergrenzen für die Stromdichte in Metallleitungen, um die Schaltung vor einer Beeinträchtigung durch den Elektromigrationseffekt zu schützen.

Funktionale Randbedingungen werden *vor* dem Layoutentwurf definiert: Sie sind oft das Ergebnis einer Simulation und werden an den Layouter weitergeleitet, z. B. in einer SDF-Datei (Standard Delay Format). Diese Randbedingungen lassen sich während oder nach dem Layoutentwurf verifizieren, z. B. durch die Berechnung von Signalverzögerungen auf der Grundlage der nun vorhandenen, tatsächlichen Verdrahtungstopologie.

Entwurfsmethodische bzw. geometrische Randbedingungen
Die entwurfsmethodischen bzw. geometrischen Randbedingungen dienen dazu, die Komplexität und damit den Schwierigkeitsgrad eines Entwurfs zu verringern. Ihre Aufgabe ist es, die Layoutaufgabe einer algorithmischen Lösung, z. B. durch Entwurfswerkzeuge, zugänglich zu machen.

Theoretisch verfügbare Freiheitsgrade werden hierbei künstlich eingeschränkt. Beispiele für diese Beschränkungen sind lagenabhängige bevorzugte Verdrahtungsrichtungen oder die Vorgabe einer Reihenanordnung für Standardzellen mit vordefinierten Stromversorgungs- und Masseanschlüssen.

Derartige Einschränkungen der Entwurfsmethodik werden entweder vor dem Layoutentwurf bei der Wahl eines Entwurfsstils, wie z. B. mittels Standardzellen, oder während des Layoutentwurfs durch Zuweisungen, wie z. B. lagenspezifische bevorzugte Verdrahtungsrichtungen, festgelegt.

4.5.3 Optimierung beim Layoutentwurf

Bei der Optimierung von Zielen und gleichzeitiger Berücksichtigung von Randbedingungen im Layoutentwurf ergeben sich Herausforderungen, wie z. B.:

- Optimierungsziele können miteinander in Konflikt geraten. Beispielsweise kann eine zu starke Reduzierung der Verdrahtungslänge zu unzulässigen Verdrahtungsdichten führen und die Anzahl der Durchkontaktierungen erhöhen.

- Die Randbedingungen, die sich aus der Technologie-Skalierung und den strengen Verdrahtungsanforderungen ergeben, werden immer restriktiver, und mit jedem neuen Technologieknoten kommen neue Arten von Randbedingungen hinzu.

Diese Herausforderungen führen zu folgenden Schlussfolgerungen für den Layoutentwurf [1]:

- Jeder Entwurfsstil (Abschn. 4.3) bedarf seiner eigenen Vorgehensweise bei der Layouterstellung. Das heißt, es gibt kein universelles Entwurfswerkzeug, das alle Entwurfsstile unterstützt.
- Die Beschränkung der Entwurfsfreiheit mittels entwurfsmethodischer Randbedingungen reduziert die Komplexität des Entwurfs auf Kosten der Layoutoptimierung. So ist beispielsweise ein standardisierter Entwurfsstil, wie eine reihenbasierte Standardzellenanordnung, viel einfacher zu implementieren als ein kundenspezifisches Layout, wobei letzteres jedoch deutlich bessere elektrische Eigenschaften aufweisen könnte.
- Um die extreme Komplexität der Entwurfsaufgaben zu bewältigen, unterteilt man der Entwurfprozess in sequenzielle Schritte. So werden beispielsweise die Platzierung und die Verdrahtung nacheinander durchgeführt, wobei jeder Schritt spezifische Optimierungsziele und Randbedingungen hat. Damit verzichtet man bewusst auf die globale Optimierung, da jeder Schritt für sich allein optimiert wird.

4.6 Analoge und digitale Entwurfsabläufe

4.6.1 Die unterschiedlichen Welten des analogen und digitalen Entwurfs

Vergleicht man analoge und digitale Schaltungen, so stellt man fest, dass sie auf denselben physikalischen Prinzipen, denselben Materialien und denselben Grundelementen beruhen. In beiden Fällen verbindet man diese Elemente – meist sind es Transistoren – elektrisch miteinander, um daraus „Schaltungen" zu bilden. Analoge und digitale Schaltungen scheinen also sehr ähnliche Dinge zu sein.

Es gibt jedoch gravierende Unterschiede zwischen „analog" und „digital". Sehen wir uns die Entwurfsabläufe und -werkzeuge an, stellen wir fest, dass diese für die beiden Schaltungstypen völlig unterschiedlich sind. Das hat insbesondere zur Folge, dass die analogen und digitale Entwurfsabläufe extrem ungleiche Automatisierungsgrade haben. In der industriellen Praxis entpuppen sich der analoge und der digitale Entwurf wie zwei völlig verschiedene Welten. Was ist der Grund dafür?

Um dies zu verstehen, müssen wir die funktionale Perspektive einnehmen (linker Ast im Y-Diagramm). Dann stellen wir fest, dass es einen grundlegenden Unterschied zwischen den beiden Technologien gibt, der die Ursache für die Entstehung dieser beiden unterschiedlichen Welten ist. Analoge und digitale Schaltungen arbeiten nach völlig unterschiedlichen Funktionsprinzipien. Wenn wir die Schaltung in

Abb. 4.20 als Beispiel nehmen, sehen wir, dass das Ausgangssignal eine *kontinuier-liche Kurve* ist (Abb. 4.20, rechts). Genauer gesagt: es ist ein *zeit- und wertkontinu-ierliches* Signal.

In der Digitaltechnik sind wir jedoch nur an den Anfangs- und Endwerten interes-siert. In dieser Digitaltechnik realisiert die Schaltung in Abb. 4.20 eine binäre Funk-tion mit folgender Aufgabe: das Ausgangsignal ist entweder eingeschaltet („1"), wenn das Eingangssignal aus ist („0"), oder ausgeschaltet („0"), wenn das Eingangs-signal eingeschaltet ist („1") (Abb. 4.20, links). Aus diesem Grund wird diese Schal-tung von Digitalentwerfern als „Inverter" bezeichnet. Auf den genauen Spannungs-wert kommt es hier gar nicht an. Wir müssen nur Schwellenwerte auf der Spannungsachse und Anstiegs- und Abfallzeiten auf der Zeitachse definieren, die als „verbotene" Bereiche (gelb schattierte Bereiche) fungieren, um erlaubte Spannungs-werte zu erhalten und das richtige Timing steuern. Das tatsächliche Einschwingver-halten, das variieren kann, ist irrelevant, solange die Signale außerhalb des verbote-nen Spannungsbereichs liegen – was man durch das Auslesen außerhalb des verbotenen Zeitbereichs (Timing) erreichen kann. Von all diesen – in der analogen Welt höchst relevanten Eigenschaften – wird in der digitalen Welt „abstrahiert". Das ist der fundamentale Unterschied: digitale Signale sind *zeit- und wertdiskrete* Signale.

Die Andersartigkeit der beiden Welten hat ihre Ursache in dieser *Abstraktion*. Sie vereinfacht das digitale Entwurfsproblem und ermöglicht den hohen Automatisie-rungsgrad, von dem digitale Entwürfe profitieren. Beim analogen Entwurf hingegen gibt es keine Abstraktion – alle Signaleigenschaften sind hier zu berücksichtigen.

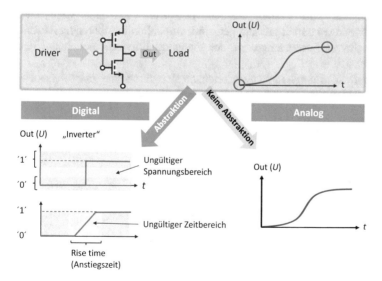

Abb. 4.20 Eine Veranschaulichung der Unterschiede zwischen digitalen (links) und analogen (rechts) Schaltungen. Während sich erstere auf diskrete Werte zu diskreten Zeitpunkten konzen-trieren, müssen bei analogen Schaltungen und damit auch bei analogen Entwürfen die genauen kontinuierlichen Signalverläufe berücksichtigt werden. So befassen sich digitale Entwürfe mit lo-gischen Zuständen, während analoge Entwürfe die Berücksichtigung der tatsächlichen Transistor-parameter erfordern

„Digital" ist also die Welt der diskreten Signale, „analog" die der kontinuierlichen Signale. Deshalb unterscheiden sich auch die *kleinsten Entwurfseinheiten*, mit denen man in den beiden Entwurfsabläufen arbeitet:

- Die kleinsten Einheiten, die man digitalen Entwürfen berücksichtigen muss, sind Logikgatter (z. B. Inverter oder NAND-Gatter). Diese Gatter sind vorgefertigte Teilschaltungen, die während des Entwurfsprozesses nicht verändert werden.
- Bei analogen Abläufen muss jedoch der Transistor die grundlegende Entwurfseinheit sein, da seine Eigenschaften und sein Verhalten im Detail spezifiziert werden müssen, um die analoge Schaltung zu entwerfen. So sind beispielsweise die Parameter „Breite" und „Länge" des Transistors während des Entwurfs genau zu definieren.

Abb. 4.21 veranschaulicht diese Merkmale, wie sie auch in den Y-Diagrammen für digitale und analoge Schaltungsentwürfe zu finden sind. Es liegt auf der Hand, dass beim Layoutentwurf unterschiedliche Entwurfsmethoden erforderlich sind, um die oben beschriebenen Unterschiede zwischen analogem und digitalem Entwurf zu berücksichtigen.

Im Allgemeinen gibt es dahingehend drei verschiedene Arten von integrierten Schaltungen: (i) digitale, (ii) rein analoge und (iii) Mixed-Signal-Schaltungen; letztere umfassen sowohl digitale als auch analoge Teilschaltungen. Nachfolgend untersuchen wir die verschiedenen Entwurfsansätze für analoge und digitale (Teil-)Schaltungen im Detail.

Analoge Schaltungen sind i. Allg. weniger komplex, was die Anzahl der Transistoren angeht, und werden manuell entworfen. Da hier viele funktionale Einschränkungen zu berücksichtigen sind, verbunden mit fehlender Akzeptanz geeigneter Entwurfswerkzeuge, ist der manuelle Entwurf auch heute noch weit verbreitet.

Digitale Schaltungen hingegen zeichnen sich durch eine große Anzahl von Netzen und Zellen sowie durch einen vollautomatischen Entwurfsablauf aus. Während

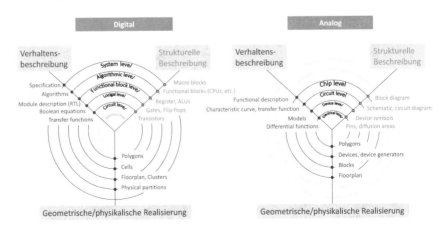

Abb. 4.21 Vergleich der Gajski-Kuhn-Y-Diagramme für digitale (links) und analoge Schaltungen (rechts)

die numerische Komplexität analoger Schaltungen meist einige Tausend Netze nicht überschreitet, umfassen digitale Schaltungen in der Regel Millionen von Netzen.

Die Entwurfsschritte für digitale Schaltungen sind meist diskret und werden sequenziell durchgeführt. Analoge Entwurfsschritte hingegen überschneiden sich oftmals und mehrere Schritte werden gleichzeitig bzw. „überlappend" ausgeführt. So führt man hier die Bauelementgenerierung, die Platzierung und die Verdrahtung in der Regel gemeinsam durch (Abb. 4.22).

Wie am Anfang dieses Kapitels bereits erläutert, bewegen wir uns beim Entwurf einer Schaltung i. Allg. im Y-Diagramm nach innen. Mit anderen Worten, je näher wir uns der Mitte nähern, desto spezifischer werden das Modell und unser Entwurf. Das bedeutet auch, dass jedes beliebige Entwurfsproblem durch sequentielles Entfernen seiner *Freiheitsgrade* einer Lösung zugeführt wird.

Das Ergebnis jedes Entwurfsschritts im Entwurfsablauf ist eine Zwischenlösung, die dem angestrebten Entwurfsergebnis näherkommt. Diese Zwischenlösungen sind Abbilder der initialen Spezifikation mit zunehmend konkreteren Inhalten. Wir können diese Abbilder daher auch als „Modelle" der gesuchten Lösung betrachten. Im Entwurfsablauf werden somit Modelle mit vielen Freiheitsgraden sukzessive in äquivalente Modelle mit weniger Freiheitsgraden umgewandelt.

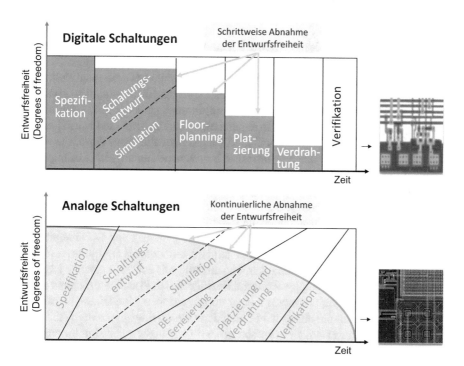

Abb. 4.22 Vereinfachte Entwurfsabläufe für digitale (oben) und analoge Schaltungen (unten). Im analogen Fluss überschneiden sich die Entwurfsschritte typischerweise und sind eng miteinander verbunden [4]. Beide Abläufe sind auch durch eine Verringerung der „Entwurfsfreiheitsgrade" während des gesamten Prozesses gekennzeichnet

Nehmen wir zum Beispiel eine funktionale Spezifikation: Sie wird zunächst in eine Netzliste, dann in einen Floorplan, eine Platzierungsanordnung, ein verdrahtetes Layout und schließlich in ein physikalisches Maskenlayout ohne weitere Freiheitsgrade überführt. Die Entwurfsfreiheit in einem Entwurfsablauf reduziert sich also im Laufe der Zeit immer mehr, wobei sie bei digitalen Entwürfen (durch die Anwendung synthetisierender Automatismen) stufenweise und bei analogen Schaltungsentwürfen (durch das manuelle Vorgehen) in fließender Weise eingeschränkt wird (s. Abb. 4.22).

Zwar gab es in letzter Zeit erhebliche Verbesserungen bei der Automatisierung des Layoutentwurfs für analoge Schaltungen, doch sind die Fortschritte nicht annähernd so groß wie bei seinem digitalen Gegenstück. (Die damit verbundene Lücke zwischen der Produktivität des analogen und des digitalen Entwurfs diskutieren wir in Kap. 1, Abschn. 1.2.3, vgl. Abb. 1.11.) Seit vielen Jahren konzentrieren sich die Bemühungen zur Lösung des analogen Layoutproblems auf Verfahren, wie man sie im digitalen Bereich erfolgreich einsetzt. Diese Verfahren basieren meist auf Optimierungsalgorithmen, die wir im Folgenden kurz als *Optimierer* bezeichnen. Die Voraussetzung für die Anwendung eines Optimierers ist immer eine mathematische Modellierung des Entwurfsproblems. Da man in der Regel nicht alle Aspekte eines realen analogen Entwurfsproblems ohne Informationsverlust mathematisch beschreiben kann, ist diese Modellierung immer mit einer gewissen Abstraktion verbunden.

Dabei kann man grundsätzlich zwei Richtungen einschlagen. In der einen Richtung versucht man, die physikalische Realität möglichst genau abzubilden (also ein Modell mit niedrigem Abstraktionsniveau zu erzeugen), um eine möglichst realitätsnahe Lösung zu bekommen. In diesem Fall wird der Lösungsraum so komplex, dass Optimierer meist nicht in der Lage sind, in angemessener Zeit darin ausreichend „gute" Lösungen zu finden. In der anderen Richtung liegt die Priorität auf der Verwendung effizienter Algorithmen. Dafür muss man allerdings Abstriche an der Genauigkeit der Modelle machen, um einen hinreichend „gutartigen" Lösungsraum zu bekommen, in dem Optimierer dann leicht eine hinreichend „gute" oder sogar die „optimale" Lösung finden. Die Qualität dieser Lösung leidet dann jedoch grundsätzlich darunter, dass das Modell zu weit von der physikalischen Realität entfernt ist. In [5] werden diese Zusammenhänge ausführlich und mit Beispielen erläutert.

Abb. 4.23 veranschaulicht dieses Dilemma. Die Effizienz von Optimierern, gemessen an der Geschwindigkeit und der Fähigkeit, ein globales Optimum zu finden, ist i. Allg. umgekehrt proportional zur Genauigkeit, mit der das zugrunde liegende mathematische Modell die physikalische Realität des zu lösenden Problems abbildet, da diese Genauigkeit immer mit einer entsprechenden Modellkomplexität einhergeht. Dieser Zusammenhang wird durch den *Optimierungshorizont* in Abb. 4.23 (runde Kurve) veranschaulicht. Einfach gesagt: Genauigkeit geht immer zulasten der Effizienz – und umgekehrt. Dies bedeutet: nur Entwurfsprobleme, die unterhalb (also „diesseits") des Optimierungshorizonts liegen, lassen sich von Optimierern zufriedenstellend lösen.

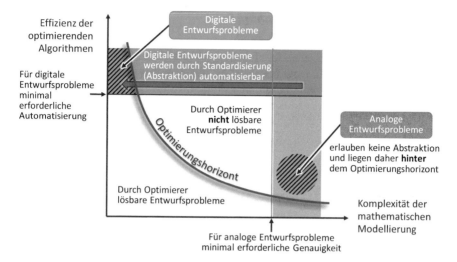

Abb. 4.23 Illustration der Effizienz von Optimierungsalgorithmen, die i. Allg. umgekehrt proportional zur Komplexität, und damit der Genauigkeit des zugrunde liegenden mathematischen Modells ist, dargestellt als „Optimierungshorizont" (blaue Kurve). Analoge Entwürfe mit hoher qualitativer Komplexität erfordern eine hohe Modellierungsgenauigkeit. Digitale Entwürfe, die in der Regel eine hohe quantitative Komplexität aufweisen, erfordern eine hohe algorithmische Effizienz. Nur Entwurfsprobleme, die unterhalb der Kurve liegen, können von Optimierern zufriedenstellend gelöst werden – die meisten analogen Entwurfsprobleme sind damit ausgeschlossen

Analoge Entwurfsprobleme erfordern aufgrund ihrer hohen *qualitativen* Komplexität ein hohes Maß an Modellierungsgenauigkeit. Sie liegen somit im rot markierten Bereich von Abb. 4.23. Anders verhält es sich bei digitalen Entwurfsproblemen, die *quantitativ* sehr komplex sind und daher ein hohes Maß an algorithmischer Effizienz erfordern. Sie liegen daher im blau markierten Bereich von Abb. 4.23.

Im Gegensatz zu digitalen Entwurfsproblemen, bei denen ein hoher Abstraktionsgrad (d. h. eine Standardisierung) den Weg für eine Entwurfsautomatisierung auf der Grundlage von Optimierern geebnet hat (s. Abb. 4.23, blauer Pfeil), ist beim Analogentwurf eine vergleichbare Abstraktion des Entwurfsproblems inakzeptabel, da durch diese „Abkopplung" von der physikalischen Realität wichtige Entwurfsaspekte bei der Optimierung vernachlässigt würden. Analogentwerfer können also nicht auf die Nutzung von Freiheitsgraden verzichten. Ganz im Gegenteil, sie nutzen die Freiheitsgrade ausgiebig und ganz bewusst. Schließlich sind sie der Schlüssel zur Erfüllung aller oben beschriebenen Anforderungen, um die gewünschte Schaltungsqualität zu erreichen. Die Probleme des Analogdesigns liegen also leider jenseits des Optimierungshorizonts, d. h. oberhalb der Kurve in Abb. 4.23.

Der schiere Umfang und die Diversität der im Analogentwurf zu berücksichtigen Einflüsse, von denen nicht abstrahiert werden darf, verhindert die breite Anwendung einer optimierungsbasierten Automatisierung bei analogen Entwurfsproblemen. Dies ist unserer Meinung nach der Hauptgrund dafür, dass sich optimierungsbasierte Ansätze trotz gelegentlicher Erfolge noch nicht in der analogen Domäne durchsetzen konnten.

4.6.2   Analoger Entwurfsablauf

Analoge Schaltungen werden in einzelnen Modulen entworfen, wobei für jedes Modul ein verifiziertes Layout erstellt wird. Wie bereits erwähnt, ist der Entwurfsprozess selbst nur geringfügig automatisiert. Ausgehend von primitiven Bauelementen, die mit Hilfe von Bauelementgeneratoren (Kap. 6, Abschn. 6.4) erstellt werden können, entwirft ein Ingenieur das Layout für eine analoge Schaltung (und analoge Bauteile in Mixed-Signal-Designs) in der Regel fast vollständig manuell mit einem grafischen Editor.

Moderne Entwurfsabläufe für analoge Schaltungen sind durch zwei unterschiedliche Entwurfsstile gekennzeichnet – Top-down und Bottom-up [4]. Während sogenannte *Optimierer die* Layout-Generierung Top-down durchführen, generieren die prozeduralen Ansätze (auch als *Prozeduren* bezeichnet) das endgültige Layout im Bottom-up-Stil.

Wie in Abb. 4.24 (links) dargestellt, verwendet der Top-down-Ansatz optimierungsbasierte Werkzeuge, die den konventionellen digitalen Entwurfsabläufen ähneln. Ihre Gesamtstruktur besteht aus einer Explorationsmethodik, die Lösungskandidaten erzeugt, indem sie einen definierten Lösungsraum erkundet, und einer Bewertungsmethodik, welche die „besten" Kandidaten auf der Grundlage der Entwurfsziele in einer Schleife auswählt [6]. Ein Optimierer kann somit neue (echte) *Entwurfslösungen* erzeugen.

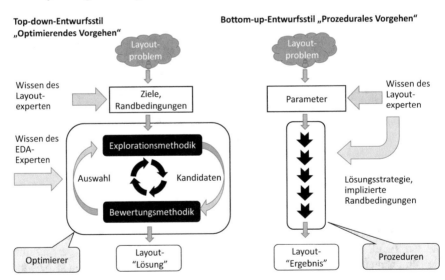

Abb. 4.24 Top-down-Optimierung versus Bottom-up-Verfahren im Analogentwurf [4]. Beim Top-down-Ansatz (links) werden optimierungsbasierte Werkzeuge ähnlich wie bei herkömmlichen digitalen Abläufen eingesetzt. Die Bottom-up-Automatisierungsmethode (rechts) reproduziert eine Designlösung, die zuvor von einem Experten konzipiert und in einer Verfahrensbeschreibung festgehalten wurde. Die grauen Pfeile geben den Datenfluss des Layout-Entwurfsprozesses an. Während die Optimierer von EDA-Tool-Experten erstellt werden, erschaffen Layout-Experten die Prozeduren (rosa Pfeile)

Im Gegensatz dazu wird bei Bottom-up-Verfahren „Expertenwissen" wiederver-wendet. Damit ergibt sich ein *Ergebnis*, dass zuvor von einem Experten erdacht und in einer Verfahrensbeschreibung festgehalten wurde. Letztlich werden hier die Ent-scheidungen des Experten auf einfache Weise imitiert (Abb. 4.24, rechts). Ein Bei-spiel dafür sind Bauelementgeneratoren wie *PCells* (umgangssprachlich für *parame-trisierte Zellen*, s. Kap. 6 , Abschn. 6.4). Dabei handelt es sich um beim Analogentwurf verbreitete Werkzeuge, welche die geforderten elektrischen oder geometrischen Bauelementeigenschaften als Eingabeparameter verarbeiten und automatisch ein korrektes Layout des Bauelements für eine bestimmte Technologie erstellen.

Wie bereits erwähnt, ist der Analogentwurf durch eine große Anzahl von Frei-heitsgraden, Einflussfaktoren und funktionalen Randbedingungen gekennzeichnet. Zu den Freiheitsgraden des Analogentwurfs gehören die Topografie der Schaltung, die Parameter der Bauteile, die Anordnung der passenden Komponenten und die Anwendung spezieller Verdrahtungsvorgaben. Zu den Einflussfaktoren, die sich ne-gativ auf die Leistung und Robustheit einer analogen Schaltung auswirken, gehören u. a. Nichtlinearitäten, parasitäre Komponenten, elektromagnetische Kopplung, Temperatur und Elektromigration. Randbedingungen beschreiben, wie bereits er-wähnt, die Grenzen der Leistungsfähigkeit und Robustheit einer Schaltung und müssen für einen erfolgreichen Entwurf unbedingt eingehalten werden. Leider fehlt im Analogdesign oft eine formale Beschreibung der Einflussfaktoren und Randbe-dingungen. Das Fehlen einer vollständigen Problemdefinition ist der Hauptgrund dafür, dass der analoge Entwurfsprozess bisher nicht automatisiert werden konnte [4, 7, 8]. (Wir haben diesen und weitere Gründe in Abschn. 4.6.1. diskutiert).

Analoges Expertenwissen ist eine wichtige „Zutat" beim Entwurf analoger Schaltungen, die sich nicht angemessen in formale Ausdrücke für hochrangige, abs-trakte Entwurfsanforderungen (Randbedingungen) übersetzen lässt. Da Prozeduren das Expertenwissen implizit enthalten und somit „barrierefrei" nutzen können, hal-ten wir eine Bottom-up-Automatisierung auf der Grundlage des oben erwähnten prozeduralen Ansatzes für ein unverzichtbares Element in jedem zukünftigen „ana-logen Synthesefluss" (den wir in Abschn. 4.7 weiter untersuchen werden).

4.6.3   Digitaler Entwurfsablauf

Einer der Hauptunterschiede zwischen analogen und digitalen Schaltungen besteht darin, dass in ersteren analoge Werte und Funktionen verarbeitet werden, während letztere ausschließlich digitale Werte nutzen. Da digitale Werte in Bezug auf Zeit und Größe diskret sind, sind sie weniger anfällig für Störungen. Außerdem sind im Entwurf weniger Einschränkungen erforderlich, um das ordnungsgemäße Funktio-nieren zu gewährleisten. Die Verarbeitung von Randbedingungen ist somit beim digitalen Entwurf leicht zu automatisieren. Daher lassen sich digitale integrierte Schaltungen mit ausgereiften Synthesealgorithmen entwerfen; dies kann mit der *Logiksynthese* geschehen (die in Abb. 4.3 den „Schaltungsentwurf" überflüssig macht), wie in Bezug auf HDLs in Abschn. 4.1 beschrieben.

Es liegt auf der Hand, dass man mit einem automatisierten Ablauf viel komplexere Schaltungen entwerfen kann als manuell. Integrierte digitale Schaltungen werden von Jahr zu Jahr komplexer und können heute Milliarden von Transistoren und elektrische Verbindungen (Netze) umfassen. Bei diesem Komplexitätsgrad lassen sie sich nur mit Hilfe hochentwickelter Entwurfsalgorithmen wirtschaftlich entwerfen und verifizieren. Die Komplexität nimmt sowohl aufgrund der Miniaturisierung (Mooresches Gesetz, Kap. 1) als auch der technologischen Diversität (Stichwort: More than Moore [9]) rasch zu.

Die automatische Layout-Generierung, oft auch als *Layoutsynthese* bezeichnet, ist bei digitalen Schaltungen deutlich einfacher zu implementieren als bei analogen Schaltungen, da es weniger funktionale Randbedingungen gibt. Darüber hinaus reagieren digitale Schaltungen weniger empfindlich auf kleine Spannungsänderungen als ihre analogen Gegenstücke. Das ordnungsgemäße Funktionieren der digitalen Logik hängt im Wesentlichen von der zuverlässigen Unterscheidung zwischen einigen wenigen verschiedenen digitalen Logikzuständen ab. Außerdem bestehen diese Schaltungen aus einer relativ geringen Anzahl verschiedener Grundelemente (NAND, NOR, INV usw.).

Die Skalierbarkeit der Synthesealgorithmen (sowohl für die Logiksynthese als auch für die Layoutsynthese) ist aufgrund der (noch) anhaltenden Gültigkeit des Mooreschen Gesetzes bei digitalen integrierten Schaltungen von entscheidender Bedeutung. In diesem Zusammenhang werden typischerweise sogenannte Heuristiken verwendet, die es ermöglichen, dass die Syntheseschritte sehr schnell zu praktisch hinreichend guten Lösungen führen. Die Layoutsynthese digitaler Schaltungen lässt sich daher mit relativ einfachen Algorithmen automatisieren.

Verifikationen innerhalb der Layoutsynthese werden durchgeführt, um die Einhaltung vordefinierter Randbedingungen auf der Grundlage von Entwurfsregeln zu überprüfen. Diese Verifikationsschritte sind ein integraler Bestandteil des automatisierten Entwurfsprozesses, da die Synthesealgorithmen nie alle Randbedingungen berücksichtigen und in der Regel eher auf Geschwindigkeit als auf Qualität optimiert sind – daher ist die Korrektheit der Ausgabe grundsätzlich zu überprüfen. Der Rechenaufwand bei der Verifikation sowie bei den Syntheseschritten muss mit der Komplexität skalieren, darf also bei zunehmender Komplexität nicht überproportional wachsen. Die gesamte Schaltung kann normalerweise nicht vollständig analysiert werden, da dies zu viel Rechenzeit erfordern würde. Stattdessen profitiert der Verifikationsprozess von verschiedenen Filtertechniken, die diese teilweise komplexe Aufgabe auf einige ausgewählte Abschnitte der gesamten Schaltung eingrenzen, also beispielsweise auf bestimmte kritische Netze oder Module.

Der heutige Entwurfsablauf für digitale Schaltungen ist daher durch eine Vielzahl von Synthese-Analyse-Schleifen gekennzeichnet, wie in Abb. 4.25 dargestellt. Zum einen besteht der Ablauf aus einer Reihe von Syntheseschritten, die die Schaltungsgeometrie methodisch konkretisieren (Abb. 4.25, links). Zum anderen gibt es neben diesen Syntheseschritten eine Reihe von Verifikationsschritten. Sie überprüfen die Korrektheit der einzelnen Syntheseschritte und stellen so sicher, dass die resultierende Schaltung die erforderlichen elektrischen Eigenschaften und Funktionen aufweist und die Kriterien der Zuverlässigkeit und Herstellbarkeit erfüllt (Abb. 4.25, rechts).

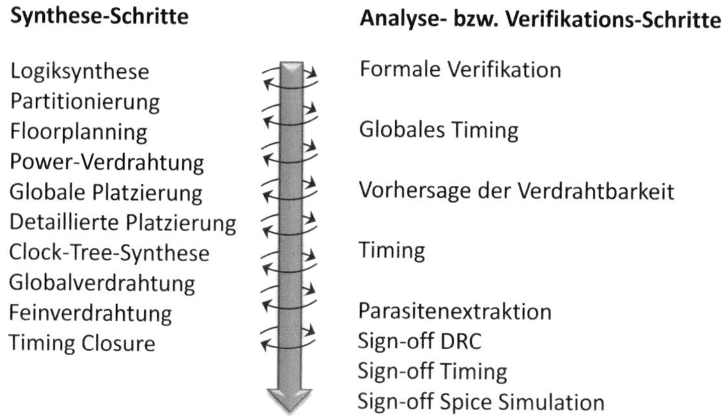

Synthese-Schritte   **Analyse- bzw. Verifikations-Schritte**

Logiksynthese   Formale Verifikation
Partitionierung
Floorplanning   Globales Timing
Power-Verdrahtung
Globale Platzierung   Vorhersage der Verdrahtbarkeit
Detaillierte Platzierung
Clock-Tree-Synthese   Timing
Globalverdrahtung
Feinverdrahtung   Parasitenextraktion
Timing Closure   Sign-off DRC
                                         Sign-off Timing
                                         Sign-off Spice Simulation

Abb. 4.25 Entwurfsablauf für digitale Schaltungen mit seinen typischen Synthese-Analyse-Schleifen [10]

4.6.4 Mixed-Signal-Entwurfsablauf

Die meisten der heutigen ICs sind Mixed-Signal-Designs. Ein *Mixed-Signal-Schaltkreis* kombiniert sowohl analoge als auch digitale Schaltungsteile auf einem einzigen Halbleiterchip. Mixed-Signal-ICs werden häufig verwendet, um analoge Signale in digitale Signale umzuwandeln, damit sie von digitalen Schaltungen verarbeitet werden können. Mixed-Signal-ICs bestehen aus einer Mischung aus digitaler Signalverarbeitung und analogen Schaltungsteilen und werden in der Regel für eine exakt definierte Anwendung entwickelt. Der Entwurf dieser Chips erfordert ein hohes Maß an Fachwissen (Abb. 4.26).

Sowohl Analog- als auch Digitaldesigner behaupten, dass ihre Designaufgaben „hochkomplex" sind, und in der Tat haben beide Recht, allerdings in einem jeweils anderen Sinne. Wie bereits erwähnt, sind analoge Entwürfe durch eine viel umfangreichere und komplexere Reihe von Randbedingungen und zu berücksichtigenden Störeinflüssen gekennzeichnet, die gleichzeitig berücksichtigt werden müssen und die sich über mehrere Bereiche erstrecken können (z. B. elektrische, elektrothermische, elektromechanische, technologische und geometrische Bereiche). Daher übersteigt bei typischen Mixed-Signal-ICs der Aufwand für die Entwicklung des analogen Teils in der Regel bei weitem den Aufwand für den digitalen Teil. Das gilt trotz der Tatsache, dass analoge Module im Vergleich zu digitalen Modulen in der Regel nur eine geringe Anzahl von Bauelementen enthalten. Wenn wir von Komplexität sprechen, ziehen wir es daher vor, zwischen (i) *quantitativer* Komplexität, wie sie bei digitalen Entwürfen zu beobachten ist und sich hauptsächlich auf die Anzahl der Entwurfselemente bezieht (auch „More Moore" nach dem Mooreschen Gesetz genannt), und (ii) *qualitativer* Komplexität zu unterscheiden. Letztere beruht auf der Vielfalt der zu berücksichtigenden Anforderungen (auch „More than Moore" genannt [9]), wie sie in analogen Entwürfen zu finden ist.

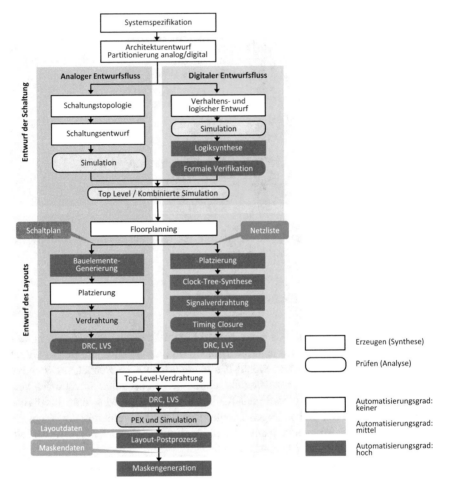

Abb. 4.26 Beispiel eines Entwurfsablaufs für Mixed-Signal-Schaltungen. Dieser ist durch ein kombiniertes Simulationsverfahren und Top-Level-Routing, gefolgt von einer gegenseitigen Verifikationsmethode, gekennzeichnet. Man beachte die verschiedenen Automatisierungsgrade, die durch unterschiedliche Grautöne gekennzeichnet sind. Iterationen (Schleifen), die durch Analyseschritte aktiviert werden können, sind der Übersichtlichkeit halber weggelassen

Mixed-Signal-ICs sind schwieriger zu entwickeln und herzustellen als rein analoge oder digitale integrierte Schaltungen. Beispielsweise verursachen schnell wechselnde digitale Signale Störungen an empfindlichen Analogeingängen, was umfangreiche Abschirmungstechniken in der Entwurfsphase erfordert. Auch die automatisierte Prüfung des fertigen Chips kann eine Herausforderung darstellen.

Beim Entwurf sind die hochentwickelten digitalen Entwurfsmethoden und die eher einfachen, meist manuellen Entwurfsmethoden für analoge Schaltungen zu kombinieren. Gleichzeitig muss den Schnittstellen und Interaktionen der beiden Schaltungstypen besondere Aufmerksamkeit gewidmet werden, was beispielsweise eine Verifikationsmethodik auf Chipebene erfordert, die analoge und digitale Domänen umfasst (s. Abb. 4.26).

4.7   Visionen für die analoge Entwurfsautomatisierung

Wie bereits erwähnt, ist der Layoutentwurf analoger ICs bei Weitem noch nicht in dem Maße automatisiert wie der Entwurf digitaler ICs. Diese Lücke ist – wie wir in Abschn. 4.6 gesehen haben – in erster Linie auf die hohe qualitative Komplexität des Entwurfsproblems zurückzuführen, der man im analogen IC-Design grundsätzlich gegenübersteht, selbst bei (quantitativ) kleinen Problemgrößen. Im Folgenden werden wir zwei Visionen vorstellen, die dieses Problem aus unserer Sicht überwinden könnten. Wir knüpfen daran die Hoffnung und Erwartung, dass die beiden hier vorgeschlagenen Paradigmenwechsel zu einer neuen Klasse von (höherwertigen) Entwurfsverfahren führen, die uns dem Ziel einer vollständigen Automatisierung des Analogentwurfs näherbringen.

Wir möchten betonen, dass unsere Vorschläge keine umwälzende Änderung der Arbeitsweise von Layoutern erfordern. Beide Vorschläge lassen sich schrittweise als eine Weiterentwicklung der üblichen industriellen Entwurfsabläufe einführen.

4.7.1   „Kontinuierlicher" Layoutentwurf

Wie bereits erörtert und in Abb. 4.22 dargestellt, werden die Freiheitsgrade des Entwurfs im modernen interaktiven analogen Layoutstil fließend (d. h. nicht stufenartig in „Sprüngen") reduziert. Dies ist kein inhärentes Merkmal des manuellen Arbeitsstils, wie man meinen könnte, sondern wird vielmehr durch die große Anzahl der erforderlichen Rekursionen verursacht. Diese Schleifen resultieren daraus, dass dieselben Entwurfsschritte, insbesondere Bauelementgenerierung, Platzierung und Verdrahtung (manchmal auch Floorplanning), für ein und dieselbe Layoutanordnung in der Regel mehrfach wiederholt werden, um Änderungen, die man als notwendig erachtet, vorzunehmen. Zuvor festgelegte Parameter, wie z. B. die Faltungscharakteristik eines Transistors oder die Breite eines Verdrahtungssegments, müssen aufgrund von Randbedingungen, die aufgrund der Vielfalt von relevanten Aspekten nicht rechtzeitig erkannt wurden, oder aber erst in einer späteren Phase des Entwurfsprozesses auftreten und daher gar nicht vorhersehbar waren, neu festgelegt werden. Auf diese Änderungen entfällt der größte Teil des Aufwands bei der analogen Layoutarbeit. Dadurch wiederholen sich die – an sich seriellen – Entwurfsschritte immer wieder aufs Neue, wodurch sich der Layoutfortschritt verlangsamt. Wenn es gelingt, diese Rekursionen zu reduzieren, wird sich die Effizienz des interaktiven Layoutstils im Analogentwurf erheblich verbessern.

Bevor wir unseren Lösungsvorschlag skizzieren, wollen wir auf die Ursache dieses Phänomens eingehen. Diese besteht darin, dass die in den heutigen Layout-Editoren verwendeten *Editierbefehle* einfache Implementierungen der „klassischen" Entwurfsschritte (Bauelemente generieren, Platzieren, Verdrahten) für den *interaktiven* Gebrauch sind. Das Problem, das sich daraus ergibt, lässt sich am besten erklären, wenn man sich ansieht, wie die Editorbefehle die Freiheitsgrade beim Entwurf beeinflussen.

Jeder Entwurfsparameter (d. h. die Eigenschaft eines Entwurfselements wie z. B. eine Leiterbahnbreite) lässt sich als ein Entwurfsfreiheitsgrad betrachten. Wenn man für einen Entwurfsparameter einen Wert festlegt, wird der zugehörige Freiheitsgrad eliminiert. Im Folgenden schauen wir uns zwei typische Layoutaufgaben und die zugehörigen Editorbefehle an, um ihre Auswirkungen auf die Freiheitsgrade des Entwurfs aufzuzeigen.

Die Aufgabe „Layoutentwurf eines Netzes" (wir nennen sie gewöhnlich „Verdrahtung") wird in der Regel durch das Zeichnen von Pfaden ausgeführt. Führt man in einem Layouteditor den Befehl zur Erzeugung eines Pfades aus, eliminiert man *gleichzeitig alle* Freiheitsgrade, die eine elektrische Verbindung haben kann, also die Lagenzuordnung, x- und y-Koordinaten aller Segmente, Steiner-Knoten, Leiterbahnbreiten usw. Dies wird durch die Befehlsfunktion erzwungen, d. h. es ist eine Eigenschaft des Befehls selbst.

Dasselbe geschieht beim „Platzieren" eines Bauelements, bei dem alle damit verbundenen Freiheitsgrade – hier sind es die x-, y-Koordinaten der absoluten Position, die Orientierung und implizit auch alle Beziehungen zu anderen Layoutelementen – mit einem einzigen Mausklick eliminiert werden.

In diesem „entwurfsschrittartigen" Verhalten der Editierbefehle, die wir bis heute in den Layout-Editoren vorfinden, liegt der eigentliche Grund für die oben erwähnten Rekursionen. Jeder Editierbefehl lässt nur eine kombinierte Behandlung der Freiheitsgrade zu, wobei die Kombination einen der genannten Entwurfsschritte widerspiegelt. Die einem Layoutentwurfsschritt innewohnenden Freiheitsgrade werden dabei *zwangsweise alle auf einmal* eliminiert. So ist ein Layouter permanent gezwungen, implizite Entscheidungen über Freiheitsgrade zu treffen, ohne zum Zeitpunkt der Entscheidung über alle Informationen zu verfügen, die man dazu eigentlich bräuchte. Die Bearbeitung erfolgt somit durch „Versuch und Irrtum" und zieht viele Rekursionen nach sich.

Trotz dieser nachteiligen Eigenschaften der heutigen Layout-Editoren, wird diese Arbeitsweise von Analoglayoutern allgemein akzeptiert, da sie „natürlich" erscheint und man sich seit Jahrzehnten daran gewöhnt hat. Wir möchten das Bewusstsein für diesen „blinden Fleck" schärfen und einen Vorschlag für einen neuartigen Layout-Entwurfsfluss machen, der dieses Problem angeht. Wir nennen ihn den *kontinuierlichen Layoutentwurf.*

Viel günstiger wäre es, wenn im Verlauf des Layoutentwurfs immer nur diejenigen Freiheitsgrade eliminiert werden müssten, deren Parameter sich in der aktuellen Entwurfsphase zweifelsfrei bestimmen lassen. Genau das ist der Inhalt unseres Vorschlags. Damit werden die *Aufgaben* der Platzierung und Verdrahtung in der realen *Umsetzung* im Entwurfswerkzeug von ihren für die *Entwurfsschritte* der Platzierung und Verdrahtung charakteristischen Freiheitsgraden entkoppelt, so dass auf diese Freiheitsgrade nunmehr direkt, d. h. einzeln, zugegriffen werden kann und sie sich somit unabhängig verwalten und bearbeiten lassen. Im Ergebnis werden sie nun während des Layoutprozesses *kontinuierlich* eliminiert, da jeder einzelne nur dann eliminiert wird, wenn es gemäß seinem „Definitionsstatus" notwendig oder angemessen ist.

Bei der so erzeugten Kontinuität werden die Freiheitsgrade also in gewisser Weise auch „fließend" reduziert wie bisher (s. o.). Allerdings ist dies nun eine inhärente Eigenschaft des neuen *kontinuierlichen Layoutentwurfs* und nicht mehr eine durch die Rekursionsschleifen erzwungene Eigenschaft, die letztlich nur dadurch zustande kommt, dass man die Entwurfsschritte Platzierung und Verdrahtung rekursiv ständig aneinanderreiht, wobei sich die fließende Abnahme der Freiheitsgrade nur aus der Mittelung dieser ständigen Vor- und Rücksprünge ergibt.

Ein in diesem neuen Sinne kontinuierlicher Entwurfsablauf könnte für die Aufgabe der Verdrahtung beispielsweise so aussehen: für ein Netz kann es bereits zu einem frühen Zeitpunkt sinnvoll sein, sich zunächst nur für einen Layer zu entscheiden. Danach könnte der Layouter dann auf Basis weiterer Erkenntnisse eine Vorzugsrichtung festlegen und später, wenn beispielsweise bestimmte Stromflüsse in Teilnetzen feststehen, die Leiterbahnbreite entsprechender Pfadsegmente. Die endgültige Festlegung, wo die einzelnen Pfadsegmente liegen, könnte noch später erfolgen, evtl. verteilt auf mehrere Schritte, wenn andere Elemente platziert sind und die Layoutumgebung klarere Formen angenommen hat.

Eine derartige Vorgehensweise würde man auf alle Layoutelemente anwenden und so lange durchführen, bis alle Freiheitsgrade eliminiert sind und damit das endgültige Layout vorliegt. In einem solchen *kontinuierlichen Layoutentwurf* würde das Layout zunächst auf einer „symbolischen" Ebene entstehen, bevor es durch schrittweise Festlegung der tatsächlichen physikalischen Parameter immer konkretere Formen annimmt, bis es schließlich zu einem echten physikalischen Entwurf (Layoutentwurf) „kristallisiert".

Durch den Wegfall der Rekursionen ist ein kontinuierlicher Layoutentwurf wesentlich effektiver, da jede Entwurfsentscheidung nur einmal gemacht werden muss. Dadurch ist er automatisch auch effizienter, d. h. schneller und kostengünstiger. Auch sollten qualitativ bessere Ergebnisse erreichbar sein, da auf viele Rekursionen, die zu einer Qualitätsverbesserung führen würden, aufgrund des damit verbundenen Aufwands in der heutigen Realität verzichtet wird.

Ein weiterer signifikanter Vorteil des kontinuierlichen Layoutentwurf besteht darin, dass er auch die Wiederverwendung (den „Re-use") früherer Layoutlösungen unterstützt. Mit dem heute üblichen Layout-Entwurfsfluss ist das ein bekanntes Problem. Es gibt viele Gründe, warum die Wiederverwendung bestehenden Layouts scheitert. Die häufigsten sind, dass (i) der Entwurf zu anwendungsspezifisch ist, (ii) Schaltungsänderungen, selbst wenn diese nur gering sind, große Änderungen im Layout erfordern können, (iii) ein neuer Technologieknoten verwendet wird und (iv) die Form eines Layoutblocks nicht in den Floorplan passt. Die Ursache all dieser Hinderungsgründe kann auf einen Nenner gebracht werden: ein fertiges Layout hat keine Freiheitsgrade!

Das vorgestellte neuartige „Managementmodell" für Entwurfsfreiheitsgrade eröffnet völlig neue Wege zur Wiederverwendbarkeit vorhandener Layoutlösungen, indem man bereits vorhandenes Layout so wiederverwendet, dass die durch funktionale Randbedingungen bestimmten Freiheitsgrade eliminiert werden. Mit anderen Worten: alle durch die Erfüllung einer Randbedingung induzierten Entwurfsentscheidungen werden beibehalten. Die restlichen Freiheitsgrade lässt man

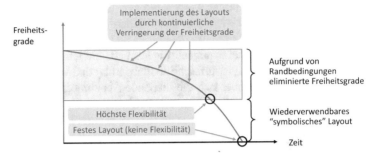

Abb. 4.27 Im vorgeschlagenen „kontinuierlichen Layoutentwurf" werden die Entwurfsfreiheitsgrade kontinuierlich reduziert [4]. Die Wiederverwendung des „unfertigen" Layouts auf der symbolischen Ebene unterstützt die Anpassung an neue projektspezifische Anforderungen, da die symbolische Ebene noch die Freiheitsgrade enthält, die man für die Anpassung benötigt

im Entwurf. Der Kopiervorgang geschieht somit auf einer höheren (symbolischen) Abstraktionsebene. Abb. 4.27 veranschaulicht diese flexiblere Wiederverwendbarkeit vorhandener Layoutlösungen.

Der entscheidende Vorteil liegt somit darin, dass sich mit Hilfe der verbleibenden Freiheitsgrade der Entwurf an die neuen projektspezifischen Anforderungen einer Wiederverwendung (z. B. ein neuer Floorplan) anpassen lässt, womit die oben genannten Probleme, an denen die Wiederverwendung fertiger Layouts in den meisten Fällen heute scheitern, überwunden werden. Eine hohe Anzahl von verbleibenden Freiheitsgraden bedeutet eine größere Restflexibilität und damit eine größere „Wiederverwendbarkeit". Und je mehr das zu lösende Entwurfsproblem dem symbolischen (unfertigen) „Re-use-Layout" ähnelt, desto weniger verbleibende Freiheitsgrade werden für Änderungen benötigt und desto geringer ist der Arbeitsaufwand. Dies ist ein weiterer großer Vorteil gegenüber den derzeitigen Wiederverwendungsansätzen, denen diese Fähigkeit zur Anpassung eines Layouts an ein neues Projekt fehlt.

Dieser „kontinuierliche" Layout-Entwurfsfluss lässt sich durch Erweiterungen der heutigen analogen Layout-Werkzeuge, die auf grafischen Editoren basieren, implementieren. Jede neue Funktion, welche die Eliminierung einzelner Freiheitsgrade ermöglicht, könnte als neuer Editierbefehl in einem grafischen Editor eingeführt werden. Dies wäre mit einer Visualisierung des Status eines symbolischen Layouts zu ergänzen.

4.7.2 „Bottom-up-meets-top-down"-Layoutentwurf

Wir kamen in den Abschn. 4.6.1 und 4.6.2 zu der Erkenntnis, dass die Top-down-Automatisierung allein das analoge Layoutproblem nicht vollständig lösen kann. Der beste Weg, die diskutierten Probleme bei der analogen Top-down-Optimierung anzugehen, besteht darin, diese Strategie durch geeignete Bottom-up-Verfahren

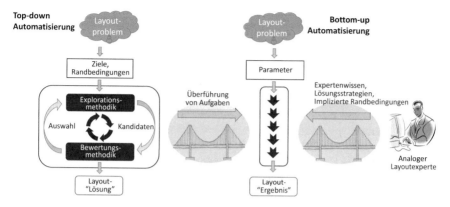

Abb. 4.28 Die Kombination von Top-down- und Bottom-up-Entwurfsansätzen erfordert zwei Brücken, damit beide Entwurfsstile sich miteinander kombinieren lassen (Mitte) und Entwurfsexperten ihr Designwissen direkt und ohne Hürden einbringen können (rechts)

(z. B. PCells) zu ergänzen. Der Grundgedanke dabei ist, dass Bottom-up-Verfahren potenziell die in optimierungsbasierten Ansätzen fehlenden Funktionen bereitstellen können, wie Abb. 4.28 veranschaulicht.

Ein häufiges Problem bei der Top-down-Automatisierung ist, dass algorithmisch erstellte Layout-Lösungen von erfahrenen Designern abgelehnt werden, weil sie nicht ihren Erwartungen entsprechen. Analoge Designer bevorzugen die Wiederverwendung bestehender, möglichst im Silizium schon verifizierte Entwurfslösungen, die in der Regel auf jahrelanger Entwurfserfahrung (Expertenwissen) beruhen.

Eine Stärke der Bottom-up-Automatisierung ist ihre Fähigkeit, die Wiederverwendung einzelner Entwurfslösungen (d. h. „Copy-Paste") zu einer anspruchsvolleren Methode, nämlich der Wiederverwendung von Entwurfsstrategien zu erweitern. Um dies zu ermöglichen, bedarf es neuartiger Methoden, die es Schaltungs- und Layout-Designern (also den Experten) ermöglichen, ihre Entwurfsstrategien effizient, d. h. direkt und möglichst barrierefrei, in neuartige automatisierte Verfahren einzubringen. Erst dann werden wir echte Fortschritte bei Bottom-up-Ansätzen sehen. Dies ist vor allem eine Frage der Werkzeugschnittstellen. Je besser die Schnittstellen mit der Denkweise des Designers übereinstimmen und je besser sie an seinen Arbeitsstil angepasst sind, desto leichter werden die Bottom-up-Techniken das wertvolle Expertenwissen, die Fähigkeiten und die Kreativität erfassen, die bei reinen Top-down-Automatismen meist fehlen. Diese Schnittstellen und Verfahren müssen mehr sein als nur neuartige Beschreibungssprachen oder Werkzeugassistenten: Sie sollten für einen Schaltungsentwickler „schaltplanartig" und für einen Konstrukteur „layoutartig" sein.

Wie in Abschn. 4.6.1 erwähnt, wird die Automatisierung des Analogentwurfs durch die qualitative Komplexität, die die Kenntnis und Beherrschung vieler verschiedenartiger Randbedingungen und Störeinflüsse von Analogschaltungen voraussetzt (auch „Expertenwissen" genannt), stark behindert. Die Fähigkeit von Bottom-up-Verfahren, implizit integriertes Expertenwissen zu nutzen, ist in dieser Hinsicht eine ideale Ergänzung zu Optimierungsansätzen. Wenn es daher gelingt, dass sich die Top-down arbeitenden Optimierungsverfahren auf „strategische Randbedingungen", wie z. B. High-Level-Design-Anforderungen beschränken lassen (deren Umsetzung ihre Stärke ist), und die Berücksichtigung der verbleibenden, typisch analogen Randbedingungen, welche weitgehend auf der Transistorebene liegen, von den dort ansetzenden Bottom-up-Verfahren übernommen werden, ließe sich dieses Problem beseitigen. In dieser Hinsicht können die Top-down-Optimierer als „übergeordnete Werkzeuge" betrachtet werden, die spezielle Aufgaben an ihre „untergeordneten" prozeduralen Bottom-up-Werkzeuge delegieren.

Trotz der weit verbreiteten Annahme, dass prozedurale Verfahren nur eine „handwerklich" geprägte Form der Automatisierung sind, sollte die Entwicklung der oben genannten Techniken eine akademisch reizvolle und praktisch gewinnbringende Herausforderung für die zukünftige EDA-Forschung darstellen. Die Zusammenführung weiterentwickelter und neuartiger Bottom-up-Prozeduren mit den prinzipiell mächtigen, existierenden Verfahren der Top-down-Automatisierung könnte der Schlüssel sein zur Erreichung eines durchgängigen Syntheseflusses für den Entwurf analoger integrierter Schaltkreise – seit vielen Jahren ein „heiliger Gral" der EDA.

Um diese Vision Wirklichkeit werden zu lassen, brauchen wir mindestens zwei Arten von „Brücken" (s. Abb. 4.28). Erstens müssen ausgefeilte Verfahren entwickelt werden, die es Entwurfsexperten ermöglichen, ihr Design-Know-how direkt und ohne Hürden in Bottom-up-Automatisierungsverfahren (wir sehen hier insbesondere prozedurale Ansätze) einzubringen. Zweitens bedarf es technischer Konzepte, welche die unterschiedlichen Automatisierungsparadigmen der optimierungsbasierten (Top-down) und prozeduralen (Bottom-up) Ansätze intelligent miteinander verbinden. Die Schaffung derartiger Brücken stellt eine wissenschaftlich anspruchsvolle Herausforderung dar. Gelingt es sie zu lösen, wäre das Ergebnis ein durchgängig automatisierter *Bottom-up-meets-top-down-Entwurfsablauf,* der es ermöglicht, das bislang nur im Handentwurf eingesetzte Expertenwissen einzubeziehen und gleichzeitig High-Level-Entwurfsanforderungen über starke Optimierungsverfahren zu erfüllen.

Literatur

1. A. B. Kahng, J. Lienig, I. L. Markov, et al., *VLSI Physical Design: From Graph Partitioning to Timing Closure*, 2. Aufl. (Springer, Cham, 2022). ISBN 978-3-030-39283-3. https://doi.org/10.1007/978-3-030-96415-3
2. D. D. Gajski, R. H. Kuhn, Guest editor's introduction: new VLSI tools. *IEEE Comput.* (1983). https://doi.org/10.1109/MC.1983.1654264
3. C. Maxfield, *FPGAs: Instant Access* (Newnes & Elsevier, Oxford, 2008). ISBN 978-0750689748
4. J. Scheible, J. Lienig, Automation of analog IC layout – challenges and solutions, in *Proceedings International Symposium on Physical Design (ISPD)* (ACM, 2015), S. 33–40. https://doi.org/10.1145/2717764.2717781
5. J. Scheible, Optimized is not always optimal – the dilemma of analog design automation, in *Proceedings International Symposium on Physical Design (ISPD)* (ACM, 2022), S. 151–158. https://doi.org/10.1145/3505170.3511042

6. R. Rutenbar, Design automation for analog: the next generation of tool changes, in *Proceedings International Symposium on Physical Design (ISPD) and 1st IBM Academic Conference on Analog Design, Technology, Modelling and Tools* (ACM, 2006), S. 458–460. https://doi.org/10.1145/1233501.1233593

7. A. Krinke, M. Mittag, G. Jerke, et al., Extended constraint management for analog and mixed-signal IC design, in *IEEE Proceedings of the 21th European Conference on Circuit Theory and Design (ECCTD)* (2013), S. 1–4. https://doi.org/10.1109/ECCTD.2013.6662319

8. A. Nassaj, J. Lienig, G. Jerke, A new methodology for constraint-driven layout design of analog circuits, in *Proceedings of the 16th IEEE International Conference on Electronics, Circuits and Systems (ICECS)* (2009), S. 996–999. https://doi.org/10.1109/ICECS.2009.5410838

9. G. Q. Zhang, A. Roosmalen (Hrsg.), *More than Moore* (Springer, New York, 2009). ISBN 978-0-387-75592-2. https://doi.org/10.1007/978-0-387-75593-9

10. J. Lienig, Electromigration and its impact on physical design in future technologies, in *Proceedings International Symposium on Physical Design (ISPD)* (ACM, 2013), S. 33–40. https://doi.org/10.1145/2451916.2451925

Kapitel 5
Layoutentwurf in Schritten: Von der Netzliste bis zum Layout-Postprozess

Nachdem wir in Kap. 4 die Modelle, die Stile, die Aufgaben und die Abläufe des heutigen Layoutentwurfs im Überblick vorgestellt haben, untersuchen wir nun die verschiedenen Schritte, die erforderlich sind, um das Layoutergebnis zu erzeugen.

Ein Layout wird aus einer Netzliste generiert. Zunächst widmen wir uns dem Erstellen einer Netzliste, was entweder durch die Verwendung von Hardware-Beschreibungssprachen (Hardware Description Languages, HDLs) im digitalen Design (Abschn. 5.1) oder durch Ableitung aus einem Schaltplan, wie es im Analogentwurf üblich ist (Abschn. 5.2), geschieht. Anschließend stellen wir die Entwurfsschritte Partitionierung, Floorplanning, Platzierung und Verdrahtung detailliert vor (Abschn. 5.3). Alle diese Schritte werden im Digitalentwurf, auf den wir uns hier konzentrieren, durch hochentwickelte EDA-Tools unterstützt. Dieser Abschnitt behandelt auch die wichtigsten Aspekte der symbolischen Kompaktierung, des Standardzellenentwurfs und des Leiterplattenentwurfs. (Wir betrachten den Layoutentwurf analoger Schaltungen im anschließenden Kap. 6.)

Danach ist das resultierende Layout zu verifizieren. Dieser Verifikationsschritt bestätigt sowohl die funktionale Korrektheit als auch die Herstellbarkeit des Layouts. Methoden und Werkzeuge für eine umfassende Entwurfsprüfung mit Schwerpunkt auf der Layoutverifikation werden in Abschn. 5.4 behandelt. Abschließend gehen wir kurz auf Methoden des Layout-Postprozesses ein, wobei Techniken zur Auflösungsverbesserung (RET) im Vordergrund stehen, da sie sich auf den Layoutentwurf auswirken können (Abschn. 5.5).

© Der/die Autor(en), exklusiv lizenziert an Springer Nature Switzerland AG 2023
J. Lienig, J. Scheible, *Grundlagen des Layoutentwurfs elektronischer Schaltungen*,
https://doi.org/10.1007/978-3-031-15768-4_5

5.1 Generierung einer Netzliste mit Hardware-Beschreibungssprachen

5.1.1 Überblick und Geschichte

Die explodierende Komplexität digitaler elektronischer Schaltungen seit Mitte der 1960er-Jahre (Mooresches Gesetz, Kap. 1, Abschn. 1.2.3) erforderte es zunehmend, dass Schaltungsentwickler digitale Logikbeschreibungen verwenden, die das Design auf hohem Niveau charakterisieren. Gefragt war eine standardisierte, textbasierte Beschreibung der Struktur elektronischer Systeme und ihres Verhaltens, unabhängig von der Technologie. Folglich erschienen die ersten *Hardware-Beschreibungssprachen* (*HDLs*) in den späten 1960er-Jahren [1]. Sie boten eine präzise, formale Beschreibung elektronischer Schaltungen und ermöglichten deren automatische Analyse und Simulation. Mit diesen Sprachen wurde auch das Konzept der *Register-Transfer-Ebene* (*RTL*) eingeführt. Hierbei handelt es sich um eine Entwurfsabstraktion, die eine synchrone digitale Schaltung anhand des Signalflusses zwischen Hardware-Registern und von logischen Operationen modelliert.

Als die Entwürfe in den 1980er-Jahren noch komplexer wurden, führte 1985 Gateway Design Automation die erste moderne, auch heute noch benutzte Hardware-Beschreibungssprache, *Verilog*, ein. Cadence® Design Systems erwarb später die Rechte an Verilog-XL, dem HDL-Simulator, der für das nächste Jahrzehnt zum De-facto-Standard für Verilog-Simulatoren werden sollte.

Das US-Verteidigungsministerium startete 1980 das VHSIC-Programm (Very High Speed Integrated Circuit), welches bedeutende Fortschritte in den Bereichen IC-Materialien, Lithografie, Packaging, Test und Algorithmen ermöglichte. Dieses Programm führte auch zur Entwicklung von *VHDL* (VHSIC Hardware Description Language) im Jahr 1987, das neben Verilog die zweite wichtige Hardware-Beschreibungssprache ist, die heute verwendet wird. VHDL lehnt sich sowohl in den Konzepten als auch in der Syntax stark an die Programmiersprache Ada an.

Ursprünglich nutzte man Verilog und VHDL, um Schaltungsentwürfe zu dokumentieren und zu simulieren, die bereits in anderer Form, z. B. in einer Schaltplandatei, erfasst und beschrieben waren. Diese Vorgehensweise führte dann zur HDL-Simulation, die es ermöglichte, auf einer höheren Abstraktionsebene zu arbeiten als die Simulation auf Schaltplanebene. Dadurch ließ sich die Entwurfskapazität von Hunderten auf Tausende von Transistoren erhöhen.

Ein weiterer Fortschritt, der durch Hardware-Beschreibungssprachen vorangetrieben wurde, war die Einführung der Logiksynthese, welches letztlich Hardware-Beschreibungssprachen (HDLs) zum Durchbruch bei digitalen Designs verhalf. Derartige Synthesewerkzeuge kompilieren HDL-Quelldateien, die z. B. in einem eingeschränkten Format unter Verwendung des RTL-Konzepts geschrieben wurden, zu einer herstellbaren Netzlistenbeschreibung in Form von Gattern und Transistoren. Infolgedessen haben sich VHDL und Verilog als die dominierenden HDLs in der Elektronikindustrie durchgesetzt und finden auch heute noch Verwendung.

In den 1990er-Jahren wurde damit begonnen, analoge Funktionen in Hardware-Beschreibungssprachen zu integrieren, um den gleichzeitigen Entwurf von analogen und gemischt analog/digitalen Blöcken bzw. Schaltungen zu unterstützen. Ein Ergebnis dieser Bemühungen war *VHDL-AMS*, das sich zu einer De-facto-Standard-Modellierungssprache für Mixed-Signal-Schaltungen entwickelt hat. Sie enthält Analog- und Mixed-Signal-Erweiterungen (AMS), die das Verhalten dieser Systeme definieren [2]. VHDL-AMS bietet sowohl eine zeitkontinuierliche als auch eine ereignisgesteuerte Modellierungssemantik. Diese Sprache eignet sich daher gut für die Verifikation komplexer analoger und Mixed-Signal-Schaltungen.

Im gleichen Zeitraum wurde auch Verilog angepasst – Verilog-AMS ist eine Ableitung der Hardware-Beschreibungssprache Verilog, die analoge und Mixed-Signal-Erweiterungen enthält.

5.1.2   Elemente und Beispiel

Abb. 5.1 veranschaulicht die VHDL-Syntax zur Beschreibung eines Elements am Beispiel eines Halbaddierers (Half adder). Dieses logische Element addiert zwei binäre Ziffern und erzeugt zwei Ausgänge als Summe und Übertrag; XOR wird auf beide Eingänge angewandt, um „Summe" zu erzeugen, und ein AND-Gatter erzeugt den „Übertrag" aus beiden Eingängen. Mit Hilfe eines Halbaddierers kann man eine einfache Addition mit Hilfe von Logikgattern durchführen. Wie in Abb. 5.1 gezeigt, besteht der VHDL-Quellcode für diesen Halbaddierer aus einer Beschreibung seiner Schnittstelle (links) und seiner Verhaltenseigenschaften (rechts).

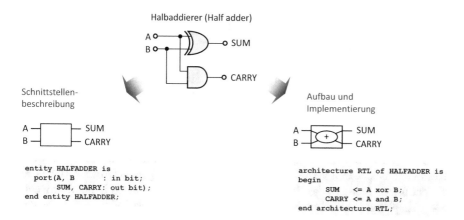

Abb. 5.1   Illustration der Darstellung eines Logikelements (Half adder) in VHDL mit der Schnittstellenbeschreibung (links) und dem zugehörigen „inneren Aufbau", also seinem Verhalten (rechts). Man beachte die Verwendung der Schlüsselwörter „entity" und „architecture"; das erste wird zur Beschreibung der Schnittstelle verwendet, das zweite zur Beschreibung der Implementierung und des Verhaltens eines VHDL-Objekts

Der Prozess der Erstellung einer HDL-Beschreibung hängt in hohem Maße von der Art des Schaltkreises und der Präferenz des Entwicklers für den Kodierungsstil ab. Die HDL ist lediglich die „Erfassungssprache", die oft als algorithmische Beschreibung auf hoher Ebene beginnt, wie z. B. ein in C++ geschriebenes mathematisches Modell. Entwickler verwenden häufig Skriptsprachen wie Python, um automatisch wiederkehrende Schaltkreisstrukturen in der HDL-Sprache zu erzeugen. Spezielle Texteditoren bieten Funktionen zur automatischen Einrückung, syntaxabhängigen Einfärbung und makrobasierten Erweiterung der Element-/Architektur-/Signaldeklaration.

Eine Hardware-Beschreibungssprache ähnelt einer Programmiersprache wie C; es handelt sich um eine textuelle Beschreibung, die aus Ausdrücken, Anweisungen und Kontrollstrukturen besteht. Ein grundlegender Unterschied zwischen den meisten Programmiersprachen und HDLs ist, dass letztere *gleichzeitige* Anweisungen unterstützen. Derartige Anweisungen kennzeichnen nicht einen Schritt in einem sequenziellen Kontrollfluss (wie es in anderen Programmiersprachen der Fall ist), sondern sie beschreiben ein Stück Hardware; diese Anweisungen können „parallel", also zur gleichen Zeit, ausgeführt werden und nicht nacheinander. Gleichzeitige Anweisungen lassen sich daher in beliebiger Reihenfolge im HDL-Code implementieren. Ein weiterer wichtiger Unterschied zu Programmiersprachen besteht darin, dass HDLs die Eigenschaft „Zeit" berücksichtigen können.

5.1.3 Entwurfsablauf

Nun gehen wir darauf ein, wie eine HDL im Entwurfsablauf eingesetzt wird. Die meisten Entwürfe beginnen mit einer Reihe von Anforderungen (der Spezifikation) oder einem High-Level-Architekturdiagramm (Kap. 4, Abschn. 4.1). Kontroll- und Entscheidungsstrukturen werden häufig mit Flussdiagrammen veranschaulicht oder in einen Zustandsdiagrammeditor eingegeben.

Ein wesentlicher Bestandteil des HDL-Entwurfs ist die Möglichkeit, diese Hardwarebeschreibung zu simulieren. Durch die Simulation lässt sich eine HDL-Entwurfsbeschreibung als eine Art von „Modell" betrachten und einer Entwurfsverifikation unterziehen. (Die Entwurfsverifikation ist oft der zeitaufwändigste Teil des Entwurfsprozesses.) Wie in Abb. 5.2 dargestellt, ermöglicht die Simulation auch Architekturuntersuchungen auf Systemebene. Hier kann man mit Entwurfsentscheidungen experimentieren, indem man mehrere Varianten eines Basisentwurfs erstellt und dann deren Verhalten in den Simulationen vergleicht (Abschn. 5.4.3). In diesem frühen Stadium des Entwurfsprozesses ist es relativ einfach und weit weniger kostspielig, architektonische Entwurfsvarianten zu erkunden, als in späteren Phasen.

Auf der Systemebene sind die funktionalen Elemente und deren Verbindungsstruktur zu definieren, was als *Verhaltensentwurf* oder *funktionaler Entwurf* bezeichnet wird. Jedem Element ist eine Menge von Eingängen, Ausgängen und eine

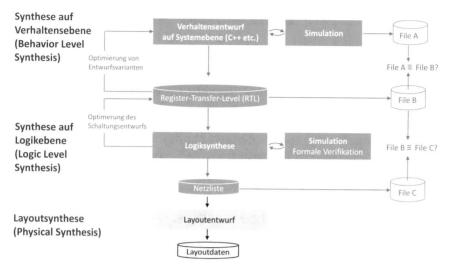

Abb. 5.2 Die wichtigsten Schritte in einem Entwurfsablauf mit einer Hardware-Beschreibungssprache (HDL)

Beschreibung des zeitlichen Verhaltens zugeordnet. Somit legt man in diesem Stadium nur das Verhalten auf hoher Ebene fest, nicht aber die detaillierte Implementierung innerhalb der Elemente.

Der daraus resultierende HDL-Code auf RTL-Ebene wird in Vorbereitung auf die anschließende Logiksynthese einer Reihe von automatisierten Prüfungen unterzogen. Somit lassen sich frühzeitig Fehler erkennen, bevor man die HDL-Beschreibung in eine Netzliste synthetisiert.

Während der auf den Verhaltensentwurf folgenden *Logiksynthese* wird die HDL-Beschreibung automatisch in eine Netzliste umgewandelt, d. h. in eine Liste von Signalnetzen und konkreten Schaltungselementen, wie z. B. Standardzellen. Diese Netzliste kommt dann beim nachfolgenden Layoutentwurf der Schaltung zum Einsatz (Abschn. 5.3). Beim Layoutentwurf selbst spielen HDLs keine wesentliche Rolle mehr, da die hier abzuarbeitenden Entwurfsschritte zunehmend technologie-spezifische Informationen enthalten, die (absichtlich) nicht in einer generischen HDL-Beschreibung gespeichert werden können.

Da die beim Layoutentwurf erstellte Verdrahtung ausschlaggebend für die internen Zeitverzögerungen eines Timing-sensiblen ICs ist, können moderne Synthesewerkzeuge vorausschauend Platzierungs- und Verdrahtungsmerkmale berücksichtigen. In diesem Fall bereitet das Synthesewerkzeug ein Timing-optimiertes Layout vor, z. B. durch die Vorgabe von Puffergrößen oder Platzierungsbeschränkungen. Das Synthesewerkzeug erstellt dabei eine „vorplatzierte Netzliste", um die Timing-Anforderungen auch beim Layoutentwurf nicht zu gefährden. Hierfür wurde der Begriff *physikalische Synthese* eingeführt, da diese Vorgehensweise die Grenze zwischen Logik- und Layoutsynthese verwischt.

5.2   Generierung einer Netzliste mittels Schaltplan

5.2.1   *Übersicht*

Eine Netzliste lässt sich nicht nur mittels einer Hardware-Beschreibungssprache erzeugen, sondern auch aus einem Schaltplan (Kap. 3, Abschn. 3.1.3). Dieser Ansatz, der bei Analog- und Leiterplattenentwürfen üblich ist, wird als *Schaltplaneingabe* (*Schematic entry*) oder *symbolische Entwurfseingabe* bezeichnet. Hierbei nutzt man ein spezielles Grafikprogramm, den Schaltplaneditor. Mit einem solchen Editor positioniert der Designer Symbole, welche die Bauelemente darstellen, und verbindet ihre Pins durch Linien, die ihre elektrischen Verbindungen repräsentieren. Die hier verwendete topologische Anordnung hat offensichtlich keinen Bezug zu den geometrischen Eigenschaften der endgültigen Schaltungsimplementierung – ihr Hauptzweck besteht darin, die Bauelemente in der Schaltung und ihre Verbindungen grafisch zu dokumentieren. Die resultierende Grafik, der *Schaltplan*, wird dann in eine Netzliste umgewandelt, welche dieselben Informationen enthält, d. h. eine Liste der elektronischen Komponenten der Schaltung und eine Liste der *Netze* (auch *Knoten* genannt), mit denen sie verbunden sind.

Die symbolische Entwurfseingabe, d. h. das Erstellen von Schaltplänen, ist nach wie vor die bevorzugte Methode für kleine und mittelgroße Entwürfe, insbesondere für analoge Schaltungen und Leiterplatten. Allerdings sind auch diese beiden Entwurfsformen durch zunehmende Komplexität gekennzeichnet, weshalb man hier einen *hierarchischen Entwurfsstil* anwendet. Dabei enthalten höhere Entwurfsebenen *Blocksymbole*, die Entwurfsmodule auf niedrigeren Ebenen zusammenfassen. Blocksymbole können mehrfach instanziiert werden. Daneben nutz man (insbesondere auf niedrigen Ebenen) *elementare Symbole* für grundlegende elektronische Bauelemente, wie z. B. Transistoren. Die schematische Darstellung jeder Ebene verwaltet man in der Regel in einer separaten Datei.

Die Daten für ein einzelnes Symbol werden in einer Symbolbibliothek gespeichert. Wenn man ein Symbol in einem Schaltplan platziert, wird nur ein Zeiger auf dieses Bibliothekselement im Entwurf gespeichert. Da ein und dasselbe Symbol in einem Entwurf mehrfach instanziiert (platziert) werden kann, sind die einzelnen Bauelemente durch ihre *Instanznamen* zu unterscheiden. Die meisten Schaltplaneditoren verwenden einen automatischen Nummerierungsmechanismus für diese *Instanziierung* von Bauelementen.

Die Schaltplaneingabe ist in der Regel einer der ersten Schritte in einem Entwurfsprozess. Er dient nicht nur der grafischen Dokumentation der Schaltung, sondern ermöglicht auch die Durchführung von Simulationen und Verifikationen. Der so verifizierte Schaltplan wird dann in eine Netzliste umgewandelt, die für den nächsten Entwurfsschritt, den Layoutentwurf, verwendet wird.

5.2.2   Elemente und Beispiele

Schaltpläne enthalten die folgenden Elemente:

* Symbole,
* Bezeichner der Bauelemente (Kennbuchstabe mit fortlaufender Nummer),
* Typ oder Wert der Bauelemente,
* Pinnummern
* Elektrische Verbindungen (Leitungen, Busse),
* Back-Annotation-Daten (optional),
* Rahmen und Schriftfeld.

Symbole werden verwendet, um verschiedene Funktionseinheiten in einer Schaltung zu bezeichnen. In diesem Zusammenhang kann ein Bauteil (das mit einem Symbol verbunden ist) in seiner Komplexität von einem einfachen elektronischen Bauelement, wie einem Transistor, bis hin zu einer Teilschaltung oder einem Modul, wie einer komplexen Logikzelle, reichen. Wie bereits erwähnt, wird letzterem in der Regel ein Blocksymbol zugeordnet. Beide Arten von Symbolen behandelt man bei der Schaltplaneingabe identisch.

Symbole in Schaltplänen sind typischerweise mit einem vom Bauteiltyp abhängigen *Kennbuchstaben* gekennzeichnet, gefolgt von einer fortlaufenden Nummer (z. B. C4 - Kondensator Nr. 4, D1 - Digitalgatter Nr. 1, R12 - Widerstand Nr. 12). Die verwendeten Kennbuchstaben sind meist die gleichen wie im SPICE-Netzlistenformat (Kap. 3, Abschn. 3.1.3). Auch bei generischen Bauteilen wie Widerständen, Kondensatoren und Spulen wird der *Wert* des Bauteils angegeben (z. B. 2,2 μ[F]), wobei man die Einheit – in diesem Fall „F" – weglässt. So schreibt man z. B. für einen Kondensator 2,2 μ (oder 2,2 u) anstelle von 2,2 μF. Bei anderen elektronischen Bauelementen, wie Transistoren oder Gattern, sollte der *Typ* so angegeben werden, wie er in der Bauteilbibliothek zu finden ist (z. B. NAND-Gatter 74ACT00).

Für elementare Logikgatter gibt es zwei gebräuchliche Symbolsätze, von denen einer in ANSI/IEEE Std 91-1984[1] (Ergänzung ANSI/IEEE Std 91a-1991) und ein zweiter in IEC 60617[2] definiert ist, sowie einen „distinctive shape"-Satz, der auf traditionellen Schaltplänen basiert (Abb. 5.3 und 5.4). Letzteres wird auch heute noch für einfache Zeichnungen verwendet und geht auf militärische Normen aus den 1950er- und 1960er-Jahren zurück.

Digitale Gatter werden einzeln gezeichnet, obwohl sie sich normalerweise in einem gemeinsamen IC-Gehäuse (Schaltkreisgehäuse) befinden. Diese Gatter stellt man in der schematischen Darstellung durch Symbole mit demselben Kennbuchstaben und derselben Nummer dar, die sich somit auf ein gemeinsames Schaltkreisgehäuse beziehen. Das Beispiel in Abb. 5.3, unten links, zeigt vier 2-Eingangs-NAND-Gatter in einem Gehäuse D1. Die einzelnen Gatter sind im Schaltplan mit D1A, D1B, D1C und D1D (oder alternativ D1.A, D1.B usw.) bezeichnet.

---

[1] IEEE Standard 91-1984, IEEE Standard Graphic Symbols for Logic Functions, und IEEE Standard 91a-1991, Supplement to IEEE Standard 91-1984.
[2] IEC 60617 Grafische Symbole für Diagramme.

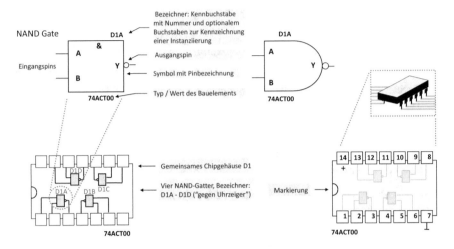

Abb. 5.3 Das Schema eines logischen NAND-Gatters (oben, links DIN/IEEE-Format, rechts traditionelles Format) und seine Implantation in eine integrierte Schaltung (unten, links) [3]. Wie rechts unten dargestellt, sind die Pins eines Logik-ICs typischerweise gegen den Uhrzeigersinn nummeriert, beginnend bei der Markierung (Pinbelegung laut Datenblatt, + Versorgungsspannung, $\perp$ Masseanschluss, IC von oben gesehen)

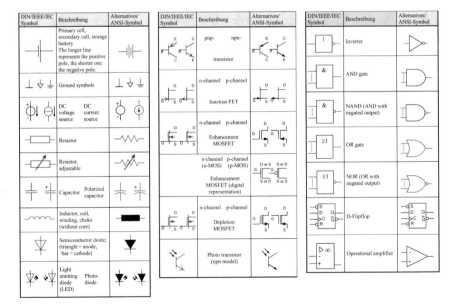

Abb. 5.4 Schematische Symbole elektronischer Komponenten analoger Schaltungen (links), Transistoren (Mitte) und logische Symbole, die in digitalen Designs verwendet werden (rechts) [3]. Die Transistorbezeichnungen B, C, E markieren die Basis, den Kollektor und den Emitter sowie G, S, D das Gate, die Source und den Drain. Diese sind nicht Teil des eigentlichen Symbols und wurden hier zur besseren Übersichtlichkeit hinzugefügt

Abb. 5.4 zeigt verschiedene Arten von Symbolen für unterschiedliche Bauelemente, z. B. für analoge und digitale Schaltungen sowie für Komponenten auf Leiterplatten. Die Entscheidung, welche Art von Symbol zu verwenden ist, hängt in erster Linie von der Zielanwendung ab.

Um Bauelemente in einem Schaltplan zu verbinden, werden Leiterzüge von Pin zu Pin implementiert. Die folgenden Arten von *Verbindungen* finden sich in einem Schaltplan (Abb. 5.5 und 5.6):

- Drähte: Pin-zu-Pin-Verbindungen von Signalpfaden; die Signalbezeichnung ist optional,
- Bussysteme: Bündelung vieler Signalwege; der Signalname ist obligatorisch; jedes Signal hat den gleichen Namen und einen anderen Index, und
- Linien: ohne elektrische Bedeutung; nur zu dekorativen Zwecken, z. B. als Umrandung.

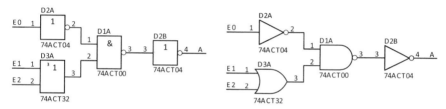

Abb. 5.5 Ausschnitt aus einem Schaltplan mit *digitalen* Komponenten (NAND-Gatter D1A aus Abb. 5.3, zwei Inverter D2A, D2B und OR-Gatter D3A) im DIN/IEEE/ANSI/IEC-Standardformat (links) und im traditionellen Schaltplanformat (rechts). D1, D2 und D3 sind Kopien (Instanzen) eines Bibliothekselements und verweisen auf bestimmte integrierte Schaltkreise. Diese ICs können ein oder mehrere Gatter enthalten, die durch Hinzufügen der Buchstaben A, B usw. zu diesen Bezeichnungen identifiziert werden (vgl. Abb. 5.3). In diesem Beispiel sind die Elemente D2A und D2B Inverter im gleichen Chipgehäuse D2 des IC 74ACT04

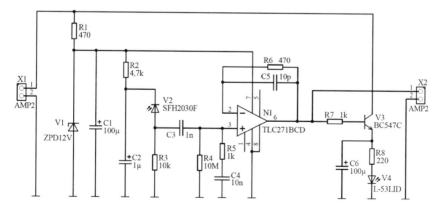

Abb. 5.6 Beispiel eines Schaltplans mit einem Operationsverstärker und verschiedenen *analogen* Bauteilen (Widerstände, Kondensatoren, Steckverbinder, Fotodiode, Zenerdiode, LED, Transistor) [3]. Zu jedem Symbol gehört ein Kennbuchstabe mit einer fortlaufenden Nummer und dem Typ und/oder Wert des Bauelements. Die Einheit (z. B. Ohm oder Ω) wird in einem Schaltplan nicht angegeben

Die oft mit VDD (PWR) und VSS (GND) bezeichneten Anschlüsse zur *Stromver-sorgung* und *Masse* sind in den meisten Fällen im Schaltplan nicht sichtbar. Diese sogenannten *versteckten Pins* werden bei der Netzlistenerstellung automatisch über einen *globalen* Knotenmechanismus verbunden. Ausnahmen sind analoge Entwürfe und PCB-Schaltpläne, in denen man üblicherweise Symbole für Spannungsversorgung und Masse verwendet.

Back-Annotation-Daten enthalten Details, die man in den auf den Schaltungsentwurf folgenden Entwurfsschritten sammelt, z. B. beim Layoutentwurf, und die zur späteren Berücksichtigung in den Schaltplan „zurückgeschrieben" werden. So lassen sich beispielsweise Stromwerte für bestimmte Verbindungen, die in der Layoutsimulation berechnet wurden, in den Schaltplan eintragen. Andere Beispiele sind Kapazitätswerte auf Ausgangsverbindungen oder Werte aus einer DC-Analyse. Für diese „Rückbeschriftung" sind in der Regel spezielle Symbolattribute vorhanden, denen man die entsprechenden Einträge zuordnet und die dann im Schaltplan sichtbar sind.

5.2.3 Netzlistenerstellung

Netzlisten stellen die Verbindung zwischen dem Schaltungsentwurf und dem nachfolgenden Layoutentwurf her (Abb. 5.7). Wie bereits erwähnt, enthalten sie alle zu verbindenden Pins oder Bauelementanschlüsse einer Schaltung und die sie verbindenden Netze bzw. Netznamen.

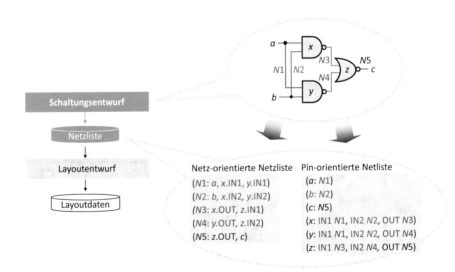

Abb. 5.7 Aus einem Schaltplan generierte Netzlisten. Netzlisten unterscheidet man in netzorientierte (links), bei denen jedem Netz eine Liste von Bauelementepins zugeordnet ist, und pinorientierte (rechts), bei denen jedes Bauelement mit seinen zugehörigen Netzen an den Pins aufgelistet wird

Vor der Erstellung einer Netzliste wird der Schaltplan bzw. die Schaltung auf Fehler und Inkonsistenzen geprüft. Ein solches Analyseprogramm ist der Electrical Rule Check (ERC), der auf nicht verbundene Eingänge, mehrere identische Instanznamen und andere elektrische Inkonsistenzen prüft. Die Korrektheit eines Schaltplaneintrags lässt sich auch durch Simulationswerkzeuge auf Schaltungsebene, wie SPICE, überprüfen.

Netzlisten kann man als *flache* oder *hierarchische* Listen erstellen, wobei letztere einen hierarchischen Schaltplan erfordern. Die hierarchischen Informationen werden durch die Verwendung von hierarchischen „Pfadstrukturen" in den Bauelemente- und Netznamen (Knoten) beibehalten.

Die in einer Netzliste eingeschlossenen Informationen können sich je nach ihrer späteren Verwendung unterscheiden. Eine Netzliste, die für eine Simulation erstellt wird, enthält nicht nur Netz- und Bauelementinformationen, sondern auch Konfigurationsdaten, wie z. B. Modellinformationen und Einstellungen für die Simulation. Ein typisches Beispiel ist eine SPICE-Netzliste, die zusätzlich zu den Schaltungsinformationen auch Konfigurationsdaten beinhaltet. Eine Netzliste, die in den Layoutentwurf übertragen wird, enthält nur Schaltungsinformationen, d. h. die Menge aller Signalnetze (Knoten) und der Bauelementpins, mit denen diese Netze verbunden sind.

Bei Netzlisten kann zwischen netzorientierten und pinorientierten Listen unterschieden werden, wie in Kap. 3 (Abschn. 3.1) eingeführt und Abb. 5.7 veranschaulicht.

5.3 Die wichtigsten Schritte beim Layoutentwurf

Sobald eine Netzliste verfügbar ist, kann man das Schaltungslayout erstellen. Beim Layoutentwurf wird die Netzliste in eine geometrische Darstellung und Anordnung ihrer Elemente auf einem IC oder einer Leiterplatte überführt. Als Nächstes untersuchen wir die verschiedenen Schritte des Layoutentwurfs.

Voraussetzung für den Layoutentwurf ist das Vorhandensein (i) einer Netzliste, (ii) von Bibliotheksinformationen zu den Basisbauelementen des Entwurfs und (iii) einer Technologiedatei mit den Fertigungsbeschränkungen (Abb. 5.8).

In der Vergangenheit war der Layoutentwurf ein relativ einfacher Prozess. Ausgehend von einer Netzliste, einer Technologiedatei und einer Bauteilbibliothek legte der Entwerfer beim Floorplanning fest, wo große Blöcke platziert werden sollten, und ordnete dann im nachfolgenden Platzierungsschritt die restlichen Zellen an. Es folgte die Taktbaumsynthese, dann die Signalverdrahtung – und eventuell auftretende (Timing-)Probleme ließen sich durch iterative und lokale Verbesserung des Layouts lösen.

Im Gegensatz dazu erfordern die heutigen hochkomplexen Schaltungen einen weitaus umfassenderen Entwurfsablauf. Große Schaltungen werden zunächst *partitioniert*, um die Komplexität zu reduzieren und einen parallelen Entwurfsprozess zu ermöglichen. Das ehemals einfache *Floorplanning* ist heutzutage mit vielen Herausforderungen verbunden und trotz einer Vielzahl von Floorplanning-Tools immer noch ein weitgehend manueller Prozess mit mehreren wesentlichen Aufgaben:

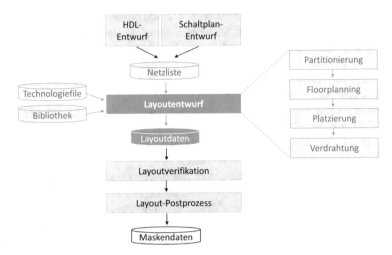

Abb. 5.8 Der Layoutentwurf transformiert die Funktionsbeschreibung einer Schaltung (z. B. den Schaltplan) in eine Fertigungsbeschreibung und damit das Layout dieser Schaltung. Dieser Entwurfsschritt erfordert eine Netzliste sowie Bibliotheks- und Technologieinformationen als Eingabe

Während des Floorplannings wird den zuvor ermittelten Partitionen eine bestimmte Form und Größe zugewiesen. Gleichzeitig ordnet man alle so entstandenen Blöcke in der Topzelle an. Auch erhalten die externen Verbindungen dieser Blöcke konkrete Pinpositionen, an denen sie angeschlossen werden. Die Definition der Stromversorgungs- und Masseverbindungen auf der Topzelle (d. h. der obersten Hierarchieebene) sowie die Einrichtung eines Taktnetzwerks sind i. Allg. ebenfalls Teil des Floorplannings.

Nach der Partitionierung der Schaltung und der Anordnung der Blöcke innerhalb der Topzelle, d. h. der obersten Schaltungsebene, können diese Blöcke nun unabhängig voneinander bearbeitet werden. Die *Platzierung* ist der erste Schritt, der aus einer globalen Platzierung besteht, gefolgt von einer detaillierten Platzierung (einschließlich Legalisierung), um lokale Verbesserungen zu erzielen. Anschließend werden die Puffer und Leitungen so dimensioniert, dass sich die Zeitvorgaben einhalten lassen. Hintergrund hierfür ist, dass bei der Bauelementplatzierung auch lange (externe) Verbindungen entstehen, die oftmals zu unzulässigen Signalverzögerungen führen.

Sobald alle Funktionseinheiten zufriedenstellend platziert sind, sind ihre Pins zu verdrahten. Wegen der Komplexität dieses Verdrahtungsprozesses wird er in der Regel auf zwei vollautomatische Schritte aufgeteilt: die Globalverdrahtung, gefolgt von einer Feinverdrahtung. Im ersten Schritt werden die Netze globalen Routingzellen (GCells) zugewiesen, während im zweiten Schritt die genauen Verdrahtungswege innerhalb dieser Routingzellen festzulegen sind.

Die genannten Schritte werden nun ausführlicher beschrieben (Abschn. 5.3.1, 5.3.2 und 5.3.3), gefolgt von einer Diskussion dreier spezieller Anwendungen: symbolische Kompaktierung sowie Standardzellen- und Leiterplattenentwurf (Abschn. 5.3.4, 5.3.5 und 5.3.6). Den Layoutentwurf einer weiteren Spezialanwendung, der analoger integrierter Schaltungen, behandelt das nachfolgende Kap. 6.

5.3.1   Partitionierung und Floorplanning

Ein beliebter Ansatz zur Verringerung der Entwurfskomplexität großer Schaltungen ist deren Aufteilung in kleinere Module. Wie in Abb. 5.9 dargestellt, können diese Module von einem kleinen Satz elektrischer Schaltungsblöcke bis hin zu voll funktionsfähigen integrierten Schaltungen (ICs) oder Leiterplatten (PCBs) reichen. Dabei unterteilt ein Partitionierungsalgorithmus die Schaltung in mehrere Teilschaltungen (*Partitionen* oder *Module* genannt). Das primäre Ziel der *Partitionierung* ist es, die Schaltung so aufzuteilen (d. h. zu partitionieren), dass die Anzahl der Verbindungen zwischen den Teilschaltungen minimiert wird.

Wie bereits erwähnt, werden die Ergebnisse der Partitionierung häufig als „Partition" oder „Modul" bezeichnet; sobald es jedoch um die Form dieser Partition geht, verwendet man üblicherweise den Begriff „Block".

Blöcke können entweder „hart" oder „weich" sein. Wenn eine Partition nur durch ihren Inhalt (Zellen und Verbindungen) definiert ist, sind ihre Abmessungen variabel; dies wird als *weicher Block* (*Soft block*) bezeichnet. Im Gegensatz dazu sind die Abmessungen und die Fläche eines *harten Blocks* (*Hard block*) fest. Typische Beispiele für harte Blöcke sind (zuvor erstellte) Entwurfsmodule, die man wiederverwendet, also bereits verifizierte und optimierte Schaltungen, wie z. B. vorhandenes geistiges Eigentum (sogenannte IP-Blöcke, engl. Intellectual Property).

Die Anordnung der Blöcke in der Topzelle, also ihre Formen und Positionen, wird auch im Deutschen als *Floorplanning* bezeichnet (Abb. 5.10). Hier wird jeder

Systemebene	Leiterplattenebene	IC-Ebene
Jedes Subsystem (Leiterplatte) kann unabhängig entworfen und gefertigt werden	Ermittlung von Teilschaltungen auf einer Leiterplatte, die als IC/MCM realisierbar sind	IC-Schaltungen werden aus Komplexitätsgründen oft in Blöcke aufgeteilt, um sie unabhängig voneinander zu entwerfen

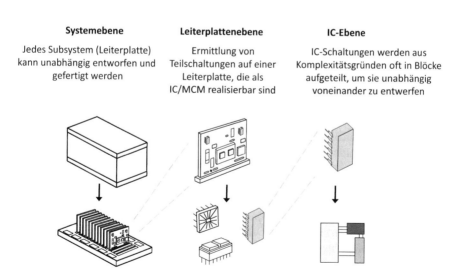

Abb. 5.9 Eine Partitionierung kann im Rahmen des Entwurfs auf Systemebene erfolgen, indem ein komplexes System in verschiedene Subsysteme, wie z. B. Leiterplatten, aufgeteilt wird (links). Aber auch bei Leiterplatten (Aufteilung zwischen separaten Modulen und ICs, Mitte) und auf der Chip-Ebene (Aufteilung in verschiedene Schaltungsblöcke, rechts) ist eine Partitionierung möglich

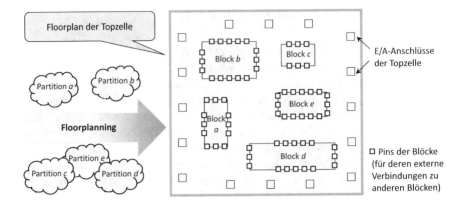

Abb. 5.10 Das Floorplanning definiert die Abmessungen und Formen der Partitionen und legt deren externe Pinzuordnung fest; „weiche Partitionen" werden während des Floorplannings zu dimensionierten und platzierten Blöcken

Partition eine Form und ein Ort zugewiesen (sie wird damit zu einem Block), um die spätere „interne" Platzierung (innerhalb des Blocks) zu erleichtern. Jedem Block-pin, das eine externe Verbindung hat, ist ein Netz zuzuweisen (Pin-Zuweisung), so dass interne und externe Netze geroutet werden können.

Um dies aus einem breiteren Blickwinkel zu betrachten, werden also beim Floor-planning die *äußeren* physischen Merkmale – konkrete Abmessungen und externe Pinbelegung – jeder Partition festgelegt. Diese Merkmale sind notwendig für die nachfolgenden Schritte der Platzierung (Abschn. 5.3.2) und der Verdrahtung (Abschn. 5.3.3), um dort die *internen* physischen Merkmale dieser Partitionen un-abhängig voneinander bestimmen zu können.

Die Optimierung eines Floorplans, die immer noch meist manuell durchgeführt wird, umfasst mehrere Freiheitsgrade. Während sie einige Aspekte der Platzierung (Platzsuche) und der Verdrahtung (Zuweisung von Pins) einschließt, ist die Opti-mierung der Blockform eine Floorplan-spezifische Aufgabe. (Wie bereits erwähnt, bezeichnen wir Partitionen als „Block", wenn sie eine feste Form haben oder dabei sind, diese zu erhalten.)

Die größte Herausforderung beim Floorplanning ist das multikriterielle Optimie-rungsproblem, das z. B. die Größenfestlegung von Softblocks und deren *gleichzeitige* Platzierungsanordnung umfasst. Ein Floorplan-Algorithmus muss weiterhin in der Lage sein, mit unterschiedlichen Formen und Größen, Verdrahtungsengpässen und Timing-Vorgaben umzugehen [4]. Daher werden die meisten automatischen Floor-planner durch eine manuelle Optimierung ergänzt, die ein erfahrener Designer durchführt.

Das Floorplanning umfasst häufig das Verlegen der Versorgungsleitungen (VDD und GND). Dabei wird der Bereich der Topzelle, d. h. die Gesamtschaltung, von einem oder mehreren Strom- und Erdungsringen umschlossen. Daran schließen sich horizontale und vertikale Strom- und Massesegmente an. Wenn diese Streifen so-wohl vertikal als auch horizontal in regelmäßigen Abständen verlaufen, spricht man von einem *Power Mesh* (Abb. 5.11).

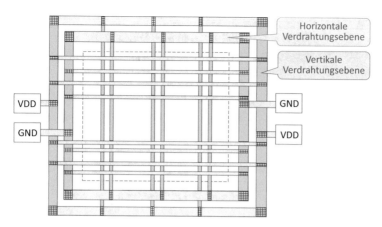

Horizontale Verdrahtungsebene

Vertikale Verdrahtungsebene

VDD

GND

GND

VDD

Abb. 5.11 Auslegung der Stromversorgung während des Floorplannings mit einer Ring- und Maschenstruktur der Versorgungs- (VDD) und Masseverbindungen (GND) [5]

Es empfiehlt sich, nach dem Verlegen der Versorgungsnetze zu prüfen, ob die Entwurfsregeln verletzt wurden und ob alle Anschlüsse eingeschlossen sind. Ein Problem, auf das man auch achten sollte, sind die Metalldicken bei breiten Metallstrukturen, da sich diese nur schwer mit gleichmäßiger Dicke herstellen lassen. (Sie neigen dazu, im CMP-Prozess in der Mitte dünn und an den Rändern dick zu werden, s. dazu Kap. 3, Abschn. 3.3.2.)

Eine weitere wichtige Überlegung beim Floorplanning ist, dass, wenn sowohl analoge als auch digitale Blöcke vorhanden sind, besonders darauf zu achten ist, dass es keine Störungen zwischen den Blöcken gibt. Dies erfordert die Entwicklung eines speziellen *Stromversorgungskonzepts* für jeden Mixed-Signal-IC. Insbesondere muss jegliche Störübertragung von digitalen Blöcken in empfindliche analoge Blöcke über Versorgungs- und Masseverbindungen vermieden werden. Diese Entkopplung lässt sich erreichen, indem man die analogen und digitalen Versorgungsverbindungen voneinander trennt.

Auch die Platzierung von *Makros* ist beim Floorplanning sorgfältig zu bedenken. Makros sind große, vordefinierte Blöcke, die oft aus Speichern, einzelnen Teilschaltungen oder Analogschaltungen bestehen. Die richtige Platzierung dieser Makros hat einen großen Einfluss auf die Qualität des endgültigen IC-Designs (Top-Level). So ist beispielsweise besonders darauf zu achten, dass zwischen großen Makros genügend Platz für Verbindungen vorhanden ist.

Moderne Floorplanning-Tools führen in der Regel die initiale Makroplatzierung unter Berücksichtigung der Verbindungen zwischen diesen durch. Die Reduzierung der globalen Verdrahtungslänge ist hier das wichtigste Ziel, gefolgt von einer ausgeglichenen Verdrahtungsdichte, thermischen Anforderungen und anderen Optimierungszielen.

Erfahrene Layoutentwerfer platzieren Makros derart, dass der verbleibende Standardzellenbereich möglichst zusammenhängend ist (Abb. 5.12). Ein Standardzellenbereich mit einem Seitenverhältnis von annähernd 1:1 wird empfohlen, da hier die Platzierungsalgorithmen der Standardzellen in der Lage sind, diesen Be-

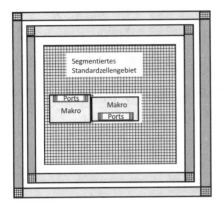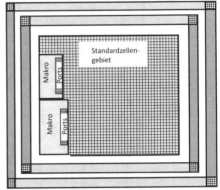

Abb. 5.12 Segmentierter Floorplan (links) und Floorplan mit minimierter Verdrahtungslänge (rechts) [5]. Verbindungen, die innerhalb des getrennten Standardzellenbereichs (links) zu verlegen sind, müssen möglicherweise „um" die Makros herum verlegt werden, wodurch sich die Verdrahtungslänge erhöht; ein Problem, das man mit dem Floorplan rechts vermeidet

reich am effizientesten und mit minimaler Gesamtdrahtungslänge auszunutzen [5]. Exzessive Verdrahtungslängen resultieren oft aus Leiterzügen, welche die Makrofläche(n) durchqueren müssen, um die getrennten Standardzellenbereiche zu verbinden (Abb. 5.12, links). Weiterhin sollten Makros so platziert werden, dass ihre Anschlüsse (Ports) den Standardzellen oder dem „Kernbereich" zugewandt sind; auch sollte ihre Anschlussrichtung mit den jeweiligen Vorzugsrichtungen der Verdrahtungsebenen übereinstimmen (Abb. 5.12, rechts) [5].

Das Floorplanning legt auch die *Pinbelegung* der Blöcke fest, nachdem deren relative Platzierung bekannt ist. Bei der Pinzuweisung werden allen (äußeren) Pinpositionen der Blöcke Netze (Signalnamen) derart zugewiesen, dass man diese Netze möglichst einfach verlegen kann. Zu den üblichen Optimierungszielen gehören die bereits genannte Maximierung der Verdrahtbarkeit, aber auch die Minimierung der elektrischen Störanfälligkeit wichtiger Signalwege sowohl innerhalb als auch außerhalb der Blöcke [4].

Abb. 5.13 veranschaulicht diese Zuordnung am Beispiel einer Grafikverarbeitungseinheit (GPU). Hier ist jedes der 90 externen Pins dieses GPU-Blocks mit einer Steckerleiste auf der nächst-höheren Hierarchiestufe, der Leiterplatte, zu verbinden. Die optimierte Pinzuordnung sichert (fast) jedem GPU-Pin eine planare, also kreuzungsfreie Verbindung zu einem Pin auf der Steckerleiste zu.

Die Planung und Verlegung des *Clock-Netzes* ist häufig auch Teil des Floorplanning. Eine ideale Implementierung von Clock-Netzen im Floorplan liefert Taktsignale an alle getakteten Objekte (Zellen, Makros, Blöcke) in einer symmetrischstrukturierten Auslegung, da so die Taktsignale alle Objekte mit minimaler Taktverschiebung erreichen. Beispiele hierfür sind Maschen- und Baumstrukturen, wie in Abb. 5.14 veranschaulicht.

Trotz hochentwickelter Synthesewerkzeuge zur Auslegung des Taktbaums sind leistungsfähige und synchronisierte Designs immer noch auf manuell implementierte Clock-Netze angewiesen. Dabei sind auch Leitungswiderstände und Kapazi-

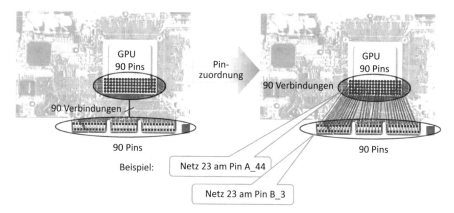

Abb. 5.13 Die Pinzuordnung ordnet den externen Pins von Blöcken Netze zu. In diesem Beispiel wird jedem der 90 Pins einer GPU ein bestimmtes Verbindungsnetz zugewiesen, so dass deren Weg (zwischen GPU und Steckerleiste) hinsichtlich Länge und Kreuzungsfreiheit optimiert ist [4]

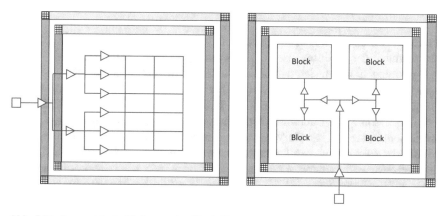

Abb. 5.14 Symmetrische Verlegung des Clock-Netzes unter Verwendung einer Maschen- (links) und einer Baumstruktur (rechts) [5]

täten zu berücksichtigen, um die Taktverschiebung zwischen den kommunizieren-den Objekten zu minimieren. Der hierarchische Entwurfsstil ist hierfür gut geeignet, da sich hier das Clock-Netz auf Chipebene so entwerfen lässt, dass es das Taktsignal synchron an jeden Block liefert. Um den Taktversatz zwischen allen Blattknoten zu minimieren, ist dann die Taktverzögerung für jeden Block zu berechnen und der Entwurf des Taktbaums entsprechend anzupassen [5].

Abschließend möchten wir noch eine spezielle Floorplanning-Regel für Mixed-Signal- und Smart-Power-Chips erwähnen: Analoge Schaltungsblöcke für die Sen-sorauswertung sowie Leistungsstufen (s. Abb. 1.9 in Kap. 1) sollten direkt an der Chip-Peripherie, in unmittelbarer Nähe ihrer jeweiligen Bondpads, platziert werden.

Derartige Auswerteschaltungen für Sensoren wandeln analoge Eingangssignale in digitale Signale innerhalb des Chips um. Da es sich bei diesen analogen Eingängen oft um Signale mit sehr geringer Amplitude handelt, die damit störanfällig sind, muss man ihre Wege so kurz wie möglich halten, um Störungen durch andere Schaltungen oder Leitungen zu vermeiden. Daher sollten die Sensorsignale idealerweise direkt am Anschlusspad in digitale Signale umgewandelt werden.

Leistungsstufen treiben Aktoren außerhalb des IC, wie Elektromotoren, Ventile und dergleichen an, indem sie hohe Ströme schalten. Da die elektrische Leitfähigkeit von Verbindungen auf einem Chip begrenzt ist, sollten die Leistungsstufen (d. h. große DMOS-Transistoren) direkt an den Eintritts- und Austrittspunkten für diese Ströme auf dem Chip platziert werden. Stellenweise verlegt man mehrere Verbindungen parallel, um sehr hohe Ströme zu leiten (Ströme bis zu 10 A sind hier möglich). Die betreffenden Bondpads werden oftmals direkt auf den Source- und Drain-Anschlüssen der Leistungs-DMOS-Transistoren platziert, womit man einen Stromfluss durch Verbindungen auf dem Chip vermeidet.

5.3.2 Platzierung

Nach der Aufteilung der Schaltung in Partitionen und dem Floorplanning-Schritt zur Bestimmung der Partitions- bzw. Blockumrisse, der Pinpositionen und der Versorgungsleitungen, lassen sich nun die Blöcke intern (und oft auch unabhängig voneinander) strukturieren. Der erste Schritt hierbei ist die *Platzierung*, welche die Positionen der Bauelemente und Zellen, wie z. B. Standardzellen, innerhalb jedes Blocks bestimmt (Abb. 5.15). Dabei sind Optimierungsziele zu berücksichtigen, wie z. B. die Minimierung der geschätzten Verbindungslängen zwischen den Bauelementen.

Bei der Platzierung von Leiterplatten geht man in der Regel zweiphasig vor: (i) Platzierung aller Bauteile mit festen Positionen, wie z. B. Steckverbinder und Pads, auf der Leiterplatte und (ii) Platzierung aller übrigen Bauelemente durch ite-

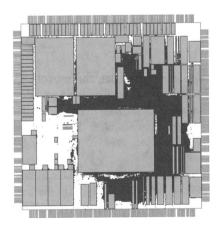
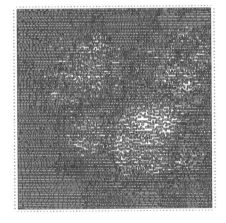

Abb. 5.15 Platzierungsergebnis von unterschiedlich großen Makros (hellblau) und Zellen (dunkelblau) links; Platzierung von Standardzellen (rechts) [6]

rative Verbesserung ihrer ursprünglichen Platzierung hinsichtlich der Verdrahtungslänge, ihrer Verdrahtbarkeit und evtl. weiterer Ziele.

Im Gegensatz dazu umfassen die Platzierungstechniken für große ICs eine globale und eine detaillierte Platzierung. (Manchmal wird die *Legalisierung* als dritter
Schritt aufgefasst; wir betrachten sie jedoch als Teil der detaillierten Platzierung.)
Bei der globalen Platzierung weist man den Zellen „ungefähre Positionen" zu. Dabei werden die spezifischen Formen und Größen der platzierbaren Objekte vernachlässigt; auch sind gewisse Überschneidungen zwischen den platzierten Objekten
erlaubt. Insgesamt liegt der Schwerpunkt bei der globalen Platzierung auf einer
sinnvollen „groben Zellanordnung" und der gleichmäßigen Verteilung der Platzie-
rungsdichte.

Die sich anschließende detaillierte Platzierung dient der Legalisierung, also dem
Aufheben der genannten Unzulänglichkeiten. In diesem Schritt wird versucht, die
platzierbaren Objekte an den oftmals vorgegebenen Zeilen und Spalten auszurichten und Überlappungen zu beseitigen, während man gleichzeitig anstrebt, die
Verschiebungen gegenüber den globalen Platzierungspositionen sowie die Auswirkungen auf die Verbindungslänge und die Schaltungsverzögerung zu minimieren.

Globale und detaillierte Platzierung haben in der Regel vergleichbare Laufzei-
ten. Jedoch ist die globale Platzierung oft deutlich speicherintensiver und schwieriger zu parallelisieren.

Da bei der Platzierung die Begriffe „Cluster" und „Region" häufig benutzt werden, gehen wir auf diese hier kurz ein. Ein *Cluster* ist eine Anzahl von Zellen, die
nahe beieinander zu platzieren sind (Abb. 5.16, links). Ein Cluster dient dazu, die
Nähe von zeitkritischen Komponenten während der IC-Platzierung sicherzustellen,
ähnlich wie bei einer Moduldefinition innerhalb der Netzliste [5]. In den meisten
Fällen bleibt die Lage des Clusters undefiniert, bis alle Zellen innerhalb des Clusters
platziert worden sind. Dies steht im Gegensatz zum Konzept einer *Region*, einem
vordefinierten Platzierungsbereich, dessen Lage vor der Platzierung der Zellen festgelegt wird (Abb. 5.16, rechts).

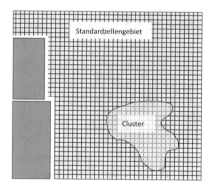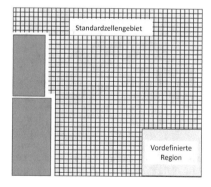

Abb. 5.16 Veranschaulichung des Konzepts eines Clusters, der durch eine Reihe von Zellen definiert ist, die an beliebiger Stelle auf dem Chip nahe beieinander zu platzieren sind, und einer Region, die ein vordefinierter Platzierungsbereich ist [5]

Nach der Definition von Clustern und Regionen werden bei der globalen Platzierung alle (Standard-)Zellen gleichmäßig über den verfügbaren Platzierungsbereich verteilt mit dem Ziel einer minimalen globalen Verdrahtungslänge und einer optimierten Verbindungsdichte. Anschließend wird ein detaillierter Platzierungsalgorithmus ausgeführt, um die Platzierung zu verfeinern, z. B. auf der Grundlage von Verbindungsdichten und Timing-Anforderungen.

Die *Verbindungsdichte-gesteuerte Platzierung* bezieht die sich aus einer Platzierung ergebende prognostizierte Verdrahtung mit ein und zielt darauf ab, Gebiete mit stark erhöhter Verbindungsdichte zu vermeiden. (Die *Verbindungsdichte* wird anhand von „Fly lines" anhand einer Platzierungskonfiguration bestimmt; sie ist ein Indikator für den Verdrahtungserfolg bei der sich anschließenden Verdrahtung. Letztere liefert eine konkrete *Verdrahtungsdichte*, die bei Überschreitung eines Maximalwertes mit einem „Verdrahtungsstau", d. h. mit unverdrahtbaren Verbindungen, endet.) Die Wichtigkeit der Verbindungsberücksichtigung ist in Abb. 5.17 veranschaulicht. Nahezu alle heutigen automatischen Platzierungsverfahren beachten die aus einer Platzierung resultierende Verbindungsdichte, denn diese ist offensichtlich der wichtigste Indikator dafür, ob die anschließende (sehr zeitaufwändige) Verdrahtung von Erfolg gekrönt ist.

Die *Timing-gesteuerte Platzierung* unterteilt man entweder als pfad- oder netzbasierte Platzierung. Ein Pfad ist eine Folge von Netzen, die ein Signal auf seinem Weg durch eine Schaltung durchläuft. Der pfadbasierte Ansatz arbeitet mit allen oder einer Teilmenge von Pfaden, d. h. die Timing-Vorgaben werden auf die Verzögerungspfade ganzer (Teil-)Schaltungen angewendet. Der netzbasierte Ansatz be-

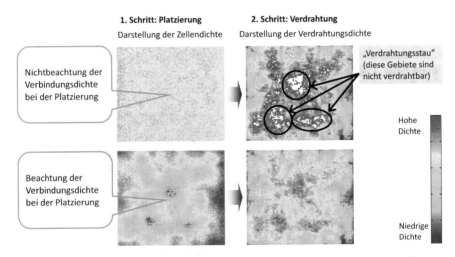

Abb. 5.17 Visualisierung der Verdrahtungsergebnisse (anhand ihrer sich ergebenden Verdrahtungsdichte), wenn die Platzierung ohne Berücksichtigung der Verbindungsdichte erfolgt (oben, alle Zellen werden während der Platzierung gleichmäßig verteilt) und wenn die Platzierung Verbindungsdichte-abhängig durchgeführt wird (unten, die Zellen sind im Ergebnis ungleichmäßig platziert) [6]. Dieses Beispiel veranschaulicht die Bedeutung der mit einer Platzierung einhergehenden Verbindungsdichte für den anschließenden Verdrahtungserfolg

fasst sich nur mit Netzen, in der Hoffnung, dass bei Optimierung der Netze auf den kritischen Pfaden sich die gesamte Verzögerung des kritischen Pfades implizit verbessert [5]. Das lässt sich erreichen, indem man diesen Netzen eine Gewichtung zuweist. Moderne Platzierer verwenden oft einen hybriden Ansatz, der beide Methoden kombiniert. Auch vereinen sie diese Platzierung mit der Timing-Analyse, auf welche wir in Abschn. 5.4.4 näher eingehen.

5.3.3   Verdrahtung

Auf die Platzierung folgt die *Verdrahtung* (auch im Deutschen oft als *Routing* bezeichnet), bei dem die Pins mit gleichem elektrischen Potenzial, die also zu einem Netz gehören, verbunden werden. Dies ist einer der kompliziertesten und zeitaufwändigsten Entwurfsschritte im Layout. Selbst nach einer (scheinbar) erfolgreichen Platzierung kann die Verdrahtung scheitern, sie kann eine inakzeptable Ausführungszeit in Anspruch nehmen oder, wie es bei Leiterplattenlayouts häufig der Fall ist, nur eine Teillösung liefern (mit einigen verbleibenden offenen, nicht gerouteten Netzen).

Bevor man sich mit der Verlegung von Signalnetzen befasst, werden spezielle Netze wie Takt- oder Stromversorgungs- und Masseverbindungen eingebettet. Da wir diesen Prozess bereits früher besprochen haben (Abschn. 5.3.1), wird er hier nur kurz betrachtet. Wir veranschaulichen die Verlegung von Taktnetzen in Abb. 5.18 und von Stromversorgungs- und Masseverbindungen in Abb. 5.19. Eine weitere spezielle Verdrahtungsmethode, die *differenzielle Signalverdrahtung (Differential-pair routing*, Kap. 7, Abschn. 7.3.2), welche eine differenzielle Signalübertragung ermöglicht, ist in Abb. 5.20 dargestellt. Bei dieser symmetrischen Signalführung wird das Signal über zwei eng gekoppelte Leitungen übertragen, von denen eine das Signal und die andere ein invertiertes Abbild des Signals überträgt. Wie in Abb. 5.20 dargestellt, ist die differenzielle Signalübertragung nahezu immun gegen externe Störungen, da ein eingestrahltes Störsignal beim Empfänger auf beiden Leitungen

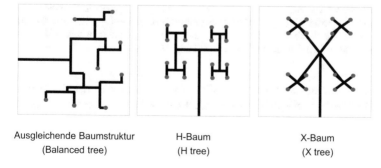

| Ausgleichende Baumstruktur | H-Baum | X-Baum |
| (Balanced tree) | (H tree) | (X tree) |

Abb. 5.18 Veranschaulichung verschiedener Methoden für das Clock-Routing, die auf eine Minimierung des Versatzes abzielen, z. B. durch Angleichung der Verdrahtungslängen zu allen Zellen. Die Netze des H- und X-Baums sind schematische Darstellungen, die das zugrunde liegende Prinzip veranschaulichen

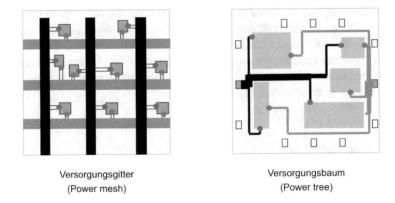

Versorgungsgitter
(Power mesh)

Versorgungsbaum
(Power tree)

Abb. 5.19 Stromversorgungs- und Massenetze können entweder durch Verwendung einer Gitterstruktur auf zwei unterschiedlichen Lagen (links) oder durch eine planare Baumstruktur (rechts) verlegt werden. Letzteres wählt man z. B., wenn hohe Ströme eine besonders dicke Metalllage erfordern und nur eine solche Lage verfügbar ist

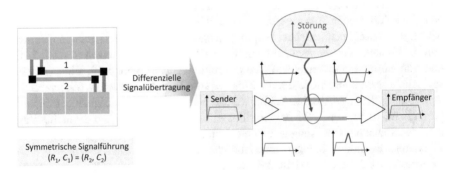

Abb. 5.20 Illustration der differenziellen Signalverdrahtung, bei der zwei Leitungen „gleich" verlegt werden, um auf beiden identische elektrische Impedanzen (R, C) zu erreichen (vgl. Abb. 7.13 in Kap. 7). Die Verwendung von zwei komplementären Signalen gewährleistet eine maximale Robustheit gegen externe Störungen, da (i) die Störung auf beide Leitungen gleich wirkt und (ii) der Empfänger ausschließlich die Differenz der Signale auswertet (dadurch werden die durch die Störung verursachten Signaländerungen effektiv eliminiert)

gleich ankommt und sich so durch Differenzbildung eliminieren lässt. Ein weiterer Vorteil ist die Minimierung der elektromagnetischen Interferenz (EMI), die von dem eng angeordneten Signalpaar ausgeht.

Nach der Betrachtung dieser speziellen Netze, die zunächst in die gegebene Platzierungsstruktur eingebettet werden, widmen wir uns nun der Verlegung der übrigen „gewöhnlichen" Signalnetze. Je nach Anwendung kommen dabei unterschiedliche Verdrahtungsmethoden zum Einsatz. Bei digitalen Schaltungen wird zwischen *globaler* und *detaillierter Verdrahtung* unterschieden, während man bei analogen Schaltungen und Leiterplatten in den meisten Fällen die sogenannte *Flächenverdrahtung* verwendet.

Zunächst behandeln wir das Routing digitaler Schaltungen. Die enorme Komplexität einer Verlegung von Millionen von Netzen erfordert hier eine Aufteilung in globale und detaillierte Verdrahtung, wobei letztere oft auch als *Feinverdrahtung* bezeichnet wird. Bei der globalen Verdrahtung bettet man die Segmente der Netztopologien provisorisch in das Chip-Layout ein. Dazu wird die Chipfläche durch ein grobes Verdrahtungsgitter modelliert, dem die jeweiligen verfügbaren Verdrahtungsressourcen zugeordnet sind. Die Netze werden dann in diesem Gitter unter Berücksichtigung der noch freien Verdrahtungsressourcen eingebettet. Die durch das Verdrahtungsgitter abgebildeten Verdrahtungsgebiete bezeichnet man allgemein als *globale Routing-Zellen (GCells)*. Die Kapazität dieser Zellen ergibt sich aus der Anzahl der Metalllagen, der Zellgröße und der notwendigen, lagenabhängigen Mindestbreiten und -abstände der Verbindungen.

Im Ergebnis der Globalverdrahtung melden fast alle Router die Über- oder Unterbelegung der globalen Routing-Zellen in einer sogenannten *Congestion map* (Abb. 5.21), welche damit die Auslastung dieser Zellen veranschaulicht. Sie ergibt sich aus dem Verhältnis zwischen der Anzahl der einer Zelle zugewiesenen Netze und ihrer jeweiligen Verdrahtungskapazität. Offensichtlich hat die anschließende Feinverdrahtung nur dann Aussicht auf Erfolg, wenn dieses Verhältnis nicht an zu vielen Stellen den Wert 1 überschreitet.

Die sich anschließende detaillierte Verdrahtung beruht auf der Konfiguration der Netze, die durch das globale Routing festgelegt wurde; deren Zuordnung auf die globalen Routing-Zellen wird in der Regel nicht verändert. Eine schlechte Globalverdrahtung führt damit auch zu einer schlechten oder sogar „nicht-einbettbaren" Detailverdrahtung.

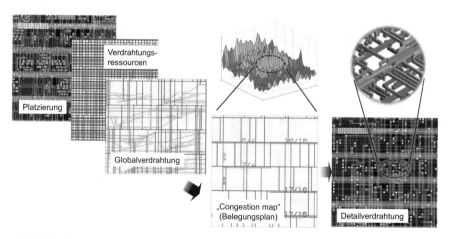

Abb. 5.21 Ablauf der globalen Verdrahtung. Die Anzahl der Leiterbahnen und damit der Verdrahtungsressourcen ergibt sich aus den technologischen Entwurfsregeln. Der Globalverdrahter berücksichtigt diese, um die Kapazität seiner Routing-Zellen zu bestimmen, denen die Verbindungen zugewiesen werden. Die sich daraus ergebende „Congestion Map" (Mitte) erlaubt Schlüsse auf das zu erwartende Ergebnis der anschließenden Detailverdrahtung (Feinverdrahtung), die den Verbindungen detaillierte Verdrahtungsspuren in den Zellen zuweist (rechts)

Der Detailverdrahter ordnet den Verdrahtungssegmenten konkrete Spuren innerhalb der globalen Routing-Zellen zu (s. Abb. 5.21). Die detaillierte Verdrahtung beinhaltet eine Reihe von Zwischenaufgaben und Entscheidungen, wie z. B. die *Netzreihenfolge*, d. h. welche Netze zuerst verdrahtet werden sollen, und die *Pin-reihenfolge*, d. h. in welcher Reihenfolge die Pins innerhalb eines Netzes zu verbinden sind. Diese beiden Aufgaben stellen aufgrund der unvermeidlichen sequenziellen Natur der Detailverdrahtung, bei dem die Netze nacheinander geroutet werden, eine große Herausforderung dar. So lassen sich beispielsweise die Verdrahtungsressourcen, die ein zuerst geroutetes Netz belegt, nicht von einem später verdrahteten Netz nutzen. Es liegt auf der Hand, dass die Abarbeitungsreihenfolge der Netze und Pins dramatische Auswirkungen auf die Qualität der endgültigen Lösung haben kann.

Um die Netzreihenfolge zu bestimmen, wird jedem Netz ein numerischer Indikator für seine Wichtigkeit (Priorität) zugewiesen, den man als *Netzgewicht* bezeichnet. Hohe Priorität erhalten Netze, die entweder zeitkritisch sind, mit zahlreichen Pins verbunden sind oder spezifische Funktionen ausführen. Netze mit hoher Priorität sollten unnötige Umwege vermeiden, selbst wenn dies zu Lasten anderer, weniger wichtiger Netze geht.

Wie bereits erwähnt, ist es bei digitalen Schaltkreisen üblich, den Verdrahtungsschritt in eine globale und detaillierte Phase zu unterteilen. Der Hauptgrund für diese Aufteilung ist die enorme Komplexität der Aufgabe, Millionen von Netzen zu entflechten; dies ist nur durch eine bestimmte Vorabzuweisung vor der Detailverdrahtung zu erreichen. Bei analogen Schaltungen, Multi-Chip-Modulen (MCMs) und Leiterplatten (PCBs) ist eine Globalverdrahtung aufgrund der geringeren Anzahl von Netzen oft unnötig; in diesem Fall bettet man die Netze in einem einzigen Schritt direkt ein, was dann als *Flächenverdrahtung* bezeichnet wird.

Diese Verdrahtungsmethode besteht aus den folgenden Schritten: (i) Bestimmung der Netzreihenfolge, in der die Netze zu verdrahten sind, (ii) Zuweisung von Netzen zu den Verdrahtungslagen, (iii) Durchführung einer Pfadsuche [4] für jedes Netz innerhalb der zugewiesenen Verdrahtungslagen und (iv) Anwendung einer Rip-up- und Reroute-Strategie für Netze, die aufgrund von Blockierungen durch zuvor verdrahtete Netze nicht eingebettet werden können.

Die meisten Flächenverdrahter sind *rasterbasiert*. Der Router legt ein Raster über den Layoutbereich, das aus gleichmäßig verteilten Verdrahtungsspuren besteht, die sowohl vertikal als auch horizontal über den Verdrahtungsbereich verlaufen. Der Router folgt dann diesen Spuren, entweder vertikal oder horizontal. Da diese Verdrahtungsspuren durch Entwurfsregeln (Breiten- und Abstandsregeln) definiert sind, ist auf diese Weise eine entwurfsregelgerechte Verdrahtung gewährleistet.

Gitterlose Verdrahter können verschiedene Verbindungsbreiten und -abstände verwenden, ohne ein Verdrahtungsgitter zu berücksichtigen. Da ihr Lösungsraum als unendlich groß angesehen werden kann, liefern sie oft bessere Lösungen, allerdings auf Kosten einer deutlich höheren Laufzeit. Man sollte sie daher nur für kleine Schaltungen oder die Verdrahtung bestimmter Netze, z. B. des Taktnetzes oder von Netzen, die hohe Ströme führen, einsetzen.

Detaillierte (Flächen-)Verdrahter werden oft durch Netze behindert, die zuvor geroutet wurden. In diesen Fällen kommt eine *Rip-up- und Reroute-Methode* zur

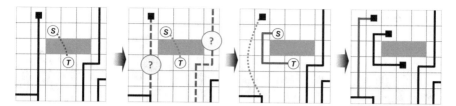

Abb. 5.22 Veranschaulichung einer Rip-up- und Reroute-Strategie. Um die Punkte S und T zu verbinden, muss ein zuvor verlegtes Netz als zu entfernendes Hindernis identifiziert werden. Das bisher blockierte Netz wird dann auf den (nun) freien Gitterzellen verlegt; das zuvor entfernte Netz ist anschließend neu zu verdrahten

Anwendung, bei der diese frühen Verbindungen entfernt werden („Rip-up"), die aktuelle Verbindung eingebettet wird und dann die entfernten Verdrahtungssegmente auf einem anderen Pfad neu verlegt werden („Reroute"). Ein Beispiel für diese Strategie veranschaulicht Abb. 5.22. Dieses Verfahren ist natürlich sehr zeitaufwändig sowie fehleranfällig und sollte daher nur auf wenige verbleibende offene Netze Anwendung finden.

Detaillierte (Flächen-)Verdrahter werden häufig durch eine *Reparatur- und Optimierungsphase* ergänzt. Dabei versucht der Verdrahter, alle Arten von Verstößen gegen die Entwurfsregeln zu beheben, wie z. B. ungenügende Mindestabstände, oder das Layout zu optimieren, wie z. B. das Anstreben einer Gleichverteilung der Verdrahtungssegmente auf den Metalllagen [5].

Da Durchkontaktierungen, insbesondere Verbindungen zwischen Metalllagen (Vias), zu Leistungs- und Zuverlässigkeitseinbußen führen, sollte man ihre Anzahl minimieren. Daher kommt nach der Netzverlegung oft eine *Via-Minimierung* zur Anwendung. Bei diesem Verfahren werden so viele Vias wie möglich entfernt, indem man die einzelnen Netzsemente einer topologischen Optimierung unterzieht.

Eine weitere Methode der Via-Optimierung ist die *Via-Verdopplung*. Dabei verdoppelt man einzelne Durchkontaktierungen, sofern dies keine negativen Auswirkungen auf die Verdrahtungsfläche hat. Die Vorteile dieses Verfahrens sind (i) erhöhte Zuverlässigkeit, (ii) reduzierter elektrischer Widerstand und (iii) bessere Immunität gegen Elektromigration (Kap. 7, Abschn. 7.5.4).

5.3.4 Layoutentwurf mittels symbolischer Kompaktierung

Im Allgemeinen ordnet eine *Kompaktierung* (platzierte und verdrahtete) Layoutelemente unter Beachtung ihrer Mindestabstände neu an, um die Layoutfläche zu minimieren. Daher bleiben bei einer Kompaktierung sowohl die Schaltungstopologie als auch die Korrektheit der Entwurfsregeln erhalten, während das Layout komprimiert wird.

Ein Spezialfall hierbei ist die *symbolische Kompaktierung*, die beim *symbolischen Layoutentwurf* zur Anwendung kommt [7]. Beim symbolischen Layoutentwurf wird das Layout *ohne* Nutzung von technologischen Regeln, also Technologie-

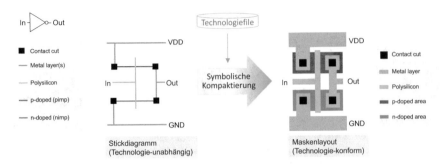

Abb. 5.23 Symbolische Kompaktierung eines CMOS-Inverters. Die symbolische Kompaktierung ist insbesondere eine effiziente Technik zur Anpassung einer Bibliothek von (symbolisch) ausgelegten Standardzellen an verschiedene Technologieknoten

unabhängig, ausgelegt. Dazu erstellt der Designer das Layout mit Hilfe von abstrakten Objekten in sogenannten *Stick-Diagrammen*, anstelle von tatsächlichen, maßbehafteten Layoutobjekten, wie Verbindungen und Kontakte (Abb. 5.23) [8, 9].

Die symbolische Kompaktierung kommt zum Einsatz, nachdem das symbolische Layout in den bereits eingeführten Schritten (Abschn. 5.3.1, 5.3.2 und 5.3.3) erstellt wurde, und man dieses nun in einer bestimmten Technologie abbilden möchte. Die symbolische Kompaktierung erzeugt dabei aus dem bisher vorhandenen (technologie-unabhängigen) Stickdiagramm das eigentliche Maskenlayout unter Berücksichtigung der jeweiligen technologischen Regeln, wie z. B. für Mindestabstände und -breiten.

Der Hauptvorteil des symbolischen Layoutentwurfs ist die weitestgehende Unabhängigkeit von Entwurfsregeln: Solange sich der grundlegende Aufbau der Bauelemente (Transistoren) nicht ändert, kann das Layout ohne Rücksicht auf eine bestimmte Technologie erstellt und dann leicht an beliebige technologische Entwurfsregeln angepasst werden. Letzteres führt der symbolische Kompaktierer durch; abgeleitet aus demselben symbolischen Layout erstellt dieses Werkzeug Technologie-konforme Maskenlayouts für unterschiedliche Zieltechnologien. Ein bekanntes Anwendungsfeld sind Standardzellbibliotheken – einmal symbolisch entworfene und aufwändig optimierte Zelllayouts in Form von Stickdiagrammen lassen sich für verschiedene Kunden mit unterschiedlichen Technologiewünschen zeiteffizient bereitstellen.

5.3.5   Layoutentwurf mit Standardzellen

Wie in Kap. 4 erwähnt, sind Standardzellen mit fester Zellhöhe und definierten Positionen für Stromversorgungs- (VDD) und Masseanschlüsse (GND) ausgelegt. Die Zellbreiten variieren je nach dem implementierten Transistornetzwerk. Aufgrund dieses eingeschränkten Layouts sind alle Standardzellen in Reihen platzierbar, was den Layoutentwurf deutlich vereinfacht (Abb. 5.24).

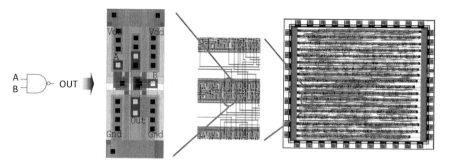

Abb. 5.24 Die Implementierung einer NAND-Standardzelle in einem Standardzellenlayout. Die Signalanschlüsse des NAND-Gatters (A, B, OUT) sind im Zelllayout sichtbar; der Verdrahter schließt diese vertikal an und leitet sie in den Kanal für die Signalverbindung mit anderen Zellen

Ein Standardzelllayout beinhaltet einheitliche Versorgungs- und Masseleitungen am oberen und unteren Ende jeder Standardzelle und damit auch jeder Standardzellenreihe. Diese horizontalen Versorgungsbahnen sind seitlich an vertikalen Stromschienen (*Power rails*) angeschlossen, die wiederum mit den äußeren Versorgungs- und Massepads verbunden sind (Abb. 5.25).

Vor der Platzierung kann der Entwerfer dem resultierenden Standardzellenkern ein bestimmtes Höhen-Breiten-Verhältnis vorgeben. Der automatische Platzierer versucht dann, dieses Verhältnis zu erreichen. Bei der automatischen Platzierung von Standardzellen werden in der Regel die Verbindungslängen minimiert; ein weiteres Ziel kann die Erfüllung von Timing-Vorgaben sein.

Der Raum zwischen den Zellen (bei zwei Metalllagen) oder über den Zellen (wenn mehr als zwei Metalllagen vorhanden sind) wird für die anschließende Verdrahtung verwendet. Im ersten Fall bezeichnet man den für die Verdrahtung reservierte Bereich als *Kanal*. Alle (Signal-)Zellanschlüsse werden während der Routing-Phase verbunden, entweder innerhalb des angrenzenden Kanals oder durch die Verwendung mehrerer Kanäle. Letzteres erfordert Durchquerungen der Standard-

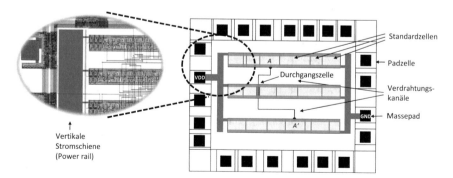

Abb. 5.25 Vereinfachtes Layout eines Standardzellen-Chips zur Veranschaulichung, wie die externen Stromversorgungs- und Massepads (VDD und GND) mit allen Standardzellen verbunden sind

zellreihen, z. B. durch Durchgangszellen (s. Abb. 5.25). Der Vorteil einer derartigen Kanalstruktur ist ihre Flexibilität: Die Höhe jedes Kanals wird entsprechend der Anzahl der zu verlegenden Netze angepasst; weder werden Spuren verschwendet, noch sind Netze nicht einbettbar.

In modernen ICs stehen mehr als zwei Verdrahtungslagen zur Verfügung, womit die Anschlüsse der Zellen (die sich in der Regel in der ersten Metalllage befinden) kein Hindernis mehr für die Verdrahtung darstellen. Das Routing kann dann „über den Zellen" erfolgen (sog. OTC-Routing, OTC: Over-the-cell). In diesem Fall spielen Kanäle keine Rolle mehr, stattdessen ordnet man die Standardzellenreihen nebeneinander an, wobei im Idealfall sich die Stromversorgungs- und Masseleitungen durch Umdrehen jeder zweiten Reihe gemeinsam nutzen lassen (Abb. 4.13, rechts, in Kap. 4).

Das fertige Layout der Standardzellenanordnung kann entweder als einzelner Chip verwendet werden oder ist Teil einer größeren, übergeordneten Schaltung. Im letzteren Fall kann es als digitale Makrozelle in einem Mixed-Signal-Floorplan dienen (Abschn. 5.3.1).

5.3.6   Layoutentwurf von Leiterplatten

Eine Leiterplatte (PCB) dient der mechanischen Aufnahme und elektrischen Verbindung elektronischer Bauteile. Bei diesen Bauteilen handelt es sich um einfache Bauelemente, wie Widerstände und Kondensatoren, sowie um größere Module, z. B. integrierte Schaltkreise (ICs). Die Bauelemente und Module werden i. Allg. auf die Leiterplatte gelötet, um sie sowohl elektrisch zu verbinden als auch mechanisch zu befestigen. Während der Layoutentwurf einer Leiterplatte größtenteils den zuvor genannten Schritten folgt, sind einige Aspekte besonders zu berücksichtigen – sie sind das Thema dieses Abschnitts.

Der Entwurf moderner Leiterplatten mit hoher Packungsdichte erfordert leistungsfähige EDA-Tools, um die Layouterstellung zu erleichtern. Gleichzeitig sind manuelle Eingriffe nach wie vor üblich. Abb. 5.26 veranschaulicht die wichtigsten Schritte des Leiterplattenentwurfs, die aus (i) der Schaltplaneingabe, (ii) dem Layoutentwurf und (iii) der Nachbearbeitung bestehen, zu der insbesondere die Erzeugung der für die Leiterplattenherstellung erforderlichen Dateien gehört.

Diese Schritte untersuchen wir nun genauer. Wie bereits erwähnt, geht es bei der *Schaltplaneingabe* darum, eine symbolische Darstellung der benötigten Komponenten (Widerstände, Kondensatoren, ICs usw.) mit ihren jeweiligen Verbindungen zu erstellen. Im Ergebnis liegt ein übersichtliches Abbild der Schaltung vor, mit dessen Hilfe sich die Schaltungsfunktion leicht erschließen lässt. Die resultierende schematische Darstellung ist oft in mehrere Seiten und ggf. in Hierarchien unterteilt, um die Lesbarkeit zu erhöhen.

Schaltpläne ermöglichen auch elektrische Prüfungen, wie z. B. die Verwendung von ERC-Tools (Electrical rule check). Diese Werkzeuge überprüfen die Einhaltung grundlegender elektrischer Regeln, indem sie z. B. nicht verbundene Pins und Ports, identische Bauelementreferenzen oder Verbindungen zwischen verschiedenen Net-

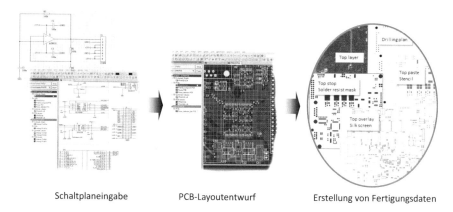

Schaltplaneingabe   PCB-Layoutentwurf   Erstellung von Fertigungsdaten

Abb. 5.26 Die wichtigsten Schritte beim Leiterplattenentwurf sind die Schaltplaneingabe, der Layoutentwurf und die Erstellung der Fertigungsdaten

zen erkennen. Simulationswerkzeuge gestatten zudem die Simulation des realen Verhaltens der Bauelemente. Durch diese umfassende Analyse lässt sich das Verhalten der Schaltung vorab beurteilen und visualisieren (Abschn. 5.4.3).

Nach dem Ausführen aller erforderlichen Verifikationsschritte wird aus dem Schaltplan automatisch die PCB-Netzliste generiert. Diese Netzliste enthält alle aufgelisteten Symbole mit ihren Pins und den jeweiligen Verbindungen (Signal- und Versorgungsnetze). Die Netzliste kann auch zusätzliche Eigenschaften einschließen, die man für die weitere Nachbearbeitung des Layouts benötigt.

Im nächsten Schritt, dem *Erstellen des PCB-Layouts*, werden die Konturen der Leiterplatte definiert, alle Komponenten platziert und die Verbindungen zwischen ihnen angeordnet. In dieser Phase wird das Design so entworfen, wie es später zu fertigen ist.

Prinzipiell ist jedes Symbol in einem Schaltplan mit einem *Footprint* in der Footprint-Bibliothek verbunden (Abb. 5.27). Ein Footprint repräsentiert die geometrischen Abmessungen eines elektronischen Bauteils (Abb. 3.30 in Kap. 3). Er besteht aus allen Elementen, die man benötigt, um ein Bauteil mit der Leiterplatte zu verbinden, z. B. Pads, Lötflächen und Bohrungen. Vereinfacht ausgedrückt überträgt der Footprint das Symbol einer Komponente in ein reales Gehäuse, das auf dem Leiterplattenlayout platziert wird. Diese Platzierung kann interaktiv erfolgen, wobei der Designer entscheidet, wo bestimmte Komponenten zu platzieren sind, oder sie kann automatisch durchgeführt werden.

Die manuelle Platzierung wird in der Regel von einer automatischen Regelprüfung begleitet, um ungültige Platzierungen zu verhindern. Die Verbindungen sind als „Gummibänder" (Fly lines) sichtbar, die zeigen, welche Pins durch das gleiche Netz verbunden sind. Der Designer wählt die Bauteile aus und platziert sie, wobei er/sie sich u. a. von ausreichenden Verdrahtungskapazitäten, also der Machbarkeit des Routings, leiten lässt.

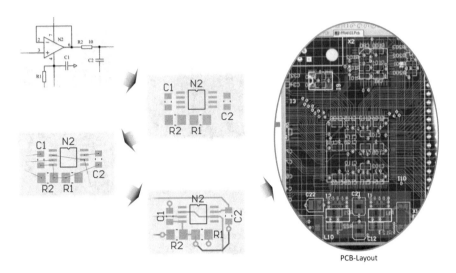

PCB-Layout

Abb. 5.27 Veranschaulichung der Platzierungs- und Verdrahtungsschritte. Während die Platzierung den Footprint der Bauelemente definiert und sie auf der Platine platziert (orangefarbene Bereiche), werden bei der anschließenden Verdrahtung die Pins der Bauelemente über Leiterbahnen in verschiedenen Verdrahtungsebenen verbunden

Die manuelle Platzierung kann effektiv mit der automatischen Platzierung kombiniert werden. In diesem Fall platziert man zunächst alle kritischen oder vorbestimmten Bauelemente manuell. Diese werden dann als „fixiert" markiert, bevor das Layoutwerkzeug alle übrigen Bauelemente automatisch platziert.

Auf die Entwurfsregel-gerechte Platzierung der Komponenten folgt die Verdrahtung. Dieser Schritt definiert die Anordnung der Leiterbahnen, welche die Anschlüsse (Pins) der Bauelemente auf der Leiterplatte unter Verwendung bestimmter Verdrahtungsebenen verbinden (s. Abb. 5.27). Dieser Schritt ist interaktiv, vollautomatisch oder als eine Kombination aus beidem durchführbar.

Die Verdrahtungslagen lassen sich in Versorgungs- und Signallagen unterteilen. Erstere enthalten alle Stromversorgungsnetze, d. h. Power und Ground, welche die Stromversorgungs- und Masseanschlüsse der Komponenten anschließen. Auf Signallagen befinden sich vor allem die Leiterbahnen, die die Signalanschlüsse der Bauelemente verbinden. Bei einigen Leiterplatten können auch Stromversorgungs- und Signalleitungen auf derselben Lage verlegt werden. Die Verbindungen zwischen den Lagen werden durch Durchkontaktierungen (Vias) hergestellt, die man in durchgehende Vias, teilvergrabene Vias und vergrabene Vias unterscheidet (Abb. 1.2 in Kap. 1). Die letzten beiden Arten sind technologisch anspruchsvoller und daher teurer.

Die meisten PCB-Layoutprogramme enthalten ein Werkzeug – den sogenannten „Autorouter" – das die Leiterbahnen automatisch unter Einhaltung der Entwurfsregeln verlegt. Dieser Router wird in der Regel nur für digitale Schaltungsteile verwendet, da die Anzahl der verschiedenen Randbedingungen, die auf einer Leiterplatte gleichzeitig zu beachten sind, sehr hoch ist. Eine typische Anwendung, die

Abb. 5.28 Beispiel für Sperrflächen (durch rote Kreise gekennzeichnet) um Schraubenlöcher für die Montage einer Leiterplatte

vom Einsatz dieses Tools profitiert, ist ein Bussystem, bei dem eine große Anzahl von Datenleitungen zwischen Bauelementen verlegt wird. Bei analogen Schaltungen, wie Sensorsignal-Schaltungen oder Leistungsendstufen, oder bei Mixed-Signal-Schaltungsteilen (sowohl analoge als auch digitale Teilschaltungen) ist der manuelle Entwurf dem Autorouter immer noch überlegen.

Sperrflächen (auch *Keepout areas* oder *Region keepouts* genannt) sind wichtige Bestandteile einer Leiterplatte; es handelt sich um Bereiche, die frei von Bauteilen und Leiterbahnen sein sollten. Eine Sperrfläche wird als lagenbezogener Sperrbereich oder als lagenübergreifende Sperrung festgelegt; diese sind für die Platzierung und die Verdrahtung nicht zugänglich. Als Beispiel zeigt Abb. 5.28 Sperrflächen um Bohrungen, die für Schrauben zur Befestigung der Leiterplatte in einem Gehäuse benötigt werden. Die Sperrflächen stellen hier sicher, dass die Bauteile und Leiterbahnen nicht mit den Schraubenköpfen überlappen, die oft viel größer sind als die Bohrungen.

Das Layout von Leiterplatten ist sehr anfällig für Probleme im Zusammenhang mit der elektromagnetischen Verträglichkeit (EMV), wie z. B. Störaussendungen sowie induktive und kapazitive Kopplungen. Ein *EMV-gerechtes Layoutdesign* geht auf diese Probleme ein, indem es Signalkopplungen verhindert und geeignete Bezugserden u. v. m. definiert. Es gibt eine Vielzahl von Entwurfsregeln zur Durchsetzung eines EMV-gerechten PCB-Layoutdesigns. Da der theoretische Hintergrund dieser Regeln recht komplex ist, werden sie in diesem Buch nicht tiefer behandelt. Der Leser wird gebeten, sich in [3, Kap. 6] detailliert zu diesem Thema zu informieren. Dennoch möchten wir die Grundregeln des EMV-gerechten Layoutentwurfs zusammenfassen; sie sind in Abb. 5.29 wie folgt dargestellt:

• Vermeiden Sie (Strom-)Schleifen sowohl in den Signal- als auch in den Versorgungsleitungen. Schaltungen benötigen Signal- und Rückleiter; verlegen Sie Signal- und Rückleiter auf einer Leiterplatte nahe beieinander (Abb. 5.29, oben links). Störungen und Störeinkopplungen sind näherungsweise proportional zur Schleifenfläche.

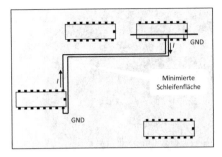
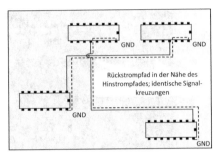
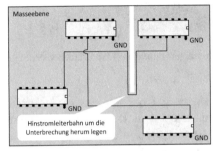
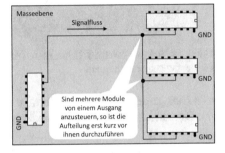

Abb. 5.29 Veranschaulichung einiger Grundregeln für ein EMV-gerechtes Leiterplattenlayout ohne (oben) und mit (unten) Massefläche (dunkelgrau) [3]

- Implementieren Sie definierte Rückwege für Ströme. Der Strom nimmt immer den Weg der geringsten Impedanz. Masseflächen sind besser als separate Rückleitungen. Führen Sie die Rückleitung bei Leiterplatten ohne Massefläche in der Nähe des Hinstrompfades, idealerweise auf einer anderen Ebene. Bei Signalkreuzungen ist der Rückstromleiter in gleicher Weise zu behandeln wie der Hinstromleiter (Abb. 5.29, oben rechts).
- Auf einer Leiterplatte mit einer Unterbrechung in der Masseebene ist auch die Hinstromleiterbahn um die Unterbrechung herum zu legen (Abb. 5.29, unten links).
- Sind mehrere Module von einem Logikausgang zu bedienen, z. B. bei Taktsignalen, so sollte die Aufteilung auf die einzelnen Elemente erst kurz vor ihnen erfolgen (Abb. 5.29, unten rechts).
- Benötigt man eine kapazitive Entkopplung zwischen zwei Signalleitungen auf einer Leiterplatte, so ist eine weitere, geerdete Leitung zwischen den beiden Leitungen einzubetten. Leitungen mit schnell schaltenden Signalen, d. h. mit hohen Strom- oder hohen Spannungsanstiegen, sind entfernt von „empfindlichen Leitungen", wie z. B. analogen Eingängen, zu verlegen.
- Analoge und digitale Module sollten getrennt geerdet werden.

Die Durchsetzung dieser und anderer Regeln für ein EMV-gerechtes Layoutdesign erfordert erfahrene Leiterplattenentwerfer, da Kenntnisse über Kopplungs- und Erdungsmechanismen notwendig sind, um geeignete Gegenmaßnahmen auszuwählen. Die nachträgliche Behebung von EMV-Problemen, z. B. durch Abschirmung

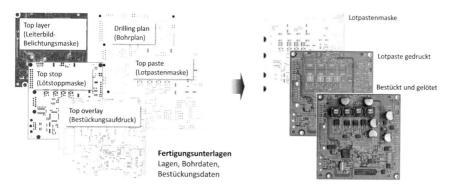

Abb. 5.30 Generierung der Ausgabedateien (links), die für die Herstellung einer Leiterplatte benötigt werden (rechts)

und Filterung, ist mit hohem Aufwand verbunden und durch eine sachgerechte Platzierung und Verdrahtung der Leiterplatte zu vermeiden [3].

Nach erfolgreicher Platzierung und Verdrahtung wird das PCB-Layout mit einem DRC-Werkzeug (Design Rule Check) überprüft. Der DRC stellt sicher, dass alle Leiterbahnen und andere Layoutkomponenten gemäß den Entwurfsregeln platziert sind; das fehlerfreie Bestehen einer DRC-Überprüfung bescheinigt, dass das PCB-Layout in der vorgesehenen Fertigungstechnologie produziert werden kann.

In einem letzten Schritt wird die *Fertigungsdokumentation* erstellt. Sie umfasst Dateien für alle Lagen sowie zusätzliche Fertungsinformationen (Abb. 5.30). Generell lassen sich diese Ausgabedaten in technologieunabhängige *Dokumentationsunterlagen* und hersteller- (und damit technologie-) spezifische *Fertigungsunterlagen* unterscheiden. Zu den Dokumentationsunterlagen gehören der Schaltplan, die Netzliste und die Stückliste (Liste der Bauteile). Zu den Fertigungsunterlagen gehören die im Gerber-Format zu erstellenden Maskenbeschreibungen für jede Lage, die Bohrdatei (Excellon-Format) und der Bestückungsplan (PDF). Im Fall einer automatischen Bestückung erstellt man auch Pick&Place-Dateien (oftmals im Textformat).

5.4 Verifikation

Nach dem Layoutentwurf ist das entstandene Layout möglichst vollständig zu verifizieren. Dabei werden die funktionale Korrektheit und die Herstellbarkeit des Entwurfs überprüft, also die korrekte Funktionalität des Entwurfs und das Vermeiden von Problemen während der Fertigung sichergestellt.

Der Entwurf eines elektronischen Systems ist ein aufwändiger und daher langwieriger und teurer Prozess. In diesem Prozess kann es zu Abweichungen kommen, die das Erreichen des Entwicklungszieles gefährden oder sogar unmöglich werden lassen. Es gibt allgemeine Untersuchungen, die besagen, dass die Korrektur einer Abweichung mit jedem Entwurfsschritt, in dem sie unentdeckt bleibt, um eine Größenordnung aufwändiger und damit teurer wird. Man ist also bestrebt, Abweichungen möglichst frühzeitig zu erkennen, was eine Vielzahl von Verifikationsschritten erfordert.

Da das Endprodukt während des Entwurfsprozesses noch nicht vorliegt, und somit auch nicht getestet und bewertet („validiert") werden kann, muss man verlässliche und aussagekräftige Kriterien ableiten, die eine solche Prüfung während des Entwurfsprozesses ermöglichen. Derartige Kriterien lassen sich aus den technologischen und funktionalen Randbedingungen ableiten. Diese Transformation zeigen wir in Abschn. 5.4.1. In den anschließenden Abschnitten gehen wir dann näher auf die einzelnen Verifikationsverfahren ein.

Wie in Abb. 5.31 dargestellt, umfasst ein vollständiger Verifikationsprozess beim Entwurf die folgenden Prüfungen: *formale Verifikation* (Abschn. 5.4.2), *funktionale Verifikation* (Abschn. 5.4.3), *Timing-Verifikation* (Abschn. 5.4.4) und *Layoutverifikation*. Die zuletzt genannte Layoutverifikation kann weiter unterteilt werden in die *geometrische Verifikation* (Abschn. 5.4.5) und die Verifikation basierend auf *Extraktion* und *Netzlistenvergleich* (LVS, Abschn. 5.4.6).

Da ein Layoutentwerfer auch die Verifikationsschritte vor der Layout-Generierung kennen sollte, behandeln wir zunächst diese dem Layoutentwurf vorgelagerten Verifikationen (formal, funktional und Timing), bevor wir mögliche Layoutverifikationen (DRC, ERC, Extraktion, LVS) im Detail vorstellen.

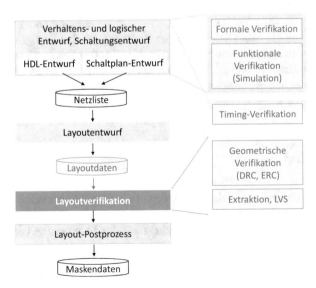

Abb. 5.31 Veranschaulichung der Einordnung der in den Abschn. 5.4.2 bis 5.4.6 behandelten Verifikationsschritte in den Entwurfsablauf

5.4.1 Grundlagen

Der Entwurf eines elektronischen Systems wird, wie wir bereits wissen, aufgrund der großen Komplexität dieser Aufgabe in mehrere Schritte aufgeteilt. Jeder Entwurfsschritt erzeugt ein neues Zwischenergebnis, mit dem man dem Entwurfsziel näherkommt. Diese Zwischenergebnisse sind es, die auf Abweichungen von den vorgegebenen funktionalen und technologischen Randbedingungen überprüft werden.

Die funktionalen Randbedingungen kommen aus dem jeweiligen Projekt. Zum Teil werden sie gleich zu Projektbeginn definiert (in der Spezifikation, z. B. der Rauschabstand eines Signals), zum Teil entstehen sie auch während des Entwurfsablaufs (z. B. ein maximal erlaubter Spannungsabfall auf einer Leitung). Die technologischen Randbedingungen werden vom Hersteller, also der Fab, geliefert; sie resultieren aus den Grenzwerten der eingesetzten Technologie.

Bereits in Kap. 2 (Abschn. 2.3.4) haben wir darauf hingewiesen, wie wichtig es ist, dass das Endergebnis eines IC-Entwurfs (d. h. das fertige Layout) korrekt ist, da ein gescheiterter Fertigungsversuch oder ein nichtfunktionaler Chip extreme Verluste mit sich bringt. Daher führt man die Überprüfungen auf Abweichungen mittels hochentwickelter rechnergestützter Verfahren durch. Damit das möglich ist, sind die zu prüfenden Randbedingungen allerdings vorher in ein für die Verifikationswerkzeuge lesbares und verarbeitbares Format zu übersetzen.

Diese „Übersetzung der Randbedingungen" geschieht grundsätzlich durch eine zweifache Abbildung bzw. Konvertierung. Abb. 5.32 veranschaulicht das für alle auftretenden Randbedingungen. In der ersten Abbildung werden die aus der physikalischen Realität stammenden Randbedingungen zunächst als formale Regeln oder Vorgaben beschrieben, die in lesbarer Form, z. B. als Text, festgehalten werden. Diese formale Beschreibung der Randbedingungen stellt ein Metaformat dar (mittlere Säule in Abb. 5.32), aus dem sich dann in einer zweiten Abbildung die von den jeweiligen Verifikationsverfahren benötigten Datenformate erstellen lassen (rechte Säule in Abb. 5.32).

Nach dieser zweiten Abbildung stehen die Randbedingungen dann den Verifikationsverfahren im Entwurf (z. B. als Technologiedatei) zur Verfügung (rechte Säule in Abb. 5.32). Die Verifikationsverfahren (z. B. ein DRC) können hiermit das jeweilige Zwischenergebnis eines Entwurfsschrittes automatisch auf Einhaltung der Vorgabe überprüfen. Wird bei dieser Überprüfung eine Abweichung erkannt, so bezeichnen wir diese Verletzung als einen *Fehler (Error)*.

Die Abb. 5.32 verdeutlicht auch, welche Rolle die unterschiedlichen Kategorien von Randbedingungen spielen. (Wir haben diese Kategorien in Kap. 4, Abschn. 4.5.2, eingeführt.) Die technologischen und funktionalen Randbedingungen sind es, die in die Layoutumgebung (rechte Spalte in Abb. 5.32) übersetzt und einer automatischen Überprüfung unterworfen werfen, da ihre Einhaltung über die Herstellbarkeit und die Funktionalität eines Chips oder einer Leiterplatte entscheidet. Die entwurfsmethodischen Randbedingungen haben die Aufgabe, diese Abbildung und damit eine automatische Verarbeitung überhaupt zu ermöglichen.

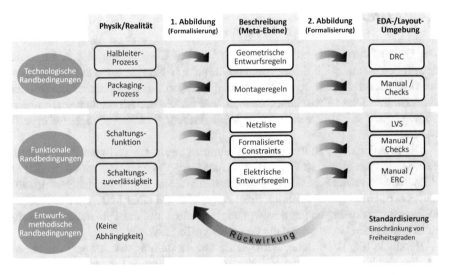

Abb. 5.32 Um technologische und funktionale Randbedingungen für Verifikationswerkzeuge zugänglich zu machen, sind zwei Abbildungen (Konvertierungen) erforderlich. Die erste Konvertierung führt zu formalen Regeln (mittlere Spalte), die dann in die Datenformate des jeweiligen Verifikationswerkzeugs umgewandelt werden (rechte Spalte). Entwurfsmethodische Randbedingungen stellen eine Rückkopplung von der zweiten zur ersten Abstraktion dar; sie begrenzen auch die Freiheitsgrade innerhalb des Layoutentwurfs

Hierzu ein Beispiel: Werkzeuge für den DRC benötigen die Beschreibung der Entwurfsregeln in einem ganz bestimmten werkzeugspezifischen Format. In diesem Format lassen sich komplexe Entwurfsregeln durch aus mehreren Kommandos bestehenden Routinen beschreiben (Beispiele finden sich in Kap. 3, Abschn. 3.4.3). Die Syntax und Semantik dieser Sprachen sind heute zwar sehr mächtig, bleibt prinzipiell aber immer beschränkt. Deshalb ist es notwendig, bereits die Regelbeschreibungen der Meta-Ebene so zu formulieren, dass diese zweite Abbildung in die EDA- bzw. Layoutumgebung ohne Informationsverlust möglich ist.

Entwurfsmethodische Randbedingungen sind damit die bei der Formulierung von Entwurfsregeln einzuhaltenden Restriktionen, damit diese Entwurfsregeln anschließend auch „programmierbar" sind. Bezogen auf die Darstellung in Abb. 5.32 verkörpern entwurfsmethodische Randbedingungen eine Rückwirkung der zweiten Abbildung auf die erste Abbildung. Innerhalb des Layoutentwurfs (das Ergebnis der zweiten Abbildung in Abb. 5.32, d. h. die rechte Säule) fördern entwurfsmethodische Randbedingungen darüber hinaus die Standardisierung durch Einschränkung der Freiheitsgrade beim Entwurf.

Einem Entwickler sollte stets bewusst sein, dass beide Abbildungen eine Abstraktion darstellen, da die realen Randbedingungen (in Abb. 5.32 links dargestellt) bei diesen Zuordnungen formalisiert werden. Dies bedeutet, dass eine formalisierte Randbedingung, so wie sie beim Layoutentwurf erscheint, i. Allg. nicht deckungsgleich mit der realen, in der Technologie oder in der Schaltungstechnik auftretenden Anforderung sein muss. Wir wollen das an einem Beispiel aus dem Bereich der technologischen Randbedingungen verdeutlichen.

Aufgrund der hohen Komplexität moderner Technologien kommt es vor, dass eine technologische Randbedingung sich nicht exakt in eine Entwurfsregel abbilden lässt. In diesen Fällen bildet man die Entwurfsregel so ab, dass die reale Anforderung leicht übererfüllt wird. Dies führt dazu, dass Layout-Konstellationen im DRC als Fehler erkannt werden, obwohl sie nicht der realen technologischen Randbedingung widersprechen. In einem solchen Fall spricht man von einem *Dummyfehler*.

Dummyfehler können bei der Interpretation der DRC-Ergebnisse ignoriert werden, womit die entsprechende Layoutstruktur unverändert bleibt. Allerdings muss der Entwerfer sehr erfahren sein und die zugrundeliegende Technologie genau verstehen, um diese Fälle richtig zu behandeln.

Geometrische Entwurfsregeln im Layoutbereich (rechte Säule in Abb. 5.32) sind damit in der Regel konservativ formuliert, so dass die realen Anforderungen (d. h. die originalen technologischen Regeln) „sicher" abgebildet sind. Technologische Randbedingungen werden im Ergebnis also tendenziell übererfüllt. Das bedeutet, dass man die Herstellbarkeit durch einen fehlerfreien DRC in der Regel zu 100 % sicherstellen kann. Im Gegensatz hierzu lassen sich funktionale Randbedingungen in heutigen Entwurfsumgebungen nur partiell abbilden. Ihre rechnergestützte Überprüfung ist also nicht vollständig möglich.

Dies ist eine wichtige Beobachtung, denn sie ist der Grund für weitere Überprüfungen, wie z. B. Simulationen, und auch ein Grund dafür, dass eine gültige *Verifikation* („Wurde die Schaltung richtig entworfen?") trotzdem zu einer ungültigen *Validierung* („Wurde die richtige Schaltung entworfen?") führen kann (Kap. 4, Abschn. 4.4, vgl. Abb. 4.18).

Bevor wir in den folgenden Unterkapiteln die verschiedenen Verifikationsmethoden im Layoutentwurf im Detail diskutieren, klassifizieren wir sie zunächst. Tab. 5.1 gibt einen Überblick über die verschiedenen Möglichkeiten zur Verifikation einer Schaltung. In dieser Tabelle ist auch das Testen erwähnt, bei dem ein Schaltungsentwurf im Hinblick auf die Anforderungen eines Kunden *validiert* wird (s. Abb. 4.18 in Kap. 4). Darauf gehen wir nachfolgend nicht weiter ein, da diese Validierung keinen direkten Bezug zum Layoutentwurf hat. Auch ignorieren wir hier die *Assertion-basierte Verifikation* (ABV), da sie auf höheren Abstraktionsebenen, wie z. B. der Spezifikation, angesiedelt ist.

Abb. 5.33 setzt die verschiedenen Verifikationsmethoden mit dem Y-Diagramm (Kap. 4, Abschn. 4.2.2) in Beziehung.

5.4.2 Formale Verifikation

Das Ziel der *formalen Verifikation* ist der Nachweis der Korrektheit einer Schaltungsimplementierung in Bezug auf ihre Spezifikation. Genauer gesagt untersucht sie die Korrektheit einer beabsichtigten Schaltung in Bezug auf eine bestimmte formale Spezifikation oder Eigenschaft mit Hilfe formaler mathematischer Methoden. Die bekanntesten formalen Verifikationsmethoden sind „Model Checking" (Modellprüfung) – in kommerziellen Tools oft „Property Checking" genannt – und „Equivalence Checking" (Äquivalenzprüfung).

Tab. 5.1 Verschiedene Möglichkeiten zur Prüfung einer elektronischen Schaltung, die in den folgenden Unterabschnitten vorgestellt werden. Der Vollständigkeit halber schließen wir in dieser tabellarischen Auflistung auch das finale Testen mit ein, d. h. die Validierung eines Schaltungsentwurfs aus Sicht des Kunden

Prüfung	Was wird geprüft?	Wie wird geprüft?	Typ
Modellprüfung (Model check)	Logisches Merkmal (Vermutung ist wahr?)	Mathematische Modelle	Formale Verifikation
Äquivalenzprüfung	Logische Gleichwertigkeit von zwei Beschreibungen	Mathematische Modelle	Formale Verifikation
Simulation	Schaltungsverhalten versus Spezifikation	Virtuelles Experiment (Stimuli und Kennlinie)	Funktionale Verifikation
DRC (OPC, RET)	Layout versus technologische Randbedingungen (Herstellbarkeit)	Geometrische Entwurfsregeln	Geometrische Verifikation
LVS	Layout versus Schaltplan	Netzlistenextraktion aus dem Layout, regelbasiert	Geometrische Verifikation
PEX (plus Simulation)	Auswirkungen von Parasiten auf das Schaltungsverhalten	Parameterextraktion aus dem Layout, regelbasiert; gefolgt von Simulation	Geometrische und funktionale Verifikation
ERC	Layout vs. elektrische Prozessgrenzen (Zuverlässigkeit)	Extraktion der Konnektivität aus dem Layout, regelbasiert	Geometrische Verifikation
Testen	Eignung hinsichtlich Einsatzzweck	Reales Experiment, Kundenprüfung	Validierung

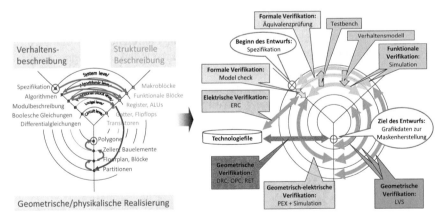

Abb. 5.33 Veranschaulichung der verschiedenen Verifikationsmethoden (vgl. Tab. 5.1) anhand des Y-Diagramms (rechts), in dem der Top-down-Entwurfsstil visualisiert wird (links)

Die Modellprüfung verifiziert eine bestimmte Eigenschaft eines Entwurfs oder einer Implementierung. Sie beweist (oder widerlegt), dass ein zu verifizierender Entwurf, der häufig in HDL-Code beschrieben wird, seine Spezifikationen erfüllt, d. h., dass er sich wie erwartet verhält. Sowohl das zu prüfende Entwurfsmodell als auch die Spezifikation werden in einer präzisen mathematischen Sprache formuliert. Im Wesentlichen muss eine gegebene Struktur bei dieser Prüfung eine bestimmte logische Formel erfüllen.

Die *Äquivalenzprüfung* hingegen vergleicht zwei Schaltungsbeschreibungen. Dabei wird erschöpfend geprüft, ob zwei Entwurfsdarstellungen, z. B. HDL-Code und eine abgeleitete Gatter-Netzliste, das gleiche funktionale Verhalten aufweisen. Es gibt verschiedene Ansätze zur Durchführung dieser Art von Beweis. Zum Beispiel können beide Schaltungsbeschreibungen durch eine normalisierte Notation, wie eine Netzlistensyntax, dargestellt werden, um den Vergleich zu vereinfachen. Die Äquivalenzprüfung ist die primäre Methode für die Syntheseüberprüfung.

Die formale Verifikation liefert entweder ein erfolgreiches Verifikationsergebnis oder zeigt, (i) dass die Schaltungsbeschreibung eine gewünschte Eigenschaft nicht erfüllt (Modellprüfung), oder (ii) dass zwei Schaltungsbeschreibungen nicht gleich sind (Äquivalenzprüfung).

Die formale Verifikation ist Teil der frühen Entwurfsschritte, wie z. B. der HDL-basierten Netzlistengenerierung, die wir in Abschn. 5.1 behandelt haben. Da sie vor dem eigentlichen Layoutentwurf zur Anwendung kommt, wird sie hier nicht weiter behandelt und stattdessen auf die Literatur verwiesen; z. B. enthält [10] eine leicht verständliche Einführung in das Thema.

5.4.3 Funktionale Verifikation: Simulation

Die funktionale Korrektheit einer Schaltung lässt sich durch eine Simulation nachweisen. Dabei wird anhand typischer Eingabemuster, sogenannter *Stimuli*, überprüft, ob die simulierten Ausgaben mit den beabsichtigten Ausgaben übereinstimmen. Alternativ kann man die Stimuli auch auf die Verhaltensbeschreibung des Entwurfs und auf die finale Gatterbeschreibung anwenden und dann ihre Reaktionen vergleichen und bewerten.

Etwaige Unterschiede in den Simulationsergebnissen können durch (i) Entwurfsfehler oder (ii) Simulationsfehler bzw. -ungenauigkeiten verursacht werden. In beiden Fällen sind weitere Untersuchungen erforderlich. Wenn jedoch die Simulationsergebnisse mit den Entwurfswerten übereinstimmen, wird das Vertrauen in die Korrektheit des Entwurfs gestärkt. Leider kann die Simulation nie garantieren, dass ein Entwurf in seiner Gesamtheit korrekt ist.

Die Simulation des Verhaltens eines Schaltkreises vor dem eigentlichen Aufbau kann die Entwurfseffizienz erheblich verbessern, indem sie Entwurfsfehler schon in einem frühen Stadium des Entwurfsflusses aufzeigt und Einblick in das Verhalten des Schaltkreises gewährt. Fast alle IC-Entwürfe stützen sich in hohem Maße auf die Simulation. Die bekanntesten Analogsimulatoren basieren auf dem Prinzip von

SPICE (Simulation Program with Integrated Circuit Emphasis) oder sind direkt davon abgeleitet; Digitalsimulatoren verwenden häufig Verilog- oder VHDL-Syntax (Abschn. 5.1).

Gängige Simulatoren enthalten sowohl analoge als auch ereignisgesteuerte digitale Simulationsfunktionen, sogenannte Mixed-Mode-Simulatoren. Das bedeutet, dass jede Simulation Komponenten enthalten kann, die analog oder ereignisgesteuert oder eine Kombination aus beidem sind. Mixed-Mode-Simulationen werden auf drei Ebenen durchgeführt: (i) mit einfachen digitalen Elementen, die Timing-Modelle und den integrierten digitalen Logiksimulator verwenden, (ii) mit Subcircuit-Modellen, die die tatsächliche Transistortopologie des ICs nutzen und (iii) mit Inline-Ausdrücken der booleschen Logik.

Simulationswerkzeuge haben in der Regel eine Schnittstelle zu einem Schaltplan-Editor, einer Simulations-Engine und einer Wellenformanzeige auf dem Bildschirm (Abb. 5.34). Diese Werkzeuge ermöglichen es dem Entwickler, eine simulierte Schaltung schnell zu ändern und zu sehen, wie sich die Änderungen auf die Ausgabe auswirken. Simulatoren enthalten in der Regel auch umfangreiche Modell- und Bauelementbibliotheken.

Bei der Prüfung einer Schaltung durch Simulation sollten wir immer bedenken, dass diese eine lange Ausführungszeit erfordert, insbesondere bei großen Designs. Auch fehlt in der Regel ein umfassender Satz von Stimuli, um den gesamten Entwurf zu validieren. Selbst bei schnellen Simulatoren und kleinen Schaltungen ist es unmöglich, alle denkbaren Eingabemuster und Schaltzustände zu berücksichtigen. (Beispielsweise würde die umfassende Simulation eines Multiplizierers für zwei 32-Bit-Binärzahlen 2^{64} Eingabemuster erfordern, was selbst bei einer Simulationsrate von 100 Millionen Multiplikationen pro Sekunde zu 5849 Jahren Ausführungszeit führen würde [11]). Dies zwingt den Entwickler oft dazu, sich auf eine begrenzte Anzahl zufällig erzeugter Stimuli zu verlassen, obwohl eine vollständige Abdeckung des Entwurfs wünschenswert wäre [5]. Folglich können einige Entwurfsfehler aufgrund „falscher Stimuli" unentdeckt bleiben.[3]

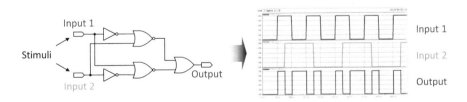

Abb. 5.34 Beispiel einer Schaltung mit XOR-Funktionalität, bestehend aus fünf Gattern, und ihrer (korrekten) Wellenformanzeige bei der Simulation

---

[3] Der sogenannte „Pentium-FDIV-Bug" ist ein bekanntes Beispiel, bei dem ein gut simulierter Intel-Prozessor bei der Division einer Zahl falsche binäre Gleitkomma-Ergebnisse lieferte, was Intel einen Verlust von 475 Millionen Dollar einbrachte [12].

5.4.4 Timing-Verifikation

Der Begriff *Timing-Verifikation* wird üblicherweise für eine Prüfung verwendet, ob das Zeitverhalten (Timing) einer digitalen Schaltung noch gültig ist, nachdem das Layout vorliegt.

Kritische Pfade in einer Schaltung werden während der Logiksynthese berechnet, indem man alle Pfade auf Worst-Case-Verzögerungszeiten prüft, die durch wechselnde Signale verursacht werden. Der resultierende kritische Pfad definiert die schnellstmögliche Taktrate, bei der die Schaltung korrekte Ausgangssignale erzeugen kann. Auch das Layout der Schaltung muss die Zeitvorgaben einhalten. Im Wesentlichen muss die Schaltung zwei Timing-Prüfungen bestehen: die maximale Verzögerung, die sich auf die Setup-Bedingungen (längster Pfad) bezieht, und die minimale Verzögerung, die sich aus den Hold-Bedingungen (kürzester Pfad) ergibt (Abb. 5.35). Setup-Prüfungen charakterisieren die „Performance" (Leistung) einer ausgelegten Schaltung, während eine nicht bestandene Hold-Prüfung auf eine fehlerhafte Schaltung hinweist.

Ein Ansatz für die Timing-Verifikation ist die *dynamische Timing-Analyse*. Dabei werden alle Leitungskapazitäten und -widerstände aus dem Layout extrahiert und die Schaltung unter Berücksichtigung dieser Werte simuliert. Diese Methode ist sehr zeitaufwändig, da viele Stimuli zu berücksichtigen sind. Die Beschränkung der dynamischen Timing-Analyse auf den kritischen Pfad (der während der Logiksynthese definiert wurde) ist nicht hilfreich, da dieser Pfad zu diesem späteren Zeitpunkt nicht mehr von Relevanz ist – schließlich kann die Layoutverdrahtung leicht einen anderen kritischen Pfad erzeugen, als während der Logiksynthese berechnet wurde.

Die statische Timing-Analyse (STA) wurde als effizientere Methode zur Timing-Verifizierung entwickelt. Sie basiert auf der aus dem Layout extrahierten Netzliste und berücksichtigt so auch Leitungskapazitäten und -widerstände. Die auf allen Pfaden berechneten Signalverzögerungen werden mit den vom Designer definierten Timing-Vorgaben verglichen. Die STA überträgt insbesondere die tatsächlichen Ankunftszeiten (AATs) und die erforderlichen Ankunftszeiten (RATs) auf die Pins für jedes Gatter oder jede Zelle. Die STA findet schnell Timing-Verletzungen

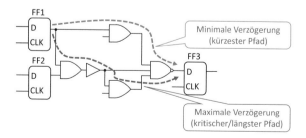

Abb. 5.35 Veranschaulichung der minimalen und maximalen Verzögerungen, die sich aus dem kürzesten und längsten Pfad ergeben

und diagnostiziert sie, indem sie kritische Pfade in der Schaltung aufspürt, die für diese Timing-Verletzungen verantwortlich sind [11]. In der Vergangenheit wurde die Logiksynthese dann unter Verwendung restriktiverer Timing-Vorgaben für diese kritischen Pfade wiederholt; heutzutage erzeugt die STA als Ausgabe eine optimierte Netzliste.

Die Verzögerungszeiten der logischen Gatter und der Leitungen sind Eingaben für die dynamische und statische Timing-Analyse. Während man die Gatterverzögerungen in den Timing-Modellen in der Bibliothek spezifiziert, sind die Signalverzögerungen der Leitungen mit Hilfe einer Vielzahl von Techniken zu berechnen. Unter diesen Techniken ist die momentbasierte Technik heute weit verbreitet, bei der die Impulsantworten des RLC-Netzwerks mit Hilfe von Zeit-Frequenz-Transformationsmethoden analysiert werden [5]. Bei einer alternativen momentbasierten Berechnung der Signalverzögerung der Leitung verwendet man das erste Moment der Impulsantwort; dies ist als *Elmore-Verzögerungsmodell* bekannt [13].

Jede zeitbezogene Schaltungssimulation *nach* der Layouterstellung benötigt layoutabhängige Timing-Informationen für den aktuell zu simulierenden Betriebszustand. Für diese Timing-Informationen wird das *Standard Delay Format* (*SDF*) verwendet. Die SDF-Datei enthält Interconnect delays (Leitungsverzögerung), Gate delays (Gatter-Verzögerungen) und Timing checks, die alle aus den Werkzeugen zum Layoutentwurf in ein abstrahiertes Format exportiert werden. Am wichtigsten sind dabei die Verzögerungen auf den Leitungen zwischen den Bauelementen (Interconnect delays), die sich aus der beim Layoutentwurf festgelegten konkreten Verdrahtung und damit deren bestimmbaren Längen ergeben.

Die Überprüfung des Timings erfordert auch eine Überprüfung auf resistive und kapazitive Kopplung. So tritt beispielsweise das sogenannte Übersprechen auf, wenn Signale in benachbarten Leitungen zwischen logischen Zuständen wechseln, und die kapazitive Kopplung zwischen ihnen einen Ladungstransfer verursacht [5]. Diese Kapazität hat auch einen erheblichen Einfluss auf die Signalverzögerung benachbarter Leitungen. Eine exakte Timing-Analyse ist daher wichtig, um die Signalverzögerungen auch nach der Layouterzeugung zu berechnen.

Verbale Ausdrücke wie *Timing-Closure* bezeichnen den Prozess der Erfüllung von Timing-Vorgaben durch Layout-Optimierungen und Netzlistenänderungen [4]. Zu diesen Layout-Optimierungen gehören die Timing-gesteuerte Platzierung und die Timing-gesteuerte Verdrahtung. Da sie für einen Layoutentwerfer von Bedeutung sind, wollen wir auf diese beiden Verfahren nachfolgend kurz eingehen.

Bei der Timing-gesteuerten Platzierung wird die Schaltungsverzögerung optimiert, um entweder alle Zeitvorgaben zu erfüllen oder die höchstmögliche Taktfrequenz zu erreichen. Sie nutzt die Ergebnisse von der STA, um kritische Netze zu identifizieren und versucht, die Signallaufzeiten durch diese Netze zu verbessern. Wie wir in Abschn. 5.3.2 ausführten, lässt sich die zeitgesteuerte Platzierung als netzbasiert oder pfadbasiert kategorisieren. Es gibt zwei Arten von netzbasierten Techniken – (i) Delay Budgeting weist dem Timing oder der Länge einzelner Netze Obergrenzen zu, und (ii) Netzgewichtung weist kritischen Netzen bei der Platzierung höhere Prioritäten zu [4]. Bei der pfadbasierten Platzierung wird versucht, komplette zeitkritische Pfade zu verkürzen oder zu beschleunigen und nicht nur einzelne Netze. Obwohl sie genauer ist als die netzbasierte Platzierung, ist die pfad-basierte Platzierung nicht für große, moderne Entwürfe geeignet, da die Anzahl der Pfade in einigen Schaltungen, wie z. B. Multiplikatoren, exponentiell mit der Anzahl der Gatter wachsen kann [4].

Nach der detaillierten Platzierung, der Auslegung des Taktnetzwerks und seiner Optimierung zielt die *Timing-gesteuerte Verdrahtung* darauf ab, die verbleibenden Timing-Verletzungen zu korrigieren. Dabei wird versucht, eine oder beide der folgenden Größen zu minimieren: (i) die maximal auftretende Verzögerung der Netze und (ii) die Gesamtverdrahtungslänge [4]. Zu den Methoden der Timing-gesteuerten Verdrahtung gehören weiterhin das Erzeugen von Bäumen mit minimalen Kosten und minimalem Radius für kritische Netze sowie die Minimierung der Source-to-sink-Verzögerung kritischer Anschlüsse [4].

Wenn immer noch Zeitüberschreitungen auftreten, werden weitere Optimierungen, wie z. B. eine erneute Pufferung, vorgenommen.

5.4.5 Geometrische Verifikation: DRC, ERC

Unter dem Begriff *geometrische Verifikation* fasst man alle Prüfungen zusammen, die am fertigen (geometrischen) Layout oder während des Layoutentwurfs durchgeführt werden. Zu nennen sind hier vor allem der Design Rule Check (DRC) und der Electrical Rule Check (ERC).

Jeder Chiphersteller stellt geometrische Entwurfsregeln (Kap. 3, Abschn. 3.4) für seine Technologie dem Layoutentwerfer zur Verfügung (vgl. Abb. 4.19 in Kap. 4). Sie werden in einer *Technologiedatei* gespeichert, die Teil der Design-Suite für eine bestimmte Technologie ist (*Process design kit, PDK*). Letztlich dienen die Regeln der Erstellung von Fotomasken, damit diese ein fertigungsgerechtes Layout abbilden können. Genauer gesagt legen die Entwurfsregeln layoutspezifische Grenzwerte fest, um ausreichende Spielräume für die Variabilität des angewandten Halbleiterherstellungsprozesses zu gewährleisten.

Wie bereits erwähnt (Kap. 3, Abschn. 3.4.2 und Kap. 4, Abschn. 4.5.2), lassen sich geometrische Entwurfsregeln in Breiten-, Abstands-, Überhang-, Überlappungs- und Umschließungsregeln unterteilen (Abb. 5.36, links; vgl. Abb. 3.20 in Kap. 3). Eine weitere Kategorie von Regeln, die bei der geometrischen Verifikation überprüft werden können, sind die Antennenregeln (Abb. 5.36, rechts).

Der Design-Rule-Checker verwendet während des Verifikationsprozesses die oben erwähnte Technologiedatei (auch als *DRC-Deck* bezeichnet); die Layoutdaten werden normalerweise im GDSII/OASIS-Standardformat bereitgestellt. Der DRC hat sich von einfachen Messungen und booleschen Prüfungen zur Verifikation hochkomplexer Regeln entwickelt, welche bestehende Strukturen modifizieren, neue einfügen und das gesamte Design auf Prozessvorgaben, wie z. B. die Schichtdichte, prüfen. Moderne Design Rule Checker führen vollständige Prüfungen von geometrischen Entwurfsregeln durch (Kap. 3, Abschn. 3.4). Der DRC markiert Verstöße

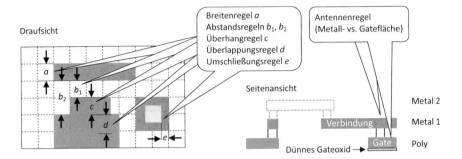

Abb. 5.36 Visualisierung der grundlegenden DRC-Prüfungen (Breiten-, Abstands-, Überhang-, Überlappungs- und Umschließungsregeln, vgl. Abb. 3.20 in Kap. 3) und der Antennenregel, die das zulässige Verhältnis von Poly- oder Metallfläche zur Gatefläche angibt (rechts)

entweder direkt im Layout (Abb. 5.37, links) oder das Programm listet die Entwurfsregelverletzungen auf.

In einigen speziellen Fällen verzichten Entwickler bewusst darauf, DRC-Verletzungen zu korrigieren. Dabei wird durch „vorsichtiges Tolerieren" derartiger Verletzungen versucht, z. B. die Leistung oder Packungsdichte auf Kosten der Ausbeute zu erhöhen. Je konservativer die Entwurfsregeln sind, desto wahrscheinlicher ist es, dass der Entwurf dennoch korrekt hergestellt wird; die Leistung und andere Ziele können jedoch unter derartigen „konservativen Entwurfsregeln" leiden.

Wie bereits erwähnt, lassen sich *Antennenregeln* in den DRC einbeziehen. Eine sogenannte *Antenne* ist eine Verbindung, d. h. ein Leiter aus Polysilizium oder Metall, der während des Herstellungsprozesses noch nicht beidseitig angeschlossen ist. Da die darüber liegenden Schichten noch nicht verarbeitet sind, ist

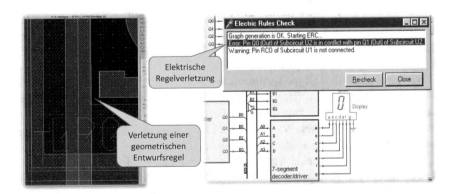

Abb. 5.37 Die Entwurfsregelprüfung (DRC) prüft die Einhaltung geometrischer Entwurfsregeln und zeigt hier eine Verletzung des Mindestabstands an (links). Im Gegensatz dazu prüft der Electrical Rule Check (ERC, rechts) auf Inkonsistenzen im elektrischen Netzwerk, die sich aus der Geometrie und der Konnektivität im Schaltplan oder Layout ableiten lassen. Vereinfacht gesagt, führt DRC eine Syntaxanalyse des Layouts und ERC eine Syntaxanalyse des Netzwerks durch

dieser Leiter vorübergehend nicht elektrisch mit dem Silizium verbunden oder geerdet (s. Abb. 5.36, rechts). Auf diesem temporären Verbindungsstück können sich während des Herstellungsprozesses Ladungen so weit ansammeln, dass Leckströme entstehen, die dann physische Schäden am einseitig angeschlossenen, dünnen Transistor-Gate-Oxid verursachen. Dieses zerstörerische Phänomen ist als *Antenneneffekt* bekannt. Die Hersteller geben normalerweise Antennenregeln vor, die oft als zulässiges Verhältnis von Polysilizium- und Metallfläche zur Gatefläche ausgedrückt werden. Dieses Verhältnis, vorgegeben für jede Metalllage, lässt sich dann vom DRC überprüfen. Stellenweise wird zusätzlich ein bestimmtes Verhältnis zwischen dem Umfang der Polysilizium- und Metallformen und der Gate-Fläche geprüft, da sich die Ladungen vorzugsweise an den Strukturkanten sammeln.

Da heutige Probleme bei der Herstellbarkeit eines Layouts oft über grundlegende geometrische Entwurfsregeln hinausgehen, enthalten moderne DRC-Werkzeuge weitere Prüfroutinen. Dazu gehören die schon in Kap. 3 behandelten booleschen Operationen und Größenfunktionen (Sizing) bei derartigen Regeln; auch Nachbarschaftsbeziehungen zwischen verschiedenen Lagen lassen sich in eine automatische Überprüfung einbeziehen. Auch diese Regeln werden direkt vom IC-Hersteller bereitgestellt.

Ein DRC kann extrem laufzeitintensiv sein, da die Prüfungen in der Regel für jeden Teilbereich der Schaltung durchzuführen sind, um die Anzahl der Fehler zu minimieren, die auf der obersten Ebene entdeckt werden. Moderne Designs können DRC-Laufzeiten von bis zu einer Woche aufweisen. Viele Entwurfsfirmen streben dennoch DRC-Zeiten von weniger als einen Tag an, denn nur so lassen sich vertretbare Zykluszeiten erreichen, da der DRC vor der Fertigstellung des Entwurfs in den meisten Fällen mehrmals auszuführen ist.

Die bisherigen Ausführen zeigen, dass der DRC sicherstellt, dass die Schaltung korrekt *herstellbar* ist. Es sollte auch klar sein, dass sich die korrekte *Funktionalität* auf diese Weise nicht überprüfen lässt; dies wird ausschließlich durch die Verhaltensprüfung der Schaltung sichergestellt (formale, funktionale und Timing-Verifikation), die wir bereits in den Abschn. 5.4.2, 5.4.3 und 5.4.4 behandelt haben.

Untersuchen wir nun den „Mittelweg" zwischen einfacher Layout-Prüfung und komplexer Verhaltensprüfung, der die Domäne der *elektrischen Regelprüfer (ERC)* ist. Elektrische (Entwurfs-)Regeln gestalten eine Schaltung robuster, indem sie sie z. B. vor Schäden durch elektrostatische Entladungen schützen; sie verbessern auch ihre Zuverlässigkeit, indem sie die Alterung aufgrund von elektrischer Überlastung verringern. Diese Regeln sind in hohem Maße abhängig von (i) der angewandten Halbleitertechnologie, (ii) dem Schaltungstyp und (iii) der zukünftigen Verwendung der Schaltung als Komponente in einer Systemumgebung. Darüber hinaus werden die elektrischen Regeln häufig durch entwurfsspezifische Regeln und erfahrungsbasierte Regeln („Expertenwissen") ergänzt.

Das Electrical-Rule-Checking ist also eine Methode, mit der sich die Robustheit und Zuverlässigkeit eines Entwurfs sowohl auf Schaltplan- als auch auf Layout-Ebene anhand verschiedener „elektrischer Entwurfsregeln" überprüfen lässt. Dabei wird die Korrektheit der Stromversorgungs- und Masseverbindungen überprüft und auf „schwebende" Netze oder Pins sowie offene und kurzgeschlossene Netze kontrolliert. Indem man beispielsweise die Stromversorgungs-, Masse-, Eingangs- und Taktsignale durch den Schaltplan und/oder das Layout der Schaltung verfolgt, ist es möglich, auf falsche Ausgangstreiber, Inkonsistenzen in den Signalspezifikationen, nicht angeschlossene Schaltungselemente und vieles mehr zu prüfen. Die Ergebnisse werden entweder innerhalb des Schaltplan-/Layout-Editors visualisiert oder in einer Tabelle dargestellt (s. Abb. 5.37, rechts).

Elektrische Regeln spezifiziert man oft anhand topologischer Strukturen und nicht als einzelne Bauelement-/Pin-Prüfungen. Geometrische Regeln aus dem Layout werden ebenfalls mit diesen Topologien verknüpft, um eine ordnungsgemäße Funktionalität, Leistung und Ausbeute zu gewährleisten. Einige Regeln, wie z. B. spannungsabhängige Metallabstandsregeln, kombinieren sowohl geometrische als auch elektrische Prüfungen.

5.4.6   Extraktion und LVS

Die *Layout-versus-schematic-Prüfung*, oft abgekürzt als *LVS-Check* (auch: Layout versus Schaltplan), vergleicht die ursprüngliche Netzliste, die zur Erstellung des Layouts verwendet wurde, mit einer durch *Extraktion* aus dem erstellten Layout gewonnenen Netzliste. Damit wird nachgewiesen, dass das generierte Layout exakt mit der Originalnetzliste übereinstimmt. Genauer gesagt stellt die LVS-Prüfung sicher, dass Schaltungs- und Layoutentwurf übereinstimmen, indem sie (i) die elektrischen Verbindungen zwischen Bauelementinstanzen, (ii) die korrekten Bauelemente bzw. Zellen in der Netzliste und im Layout und (iii) funktionskritische Parameter der Bauelemente überprüft. Das LVS und der DRC sind oftmals die wichtigsten Verifikationswerkzeuge in einem IC-Entwurfsfluss.

Um beide Netzlisten vergleichen zu können, muss das LVS-Tool zunächst eine Netzliste aus den Layoutdaten *extrahieren*. Zu diesem Extraktionsschritt wird eine technologieabhängige Extraktionsdatei benötigt, die drei Definitionen enthält:

- Wie sind die Metalllagen miteinander verbunden, d. h. wie lässt sich mittels dieser Durchkontaktierungen ein *Netz* erkennen?
- Welche Kombination von Polygonen und Ebenen definiert ein *Bauelement*?
- Welche Eigenschaften der Polygone eines Bauelements bestimmen dessen elektrische *Parameter*?

Abb. 5.38 veranschaulicht den Inhalt einer solchen Extraktionsdatei. Der Inhalt einer Netzliste kann nur mit diesen drei Informationen (Verbindungen zwischen den

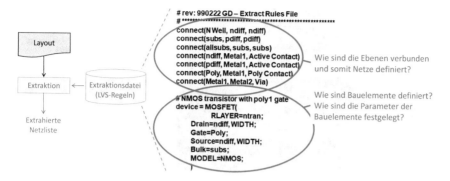

Abb. 5.38 Um die Netzliste aus den Layout-Polygonen zu extrahieren, wird eine Extraktionsdatei benötigt. Nur mit dieser kann das Extraktionswerkzeug „wissen", welche Polygonkonfiguration eine Durchkontaktierung (und damit ein Netz) oder ein Bauelement bildet und wie die Polygone eines Bauelements dessen elektrische Parameter bestimmen

Lagen, Bauelemente, Parameter der Bauelemente) aus einem gegebenen Layout abgeleitet werden, da das Layout ja nur aus Polygonen besteht.[4]

Der Extraktionsalgorithmus ist in der Lage, auf der Grundlage dieser Beschreibung eine Netzliste aus den Grafikdaten des Layouts zu erzeugen. Die Vorgehensweise ist wie folgt:

(1) Bestimmung der Bauelemente (Transistoren):
   (a) Bestimmen aller geometrischen Strukturen, welche die Bauelemente (Transistoren) repräsentieren.
   (b) Trennen der Bauelemente von den übrigen Layoutstrukturen.

(2) Bestimmen der elektrischen Knoten (Netze):
   Bestimmen aller geometrischen Strukturen, die elektrisch verbundene Einheiten bilden. Dies ist eine Maskenebene-übergreifende Operation.

(3) Generieren der Netzliste:
   (a) Bestimmen der Knoten (Netznamen), zu denen die mit den Bauelementen verbundenen geometrischen Strukturen gehören.
   (b) Zuweisen der Anschlusstypen (z. B. Gate und Source bei Transistoren).

Der Inhalt dieser Netzliste wird dann mit einer aus dem Schaltplan abgeleiteten Netzliste verglichen. Das gesamte LVS-Verfahren ist in Abb. 5.39 veranschaulicht.

---

[4] Es ist wichtig zu wissen, warum wir keine anderen Layout-Informationen, wie z. B. Bibliotheksinformationen, einbeziehen, schließlich würde dies die Aufgabe erheblich vereinfachen und die Netzlistenerkennung beschleunigen. Allerdings würde dann auch ein Fehler in der Bibliothek berücksichtigt werden – und die abschließende Netzlistenprüfung damit trotz des Fehlers identische Netzlisten ermitteln, da beide Listen von demselben bibliotheksbasierten Fehler betroffen wären. Dies würde das LVS unbrauchbar machen.

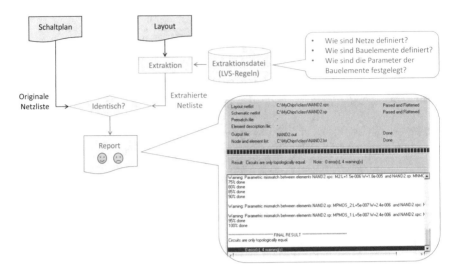

Abb. 5.39 Die Prüfung einer Schaltung mittels LVS basiert auf einer Netzlistenextraktion aus dem Layout. Diese extrahierte Netzliste wird mit der originalen Netzliste verglichen, die zur Erstellung des Layouts verwendet wurde

Der LVS vergleicht die Ausgabedaten (Layout) mit den Eingabedaten (Schaltplan) hinsichtlich der folgenden drei Schaltplanattribute:

- Netze: Sind alle elektrischen Verbindungen im Schaltplan – und nur diese – auch im Layout enthalten?
- Bauelemente: Sind alle Bauelemente aus dem Schaltplan – und nur diese – im Layout vorhanden?
- Parameter der Bauelemente: Haben alle Bauelemente im Layout die im Schaltplan angegebenen elektrischen Parameter?

Das Ergebnis des LVS ist eine Reportdatei (s. Abb. 5.39), welche die Anzahl und die Typen der Bauelemente sowie die Knoten in der ursprünglichen Netzliste (aus dem Schaltplan) und in der aus dem Layout extrahierten Netzliste enthält. In dieser Datei sind auch alle nicht übereinstimmenden Bauelemente in beiden Netzlisten aufgeführt. Es ist Aufgabe des Entwerfers, diese Probleme weiter zu untersuchen, da es sich bei diesen Vergleichsfehlern oder Warnungen sowohl um schwerwiegende Fehler als auch um nicht erkennbare Merkmale für das Extraktionswerkzeug handeln kann.

Eines der Probleme bei der LVS-Verifikation sind die wiederholten Iterationen der Entwurfsprüfung, die erforderlich sind, um die nicht übereinstimmenden Komponenten zwischen beiden Netzlisten zu finden und zu entfernen [5]. Da dies sehr zeitaufwändig sein kann, sollte beim LVS hierarchisch (anstelle eines flachen Vergleichs) vorgegangen werden. Oftmals lassen sich Speicherblöcke und andere IP-Elemente (Intellectual Property) hierarchisch (d. h. einmal intern, danach als Block) vergleichen, während Analogblöcke und Makrozellen eine flache Darstellung beibehalten, die dann auch komplett (jedes Mal) einzubeziehen ist [5].

Neben der Extraktion einer Netzliste aus einem Layout bieten Extraktionswerkzeuge auch die Möglichkeit der *parasitären Extraktion* (*PEX*). Hier werden die parasitären Effekte in den Leiterzügen berechnet. Die Wirkung parasitärer Effekte lässt sich mit (virtuellen) parasitären Schaltungselementen, kurz auch *Parasiten* genannt, darstellen, wobei Folgende hier in Frage kommen: (i) parasitäre Kondensatoren, (ii) parasitäre Widerstände, und (iii) parasitäre Induktivitäten.[5]

Um ein genaueres analoges Schaltungsmodell zu erstellen, ist die Extraktion von diesen Parasiten erforderlich. Auf der Grundlage von Bauelementemodellen und PEX-Ergebnissen können detaillierte Simulationen das tatsächliche Verhalten von digitalen und analogen Schaltungen nachbilden. Ein weiterer Faktor für das steigende Interesse an parasitären Effekten ist die Bedeutung der Verdrahtungskapazität in fortgeschrittenen Technologieknoten: Widerstände und Kapazitäten auf den Verbindungen haben bereits unterhalb des 0,5-μm-Technologieknotens einen erheblichen Einfluss auf die Schaltungsleistung. Parasitäre Zwischenverbindungen verursachen Signalverzögerungen, Signalrauschen und IR-Abfälle – alles wichtige Aspekte, die sich auf das Timing und die Leistung von Schaltungen auswirken, insbesondere bei analogen Schaltungen. Damit ist offensichtlich, dass Timing-Analyse, Leistungsanalyse, Schaltungssimulation und Signalintegritätsanalyse auf der Extraktion von Parasiten beruhen.

Die Methoden zur Extraktion von parasitären Schaltungselementen (Parasiten) lassen sich grob unterteilen in (i) Field-Solver, die physikalisch genaue Lösungen liefern, und (ii) Näherungslösungen mit Pattern-Matching-Techniken. Da Field-Solver sich nur auf kleine Problemfälle anwenden lassen, sind Pattern-Matching-Techniken der einzige praktikable Ansatz zur Extraktion von Parasiten für komplette moderne IC-Designs.

Das Extraktionswerkzeug kann man auch für Antennenprüfungen verwenden (Abschn. 5.4.5). Hier werden die Gate-Fläche und die Fläche des/der Leiter(s) extrahiert, ihr Verhältnis berechnet und mit einem Referenzwert verglichen.

Schließlich wird das Extraktionswerkzeug auch für bestimmte ERC-Funktionen benötigt (Abschn. 5.4.5). Ein Beispiel sind Pin-to-Pin-Prüfungen innerhalb des ERC, bei denen ein bestimmter Widerstandswert nicht zu überschreiten ist, um die ESD-Anforderungen einzuhalten.

5.5 Layout-Postprozess

In der Vergangenheit wandelte man eine IC-Spezifikation in ein physisches Layout um, verifizierte das Timing und die DRC-Korrektheit der Polygone – und schon war das Layout bereit für die Fertigung [14]. Die Daten für die verschiedenen Lagen wurden an einen Maskenhersteller weitergegeben, der mit Hilfe einer Maskenschreibanlage jede Lage in eine Maske umwandelte. Anschließend wurden die Masken an die Foundry geliefert, wo sie zur Herstellung der Designs in Silizium ver-

---

[5]Zusätzliche parasitäre Kopplungseffekte entstehen durch das für alle Bauelemente gleiche Chipsubstrat. Diese Effekte werden jedoch nicht in allen Simulationswerkzeugen berücksichtigt.

wendet wurden. Kurz gesagt, die Erstellung und Überprüfung des Layouts beendete somit den eigentlichen Entwurfsprozess.

Die Layoutdaten von integrierten Schaltkreisen erfordern heutzutage eine umfangreiche Nachbearbeitung, die wir in Kap. 3 (Abschn. 3.3) ausführlich behandelt haben. Dort führten wir den Schritt des *Layout-Postprozesses* ein, bei dem Änderungen und Ergänzungen an den Layoutdaten des ICs vorgenommen werden, um diese in Daten für die Maskenproduktion umzuwandeln (Abb. 5.40).

Wie in Abb. 5.40 dargestellt, kann die Layoutnachbearbeitung in drei Schritte unterteilt werden:

- *Chip Finishing*, das kundenspezifische Bezeichnungen und Strukturen zur Verbesserung der Herstellbarkeit des Layouts umfasst (Kap. 3, Abschn. 3.3.2),
- Erstellung eines *Retikel-Layouts* mit Teststrukturen und Justiermarken (Kap. 3, Abschn. 3.3.3) und
- *Layout-to-Mask Preparation*, welches Layoutdaten mit Grafikoperationen anreichert, die Auflösung verbessert und die Daten an die Masken in der Foundry anpasst (Kap. 3, Abschn. 3.3.4).

Während die ersten beiden Schritte nicht direkt mit dem eigentlichen Layoutentwurf zusammenhängen (daher verweisen wir den Leser für deren Diskussion auf Kap. 3), kann sich der letzte Schritt, die Vorbereitung des Layouts für die Masken, direkt auf den Layoutentwurf auswirken. Hier wird das Layout mit grafischen Operationen angereichert, dann Modifikationen zur Verbesserung der optischen Auflösung unterzogen und schließlich an die Maskenproduktionsgeräte angepasst.

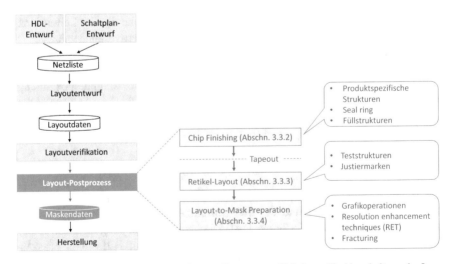

Abb. 5.40 Die wichtigsten Schritte im Layout-Postprozess. Bei dieser Nachbearbeitung der Layoutdaten werden Änderungen und Ergänzungen an diesen vorgenommen, um sie in Maskendaten für die IC-Herstellung umzuwandeln (vgl. Abb. 3.14 in Kap. 3)

Techniken zur Verbesserung der Auflösung (*RET, Resolution enhancement techniques*) spielen bei diesem letzten Schritt eine Schlüsselrolle (Kap. 3, Abschn. 3.3.4). Sie müssen bei hochmodernen ICs angewandt werden, um den durch die extrem kleinen Strukturgrößen bedingten Fertigungs- und optischen Effekten entgegenzuwirken. Aufgrund der möglichen Auswirkungen von RET auf den Layoutentwurf, wie z. B. Layout-Einschränkungen [15], gehen wir in diesem Abschnitt abschließend kurz darauf ein.

Derartige (finale) Layout-Änderungen zielen auf eine Auflösungsverbesserung mittels RET, wie in Abb. 5.41 dargestellt. Sie lassen sich grob in (i) Kompensationsgeometrien und (ii) Maskenanpassungen einteilen [14, 15].

Kompensationsgeometrien gleichen Verzerrungen aus, die durch den Herstellungsprozess entstehen. Ein Beispiel ist die Nahbereichskorrektur (OPC, Optical proximity correction), die Bildfehler aufgrund von Beugungseffekten ausgleicht. Die Nahbereichskorrektur wirkt diesen Effekten entgegen, indem sie die Maskenöffnung an unterbelichteten Stellen leicht vergrößert und an überbelichteten Stellen leicht verkleinert, wie in Abb. 5.41 (links) gezeigt. (Auf Beugungseffekte in der Fotolithografie und mögliche Korrekturmaßnahmen gehen wir in Kap. 2 ein, vgl. Abb. 2.9.)

Maskenanpassungen verbessern ebenfalls die Herstellbarkeit oder die Auflösung des Lithografieprozesses. Beispiele hierfür sind (i) Phasenverschiebungsmasken, d. h. Fotomasken, die die durch Phasenunterschiede erzeugte Interferenz zur Verbesserung der Bildauflösung nutzen (Abb. 5.41, Mitte), und (ii) Doppel- oder Mehr-

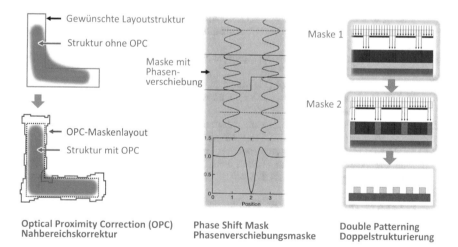

Optical Proximity Correction (OPC)
Nahbereichskorrektur

Phase Shift Mask
Phasenverschiebungsmaske

Double Patterning
Doppelstrukturierung

Abb. 5.41 Veranschaulichung von Techniken zur Auflösungsverbesserung (RET, Resolution enhancement techniques), wie optische Nahbereichskorrektur (OPC, Optical proximity correction), Phasenverschiebungsmasken und Doppelstrukturierung. OPC (links) manipuliert die Maskenstruktur, um Beugungseffekte auszugleichen. Phasenverschiebungsmasken (Mitte) verändern die Phase des Lichts, das durch einige Bereiche der Maske fällt, und verringern so die defokussierende Wirkung von Maskenabmessungen, die kleiner sind als die Wellenlänge des Beleuchtungslichts. Bei der Doppelstrukturierung (rechts) werden die Maskenstrukturen in zwei auf zwei Masken aufgeteilt

fachstrukturierung. Hier wird durch Mehrfachbelichtung die abbildbare Dichte erhöht, indem man dichte Strukturen auf zwei (oder mehr) Masken gezielt (Kanten-abwechselnd) aufteilt (s. Abb. 5.41, rechts).

Die Doppel-/Mehrfachstrukturierung erfordert neuartige Randbedingungen beim Layoutentwurf, welche die eindeutige Kantenaufsplittung auf beide (mehrere) Masken sicherstellt [16]. Zum Beispiel werden den Layoutelementen abstandsabhängige Attribute zugewiesen, die man dann verwendet, um das ursprünglich erstellte Layout konfliktfrei auf zwei (oder mehr) Masken aufzuteilen.

Da sowohl der Layout-Postprozess im Allgemeinen als auch die Techniken zur Verbesserung der Auflösung (RET) im Besonderen ständig verbessert und an neue Technologien angepasst werden, gehen wir nicht weiter darauf ein, sondern verweisen den Leser auf aktuelle Literatur zu diesen Themen.

Literatur

1. M. R. Barbacci, A comparison of register transfer languages for describing computers and digital systems, in *Technical Report* (Carnegie Mellon University Research Showcase @ CMU, Department of Computer Science, 1973)
2. E. Christen, K. Bakalar, VHDL-AMS-a hardware description language for analog and mixed-signal applications. IEEE Trans. Circuits Syst. II Analog. Digit. Signal Process. **46**(10), 1263–1272 (1999)
3. J. Lienig, H. Brümmer, *Elektronische Gerätetechnik* (Springer, Berlin, 2014). ISBN 978-3-642-40961-5. https://doi.org/10.1007/978-3-642-40962-2
4. A. Kahng, J. Lienig, I. Markov, et al., *VLSI Physical Design: From Graph Partitioning to Timing Closure*, 2. Aufl. (Springer, Cham, 2022). ISBN 978-3-030-39283-3. https://doi.org/10.1007/978-3-030-96415-3
5. K. Golshan, *Physical Design Essentials* (Springer, New York, 2007). ISBN 978-0-387-36642-5. https://doi.org/10.1007/978-0-387-46115-1
6. P. Spindler, *Persönliches Gespräch* (TU München, 2008)
7. S. M. Sait, H. Youssef, *VLSI Physical Design Automation, Theory and Practice* (World Scientific, Singapore, 1999)
8. R. J. Baker, CMOS circuit design, layout, and simulation, in *IEEE Press Series on Microelectronic Systems*, 3. Aufl. (Wiley-IEEE Press, Hoboken, 2010). ISBN 978-0470881323
9. M. Y. Hsueh, in *Symbolic layout compaction*, hrsg. v. P. Antognetti, D. O. Pederson, de H. Man. Computer Design Aids for VLSI Circuits, NATO ASI Series (Series E: Applied Sciences), Bd. 48 (Springer, 1984). ISBN 978-94-011-8008-5. https://doi.org/10.1007/978-94-011-8006-1_11
10. B. Murphy, M. Pandey, S. Safarpour, *Finding Your Way Through Formal Verification* (CreateSpace Independent Publishing Platform, 2018). ISBN 978-1986274111
11. D. Jansen et al., *The Electronic Design Automation Handbook* (Springer, New York, 2003). ISBN 978-14-020-7502-5. https://doi.org/10.1007/978-0-387-73543-6
12. T. R. Halfhill, An error in a lookup table created the infamous bug in Intel's latest processor. BYTE **20**, 163–164 (1995)
13. W. C. Elmore, The transient response of damped linear networks with particular regard to wideband amplifiers. J. Appl. Phys. **19**, 55–63 (1948). https://doi.org/10.1063/1.1697872

14. L. Lavagno, G. Martin, L. Scheffer, *Electronic Design Automation for Integrated Circuits Handbook* (CRC Press, Boca Raton, 2006). ISBN 978-0849330964

15. L. Liebmann, Layout impact of resolution enhancement techniques: impediment or opportunity? in *International Symposium on Physical Design (ISPD)* (2003), S. 110–117. https://doi.org/10.1145/640000.640026

16. B. Yu, D. Z. Pan, *Design for Manufacturability with Advanced Lithography* (Springer, Cham, 2016). ISBN 978-3-319-20384-3. https://doi.org/10.1007/978-3-319-20385-0

Kapitel 6
Besonderheiten des Layoutentwurfs analoger integrierter Schaltungen

Die in den Kap. 4 und 5 vorgestellten Methoden und Entwurfsschritte behandeln überwiegend universelle Aspekte des Layoutentwurfs, die für alle Schaltungsarten relevant sind. Der Layoutentwurf integrierter Analogschaltungen hält über die dort angesprochenen Aspekte hinaus noch eine Vielzahl spezieller Herausforderungen bereit, die zusätzliche Kenntnisse und besondere Layouttechniken erfordern. In Kap. 1 (Abschn. 1.2.2) haben wir bereits die fundamentalen Unterschiede zwischen analogen und digitalen Schaltungen diskutiert, die dazu führen, dass die Entwurfsabläufe und Werkzeuge in beiden Fällen sehr unterschiedlich sind. Analoge Schaltungen sind i. Allg. weit weniger komplex, was die Anzahl der Bauelemente angeht. Das analoge Entwurfsproblem als solches ist aber aufgrund der großen Diversität der zu berücksichtigenden Probleme und möglicher Störeinflüsse qualitativ so komplex, dass es hierfür keine dem Digitalentwurf vergleichbaren Automatismen gibt. Der Entwurf analoger integrierter Schaltungen erfolgt deshalb bis heute überwiegend manuell und erfordert spezifische Kenntnisse. Dieses Spezialwissen wird in diesem Kapitel behandelt.

In Kap. 4 (Abschn. 4.6 und 4.7) haben wir bereits Abläufe des Analogentwurfs besprochen. Jetzt stellen wir Layouttechniken vor, die diese Entwurfsabläufe begleiten und die der Layouter einer integrierten Analogschaltung beherrschen muss. Wir beginnen mit einer Einführung zum Begriff des Schichtwiderstands (Abschn. 6.1) und zur Bedeutung von Wannen und den damit einhergehenden Eigenschaften einer Sperrschicht (Abschn. 6.2). Dieses Grundlagenwissen ist für das Verständnis und die Dimensionierung von analogen Bauelementen erforderlich, die wir dann in Abschn. 6.3 behandeln. In Abschn. 6.4 stellen wir Bauelementgeneratoren vor, mit denen sich die Bauelemente einer integrierten Analogschaltung automatisiert erzeugen lassen. Ein zentrales Thema im Entwurf analoger integrierter Schaltungen ist die Erzielung elektrisch symmetrischen Verhaltens von Bauelementen innerhalb bestimmter Bauelementgruppen. In Abschn. 6.5 erläutern wir, warum diese Symmetrie für die Qualität einer Analogschaltung von fundamentaler Bedeutung ist. Im letzten Abschn. 6.6 geben wir dann eine fundierte Einführung in die Layouttechniken zur Erzielung dieser elektrischen Symmetrie, das sogenannte *Matching*.

6.1 Schichtwiderstand: Rechnen mit Squares

Wird ein elektrisch leitendes Material von einem Strom I durchflossen, dessen Stärke sich proportional zur angelegten Spannung U ändert, so sprechen wir von einem ohmschen Verhalten. Das Verhältnis aus U und I wird als ohmscher Widerstand $R = U/I$ des Leiters bezeichnet. Diese Beziehung ist auch als *ohmsches Gesetz* bekannt. Besteht der Leiter aus einem homogenen Material, so lässt sich dieser ohmsche Widerstand berechnen mit

$$R = \rho \frac{l}{A}. \tag{6.1}$$

Hierin ist ρ der spezifische elektrische Widerstand des Materials, l die Länge des Leiters entlang des Stromflusses und A die Querschnittsfläche, durch die der Strom hindurchfließt. In der Halbleitertechnik haben wir es überwiegend mit planaren (flächigen) Strukturen zu tun. Fließt ein Strom lateral in einer solchen Schicht, so ergibt sich für den Widerstand

$$R = \rho \frac{l}{d \cdot w}. \tag{6.2}$$

Hier ist der stromdurchflossene Querschnitt des Leiters ein Rechteck mit der Breite w und der Schichtdicke d, dessen Flächeninhalt sich also zu $A = d \cdot w$ ergibt (Abb. 6.1).

Die Dicken der einzelnen Schichten auf einem IC sind grundsätzlich durch die jeweilige Prozesstechnologie vorgegeben. Dies gilt für die Dotiergebiete und auch für den Schichtaufbau aus Polysilizium und Metallisierung. Für eine gegebene Prozesstechnologie wird die Dicke d einer dieser Schichten daher als konstant angese-

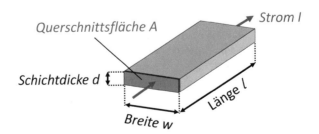

Abb. 6.1 Mikrostrip-Leiterbahn mit Länge (l), Breite (w) und Dicke (d)

hen. Dies bedeutet, dass sich lediglich die lateralen Abmessungen w und l durch das Layout beeinflussen lassen.

Neben der Materialkonstante ρ enthält Gl. (6.2) für jede Schicht also eine weitere für den Layoutentwurf unveränderliche Größe: die technologiespezifische Schichtdicke d. Hieraus ergibt sich die Möglichkeit, den in Gl. (6.2) steckenden Quotienten aus diesen beiden Größen als neue materialspezifische Kenngröße

$$R_{Sh} = R_{\square} = \frac{\rho}{d} \tag{6.3}$$

zu definieren, die als *Schichtwiderstand* (auch: *Flächenwiderstand*) bezeichnet wird. Setzt man Gl. (6.3) in Gl. (6.2) ein, ergibt sich der Widerstand einer lateral von Strom durchflossenen Schicht zu

$$R = R_{Sh} \frac{l}{w} = R_{\square} \frac{l}{w}. \tag{6.4}$$

Setzt man hierin $l = w$, so erkennt man, dass der Schichtwiderstand R_{Sh} gerade den Widerstand eines quadratischen Stücks der betreffenden Schicht darstellt, wobei die Größe des Quadrats keine Rolle spielt. Aus diesem Grunde wird für R_{Sh} auch oft die Bezeichnung $R_{\square}$ verwendet. Physikalisch ist die Einheit von R_{Sh} dieselbe wie die eines gewöhnlichen Widerstands, also Ω. Sie wird manchmal aber auch als $\Omega/\square$ angegeben, um anzudeuten, dass man von einem Schichtwiderstand spricht.

Die Schichtwiderstände von Dotierschichten und Routing-Layern sind in jedem Process design kit (PDK) angegeben. Mit Gl. (6.4) lassen sich damit für alle Layoutstrukturen, in denen ein lateraler Stromfluss stattfindet, die Widerstände berechnen. Eine sehr anschauliche Anwendung der Gleichung besteht darin, dass man entlang des Stromflusses einfach die Anzahl der quadratischen Stücke (im Layout spricht man von „*Squares*") zählt und diesen Wert mit dem bekannten Schichtwiderstandswert $R_{\square}$ multipliziert.

Diese Methode wird insbesondere zur Abschätzung der parasitären Widerstände von Leiterbahnen verwendet, ist aber auch auf andere Schichten anwendbar. Wir betrachten hierzu die Beispiele in Abb. 6.2. Die beiden oberen Leiterbahnen (a) und (b) haben das gleiche Verhältnis von Länge zu Breite $l_a/w_a = l_b/w_b = 10$. Beide Leiterbahnen bestehen also aus 10 Squares und haben somit denselben Widerstand $R_a = R_b = 10 R_{\square}$. Dass die Größe der Quadrate im Fall (a) 2×2 und im Fall (b) 1×1 beträgt, spielt keine Rolle.

Das Zählen von Squares zur Widerstandsberechnung ist anschaulich und einfach. Dabei ist allerdings Vorsicht geboten. Zunächst muss man sich bewusstmachen, dass man mit dieser Methode nur die Nominalwerte berechnen kann. Die real auftretenden Widerstandswerte weichen hiervon aufgrund von Prozesstoleranzen teilweise erheblich ab.

Außerdem führt die Berechnung des Widerstands durch Zählen der Squares nur dann zu rechnerisch gültigen Ergebnissen, wenn der Stromfluss homogen über den Leiterquerschnitt verteilt ist. An Stellen, an denen sich die Richtung des Stromflus-

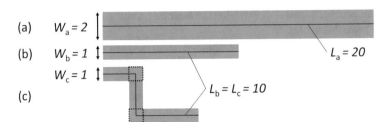

Abb. 6.2 Beispiele für die Berechnung der Widerstandswerte von Verbindungsleitungen. Die Leiterbahnen (**a**) und (**b**) haben das gleiche Verhältnis von Länge zu Breite und daher trotz unterschiedlicher Größe den gleichen Widerstand $R_a = R_b = 10R_\square$. Leiterbahn (**c**) hat die gleiche Länge und Breite wie Leiterbahn (**b**), aber aufgrund der beiden Ecken in (**c**) reduziert sich der Widerstand um (ungefähr) ein Square auf $R_c = 9R_\square$

ses ändert, z. B. an Ecken oder bei Querschnittsänderungen, kommt es zu Abweichungen.

Ein häufig auftretender Fall von Richtungsänderungen sind rechtwinklig abknickende Leiterbahnen, wie in Abb. 6.2 (c) gezeigt. In diesem Fall kann man den Widerstand abschätzen, indem man die Beiträge der die Ecken bildenden Squares (gestrichelt angedeutet) nur zur Hälfte zählt. Dies ist nur eine grobe Abschätzung, die wegen der Fertigungstoleranzen aber ausreicht. Im Beispiel in Abb. 6.2 hat die Leiterbahn (c) dieselbe Länge und Breite wie Leiterbahn (b). Aufgrund der beiden Ecken verringert sich der Gesamtwiderstand aber um zweimal den Beitrag eines halben Squares. Damit lässt sich der Widerstand der Leiterbahn (c) abschätzen zu $R_c = 10R_\square - 2R_\square/2 = 9R_\square$.

Bei der Abschätzung parasitärer Widerstände ist es wichtig, auch die Durchkontaktierungen zu berücksichtigen. Der in einer Schicht, d. h. auch in einer Leiterbahn, fließende Strom tritt gewöhnlich vertikal über Kontaktlöcher und Vias in diese ein bzw. aus ihr aus. Durch diese Richtungsänderungen zwischen horizontalem und vertikalem Stromfluss ist der Stromfluss an diesen Stellen inhomogen. Den Beitrag, den diese Ein- und Austrittsstellen des Stromes zum Gesamtwiderstand beisteuern, muss man durch andere Methoden abschätzen. In PDKs sind gewöhnlich Widerstandswerte für Vias und Kontaktlöcher angegeben, in denen die Beiträge der vertikalen Metallstücke inklusive dieser Effekte berücksichtigt sind. In Abschn. 6.3.2 gehen wir auf diese Problematik nochmals im Zusammenhang mit Widerständen als Bauelemente ein.

6.2 Wannen

Damit integrierte Schaltkreise funktionieren können, müssen die Bauelemente elektrisch gegeneinander isoliert sein. Diese Isolation ist für manche Bauelemente von selbst gegeben, z. B. für NMOS-FETs in einem p-Substrat. Für andere Bauelemente bedarf es zusätzlicher Maßnahmen der elektrischen Isolierung. Hierzu nutzt man *Wannen*.

6.2.1 Realisierungsformen

Wannen sind dotierte Teilgebiete eines ICs, die zur Aufnahme einzelner oder mehrerer Bauelemente dienen. Über die Wannen lassen sich die Bauelemente elektrisch von ihrer Umgebung trennen und damit isolieren. Abb. 6.3 zeigt verschiedene Realisierungsmöglichkeiten von Wannen, die in einem schwach p-dotierten Basismaterial eingebettet sind.

Man kann folgende Methoden zur Erzeugung von Wannen unterscheiden:

(1) Man dotiert an den gewünschten Stellen den bestehenden Leitungstyp in den komplementären Leitungstyp um. Abb. 6.3a-c zeigt drei Beispiele.

(2) Man umgibt ein Teilgebiet, das bereits den gewünschten Leitungstyp hat, mit einer Barriere aus dem komplementären Leitungstyp. Die Barriere entsteht durch Umdotieren des vorhandenen Gebietes. Bei dem Beispiel in Abb. 6.3d wird mit einer vergrabenen n-Dotierung („NBL", *n-buried layer*) und einer tief eingetriebenen n-Dotierung („Deep-n⁺", manchmal auch *Sinker* genannt) in der p-Epi eine p-Wanne erzeugt, die man auch als „tank" oder „tub" bezeichnet.

(3) Man umgibt ein Teilgebiet, das den gewünschten Leitungstyp hat, mit einer dielektrischen Barriere aus Oxid (s. Abb. 6.3e). Derartige Wannen werden mit der SOI-Technologie (Silicon-on-Insulator) [1, 2] hergestellt, die insbesondere vergrabene Oxidschichten ermöglicht.

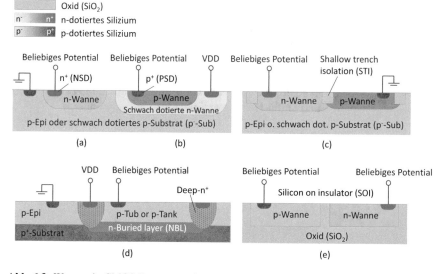

Abb. 6.3 Wannen in CMOS-Prozessen mit unterschiedlichen Isolationstechniken: Sperrschichtisolation (JI, **a, b, b**), Grabenisolation (STI, **d**) und Silicon-on-Insulator (SOI, **e**). Ebenfalls dargestellt sind die hochdotierten Kontaktstellen zum elektrischen Anschluss der Wannen („Anschlussdotierungen"). Die p-Epitaxie (p-Epi) wird in (**d**) benötigt, um die vergrabene Schicht zu erzeugen. Die anderen Optionen sind auch in schwach dotiertem p-Substrat möglich

Bei den Methoden (1) und (2) (Abb. 6.3a-d) muss man dafür sorgen, dass die p-n-Übergänge stets in Sperrrichtung gepolt sind, um die elektrische Isolation aufrecht zu erhalten. Diese Methode wird als *Sperrschichtisolierung* oder *Junction isolation (JI)* bezeichnet.

Ist das Substrat, wie in unseren Beispielen, p-dotiert, so erreicht man die Isolationswirkung, indem man dieses auf das niedrigste in der Schaltung vorkommende Potential legt, das i. Allg. als *Masse* (auch „GND" von „Ground") bezeichnet wird (Abb. 6.4). Physikalisch erfolgt der elektrische Anschluss, indem man das von außen an ein Pad des Chips geführte Massepotential über metallische Leiterbahnen auf dem gesamten Chip verteilt und über (hoch p-dotierte) *Substratkontakte* niederohmig mit dem p-Substrat (bzw. der p-Epi) verbindet. Dieses Potenzial wird üblicherweise als 0 V definiert.

Es wird empfohlen, hierfür ein separates Netz zu verwenden, das getrennt von stromführenden Massenetzen ist. Das Netz „SUB" in Abb. 6.4 erfüllt diese Funktion. Seine Topologie bezeichnet man als *Sternverdrahtung*. Der „Sternpunkt", der „SUB" mit der stromführenden Masse „GND" verbindet, liegt direkt am Bondpad. Hält man „SUB" frei von Masseströmen des ICs, kann sich darin kein Spannungsabfall aufbauen, der das Substratpotential lokal anheben würde. Dadurch bleibt es über den Chip konstant.

Liegt das p-Substrat auf 0 V, was das niedrigste in der Schaltung vorkommende Potential darstellt, lässt sich jede n-Wanne je nach Anforderung auf ein beliebiges Potential der Schaltung legen. Die Sperrschicht zwischen Wanne und Substrat bleibt dann stets nichtleitend. Dient eine n-Wanne der Aufnahme einer p-Wanne (s. Abb. 6.3b und Triple-Well-Prozess in Kap. 2, Abschn. 2.10.1) so wählt man meist das höchste Potenzial der Schaltung (normalerweise durch die Versorgungsspannung VDD definiert) für die n-Wanne, so dass die eingebettete p-Wanne ebenfalls ein beliebiges Potential annehmen kann. Der elektrische Anschluss der Wannen erfolgt wie bei den Substratkontakten über metallische Leiterbahnen und entsprechende Anschlussdotierungen. In Abb. 6.3 sind diese mit n+ und p+ gekennzeichnet. (Im CMOS-Standardprozess werden hierfür gewöhnlich die Dotierungen, mit denen die Source- und Drain-Gebiete realisiert werden, verwendet.)

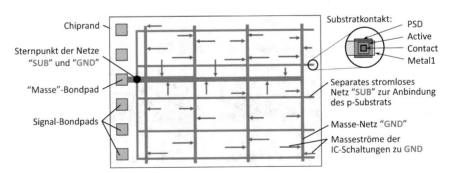

Abb. 6.4 Anbindung des p-Substrats eines Chips an das Massepotential über ein separates Massenetz (hier „SUB"). Das Netz „SUB" wird über einen Sternpunkt direkt am Bondpad angeschlossen und bleibt dadurch (nahezu) stromlos

Bei Methode (3) in Abb. 6.3e wird die elektrische Trennung ausschließlich durch die Isolationswirkung des Dielektrikums erzeugt. Man spricht in diesem Fall auch von *galvanischer Trennung*.

In den heute verbreiteten Prozessen mit Grabenisolation werden die Methoden kombiniert angewendet (s. Abb. 6.3c). Die seitliche Isolation zu benachbarten Strukturen erfolgt hier durch galvanische Trennung mittels STI (Shallow trench isolation), während die elektrische Trennung zum Halbleitersubstrat (nach unten) über Sperrschichtisolation (JI) erfolgt. Warum diese Kombination sinnvoll ist, erklären wir am Ende des nächsten Abschnitts. (Den Prozesstyp mit STI haben wir in Kap. 2, Abschn. 2.10.2, ausführlich beschrieben.)

6.2.2 Spannungsfestigkeit

Die *Durchbruchfeldstärke* E_{BD} (engl. „breakdown") eines isolierenden Stoffes ist die maximale elektrische Feldstärke, die in ihm herrschen darf, ohne dass es zu einem Spannungsdurchschlag (Entladung durch sprungartigen Stromanstieg) kommt. Sie wird auch als *Durchschlagfestigkeit* bezeichnet und ergibt sich aus der *Durchbruchspannung* U_{BD} bezogen auf die Dicke d der Isolation über den bekannten Zusammenhang $E_{BD} = U_{BD}/d$. Die Spannung U_{BD}, die sich an eine Isolierschicht bis zu ihrem Durchbruch anlegen lässt – wir wollen sie fortan als ihre *Spannungsfestigkeit* bezeichnen – hängt also maßgeblich von ihrer Schichtdicke d ab.

Die Dicken und Materialien der Schichten auf ICs sind, wie wir wissen, immer durch den jeweiligen Halbleiterprozess vorgegeben. Die Spannungsfestigkeiten dielektrischer Schichten können also nur über die Wahl des Prozesses verändert werden; oder anders gesagt: wir können sie im Layout nicht beeinflussen. Die in ICs eingesetzten Dielektrika, also auch Siliziumdioxid, haben erfreulicherweise eine recht hohe Durchbruchfeldstärke, so dass die Zwischenoxide mit ihren üblichen Schichtdicken in der Größenordnung von 1 µm eine Spannungsfestigkeit von typisch mehreren hundert Volt aufweisen.

Laterale Abstände werden demgegenüber im Layoutentwurf bestimmt. Bei ICs mit höheren Spannungen und gleichzeitig sehr kleinen Strukturgrößen kann es daher ratsam sein, im PDK die Spannungsfestigkeit von Leiterbahnen mit Minimalabstand anzuschauen, um evtl. die Leiterbahnabstände anzupassen. Normalerweise stellt die Spannungsfestigkeit von Leiterbahnen aufgrund der hohen Durchschlagsfestigkeit des Oxids aber kein Problem dar. Eine Ausnahme bilden die Leiterbahnen der Schutzbeschaltung gegen elektrostatische Entladungsvorgänge (*ESD, Electrostatic discharge*, s. Kap. 7, Abschn. 7.4.1).

Kritischer ist die Situation, wenn die Isolation durch eine Sperrschicht hergestellt wird, da hier neben den elektrischen Verhältnissen auch die Dotierstärken in den betreffenden Grenzschichten eine wichtige Rolle spielen. Wir wollen diese Zusammenhänge nachfolgend kurz erläutern.

Zunächst sollten wir uns vor Augen führen, was in einer Sperrschicht passiert. Im Bereich des p-n-Übergangs haben beide Ladungsträgerarten ein signifikantes

Konzentrationsgefälle. Deshalb diffundieren die Majoritäten (Löcher im p-Gebiet, Elektronen im n-Gebiet) auf die jeweils andere Seite, wo sie zu Minoritäten werden und weitgehend rekombinieren. Die Zone um den p-n-Übergang ist daher verarmt an freien Ladungsträgern, weshalb man sie *Verarmungszone* nennt. In der Verarmungszone sind die im Gitter eingebauten (und daher ortsfesten) ionisierten Dotieratome nach wie vor vorhanden, die nun eine *Raumladungszone*[1] (RLZ) ausbilden, die ein elektrisches Feld erzeugt. Dieses Feld ist nicht, wie bei einem Plattenkondensator räumlich konstant, sondern hat sein Maximum am p-n-Übergang und fällt auf beiden Seiten bis zum Rand der RLZ kontinuierlich auf null ab. Die durch Diffusion und durch das Feld hervorgerufenen Ströme wirken einander entgegen und heben sich im Gleichgewicht auf. Auf die Majoritäten wirkt das Feld hemmend. Dies erzeugt die isolierende Wirkung zwischen n- und p-Seite der Sperrschicht. Das Gleichgewicht stellt sich in Silizium bei etwa 0,6 bis 0,7 V ein. Verantwortlich hierfür ist der Bandabstand (Kap. 1, Abb. 1.4).

Erhöht man eine von außen angelegte Sperrspannung, dehnt sich die RLZ aus und die Feldstärke am p-n-Übergang nimmt zu. Bedeutsam ist nun der folgende grundsätzliche Zusammenhang: je geringer die Raumladungsdichte ist, umso weiter dehnt sich die RLZ aus. Das hat zur Folge, dass die Feldstärke bei einer bestimmten, von außen angelegten Sperrspannung umso kleiner ist, je geringer die Raumladungsdichte ist. Dies heißt im Umkehrschluss, dass zur Erreichung einer bestimmten Feldstärke die hierfür anzulegende Sperrspannung umso größer werden muss, je geringer die Raumladungsdichte ist. Daraus können wir schließen: eine geringere Raumladungsdichte führt zu einer Ausdehnung der RLZ und damit zu einer Erhöhung der Durchbruchspannung der Sperrschicht. Da die Raumladungsdichte (ionisierte Dotieratome pro Volumen) direkt von der Dotierkonzentration (Dotieratome pro Volumen) bestimmt wird, ist es also möglich, über die Dotierkonzentration die Spannungsfestigkeit einer Sperrschicht, und damit einer Wanne, einzustellen. Eine ausführliche Erläuterung dieser hier nur kurz skizzierten Zusammenhänge findet man in [2].

Eine genauere Analyse zeigt, dass die Spannungsfestigkeit einer Wanne schon stark profitiert, wenn *mindestens einer* der beiden Bereiche des p-n-Übergangs schwach dotiert ist. Das Feld kann sich dann in diesem schwach dotierten Bereich ausbreiten. Aus Sicht des Layoutentwurfs halten wir die Erkenntnisse in zwei Merkregeln fest:

- Die Spannungsfestigkeit eines p-n-Übergangs nimmt mit steigender Dotierkonzentration ab.
- Für eine hohe Spannungsfestigkeit muss mindestens eine Seite schwach dotiert sein.

Mit diesen Erkenntnissen lassen die entscheidenden Vorteile der STI-Technik verstehen. Da die Dotierkonzentration selektiv dotierter Gebiete an der Waferoberfläche

---

[1] Raumladungszone und Verarmungszone können daher als synonyme Begriffe betrachtet werden. Wir bevorzugen hier den Begriff „Raumladungszone", da die Raumladungen das elektrische Feld erzeugen, dessen Auswirkungen für unsere Diskussion wesentlich sind.

stets deutlich höher ist als an ihrer Unterseite (vgl. Kap. 2, Abb. 2.16, 2.18 und 2.19), ist die (laterale) Spannungsfestigkeit einer Wanne in Oberflächennähe merklich geringer als die (vertikale) Spannungsfestigkeit an ihrem „Boden". Die STI-Technik eliminiert diese Schwachstelle und ermöglicht gleichzeitig (durch die RIE-Technik, s. Kap. 2, Abschn. 2.5.3) sehr schmale, und damit flächensparende galvanische Isolation benachbarter Wannengebiete.

6.2.3 Spannungsabhängige Abstandsregeln

Im Falle der lateralen Sperrschichtisolation (vgl. Abb. 6.3a, b, d) breiten sich die Raumladungszonen an der Oberfläche vor allem in der schwach p-dotierten Umgebung der Wannen aus. Dieser Ausbreitungseffekt ist in Abb. 6.5 dargestellt.

Je höher also die an die Wannen angelegten Potentiale sind, desto größer ist der erforderliche Abstand zwischen zwei benachbarten Wannen. Bei Prozessen für höhere Spannungen (z. B. in der Automobilelektronik) sind die Wannen deshalb Spannungsklassen zugeordnet, aus denen sich die Abstände ableiten. Abb. 6.5 zeigt, wie eine Abstandsregel für n-Wannen zustande kommt. Die Regel enthält zweimal die Ausdiffusion plus die (von der Spannungsklasse abhängige) Ausdehnung der Raumladungszonen im p-Substrat plus einen elektrischen Abstand der beiden Raumladungszonen.

Spannungsabhängige Abstandsregeln sind in der Regel nicht erforderlich, wenn die Wannen seitlich galvanisch getrennt sind. Daher lassen sich Wannen mit Grabenisolation deutlich dichter packen, wie bereits oben erläutert. Die in der Tiefe gelegenen vertikalen p-n-Übergänge (s. Abb. 6.3c) wirken sich auf die Packungsdichte nicht nachteilig aus, da sich dort die Raumladungszonen problemlos ausbilden können. Aufgrund der niedrigen Dotierkonzentrationen an dieser Stelle ergibt sich hier auch eine gute Spannungsfestigkeit.

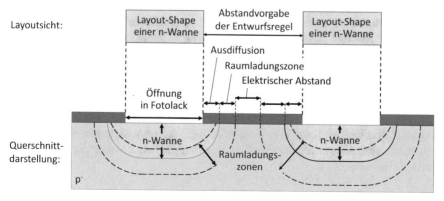

Abb. 6.5 Zustandekommen spannungsabhängiger Abstandsregeln für Wannen. Die rechte Wanne liegt auf höherem Spannungsniveau, erkennbar an der größeren Raumladungszone

6.3 Bauelemente: Aufbau, Anschluss und Dimensionierung

In diesem Abschnitt werden wir die wichtigsten Bauelemente in einem CMOS-Standardprozess besprechen. Wir zeigen die Layouts mit zugehörigen Querschnitten und Schaltplansymbolen und erläutern für jedes Bauelement: (i) wie ist der innere Aufbau, (ii) wie wird es elektrisch angeschlossen und (iii) wie wird es dimensioniert?

Die Layouts in unseren Beispielen wurden mit Bauelementgeneratoren aus dem Process design kit „GPDK180" [3] erstellt. Dies ist ein generisches PDK eines typischen CMOS-Prozesses im 180 nm-Knoten. Die Querschnitte in den Abbildungen orientieren sich an diesen Layoutergebnissen.[2] Die Layernamen sind gleich gewählt wie in Kap. 2, wo wir den CMOS-Prozess vorgestellt haben. Obwohl in den Layouts Kontakte und Pins in Metall mit erzeugt werden, lassen wir diese in den Querschnittsbildern zugunsten einer einfachen Darstellung weg, sofern diese für das Verständnis entbehrlich sind.

6.3.1 *Feldeffekttransistoren (MOS-FETs)*

Den MOS-FET, das am häufigsten verwendete Bauelement, haben wir bereits in Kap. 2 (Abschn. 2.9) kennengelernt. Die Abb. 6.6 bzw. 6.7 zeigen die beiden verfügbaren Typen, den NMOS-FET und den PMOS-FET.

Durch Anlegen einer geeigneten Spannung zwischen der Steuerelektrode (Gate-Anschluss G) und dem Bulk (Backgate-Anschluss B) entsteht zwischen den Source und Drain-Dotiergebieten (Anschlüsse „S" und „D") ein leitfähiger Kanal, über den nun ein Strom fließen kann. Die entscheidenden Layoutparameter für das elektrische Verhalten sind die Länge *l* und die Weite *w* dieses Kanals. Diese beiden Größen werden im Schaltplan bzw. Layout angepasst, wenn man einen MOS-FET „dimensioniert".

Die Kanalweite *w* ist gegeben durch die Öffnung des Feldoxids. Das ist im Layout die Abmessung der Struktur im Layer „Active" (oft als „aktiver Bereich" bezeichnet) quer zum Stromfluss. Das Gate definiert durch den Vorgang der Selbstjustierung den Abstand zwischen Source- und Drain-Gebieten und damit die Länge des Kanals.

Die Kanallänge *l* ist also gegeben durch die Abmessung der Struktur im Layer „Poly" in Richtung des Stromflusses. Diese Größen sind den Abb. 6.6 und 6.7 in den Layoutdarstellungen und in den Schnittbildern eingezeichnet. In den Schnittansichten (ii) sind die NSD- bzw. PSD-Gebiete, die jeweils die Sources und Drains bilden, nicht sichtbar, weil die jeweiligen Schnittlinien (ii) die Transistoren im Kanalbereich schneiden. Ebenfalls angegeben sind die zugehörigen Schaltplansymbole (Abb. 6.6 und 6.7, jeweils rechts).

---

[2] Diese Layouts unterscheiden sich geringfügig von denen in Kap. 2, wo wir z. B. Bulk- und Source/Drain-Anschlüsse nicht durch Feldoxid (STI) getrennt haben.

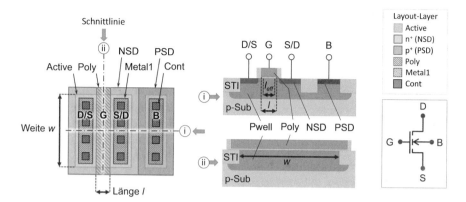

Abb. 6.6 NMOS-FET: Layout (links); Schnittbilder (Mitte), Drain- und Source-Kontakte sind austauschbar; Schaltplansymbol (rechts). Drain- und Source-Pins des Schaltplansymbols sind so angeordnet, dass die Spannungen von oben nach unten positiv sind

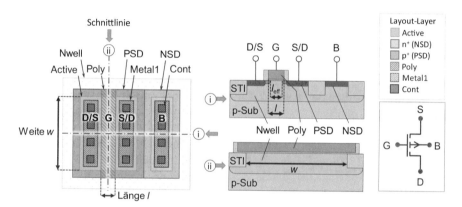

Abb. 6.7 PMOS-FET: Layout (links); Schnittbilder (Mitte), Drain- und Source-Kontakte sind austauschbar; Schaltplansymbol (rechts). Drain- und Source-Pins des Schaltplansymbols sind so angeordnet, dass die Spannungen von oben nach unten positiv sind

Aus den Querschnittsansichten (Abb. 6.6 und 6.7, jeweils in der Mitte oben) ist ersichtlich, dass die elektrisch wirksame Kanallänge l_{eff} kürzer ist als die nominale Kanallänge l (definiert durch die Polyabmessung). Der Grund für diese Kantenverschiebung ist die Ausdiffusion der LDD-Strukturen (Lightly doped drain, s. Kap. 2, Abb. 2.35) unter das Poly-Gate, wodurch sich die Source- und Drain-Dotiergebiete um eine Strecke dl näherkommen. Der Korrekturwert dl ist in den Simulationsmodellen der MOS-FETs berücksichtigt. Auch für die Kanalweite w ist in den Simulationsmodellen ein solcher Korrekturwert dw vorgesehen, d. h. es gilt

$$l_{\text{eff}} = l - dl \tag{6.5}$$

$$w_{\text{eff}} = w - dw. \tag{6.6}$$

Für Prozesse mit STI ist der Wert *dw* nicht signifikant. Ganz anders verhält es sich bei Prozessen mit LOCOS-Feldoxid. Dort kommt es durch den *Vogelschnabel-effekt*[3] zu einer deutlichen Verkürzung der elektrisch wirksamen Kanalweite w_{eff} um zweimal die Länge des Vogelschnabels. Der Wert von *dw* entspricht dort etwa der Dicke des Feldoxids.

Wegen des symmetrischen Aufbaus ist man in der Wahl, welche Seite als Source und als Drain arbeitet, prinzipiell frei. Dies wird durch die Beschaltung definiert. Gewöhnlich liegt die Source auf demselben Potential wie das Backgate. Es bietet sich also an, Source- und Backgate-Anschluss nebeneinander zu legen.

Faltung von Feldeffekttransistoren

Oftmals werden FETs mit sehr großen *w/l*-Verhältnissen eingesetzt, um große Ströme oder kleine Widerstände über den Kanal zu erreichen. Die Kanalweite kann dabei die Kanallänge um Größenordnungen übersteigen. Um ein ungünstiges Seitenverhältnis im Layout zu vermeiden, werden die Transistoren in diesen Fällen gefaltet. Was bedeutet das?

Bei der Faltung splittet man den FET in *n* gleiche Teiltransistoren auf, welche dieselbe Länge *l*, aber eine geringere Weite *w/n* haben. Durch Parallelschalten der Teiltransistoren summieren sich die Weiten, so dass sich wieder der gewünschte Wert *w* ergibt.

In Abb. 6.8 zeigen wir das Prinzip der Faltung am Beispiel eines NMOS-FETs mit der Weite *w* = 20 und der Länge *l* = 2, der mit *n* = 4 gefaltet wird. Nach der (gedanklichen) Aufteilung in vier Teiltransistoren mit jeweils der Weite *w*/4 = 5 (Schritt 1),[4] kann man diese so anordnen, dass sich jeweils Source- und Drain-Seiten gegenüberliegen (Schritt 2). Da die nun gegenüberliegenden Seiten jeweils auf demselben Potential liegen, können sich die Teiltransistoren diese Gebiete teilen. Dafür schiebt man diese Gebiete (gedanklich) übereinander (Schritt 3). Dadurch entsteht eine sehr kompakte Anordnung, deren Anschlüsse nun noch als Parallelschaltung verdrahtet werden müssen (Schritt 4).

In der Praxis wird das Layout natürlich nicht in dieser Weise erzeugt. Diese Darstellung soll nur den inneren Aufbau eines gefalteten FETs verständlich machen. Er entspricht elektrisch dem links daneben gezeichneten Schaltplan, den man in der Praxis ebenfalls so nicht antrifft, sondern als *ein* Symbol mit einem zusätzlichen Faltungsparameter. Das Layout in Abb. 6.8 rechts unten wurde durch einen *Bauelementgenerator* erzeugt, bei dem sich die Anzahl der gewünschten Faltungen durch einen solchen Parameter vorgeben lässt.

Die durch Faltung entstandenen Poly-Gates werden wegen ihrer Form oft als *Gate-Finger* oder nur kurz als *Finger* bezeichnet. Da diese Finger quer zum Strom-

---

[3] Der Vogelschnabeleffekt entsteht bei der Herstellung des Feldoxids mit dem LOCOS-Verfahren. Das Oxid wächst dabei seitlich unter die Nitridmaske, das die Siliziumoberfläche gegen Oxidation schützt. Die resultierende Geometrie des Oxids ähnelt einem Vogelschnabel (Kap. 2, Abschn. 2.5.4, Abb. 2.13).

[4] Man setzt stets die gemäß Entwurfsregeln maximal mögliche Anzahl an Kontakten auf die S/D-Gebiete.

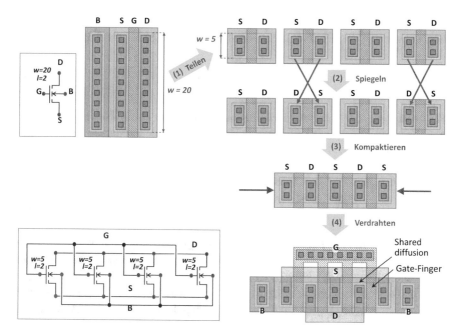

Abb. 6.8 Veranschaulichung der Faltung eines Feldeffekttransistors. Der FET der Weite $w = 20$ (links oben) wird 4-fach gefaltet. Das Ergebnis (rechts unten) zeigt die Parallelschaltung von 4 FETs der Weite $w = 5$

fluss liegen, ist hinsichtlich dieser Begrifflichkeit Vorsicht geboten: Spricht jemand von der „Breite" oder „Dicke" eines Gate-Fingers, dann ist damit die „Länge" eines Kanals gemeint! Entsprechend erstreckt sich die „Fingerlänge" entlang der „Weite" des Kanals.

Eigenschaften der Faltung und Layouthinweise zur Faltung
Durch Faltung kann das Seitenverhältnis eines MOS-FET im Layout in weiten Grenzen eingestellt werden, wodurch sich eine kompakte Anordnung erzielen lässt. Oft strebt man eine ungefähr quadratische Form an. Durch die Möglichkeit der gemeinsamen Nutzung von Dotiergebieten – man spricht hier von *Shared diffusions*[5] – ergibt sich meist auch eine Flächenersparnis.

Bei der Dimensionierung der Fingerlänge ist zu beachten, dass die parasitäre Gate-Kapazität C_{GB} zwischen Gate und Backgate beim Ein- und Ausschalten eines MOS-FET geladen bzw. entladen werden muss. Der Ladestrom muss hierfür den parasitären Gate-Widerstand R_G überwinden. Die Schaltzeiten werden von der Zeitkonstante $R_G \cdot C_{GB}$ bestimmt. Um bestimmte Schaltzeiten garantieren zu können, ist man bestrebt, R_G zu begrenzen. In PDKs gibt es daher normalerweise Vorgaben für

---

[5] Dieser Begriff hat sich bis heute erhalten, obwohl die Source- und Drain-Dotierungen in modernen Prozessen nicht mehr durch Diffusion erzeugt werden.

die maximale Länge von Gate-Fingern oder für die Anzahl der erlaubten Squares. Mit Anwendung von Gl. (6.4) kann man den Gate-Widerstand abschätzen zu

$$R_{\mathrm{G}} = R_{\square,\mathrm{poly}} \frac{l_{\mathrm{G}}}{l} / 2 \qquad (6.7)$$

Hierin ist $R_{\square,\mathrm{poly}}$ der Schichtwiderstand von Polysilizium, der typisch bei zweistelligen Werten in Ω liegt.[6] Die Länge des Gate-Fingers ist l_{G} und dessen Breite ist gerade die Kanallänge l. Die Halbierung dieses Wertes in Gl. (6.7) ergibt sich aus dem Umstand, dass der Ladestrom I_{G} den Gate-Finger nicht komplett durchfließen muss wie bei einem gewöhnlichen Widerstand. Abb. 6.9 zeigt die linear abfallende Stromverteilung entlang des Gate-Fingers, die rechnerisch gerade zu einer Halbierung des Gesamtwiderstands führt. (R_{G} kann also nochmals halbiert werden, indem man das Gate von beiden Seiten bestromt.)

Wie beeinflusst die Faltung eines FETs dessen Gate-Widerstand? Bei n-facher Faltung verkürzt sich die Fingerlänge auf l_{G}/n, d. h. der Widerstand eines einzelnen Fingers verringert sich nach Gl. (6.7) um den Faktor n. Da die entstehenden n Teiltransistoren parallelgeschaltet werden, verringert sich der Gesamtwiderstand des Gates nochmals um den Faktor n. Ein n-fach gefalteter Transistor hat demnach einen um den Faktor $1/n^2$ kleineren Gate-Widerstand R_{G}. Die Gate-Kapazität C_{GB} wird durch das Falten nicht beeinflusst, da sie von der Gate-Fläche bestimmt wird. Das bedeutet, dass man durch die Faltung die Schaltgeschwindigkeit eines Feldeffekttransistors signifikant (um n^2) erhöhen kann. Dies stellt neben der Kompaktheit einen weiteren großen Vorteil der Faltung dar.

Source- und Drain-Anschlüsse sind stets mit möglichst vielen Kontakten über Metall anzuschließen, um sicherzustellen, dass der Source-Drain-Strom gleichmäßig über die gesamte Breite des Kanals fließt. Nur so ergibt sich der kleinstmögliche Kanalwiderstand $R_{\mathrm{DS,on}}$ (Drain-Source-Widerstand im eingeschalteten Zustand des FET).

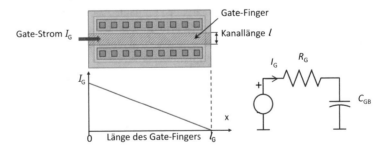

Abb. 6.9 Verteilung des Gate-Stroms I_{G} entlang eines Gate-Fingers (links) und Ersatzschaltbild für das Laden und Entladen der Gate-Kapazität C_{GB} über den parasitären Gate-Widerstand R_{G}

---

[6] In manchen Prozessen wird Poly durch „Silizidierung" dotiert, was sehr hohe Dotierkonzentrationen erlaubt. In diesen Fällen sind einstellige Ω-Werte für den Schichtwiderstand von Poly möglich.

6.3.2 Widerstände

Dotierte Widerstände

Prinzipiell lassen sich alle leitfähigen Schichten zur Bildung von passiven Widerständen verwenden, indem man ihre Layoutflächen entsprechend dimensioniert. Wir stellen einige typische Beispiele vor. Abb. 6.10 zeigt Widerstände aus den Dotierschichten NSD, PSD und Nwell. Diese Art der Widerstände wird auch heute noch allgemein als *Diffusionswiderstand* bezeichnet. Da die Dotierung in heutigen Prozessen überwiegend nicht mehr durch Diffusion, sondern durch Ionenimplantation erfolgt, bezeichnen wir sie in diesem Buch als *dotierte Widerstände*. Der Strom tritt an den jeweils mit „R1" und „R2" bezeichneten Anschlussstellen ein und aus.

Der NSD-Widerstand befindet sich in der p-Wanne (Pwell), die zusammen mit dem p-Substrat auf Masse (niedrigstes Potential der Schaltung) liegt. Er benötigt dadurch keine weitere Isolation. Das Schaltplansymbol hat daher in manchen PDKs auch keinen weiteren eigenen Anschluss. Um die elektrischen Verhältnisse deutlich zu machen, haben wir in Abb. 6.10 in der Layout- und in der Querschnittsdarstellung einen Substratkontakt hinzugefügt.

Für den Nwell-Widerstand, der von p-Substrat umgeben ist, gilt hinsichtlich der elektrischen Anschlüsse sinngemäß dasselbe wie für den NSD-Widerstand. Der Nwell-Widerstand hat gegenüber den PSD- und NSD-Widerständen einen wesentlich höheren Schichtwiderstand. Dies liegt nicht nur an der insgesamt schwächeren Dotierung, sondern auch daran, dass im oberen Teil das Feldoxid gerade den Anteil,

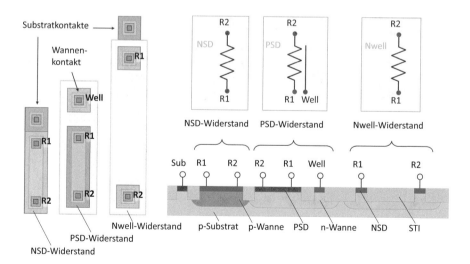

Abb. 6.10 Layoutstrukturen für NSD-, PSD- und Nwell-Widerstände (links) sowie Schnittdarstellungen und schematische Symbole für diese Bauelemente (rechts). Die Abkürzungen NSD und PSD bezeichnen die n- und p-Dotierungen, die für Source- und Drain-Bereiche von MOS-FETs verwendet werden

wo die Dotierkonzentration deutlich höher ist, aus der leitfähigen Schicht ausschneidet. Dem Strom bleibt also nur der untere, besonders hochohmige Anteil übrig.

Der PSD-Widerstand befindet sich in einer n-Wanne, die über einen dritten Pin „Well" auf ein Potential zu legen ist, sodass die Nwell-PSD-Diode gesperrt bleibt. Das wird erreicht, indem man Nwell entweder (i) auf das höchste in der Schaltung vorkommende Potential legt oder (ii) mit demjenigen der zwei Widerstandsanschlüsse R1 oder R2 verbindet, welcher sich auf dem höheren Potential befindet.

Die letzte Methode (ii) ist natürlich nur realisierbar, falls es ein solches Potential über die gesamte Betriebszeit gibt, der Widerstand also nicht mit Wechselstrom betrieben wird. Dann hat man mit dieser Methode zwei Vorteile. Nehmen wir an, R1 liege auf dem höheren Potential. Durch den Kurzschluss von Well mit R1 muss kein weiteres Potential über eine Leiterbahn zugeführt werden, womit das Routing einfacher ist. Zweitens ergibt sich ein genauer definierter Schichtwiderstand. Um dies zu verstehen, muss man sich bewusstmachen, dass der effektive Widerstandsquerschnitt durch die Raumladungszone zwischen Nwell und PSD von unten her eingeschnürt wird. Liegen Nwell und R1 auf demselben Potential, passt sich diese Raumladungszone an das Spannungsniveau des Widerstands an, d. h. sie wird hiervon unabhängig.

Polywiderstände

Obwohl das Polysilizium zum niederohmigen Anschluss der Poly-Gates recht hoch dotiert ist, kann es gut als Grundmaterial für Widerstände dienen. Da es relativ schmal strukturierbar ist, kann man auf geringer Fläche viele „Squares" unterbringen und damit nennenswerte Widerstandswerte realisieren. Abb. 6.11 zeigt einen einfachen Poly-Widerstand mit zugehörigem Querschnitt und Schaltplansymbol.

Polywiderstände werden am häufigsten verwendet, da sie einige Vorteile bieten. Ihr Hauptvorteil ist, dass sie von den anderen Bauelementen galvanisch getrennt sind. Dadurch treten keine mit p-n-Übergängen zusammenhängenden Parasiten auf und sie haben eine (durch das sie umgebende Dielektrikum definierte) höhere Spannungsfestigkeit gegenüber ihrer Umgebung. Da keine Wannen nötig sind, spart man

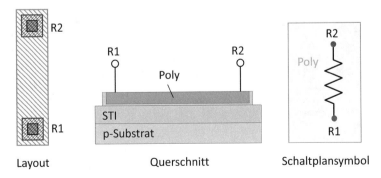

Abb. 6.11 Widerstand aus Polysilizium; Layout- und Querschnittsdarstellung sowie Schaltplansymbol

auch Platz. Zudem haben Polywiderstände geringere Temperaturkoeffizienten als dotierte Widerstände.

Dimensionierung von Widerständen

Die Dimensionierung von Widerständen erfolgt durch Einstellung von Länge und Weite der Widerstandsbahn, deren Widerstandswert sich nach Gl. (6.4) berechnet.

Hierbei muss man allerdings berücksichtigen, dass der Strom an den Anschlusspunkten R1 und R2 durch Kontaktlöcher vertikal ein- und wieder austreten muss. An diesen Ein- und Austrittsstellen des Stroms, die man als *Widerstandsköpfe* bezeichnet, ist der Stromfluss aufgrund der Änderungen zwischen horizontaler und vertikaler Fließrichtung und der gleichzeitigen Querschnittsänderung sehr inhomogen. Der Anteil, den jeder Widerstandskopf zum Gesamtwiderstand beiträgt, wird als *Kopfwiderstand* bezeichnet. Er tritt in jedem Widerstandselement zweimal auf. Wir veranschaulichen dies in Abb. 6.12 am Beispiel eines NSD-Widerstands. Für andere Widerstandstypen gilt dasselbe.

Abb. 6.13 zeigt für den NSD-Widerstand zwei unterschiedlich dimensionierte Exemplare. In Beispiel (b) ist zu erkennen, dass die Widerstandsköpfe R1 und R2 beim Dimensionieren der Weite mitwachsen, da man stets so viele Kontakte wie möglich einsetzt, um den Strom bestmöglich in die Widerstandsbahn einzuleiten bzw. von ihr abzuleiten. Eine Längenanpassung hat keine Auswirkung auf den Widerstandskopf. Ein realer Widerstand R_i hat mit Anwendung von Gl. (6.4) und unter Berücksichtigung der beiden Kopfwiderstände R_H also den Widerstandswert

$$R_i = R_\square \frac{l_i}{w_i} + 2R_H\left(w_i\right). \tag{6.8}$$

Darin ist $R_\square$ der Schichtwiderstand, l_i die nominale Länge der Widerstandsbahn (hier ist der Stromfluss weitgehend homogen), w_i die Weite des Widerstands und $R_H(w_i)$ der

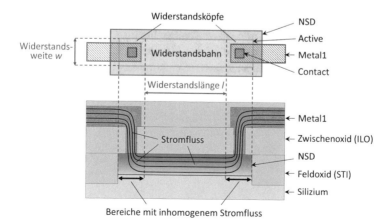

Abb. 6.12 Layout eines NSD-Widerstands (oben) und Veranschaulichung der Stromdichteverteilung durch eingezeichnete Stromlinien in der Schnittdarstellung (unten)

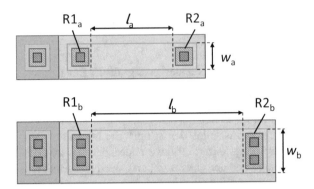

Abb. 6.13 Zwei unterschiedlich dimensionierte NSD-Widerstände

Kopfwiderstand, der wegen der Optimierung der Anzahl an Kontaktlöchern von der Weite abhängig ist. In einem PDK gibt es üblicherweise Bauelementgeneratoren, welche die Layouts von Widerständen gem. Gl. (6.8) automatisch erzeugen können. Oft werden die Werte der Kopfwiderstände in PDKs explizit ausgewiesen.

6.3.3 Kondensatoren

Wir rufen uns zunächst die bekannte Formel für die Kapazität C eines idealen Plattenkondensators in Erinnerung:

$$C = \varepsilon_0 \varepsilon_r \frac{A}{d}. \tag{6.9}$$

Hierin ist $\varepsilon_0 \cdot \varepsilon_r$ die Permittivität des Dielektrikums zwischen den Platten, d der Plattenabstand und A die Fläche der Platten. Da wir auf einem Chip nur sehr wenig Fläche zur Verfügung haben und diese darüber hinaus auch teuer ist, muss man Konstellationen finden, die einen möglichst kleinen Elektrodenabstand d ermöglichen, um auf nennenswerte Kapazitätswerte zu kommen.[7]

Eine besonders dünne und qualitativ hochwertige Oxidschicht steht mit dem Gate-Oxid zur Verfügung. In CMOS-Prozess werden daher die MOS-FETs auch als Kondensatoren eingesetzt, wobei man die Kapazität zwischen dem Gate und dem Backgate nutzt. Hierzu gibt es verschiedene Möglichkeiten. Eine oft verwendete Methode ist es, den Anschluss der Backgate-Elektrode durch Kurzschließen der Source-, Drain- und Backgate-Anschlüsse zu realisieren. Abb. 6.14 veranschaulicht

---

[7] In modernen Prozessen verwendet man auch Dielektrika, die eine höhere Permittivität als SiO_2 haben. Dies wird i. Allg. aber nicht zur Erhöhung der Kapazität genutzt. Das Ziel dieser sogenannten „high-k" Dielektrika besteht eher darin, bei Erhaltung der Kapazitätswerte größere Schichtdicken d zu ermöglichen, da dies die Leckströme reduziert.

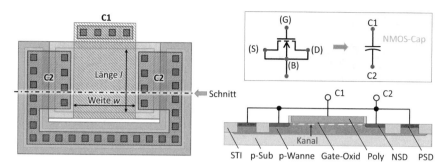

Abb. 6.14 Verwendung eines NMOS-FET als Kondensator; Layout (links), Schnittdarstellung und Schaltplansymbol (rechts)

dies am Beispiel eines NMOS-FET, der in diesem Betriebsmodus als *NMOS-Kondensator* oder *NMOS-Cap* bezeichnet wird. Auf dieselbe Weise lässt sich aus einem PMOS-FET ein *PMOS-Kondensator (PMOS-Cap)* erzeugen.

Diese Kondensatoren sind einfach zu realisieren, haben aber erhebliche elektrische Nachteile. Insbesondere ist es ratsam, sie nicht im Bereich unterhalb der Schwellspannungen U_{th} (d. h. nicht im Verarmungsmodus) der Transistoren zu betreiben, da dort die Kapazität einen erheblichen Einbruch hat. Der empfohlene Betriebsmodus ist der Inversbetrieb der Transistoren (Kanalbildung durch Anreicherung der Minoritäten jenseits U_{th}). Theoretisch möglich ist auch ein Betrieb im Akkumulationsbetrieb der Transistoren (weitere Anreicherung der Majoritäten, also keine Kanalbildung). Da das p-Substrat immer auf 0 V liegt, ginge das beim NMOS-FET allerdings nur mit negativen Spannungen, weshalb diese Betriebsart zumindest für die NMOS-Cap nicht praktikabel ist. Im (empfohlenen) Inversbetrieb haben diese Kondensatoren zudem das Problem, dass die Kapazität bei hohen Frequenzen einbricht. Das beste Verhalten erhält man, wenn die Bulk-Elektrode an der AC-Masse liegt.

Eine weitere Möglichkeit, im CMOS-Standardprozess das Gate-Oxid als Dielektrikum zu nutzen, besteht darin, nur die n-Wanne (Nwell) als Gegenelektrode zum Polysilizium einzusetzen. Das ist praktisch ein PMOS-FET ohne Source und Drain (Abb. 6.15). Besondere Nachteile dieser Bauform sind der hohe parasitäre Bahnwiderstand der Nwell-Elektrode und die Raumladungszone der durch n-Wanne (Nwell) und p-Substrat (p-Sub) gebildeten Diode, die einen in Reihe liegenden parasitären Kondensator zur Masse bildet.

Es gibt zahlreiche Prozesserweiterungen, mit denen auch bessere Kondensatoren herstellbar sind. Hierzu zählen zusätzliche, sehr dünne Oxidschichten oberhalb des Gate-Oxids zur Nutzung als Dielektrika in Verbindung mit zusätzlichen leitenden Schichten aus Poly oder Metall als Elektroden. Diese ermöglichen sogenannte *PIP-Caps* (Poly-Insulator-Poly) oder *MIM-Caps* (Metal-Insulator-Metal). MIM-Caps sind zwischen den Metalllagen, die für das Routing genutzt werden, angesiedelt und daher nur in Prozessen mit sehr guten Planarisierungsverfahren (CMP) möglich. Abb. 6.16 zeigt ein Beispiel eines MIM-Kondensators zwischen „Metal2" und „Metal3". Vorteile dieser Bauformen sind geringe Parasitäreffekte durch die Verwendung von Metall und durch den Abstand von der Siliziumoberfläche.

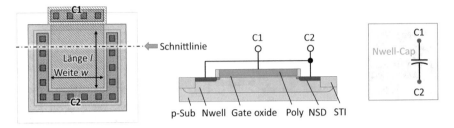

Abb. 6.15 Layout (links), Querschnitt (Mitte) und Schaltplansymbol (rechts) eines Poly-Nwell-Kondensators

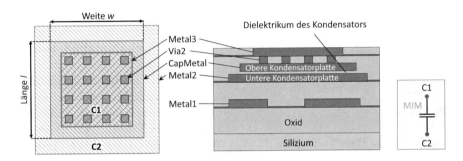

Abb. 6.16 Layout (links), Querschnitt (Mitte) und Schaltplansymbol (rechts) für einen MIM-Kondensator

Dimensionierung von Kondensatoren

Die Dimensionierung von Kondensatoren erfolgt über die Anpassung der Elektrodenflächen A, woraus sich die Kapazität gemäß Gl. (6.9) berechnet. In aller Regel werden rechteckige Bauformen bevorzugt. Im Layout sind also die Bauelemente horizontal und vertikal so zu strecken (der Layouter spricht hier von „stretchen"), dass das Produkt der in den Abb. 6.14, 6.15 und 6.16 eingezeichneten Weiten w und Längen l die jeweils gewünschte Gesamtfläche A ergibt.

Es gibt noch weitere Bauformen mit streifenartigen Elektroden aus Metall, die auch laterale Felder nutzen (sogenannte *Fringe-* oder *Flux-Kondensatoren*). Für weitere Informationen zu diesen Konstruktionsformen verweisen wir auf die Literatur, z. B. [2].

6.3.4 Bipolare Transistoren

Die ersten Chips in den 1960er-Jahren nutzten nur Bipolartransistoren und keine Feldeffekttransistoren. Bipolartransistoren basieren auf Phänomenen, die bei zwei in sehr kleinem Abstand aufeinanderfolgenden p-n-Übergängen auftreten. Es gibt zwei mögliche Schichtfolgen: n-p-n (NPN) und p-n-p (PNP).

Die sogenannten *Bipolarprozesse* waren auf den NPN-Transistor zugeschnittene Fertigungsprozesse. Sie hatten hochdotiertes p-Substrat, auf dem eine schwach dotierte n-Epitaxie abgeschieden wurde. Diese „n-Epi" wurde mit tiefen p-Dotierungen (meist „Iso" genannt) in n-Wannen unterteilt, welche die Kollektor-Umgebung bildete (siehe z. B. [4]).

NPN-Transistoren

Erweitert man heutige CMOS-Prozesse um einige Maskenschritte, lassen sich auch recht gute NPN-Transistoren konstruieren. Solche Prozesse nennt man *BICMOS-Prozesse* (Bipolar und CMOS). Wir zeigen eine weit verbreitete Version mit den zusätzlichen Layern „Deep-n+", „NBL" (n-type buried layer) und „Base". NBL ist eine hoch n-dotierte vergrabene Schicht, die nur erzeugt werden kann, wenn man eine Epitaxieschicht aufwachsen lässt. In unserem Beispiel gehen wir von dieser Konstellation aus, die auch in CMOS-Prozessen verbreitet ist.

Wir erläutern zunächst die Funktion des Transistors anhand des Querschnitts in Abb. 6.17 (Mitte), in dem auch der Stromfluss angedeutet ist. Die drei Bereiche des Bipolartransistors werden als *Emitter* („E"), *Basis* („B") und *Kollektor* („C") bezeichnet. Wird die aus Base und NSD bestehende Basis-Emitter-Diode mit einer hinreichend großen Spannung $U_{BE} \geq U_S$ in Flussrichtung angesteuert, „emittiert" der Emitter Elektronen in die Basis. Dies geschieht ab der sogenannten *Schwellspannung* U_S, die in Silizium bei etwa 0,7 V liegt. Die in die p-leitende Basis injizierten Elektronen sind dort Minoritäten und bewegen sich durch Diffusion. Zwischen Kollektor und Emitter liegt eine positive Spannung $U_{CE} > 0$, so dass es an der Basis-Kollektor-Diode eine Raumladungszone mit einem elektrischen Feld gibt. Sobald die Elektronen in dessen Einzugsbereich gelangen, driften sie in diesem Feld zum Kollektor, wo sie durch die hochdotierte NBL und Deep-n+ einen niederohmigen Pfad zum Kollektoranschluss finden. Das ist der Kollektorstrom I_C.[8]

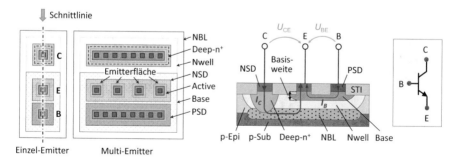

Abb. 6.17 NPN-Transistor; Layouts einer Single-Emitter- und einer Multi-Emitter-Anordnung (links), Schnittdarstellung mit Stromfluss (Mitte) und Schaltplansymbol (rechts)

---

[8] Die in Abb. 6.17 (Mitte) eingezeichnete Richtung des Stromflusses orientiert sich an der technischen Definition des elektrischen Stromes, bei der man sich positive bewegliche Ladungsträger vorstellt. Die Elektronen fließen also in entgegengesetzter Richtung (vom Emitter *E* zum Kollektor *C* bzw. zur Basis *B*).

Ein Teil der Elektronen rekombiniert allerdings mit Löchern der Basis. Auch im Emitter kommt es zu Rekombinationen, da die Basis auch Löcher in den Emitter injiziert. Der durch Rekombinationen gebildete Strom ist der Basisstrom I_B. Für den Emitterstrom muss also gelten: $I_E = I_B + I_C$.

Charakteristisch für den Bipolartransistor ist das Verhältnis $B = I_C : I_B$, das als *Stromverstärkung* bezeichnet wird und durchaus deutlich größer als 100 werden kann. Interessanterweise lässt sich der (große) Kollektorstrom über den (kleinen) Basisstrom steuern. Entscheidend für die Qualität des Transistors ist, dass möglichst wenig Elektronen aus I_E rekombinieren. Das Rekombinationsrisiko wird durch zwei Parameter minimiert: (i) eine *niedrige* Dotierung der Basis, damit wenig Löcher vorhanden sind und (ii) eine möglichst *kurze* zu überwindende Strecke in der Basis, die sogenannte *Basisweite* (Abb. 6.17, Mitte). Diese beiden Faktoren bestimmen also den Transistoreffekt.

Mit diesem Wissen sind wir nun auch in der Lage, den Aufbau des NPN-Transistors zu verstehen. Die Basis ist in einer sehr schwach n-dotierten Umgebung zu erzeugen, damit sie selbst nicht zu hoch dotiert werden muss. Dies würde ohne weitere Maßnahmen allerdings zu einem sehr großen parasitären Bahnwiderstand des Kollektors führen. Mit den hochdotierten Schichten Deep-n+ (oft auch *Sinker* genannt) und NBL wird dieser Bahnwiderstand wirksam minimiert. Die kurze Basisweite wird definiert durch die Differenz zweier Dotierschichtdicken (Base und NSD). Dieser Wert kann recht genau im Prozess kontrolliert werden. Man beachte, dass er durch das Layout nicht beeinflussbar ist.

Dimensionierung des NPN-Transistors

Das Verhalten des NPN-Transistors wird also durch eine Dotierkonzentration und zwei Schichtdicken, d. h. nur durch Prozessparameter bestimmt. Durch das Layout beeinflussbar ist der Strom, den er führen kann. Dieser hängt von der Emitterfläche ab, welche durch die Öffnung im Feldoxid definiert ist (s. Abb. 6.17, links). Zur Dimensionierung kann man also den Transistor so „stretchen", dass diese Fläche einen gewünschten Wert hat.

Allerdings ist der Strom meist nicht ganz gleichmäßig über die Emitterfläche verteilt. Eine der Ursachen ist der in [4] beschriebene Effekt des *Current crowdings*, der dazu führt, dass in der Nähe des Basiskontakts mehr Strom injiziert wird, da hier die Basis-Emitter-Spannung lokal etwas höher liegt. Man „stretcht" daher im Layout nur in der Richtung quer zu der in Abb. 6.17 (links) eingezeichneten Schnittlinie.

Da beim Verändern des Emitters noch weitere Nichtlinearitäten auftreten, wird oft die Gesamtfläche nicht durch kontinuierliches Anpassen der Emittermaße, sondern durch Vervielfältigung eines einzelnen Emitters erzeugt. So gelangt man zu einem sogenannten *Multi-Emitter-Layout*, wie ebenfalls in Abb. 6.17 dargestellt. (Im Zusammenhang mit dem Matching gibt es noch weitere Gründe für eine derartige ganzzahlige Vervielfachung, die wir in Abschn. 6.6.2. erörtern werden.)

PNP-Transistoren

Der PNP-Transistor hat dasselbe Wirkungsprinzip wie ein NPN-Transistor. Lediglich die Rollen von Elektronen und Löchern sind vertauscht.

Mit den Schichten PSD (plus Base), n-Wanne und p-Substrat lässt sich theoretisch ein vertikal wirkender PNP-Transistor (ähnlich zum NPN-Transistor) bauen. Allerdings bildet hier das p-Substrat den Kollektor, d. h. der Transistorstrom wird in das Substrat eingespeist. Eine derartige Anordnung wird daher als *Substrat-PNP* bezeichnet. Grundsätzlich will man Substratströme aber vermeiden, da der damit einhergehende Spannungsabfall das Massepotential des ICs lokal verändert (vgl. Kap. 7, Abschn. 7.1.1). Der Substrat-PNP wird daher kaum eingesetzt.

Da man PNP-Transistoren durch die Verfügbarkeit von MOS-FETs und NPN-Transistoren praktisch kaum benötigt, lohnt es sich allerdings auch nicht, weitere Layer zu spendieren, um bessere vertikale PNP-Transistoren zu ermöglichen. Es gibt aber die Möglichkeit, einen lateral wirkenden PNP-Transistor zu bauen, indem man in der n-Wanne aus einer p-Dotierung (z. B. Base plus PSD) konzentrische Kreise formt.

Die Layoutkonstruktion ist in Abb. 6.18 (links) dargestellt. Der innere Kreis bildet den Emitter, der äußere Ring den Kollektor. Die schwach dotierte n-Wanne bildet die Basis. Die Basisweite (Base width) ist gegeben durch die Differenz der Kreisradien. Der Hauptstromfluss (Löcher) vom Emitter zum Kollektor erfolgt radial. Deshalb dürfen diese Dotiergebiete nicht durch STI getrennt werden. Da Emitter und Kollektor mit derselben Maske strukturiert werden, erfährt die Basisweite keine Abweichungen durch Justiertoleranzen.

Auch dieser Transistor erzeugt respektable Stromverstärkungen. Werte für B liegen typisch bei 50; auch mehr sind möglich (d. h. von 100 Löchern aus dem Emitter erreichen 98 bis 99 den Kollektorring). Das ist bei Betrachtung des Querschnitts zunächst erstaunlich, da der Emitter seine Löcher über die ganze Grenzfläche der Basis-Emitter-Diode und damit zu einem erheblichen Anteil an der Unterseite in die Basis emittiert. Diese Ladungsträger scheinen eine geringe Chance zu haben, per Diffusion den Kollektorring zu erreichen. Hier spielt die NBL eine wichtige Rolle. Obwohl sowohl die n-Wanne als auch die vergrabene Schicht NBL n-dotiert sind, bildet sich an deren Grenze aufgrund des extremen Unterschieds der Dotierkonzen-

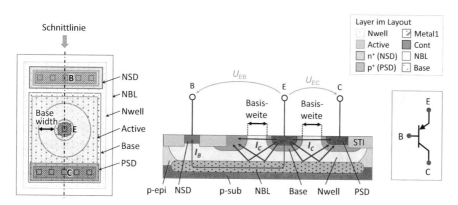

Abb. 6.18 PNP-Transistor; Layout (links), Schnittdarstellung mit Hauptstromfluss (Mitte) und Schaltplansymbol (rechts)

trationen auch eine kleine Raumladungszone. Deren Feld stößt die von oben kommenden Löcher zurück (s. Abb. 6.18, Mitte), so dass doch die meisten von ihnen schließlich zum Kollektor gelangen, bevor sie rekombinieren.

Dimensionierung des PNP-Transistors

Es liegt auf der Hand, dass eine Layoutänderung von Emitter oder Kollektor die Stromverstärkung B, und damit das elektrische Verhalten, massiv beeinflussen würde. Die PNP-Grundanordnung (Kreisradien) darf daher nicht verändert werden. Eine Dimensionierung des Transistors für größere Ströme kann deshalb nur durch Vervielfältigung dieser Grundanordnung erfolgen.

6.4   Bauelementgeneratoren: Von Parametern zu Layouts

6.4.1   Einführende Übersicht

Die Bauelemente in analogen integrierten Schaltkreisen werden in der Regel individuell dimensioniert. Bis in die 1980er-Jahre war es üblich, die Layouts der Bauelemente manuell zu erzeugen, indem man die Grundelemente aus einer Bibliothek mit aufwändigem „*Polygon pushing*" in einem Grafikeditor an die Erfordernisse einer Schaltung anpasste.

In den 1990er-Jahren haben sich dann *Bauelementgeneratoren* durchgesetzt, welche diese Aufgabe übernehmen. Bauelementgeneratoren sind Prozeduren, die die gewünschten elektrischen und geometrischen Eigenschaften der Bauelemente als Eingangsparameter übernehmen und hieraus automatisch eine korrekte Layoutzelle für eine bestimmte Halbleitertechnologie erzeugen. Man bezeichnet sie deshalb auch als *PCells* (Abkürzung von „parameterized cell").

PCells werden üblicherweise direkt aus dem Schaltplan aufgerufen und übernehmen die Werte der Dimensionierungsparameter direkt von der Instanz des Schaltplansymbols. Der Vorgang wird je nach verwendeter Entwurfsumgebung z. B. als „Pick & Place", „Schematic-driven layout" oder „Connectivity-driven layout" bezeichnet.

Neben den Parametern für die elektrische Dimensionierung gibt es meist noch weitere Parameter zur Bestimmung von Layouteigenschaften. Hierzu zählen Anzahl, Form und Ort von Anschlusspins und das Aufteilen von Bauelementen in kleinere Teilelemente (z. B. die Faltung eines FETs), die dann zueinander angeordnet und geroutet werden.

Bauelementgeneratoren sind heute Standard in einem PDK (Kap. 3, Abschn. 3.5.1) und werden für jeden Halbleiterprozess mitgeliefert (Abb. 6.19). Ihre Funktionalität ist von PDK zu PDK durchaus unterschiedlich. Ihre Nutzung ist in der Regel an die Verwendung bestimmter Entwurfswerkzeuge der marktführenden EDA-Firmen gebunden.

In den IC-Entwurfsteams der großen Halbleiterfirmen und auch in akademischen Forschungseinrichtungen werden auf Basis der Bauelementgeneratoren oft noch

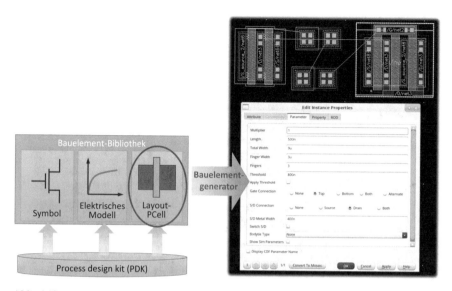

Abb. 6.19 Bauelementgeneratoren sind Teil eines PDKs (links), das von der Fab (Foundry) bereitgestellt wird. Analoge Bauelemente, wie z. B. hier ein Transistor, können mit derartigen Generatoren unter Verwendung von Größenparametern ausgelegt werden (rechts)

deutlich mächtigere *Layoutgeneratoren* entwickelt, die die Layouts ganzer Schaltungen oder Schaltungsteile, die häufig benötigt werden, automatisch erzeugen können [5, 6]. Derartige Layoutgeneratoren für höhere hierarchische Ebenen nennt man auch *Modulgeneratoren*.

6.4.2 Beispiel

Zur Erstellung von Layoutgeneratoren gibt es heute spezielle Entwurfswerkzeuge. Wir zeigen, wie ein einfacher Bauelementgenerator für einen NMOS-FET mit Hilfe des Cadence® *PCell Designers* [7] erstellt werden kann. Die PCell des Transistors, den wir in diesem Beispiel bauen, soll fünf Parameter erhalten: „width" (Breite), „length" (Länge), „fingers" (Anzahl Gate-Finger), sowie „leftBulk" und „rightBulk" (Backgate-Kontakte).

Abb. 6.20 zeigt das Kommandofenster. Die Befehlsstruktur ist in der Spalte „Command" als Baum dargestellt. Jede Zeile (nummeriert in der Spalte „Line") enthält einen Befehl, dessen Parametersatz in der Spalte „Parameters" dargestellt ist. Zum besseren Verständnis der Prozedur haben wir die semantische Bedeutung in braun und einige Hinweise zur Syntax in dunkelblau eingefügt. Die fünf Parameter sind rosa hervorgehoben, damit erkennbar ist, wo sie in der Prozedur ausgewertet werden.

In Zeile 1 werden die Layernamen des verwendeten PDKs, hier „GPDK180" [3] von Cadence, auf die Layernamen unseres Beispiels abgebildet. Der restliche Code

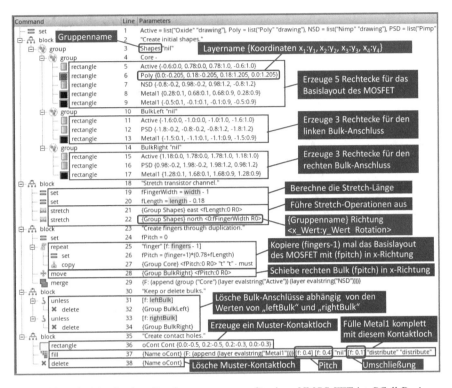

Abb. 6.20 Beispielcode eines Bauelementgenerators für einen NMOS-FET im *PCell Designer* von Cadence mit Hinweisen zu Syntax (dunkelblau) und Semantik (braun). Die Parameter der PCell sind im Code hervorgehoben (rosa Hintergrund)

besteht aus fünf Blöcken (in den Zeilen 2, 18, 23, 30, 35 mit Namen versehen), deren Funktionen wir kurz erläutern.

Der Block „Create initial shapes" (Zeilen 2–17) erzeugt das Basislayout des NMOS-FET (Abb. 6.21, links). Es kommen nur rechteckige Shapes zum Einsatz, die den drei Gruppen „Core", „BulkLeft" und „BulkRight" zugeordnet sind. Im Block „Stretch transistor channel" (Zeilen 18–22) wird der Kanal auf die gewünschten Maße „width" und „length" angepasst. Die standardmäßige Eigenschaft des Stretch-Befehls, alle Ecken der Shapes einer Gruppe bezogen auf die Mittellinie der Gruppe zu schieben, wird hier genutzt.

Im nächsten Block (Zeilen 23–29) wird die Faltung ausgeführt. Hierzu werden Kopien des MOS-FET-Basislayouts im berechneten Abstand „fPitch" platziert. Der rechte Bulkanschluss wird hier nur verschoben. Im nächsten Block (Zeilen 30–34) werden die nicht benötigten Backgate-Anschlüsse gelöscht.

Der letzte Block (Zeilen 35–38) füllt die Metallflächen mit Kontakten auf. Das in Zeile 36 erzeugte Muster-Kontaktloch wird am Schluss wieder gelöscht. Der Befehl „fill" in Zeile 37 ist ein gutes Beispiel für die Mächtigkeit der bereitgestellten Funktionen.

Bei der Entwicklung der PCell werden die Befehle in Echtzeit ausgeführt, so dass das Layoutergebnis des Codes stets sofort sichtbar ist. Benötigte Shapes kön-

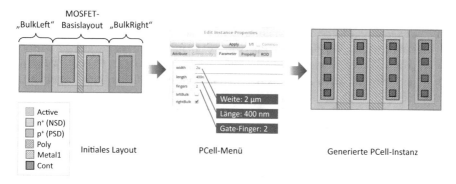

Abb. 6.21 Anwendung der in Abb. 6.20 gezeigten PCell eines NMOS-FETs: Ausgangslayout (links), Parametereinstellungen im PCell-Menü (Mitte), generierte PCell-Instanz (rechts)

nen einfach im Grafikeditor gezeichnet werden. Ist schon ein Beispiellayout vorhanden, kann ein geübter Entwickler mit diesem Werkzeug die hier gezeigte PCell in etwa einer Stunde erstellen.

Das PCell-Menü (Abb. 6.21, Mitte) für die Nutzer der PCell wird automatisch auf der Grundlage der Parameterdefinitionen erstellt. Die PCell-Instanz, die für die in Abb. 6.21 (Mitte) eingetragenen Parameterwerte erstellt wurde, ist in Abb. 6.21 (rechts) abgebildet.

6.5 Die Bedeutung von Symmetrie

6.5.1 Absolute und relative Genauigkeit – ein entscheidender Unterschied

Wenn wir die elektrischen Parameter einzelner Bauelemente in einem fertigen Chip messen, stellen wir fest, dass ihre absoluten Werte oft sehr stark von ihren Nennwerten abweichen. Der Grund dafür ist die Komplexität der Halbleiterherstellung, die eine sehr große Anzahl von Fertigungsschritten (in der Regel viele hundert) umfasst. Obwohl jeder Fertigungsschritt mit höchstmöglicher Präzision ausgeführt wird, verbleibt doch immer eine unvermeidliche Toleranz. Da die endgültigen Abweichungen durch die Summe dieser Toleranzen verursacht werden, können diese Abweichungen sehr groß sein. Sie liegen typischerweise im zweistelligen Prozentbereich.

Vergleicht man nun Bauelemente gleichen Typs untereinander, so kann man feststellen, dass die Parameterunterschiede von Bauelement zu Bauelement immer dann wesentlich geringer sind, wenn die Bauelemente aus demselben Fertigungszyklus (Produktionslauf) stammen. Dies liegt daran, dass die Bauelemente in diesem Fall viele Prozessschritte, durch die sie entstanden sind, gemeinsam durchlaufen haben. Mit anderen Worten: Sie haben dieselbe (oder eine sehr ähnliche) „Herstellungsgeschichte". Je genauer diese Herstellungsgeschichten übereinstimmen, umso geringer sind die relativen Abweichungen, oder anders ausgedrückt, umso höher ist die *relative Genauigkeit* der Bauelemente.

Nehmen wir als Beispiel einen Polywiderstand mit einem Nennwiderstand (Sollwert) von 1 kΩ. Polywiderstände sind typisch mit einer Toleranz von ±30 % behaftet. Das bedeutet, dass der tatsächliche Widerstandswert dieses Bauelements zwischen 0,7 und 1,3 kΩ liegen kann. Auf einem Chip seien nun zwei derartige Widerstände in der gleichen Art gelayoutet und Seite an Seite platziert. Messen wir nun in einer Stichprobe für einen der beiden Widerstände beispielsweise den Wert 1,16 kΩ, so werden wir feststellen, dass der andere ebenfalls sehr nahe bei 1,16 kΩ liegt. Er wird nur um wenige Ω von diesem Wert abweichen, d. h. die beiden Bauelemente haben eine hohe relative Genauigkeit.

Tab. 6.1 vermittelt einen Eindruck der relativen Genauigkeit zweier im Layout identisch konstruierter Bauelemente in Abhängigkeit von der „Unterschiedlichkeit" ihrer Herstellungsgeschichte. Wir gehen dabei von dem oben genannten Beispiel mit einer Toleranz des Absolutwerts von ±30 % aus. Dieser Wert entspricht der relativen Genauigkeit für zwei Bauelemente des gleichen Typs, die aus *unterschiedlichen* Fertigungsdurchläufen stammen und ist daher in der obersten Zeile angegeben.

Die Werte in der Tabelle sind nur beispielhaft zu verstehen und sollen lediglich die Größenordnungen der auftretenden relativen Parameterabweichungen verdeutlichen. Sie können von Technologie zu Technologie durchaus anders sein. Im Vergleich zu Polywiderständen haben Kapazitätswerte von Kondensatoren normalerweise etwas geringere Schwankungen. Die Stromverstärkungen von Bipolartransistoren schwanken dagegen oft noch mehr.

Die letzte Zeile der Tabelle deutet darauf hin, dass die relative Genauigkeit durch bestimmte Layoutmaßnahmen erheblich verbessert werden kann. Diese Maßnahmen bezeichnet man als *Matching*. Wie wir noch sehen werden, ist das Matching von fundamentaler Bedeutung für die Qualität des Layouts analoger integrierter Schaltkreise. Die Charakteristika der Halbleitertechnik hinsichtlich der Genauigkeit von Bauelementen fassen wir in den nachfolgenden Merkregeln zusammen.

Tab. 6.1 Relative Parametergenauigkeit zweier Bauelemente des gleichen Typs mit identischem Layout in Abhängigkeit von der Herstellungsgeschichte

Fertigungsspezifische „Entfernung" (Herstellungsgeschichte)		Relative Genauigkeit (%)
Innerhalb einer Fab	von Charge zu Charge[a]	±30
Innerhalb einer Charge	von Wafer zu Wafer	±20
Innerhalb eines Wafers	von Retikelbereich zu Retikelbereich	±15
Innerhalb eines Retikels	von Chip zu Chip	±10
Innerhalb eines Chips	beliebig	±5
Innerhalb eines Chips	mit weiteren Layoutmaßnahmen	±1 bis ±0,01

[a]Ein Fertigungsdurchlauf in einer Halbleiterfabrik wird immer für mehrere Wafer durchgeführt. Die Anzahl dieser Wafer ist gegeben durch spezielle Behältnisse, in denen die Wafer aufbewahrt und zu den Fertigungsstationen transportiert werden. Die Gesamtheit der Wafer in einem solchen Behältnis wird als „Charge" bezeichnet.

Merkregeln zur Genauigkeit von integrierten Bauelementen
- Die *absolute* Genauigkeit der Bauelemente ist schlecht.
- Die *relative* Genauigkeit von Bauelementen *des gleichen Typs* auf einem Chip ist gut.
- Nur Bauelemente des *gleichen Typs* können eine relative Genauigkeit aufweisen.
- Die relative Genauigkeit von Bauelementen gleichen Typs kann im Layout durch Matching-Maßnahmen optimiert werden.

Die Methoden des Matchings gehören zu den wichtigsten Kernkompetenzen eines Analoglayouters. Wir werden in Abschn. 6.6 ausführlich darauf eingehen. Zuvor wollen wir in Abschn. 6.5.2 aber erklären, warum die relative Genauigkeit und damit das Matching von so großer Bedeutung sind.

6.5.2 Symmetrie als schaltungstechnisches Grundprinzip

Da die Absolutwerte der elektrischen Parameter integrierter Bauelemente so großen Schwankungen unterliegen, ist es praktisch unmöglich, gute Analogschaltungen zu bauen, deren Qualität von der Genauigkeit dieser Absolutwerte abhängt. Stattdessen werden spezielle Schaltungstechniken angewendet, die die gewünschten analogen Funktionen auf der Symmetrie des elektrischen Verhaltens bestimmter Bauelemente aufbauen. Integrierte Analogschaltungen ziehen also gerade aus der *relativen* Genauigkeit der Bauelemente ihren Nutzen, d. h. ihre Leistungsfähigkeit (Qualität) ist damit direkt von der relativen Genauigkeit dieser Bauelementgruppen abhängig.

Das Layout hat einen entscheidenden Einfluss auf diese relativen Genauigkeiten. Durch Matching-Maßnahmen lässt sich die relative Genauigkeit, die zwei oder mehr Bauelemente zueinander haben, sehr stark beeinflussen. Das Optimierungspotential liegt hier bei ungefähr zwei Größenordnungen. Für den Layouter analoger integrierter Schaltungen sind daher folgende Kenntnisse und Fähigkeiten von fundamentaler Bedeutung:

(1) Ein Layouter muss in einer zu realisierenden Schaltung erkennen, welche Bauelemente sich symmetrisch verhalten müssen. Diese Bauelemente sind im Layout zu „matchen".
(2) Da es viele Matching-Ansätze gibt, die sich in ihrem Aufwand stark unterscheiden, muss er bzw. sie das erforderliche und sinnvolle Maß des Matchings richtig einschätzen.
(3) Es sind die passenden Matching-Maßnahmen (Auslegung der Bauelemente, Art und Weise ihrer Anordnung und Verdrahtung) zu bestimmen und umzusetzen.

An dieser Stelle wird nun auch klar, warum der Layouter einer analogen Schaltung statt einer Netzliste einen Schaltplan als Eingangsdaten benötigt. Aus der grafischen Darstellung eines Schaltplans kann der Mensch eine Schaltungstopologie und damit die Schaltungsfunktion wesentlich schneller und besser erfassen. Dies ist insbesondere notwendig, um die zu matchenden Schaltungsteile zu identifizieren. Das wird dadurch unterstützt, dass diese Schaltungsteile bereits im Schaltplan gewöhnlich eng benachbart und symmetrisch platziert sind. Wo dies nicht möglich ist, sollten entsprechende Hinweise erfolgen. In modernen Entwurfsumgebungen gibt es auch die Möglichkeit, hierfür entsprechende Symmetrie-Constraints zu definieren.

In der nachfolgenden Liste werden einige typische Teilschaltungen genannt, die auf der Symmetrie von Bauelementen aufbauen [8]:

- *Stromspiegel*: Der in einem Referenztransistor fließende Strom wird in einen oder mehrere Transistoren des Stromspiegels kopiert. Das Verhältnis der kopierten Ströme zum Referenzstrom kann bei MOS-FETs durch die Kanalbreiten und bei bipolaren Transistoren durch die Emitterfläche bzw. die Anzahl der Emitter eingestellt werden.
- *Differenzpaar*: Das Differenzpaar wertet die an den Steuerelektroden (Gates bzw. Basen) zweier gepaarter Transistoren anliegende Spannungsdifferenz aus. Es dient als Eingangsschaltung für alle Operationsverstärker.
- *IPTAT*: Die IPTAT-Schaltung (IPTAT: Current (I) proportional to absolute temperature) erzeugt einen zur Temperatur proportionalen Strom. Diese nur mit Bipolartransistoren ausführbare Schaltung wird eingesetzt zur Realisierung von temperaturkompensierten und versorgungsspannungsunabhängigen Spannungs- und Stromreferenzschaltungen.
- Viele Schaltungen nutzen auch die Synchronität des elektrischen Verhaltens von passiven Bauelementen, d. h. von Netzwerken aus Widerständen oder Kondensatoren. Ein einfaches Beispiel ist der *Spannungsteiler*.

In Kap. 3 (Abschn. 3.1.3) hatten wir eine Bandgap-Schaltung als typischen Vertreter einer integrierten Analogschaltung vorgestellt. In dieser relativ kleinen Schaltung finden wir bereits viele dieser Schaltungsteile. Wir haben die beiden Schaltpläne in Abb. 6.22 nochmals abgebildet und darin die zu matchenden Bauelemente zu

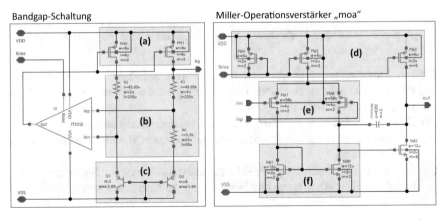

Abb. 6.22 Schaltpläne einer Bandgap-Schaltung (links) und eines Miller-Operationsverstärkers (rechts), der als Funktionsblock in der Bandgap-Schaltung eingesetzt ist (dreieckiges Symbol mit der Bezeichnung „moa"). Blaue Kästen (**a**) bis (**f**) kennzeichnen Bauelemente, die zu Matching-Gruppen gehören. Die Kästen (**b**) und (**c**) bilden zusammen eine IPTAT, (**d**) und (**f**) enthalten Stromspiegel, (**e**) enthält ein Differenzpaar

Matching-Gruppen zusammengefasst, die mit blauen Kästen gekennzeichnet sind. In (d) und (f) befinden sich Stromspiegel, (e) enthält ein Differenzpaar, (b) und (c) bilden zusammen eine IPTAT. Von den 16 Bauelementen der Bandgap-Schaltung gehören also 14 zu Matching-Gruppen.

6.6 Matching-Konzepte für den analogen Layoutentwurf

Das Grundprinzip des Matchings

Bei einer integrierten Analogschaltung kommt es darauf an, diejenigen Bauelemente, von deren elektrisch symmetrischen Verhalten die Schaltungsfunktion abhängt – wir bezeichnen diese fortan als eine *Matching-Gruppe* – so auszulegen, dass deren symmetrisches Verhalten hinreichend gut erreicht wird. Da Parameterabweichungen grundsätzlich nicht verhindert werden können, ist im Layout dafür zu sorgen, dass diese Abweichungen bei den Bauelementen einer Matching-Gruppe *in möglichst gleicher Weise* auftreten. Aufgrund der angewendeten Schaltungsprinzipien kompensieren sich dadurch die Abweichungen, wodurch ihre negative Auswirkung unterdrückt wird. Je besser dies gelingt, desto wirksamer ist der angestrebte Kompensationseffekt und desto besser die erreichte Schaltungsqualität.

6.6.1 Ursachen für Parameterabweichungen

Matching hat somit zum Ziel, Parameterabweichungen möglichst „identisch zu machen", oder anders gesagt: Der Zweck des Matching ist es, *relative* Parameterabweichungen zu eliminieren. Um hierfür die richtigen Matching-Maßnahmen ableiten zu können, benötigen wir eine Vorstellung von den möglichen Ursachen für Parameterabweichungen.

Diese können herrühren (i) von Fertigungstoleranzen, (ii) vom inneren Aufbau der Bauelemente und (iii) von Einflüssen bei der Anwendung eines IC. Diese Ursachen wollen wir kurz erläutern und hinsichtlich anwendbarer Matching-Maßnahmen kategorisieren.

Fertigungstoleranzen

Alle Fertigungsschritte (Kap. 2) haben Toleranzen. Diese sind grundsätzlich stochastischer Natur. Typische Probleme sind ungleichmäßiger Fotolackauftrag auf den Wafer, Abweichung in der Maßhaltigkeit von Masken (z. B. durch thermische Ausdehnung), Justiertoleranz der Masken, Verzerrungen in der optischen Abbildung (z. B. Linsenfehler), sowie verschiedene über den Wafer auftretende Inhomogenitäten, beispielsweise beim Schichtwachstum, bei der Dotierung, beim Ätzen oder beim CMP. Die hierdurch entstehenden Abweichungen können wir bezüglich unserer Thematik in zwei Fehlerklassen unterteilen:

- Fertigungstoleranzen in der „Vertikalen": Dies sind über den Wafer schwankende Schichtdicken und Materialeigenschaften, insbesondere Dotierkonzentrationen.
- Fertigungstoleranzen in der „Horizontalen": Hierbei handelt es sich um schwankende Strukturbreiten und -abstände. Wir nennen diese auch *stochastische Kantenverschiebungen*.

Nichtlinearitäten durch den inneren Aufbau der Bauelemente

Die Bauelemente in analogen Schaltungen werden im Layout individuell dimensioniert (Abschn. 6.3). Hierbei kommt es konstruktionsbedingt zu einem „nicht-idealen" Verhalten, da sich die elektrischen Parameter nicht proportional (also nichtlinear) zu den Parametern der angewendeten Grafikoperationen (z. B. die Strecke einer Stretch-Operation) ändern.

Einflüsse bei der IC-Anwendung

ICs sind im Einsatz verschiedenen physikalischen Einflüssen ausgesetzt, wie Erwärmung und mechanischem Stress. Diese Einflüsse wirken sich auf das elektrische Verhalten der Bauelemente und damit auch auf die Schaltungsfunktion aus.

Kategorisierung von Parameterabweichungen hinsichtlich Matching-Maßnahmen

Die kumulierten Auswirkungen dieser Effekte sind sehr vielfältig und komplex. Glücklicherweise ist eine tiefgehende Untersuchung der physikalischen Zusammenhänge all dieser Effekte nicht nötig, um im Einzelfall passende Matching-Maßnahmen bestimmen zu können. Wir können sie in einige wenige Kategorien klassifizieren, auf deren Grundlage wir dann geeignete Matching-Maßnahmen bestimmen können. Diese Kategorien sind:

- *Randeffekte*, unterteilt in
  - *bauelementinterne Randeffekte* (Abschn. 6.6.2) und
  - *bauelementexterne Randeffekte* (Abschn. 6.6.4).

- *Ortsabhängige Effekte*, meistens *Gradienten* genannt, unterteilt in
  - *unbekannte Gradienten* (Abschn. 6.6.3) und
  - *bekannte Gradienten* (Abschn. 6.6.5).

- *Orientierungsabhängige Effekte* (Abschn. 6.6.6).

In unseren Layoutbeispielen in diesem Abschnitt verwenden wir meist vereinfachte Darstellungen. Hierbei nutzen wir auch das in Kap. 3 (Abschn. 3.3.4) erläuterte Prinzip der „abgeleiteten Layer". Insbesondere verwenden wir „n-Active" anstelle von „NSD" und „Active", sowie „p-Active" anstelle von „PSD" und „Active" (vgl. Abb. 3.18 in Kap. 3).

6.6.2   Matching-Konzepte für bauelementinterne Randeffekte

Die elektrischen Parameter der Bauelemente sind, wie wir in Abschn. 6.3 gesehen haben, proportional zur Größe bestimmter Layoutstrukturen. Zur Dimensionierung von Bauelementen werden die Abmessungen dieser Strukturen überwiegend durch Stretchen angepasst. Allerdings treten an der Peripherie der Strukturen Effekte auf, die die elektrischen Parameter ebenfalls beeinflussen, aber nicht proportional zu diesen Anpassungen mitskalieren. Diese Effekte, welche stochastischer oder deterministischer Natur sein können, bezeichnen wir als *Randeffekte*. Sie sind dafür verantwortlich, dass sich die elektrischen Parameter nichtlinear zur Skalierung durch Stretchen verhalten.

Splitting

Die Lösung dieses Problems besteht darin, dass wir die zu matchenden Bauelemente aus absolut identisch geformten Basiselementen aufbauen, die je nach Anforderung in Reihe oder parallelgeschaltet werden. Durch dieses Vorgehen, welches wir im Folgenden als *Splitting* (von Bauelementen) bezeichnen, werden die Randeffekte im gleichen Verhältnis mit vervielfältigt, so dass das gewünschte Verhältnis im Gesamtergebnis erhalten bleibt. Mit diesem Konzept lässt sich prinzipiell jedes ganzzahlige Parameterverhältnis innerhalb einer Matching-Gruppe realisieren.

Mit dem Splitting, das auf alle Bauelementtypen anwendbar ist, haben wir ein erstes, sehr wichtiges und mächtiges Konzept des Matchings kennengelernt. Wir werden es im Folgenden an einigen Beispielen verdeutlichen.

Widerstände

Bei Widerständen treten zwei Randeffekte auf: bei der Widerstandsbahn und an den Widerstandsköpfen. Wir beginnen unsere Betrachtungen mit der Widerstandsbahn.

Der Widerstand einer Widerstandsbahn ist gemäß Gl. (6.4) proportional zum Verhältnis aus seiner Länge l und seiner Breite w (Anzahl der „Squares"). Beide Größen unterliegen stochastischen Kantenverschiebungen. Da die Länge durch die Lage der Widerstandsköpfe definiert ist, genügt es, hier die Breite zu betrachten. Ursachen für Abweichungen der Breite sind Toleranzen beim Belichten und Ätzen, die zu stochastischen Kantenverschiebungen führen. Dies gilt für Poly-Widerstände und auch für PSD- und NSD-Widerstände, da bei letzteren die Breite durch die Lage der STI bestimmt wird. Diese Toleranzen bilden additive Beiträge, welche bei der Dimensionierung durch Stretchen der Widerstandsbahn nicht mitskalieren.

Bei Nwell-Widerständen (s. Abb. 6.10) wird die Breite durch seitliche Ausdiffusion beeinflusst. Diese tritt deterministisch auf und wird daher in den Simulationsmodellen als Korrekturfaktor berücksichtigt. Allerdings wird sie gewöhnlich nicht durch Technologievorhalt (s. Kap. 2, Abschn. 2.4.2 und Kap. 3, Abschn. 3.3.4) im Layout-Postprozess behandelt und ist deshalb im Layout nicht sichtbar, d. h. die Layoutmaße entsprechen den Maskenöffnungen. Im Falle unterschiedlicher Widerstandsbreiten trägt die Ausdiffusion – obwohl sie deterministisch auftritt – also auch zu einem Missmatch bei.

Nehmen wir z. B. an, dass sich diese additiven Beiträge summieren und sich die effektive Leiterbahnbreite um 50 nm gegenüber den Nominalwerten vergrößert. Bei zwei Widerständen mit den nominalen Weiten von 1 µm und 0,5 µm verändert sich das Weitenverhältnis von $1/0,5 = 2$ dadurch auf $(1 + 0,05) / (0,5 + 0,05) = 1,91$. Das entspricht einem Missmatch von $(2 - 1,91) / 2 = 4,5$ %! Dieser Missmatch lässt sich vermeiden, indem man die Widerstände ganz einfach grundsätzlich mit gleicher Weite auslegt. Hieraus folgt: gematchte Widerstände haben immer dieselbe Weite.

Der zweite Randeffekt ist der inhomogene Stromfluss in den Widerstandsköpfen, den wir am Ende des Abschn. 6.3.2 besprochen haben. Nehmen wir nun an, wir wollen zwei Widerstände R_1 und R_2 mit dem Verhältnis $R_1 : R_2 = r > 1$ auslegen (z. B. als Spannungsteiler). Unter Berücksichtigung der soeben erworbenen Erkenntnis legen wir beide Widerstände mit derselben Breite $w_1 = w_2 = w$ aus, so dass sie sich nur in ihren Längen l_1 und l_2 unterscheiden. Abb. 6.23 veranschaulicht ein Beispiel für $r = 3$.

Wenden wir für die Dimensionierung nur die Gl. (6.4) an, dann bilden nur die beiden Widerstandsbahnen das gewünschte Verhältnis $r = l_1/l_2$ ab. Da die Kopfwiderstände in diesem Fall (a) unberücksichtigt bleiben, ergibt sich ein großer Missmatch (Abb. 6.23a).

Ein Bauelementgenerator ist in der Lage, die Widerstände gemäß Gl. (6.8) zu dimensionieren (Abb. 6.23b). Die Länge l_2 von R_2 wird in diesem Fall (b) kürzer als im Fall (a), da jetzt die Kopfwiderstände in die Berechnung eingegangen sind. Für ein gewünschtes Verhältnis r ergeben sich diese Zusammenhänge:

$$l_1 = r \cdot l_2 + l_{\text{corr}} \quad \text{mit } l_{\text{corr}} = 2(r-1) \cdot \frac{R_{\text{H}}}{R_{\square}} \cdot w. \qquad (6.10)$$

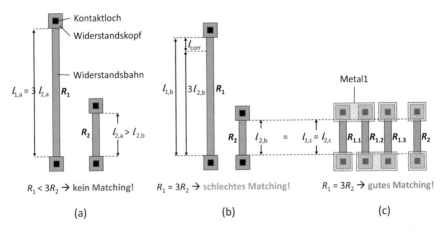

$R_1 < 3R_2$ → kein Matching! $R_1 \approx 3R_2$ → schlechtes Matching! $R_1 = 3R_2$ → gutes Matching!

(a)   (b)   (c)

Abb. 6.23 Beispiel zum Matching von zwei Widerständen im Verhältnis $R_1 : R_2 = r = 3$ (schematisch). Ohne Berücksichtigung der Kopfwiderstände matchen die Widerstände nicht (a). Generierte Widerstände unterschiedlicher Länge matchen schlecht (b). Splitten der Widerstände in identische Teilwiderstände, die in Reihe geschaltet werden, führt zu gutem Matching (c).

Die Länge l_1 der Widerstandsbahn von R_1 ist in diesem Fall um einen „Korrekturwert" l_{corr} länger als $3l_2$. Dieser kommt so zustande: Da R_1 dreimal so groß sein soll wie R_2, aber wie R_2 auch „nur" zwei Widerstandsköpfe besitzt, „fehlt" R_1 der Widerstandsbeitrag von $2(r-1)$ Köpfen. Dieser Beitrag wird durch das zusätzliches Widerstandsbahnstück der Länge l_{corr} ersetzt (Abb. 6.23b).

Das Verhältnis r der beiden Widerstände ist damit zwar mathematisch korrekt umgesetzt. Trotzdem ergibt sich auch in diesem Fall (b) noch kein gutes Matching. Das liegt daran, dass in die Berechnung von l_{corr} nur die Nennwerte von R_H und $R_\square$ aus dem PDK eingehen können. Die realen Werte sind mit erheblichen Prozesstoleranzen behaftet. Sicher darf man erwarten, dass die Toleranzen von R_H und $R_\square$ eine gewisse Korrelation zeigen, da in R_H auch der Wert von $R_\square$ zum Tragen kommt. In der Verhältnisbildung $R_H / R_\square$ wird der Fehler daher vermutlich kleiner. Allerdings wird R_H noch von anderen Faktoren beeinflusst, so dass stets ein Restfehler bleibt. Diesen Effekt kann man nur eliminieren, indem man gematchte Widerstände aus identischen Einzelwiderständen aufbaut, die entsprechend verschaltet werden, und damit dafür sorgt, dass das Verhältnis der beteiligten Widerstandsköpfe gleich dem gewünschten Widerstandsverhältnis ist. Das ist genau dann der Fall, wenn alle Einzelwiderstände gleich lang sind (Abb. 6.23c).

Matching-Regeln für Widerstände

Gematchte Widerstände müssen immer gleiche Breiten und gleiche Längen haben. Widerstandsverhältnisse r ≠ 1 sind durch Splitting zu realisieren. Hierbei baut man die Widerstände aus identischen Teilwiderständen auf, die man vorzugsweise in Reihe schaltet (s. Beispiel in Abb. 6.23c) oder – wenn dies günstigere Layoutlösungen ermöglicht – auch parallel schaltet.

Für Widerstände ist meist im PDK eine Mindestzahl von Squares (z. B. l/w ≥ 2) vorgeschrieben. Wenn es allerdings auf Genauigkeit ankommt, was bei zu matchenden Widerständen ja der Fall ist, sollte man die Anzahl der Squares deutlich gegenüber dieser Minimalforderung erhöhen, um den Beitrag der Kopfwiderstände zu minimieren. PDKs geben hierzu oft Empfehlungen. Wenn der kleinste beteiligte Widerstand nicht lang genug ist, so kann dieser durch Parallelschaltung von längeren Einzelwiderständen realisiert werden.

Durch gleichzeitiges Vergrößern von Widerstandsweite und -länge unter Beibehaltung des Länge-Weiten-Verhältnisses (der Widerstand der Widerstandsbahn bleibt dann gemäß Gl. 6.4 unverändert) wird der Einfluss von Randeffekten verringert. Dadurch verbessert sich auch die relative Genauigkeit der Widerstände, was sich zur Verbesserung des Matchings nutzen lässt. Nachteilig ist dabei allerdings der höhere Flächenbedarf.

MOS-FETs

Die Abmessungen der Feldoxidöffnung und des Poly-Gates, welche die Kanalweite w bzw. die Kanallänge l eines MOS-FET bestimmen (Abschn. 6.3.1), sind stochastischen Kantenverschiebungen unterworfen.

Daneben treten auch deterministische Kantenverschiebungen auf. Die Kanallänge wird durch die Unterdiffusion der Source- und Draingebiete unter das Poly-

Gate um einen konstanten Wert verkürzt (Abb. 6.6 und 6.7). Bei Prozessen mit LOCOS-Feldoxid (Kap. 2, Abschn. 2.5.5) kommt es durch den Vogelschnabeleffekt (Kap. 2, Abschn. 2.5.4) zu einer signifikanten Kantenverschiebung der Feldoxidöffnung, welche die effektive Kanalweite verringert.

Für diese Abweichungen gilt dieselbe Argumentation wie bei den Widerständen. Das bedeutet, dass gematchte MOS-FETs in Basistransistoren mit gleichen Kanallängen und -weiten gesplittet werden sollten. Wir weisen darauf hin, dass ein Matching von MOS-FETs bereits aus schaltungstechnischen Gründen (also auch ohne das Auftreten der genannten Kantenverschiebungseffekte) nur durch einheitliche Kanallängen sinnvoll machbar ist. Dies liegt an der Nichtlinearität des elektrischen Verhaltens von MOS-FETs. Insbesondere hängt die Schwellspannung U_{th} bei „kurzen" Kanälen von der Kanallänge ab.

Matching-Regeln für MOS-FETs
Gematchte MOS-FETs haben immer eine einheitliche Kanallänge. Die Einstellung von w/l-Verhältnissen erfolgt durch Faltung, so dass die Kanalbreiten der Basistransistoren alle gleich sind. Alle Basistransistoren haben daher gleich lange und gleich breite Gate-Finger.

Wir veranschaulichen dies in Abb. 6.24 am Beispiel eines einfachen Stromspiegels, der den Referenzstrom durch den Transistor M_1 im Netz N_1 im Verhältnis 1:2 in den Transistor M_2 spiegelt. M_2 hat hierfür die doppelte Kanalweite von M_1. Da die Randeffekte immer additiv auftreten, wird in der ersten Layoutvariante (Abb. 6.24, Mitte), wo die Transistoren ungleiche Weiten haben, das Verhältnis der Kanalweiten durch diese Randeffekte verschlechtert, was zu einem schlechten Matching führt. Splittet man den größeren Transistor durch einfache Faltung, wie in der zweiten Layoutvariante (Abb. 6.24, rechts), werden die Randeffekte kompensiert, wodurch sich das Matching verbessert.

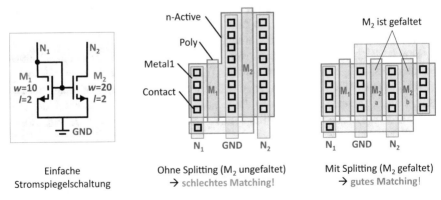

Abb. 6.24 Einfache Stromspiegelschaltung mit Stromverhältnis 1:2 (links), Layout ohne Transistorfaltung (Mitte), Layout mit gefaltetem Transistor M₂ (rechts). Hinweis: Die Layouts sind ohne Bulkkontakte dargestellt.

Kondensatoren

Die Berechnung der Kapazität C eines idealen Plattenkondensators mittels Gl. (6.9) gilt nur für den Anteil der Kapazität, der durch das homogene Feld im Raumbereich zwischen den Platten entsteht. Außerhalb dieses *Hauptfeldes* entstehen sogenannte *Streufelder* (Abb. 6.25), die auch zur Kapazität beitragen. Ihr Anteil wird durch Gl. (6.9) nicht erfasst. Streufelder stellen daher signifikante Randeffekte dar.

Für gematchte Kondensatoren verwendet man vorwiegend Bauformen, welche dem idealen Plattenkondensator am nächsten kommen, da hier die geringsten Streufelder auftreten. Als Elektroden nutzt man laterale Schichten, so dass das Hauptfeld nur in z-Richtung ausgerichtet ist. Der Abstand d in Gl. (6.9) ist dann eine durch den Prozess definierte Schichtdicke, die somit vom Layout unabhängig ist. Der sich aus dem Hauptfeld ergebende Nennwert der Kapazität ist also proportional zur Plattenfläche A, die im Layoutentwurf bestimmt wird.

Ohne Beschränkung der Allgemeinheit können wir in unseren weiteren Überlegungen von rechteckigen Kondensatoren ausgehen. Zur Dimensionierung eines Kondensators nach Gl. (6.9) verwenden wir im Layout also die Breite w und Länge l. Deren Produkt ergibt die Fläche

$$A = w \cdot l. \tag{6.11}$$

Wie bei Widerständen und MOS-FETs unterliegen diese beiden Parameter Fertigungstoleranzen, welche Randeffekte verursachen. Insofern gilt das in diesem Zusammenhang bei Widerständen und MOS-FETs Gesagte sinngemäß analog auch hier.

Wir wenden uns daher dem durch Streufelder verursachten Randeffekt zu (s. Abb. 6.25). Oft wird eine der Platten etwas größer ausgelegt als die andere(n), wodurch sich die Streufelder etwas „einfangen" und dadurch reduzieren lassen (vgl. Abb. 6.16, Mitte). Trotzdem verbleibt ein Streufeld, das ebenfalls zur Kapazität beiträgt. Dieser Beitrag ist aber nicht proportional zur Plattenfläche A, an der sich die Dimensionierung orientiert. Allerdings kann man davon ausgehen, dass die Größe des Streufelds näherungsweise proportional zur Randlänge des Kondensators ist, was die Möglichkeit eröffnet, beim Matching von Kondensatoren die Beiträge der Streufelder in das Layout mit einzubeziehen.

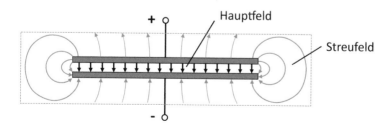

Abb. 6.25 Ausbildung des elektrischen Feldes an einem Plattenkondensator, einschließlich der Streufelder

Im Falle eines Rechtecks ist die Randlänge dessen Umfang

$$P = 2w + 2l. \tag{6.12}$$

Um gematchte Anordnungen zu erzeugen, die ein gewünschtes Verhältnis $C_1 : C_2$ von zwei Kapazitätswerten möglichst genau abbilden, muss man also dafür sorgen, dass sowohl die Flächen der Kondensatorplatten, als auch deren Umfänge, in dem gewünschten Verhältnis stehen. Es müssen also folgende Zusammenhänge erfüllt sein:

$$\frac{P_1}{P_2} = \frac{A_1}{A_2} = \frac{C_1}{C_2}. \tag{6.13}$$

Zur Umsetzung dieser Anforderung gibt es zwei Ansätze, die wir nachfolgend erörtern.

Matching von Kondensatoren durch Splitting
Die erste naheliegende Möglichkeit ist wieder das Splitting analog zum Vorgehen bei Widerständen und Transistoren. Wir teilen die umzusetzenden Kondensatoren also in mehrere identische Basiskondensatoren, welche dann parallelgeschaltet werden. Aus Symmetriegründen treten dann Haupt- und Streufeldanteile im selben Verhältnis auf, so dass Gl. (6.13) erfüllt ist. Fertigungstoleranzen, die die Plattenabmessungen verändern, wirken sich auf alle Basiskondensatoren aufgrund von deren identischen Größen ebenfalls gleich aus, haben also auch keinen Missmatch zur Folge. Abb. 6.26 (Mitte, rechts) zeigt zwei Lösungsmöglichkeiten für das Verhältnis $C_2 : C_1 = 1{,}5$. Die zusätzliche positive Wirkung der Symmetrieachse in Abb. 6.26 (rechts) besprechen wir in Abschn. 6.6.3.

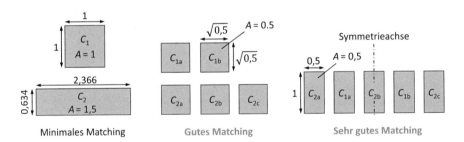

Abb. 6.26 Möglichkeiten zum Matching zweier Kondensatoren im Verhältnis $C_2 : C_1 = 1{,}5$ durch Stretchen der Kondensatoren (links) oder durch Splitten in identische Basiskondensatoren (Mitte und rechts). Alle Fälle zielen darauf ab, das geforderte Verhältnis sowohl für die Hauptfelder als auch für Streufelder beider Kondensatoren C_1, C_2 beizubehalten und damit den Missmatch zu minimieren. Die Lösungen in der Mitte und rechts minimieren auch einen Missmatch aufgrund von Fertigungstoleranzen

Matching von Kondensatoren durch individuelle Anpassung

Beim zweiten Ansatz verzichten wir auf das Prinzip des Splittings und verwenden Gl. (6.13) als Bestimmungsgleichung für die Abmessungen zweier rechteckig geformter Kondensatoren. Mit den Gl. (6.11) und (6.12), die man jeweils für beide Kondensatoren ansetzt, bekommt man dann für die Unbekannten w_1, l_1, w_2, l_2 ein Gleichungssystem, für das es theoretisch unendlich viele Lösungen gibt.

Grundsätzlich ist es vorteilhaft, die Kondensatoren möglichst kompakt zu layouten, womit man auf die Lösung zielt, bei der die Verhältnisse von Umfang zu Fläche P_1/A_1, P_2/A_2 minimal werden. Das ist dann der Fall, wenn einer der Kondensatoren quadratisch wird. Wir wählen hierfür Kondensator C_1, d. h. es wird $w_1 = l_1$. Dieser Wert lässt sich leicht aus Gl. (6.11) mit Gl. (6.9) bestimmen.

Das Gleichungssystem führt dann zu einer quadratischen Gleichung mit den beiden folgenden Lösungen für die Abmessungen des zweiten Kondensators C_2:

$$w_2 = \frac{C_2}{C_1}\left(1 + \sqrt{1 - \frac{C_1}{C_2}}\right) \cdot w_1 \tag{6.14}$$

und

$$l_2 = \frac{C_2}{C_1}\left(1 - \sqrt{1 - \frac{C_1}{C_2}}\right) \cdot w_1. \tag{6.15}$$

Man muss darauf achten, als quadratischen Kondensator stets den mit der kleinsten Kapazität C_1 zu wählen, da die Gl. (6.14) und (6.15) sonst keine reellen Lösungen liefern, wie man leicht sieht. Abb. 6.26 (links) veranschaulicht die Lösung für das Verhältnis $C_2 : C_1 = 1,5$.

Diese Methode der individuellen Anpassung der Abmessungen funktioniert selbstverständlich auch für mehr als zwei Kondensatoren. Ihr größter Vorteil ist, dass die Anordnung durch den Wegfall des Splittings in mehrere Basiskondensatoren weniger Gesamtfläche benötigt und keine weitere Verdrahtung erfordert.

Leider hat die Methode der individuellen Anpassung einige Einschränkungen. Sie ist nur sinnvoll anwendbar, wenn die Kapazitäten der zu matchenden Kondensatoren nicht stark voneinander abweichen. Mit zunehmendem Verhältnis $C_2 : C_1$ wird das Seitenverhältnis beim größeren Kondensator immer extremer. In unserem Beispiel mit ähnlich großen Kapazitäten ($C_2 : C_1 = 1,5$) ist bereits $l_2/w_2 = 3,73$ (s. Abb. 6.26, links).

Darüber hinaus muss man bedenken, dass sich Fertigungstoleranzen, welche die Abmessungen w und l additiv beeinflussen, ungleich auf die Flächen auswirken. Deshalb kommt es trotz der rechnerischen Austarierung der Streufelder gemäß Gl. (6.13) zu einem unvermeidlichen Missmatch. Dieser Effekt nimmt mit wachsendem Verhältnis $C_2 : C_1$ zu. Hochgenau matchende Kondensatoren sind daher mit dieser Methode nicht zu erreichen.

NPN-Transistoren

Wie in Abschn. 6.3.4 erläutert, wird der NPN-Transistor über seine Emitterfläche, die den Gesamtstrom bestimmt, dimensioniert. In älteren Prozessen ohne STI stellt die Ausdiffusion des Emitters, an der eine zusätzliche seitliche Injektion von Elektronen in die Basis stattfindet, einen starken Randeffekt dar. Derartige NPN-Transistoren lassen sich nur durch Vervielfältigung identischer Einzelemitter sinnvoll matchen.

In neueren Prozessen entfällt dieser (deterministische) Randeffekt, da es hier durch die STI-Barriere zu keiner Ausdiffusion kommen kann. Allerdings ist die Öffnung im STI, welche die Emitterfläche definiert, stochastischen Kantenverschiebungen unterworfen. Da diese bei einer Dehnung der Emitter-Abmessungen nicht mitskalieren, haben wir also auch in diesem Fall einen (stochastischen) Randeffekt. Ein sehr gutes Matching ist daher nur möglich, indem man alle Transistoren aus einheitlichen Einzelemittern zusammensetzt, wie in Abb. 6.17 gezeigt.

Sind die Matching-Anforderungen nicht so hoch, können die Einzelemitter (abweichend von dieser Darstellung) durchaus durch Stretching angepasst werden. Dieses darf allerdings wegen des in Abschn. 6.3.4 bereits angesprochenen Effekts des *Current crowding* [4] nur in der Richtung parallel zum Basisanschluss geschehen, damit der Abstand aller Emitter zum Basisanschluss konstant bleibt.

PNP-Transistoren

In Abschn. 6.3.4 haben wir erläutert, dass die Dimensionierung dieses lateralen Transistortyps nur durch Vervielfältigung der unveränderlichen Grundstruktur erfolgen kann. Mit diesem Prinzip lässt sich natürlich auch ein Matching umsetzen. Als Beispiel zeigen wir in Abb. 6.27 (links) einen Stromspiegel aus zwei PNP-Transistoren im Verhältnis 1:3 in einer vereinfachten Layoutdarstellung. Man beachte, dass die beiden Transistoren in einer gemeinsamen n-Wanne (Nwell) liegen, welche die gemeinsame Basis bildet.

In älteren Prozessknoten oberhalb 1 μm war es auch üblich, Kollektorringe von PNP-Transistoren radial in Teilkollektoren zu zerschneiden, wie in Abb. 6.27 (rechts) gezeigt. So waren flächensparende Stromspiegel mit gemeinsamer Basis und Emitter realisierbar.

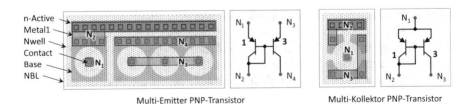

Multi-Emitter PNP-Transistor   Multi-Kollektor PNP-Transistor

Abb. 6.27 Zwei Versionen eines Stromspiegels aus PNP-Transistoren (Layouts schematisch ohne p-Active); Version mit Multi-Emitter (links), Version mit Multi-Kollektor (rechts)

6.6.3 Matching-Konzepte für unbekannte Gradienten

Wie bereits zu Beginn von Abschn. 6.6 angesprochen, kommt es durch Toleranzen in den Fertigungsschritten auf dem Wafer zu ortsabhängigen Abweichungen von Parameterwerten, die sich auf die elektrischen Eigenschaften der Bauelemente auswirken. Als Beispiel ist in Abb. 6.28 (oben links) die über einen Wafer verteilte Schwankung des Schichtwiderstands von Nwell in einer Falschfarbendarstellung veranschaulicht. Die Werte entlang der eingezeichneten Achse sind darunter in einem Diagramm aufgezeichnet. Derartige Verteilungen können wir uns für alle bauelementrelevanten Parameter vorstellen, d. h. die Größe y könnte z. B. auch die Gate-Oxiddicke oder etwas anderes sein. Da die Fertigungstoleranzen stochastischer Natur sind, sind die Verläufe dieser Kurven grundsätzlich unbekannt. Wie können wir mit derartigen Schwankungen umgehen?

Abb. 6.28 (Mitte) zeigt einen vergrößerten (in x- und y-Richtung gedehnten) Ausschnitt der Kurve über eine Chiplänge. Darüber sind die fiktiven Positionen zweier Bauelemente (hier MOS-FETs) dargestellt, welche im Verhältnis A:B = 2:1 zueinander matchen sollen. Die beiden Bauelemente sind hier nahe der linken bzw. rechten Chipkante und damit in einem sehr großen Layoutabstand (mehrere Millimeter) platziert. Es liegt auf der Hand, dass in diesem Fall, trotz Berücksichtigung von Randeffekten, nur ein sehr schlechtes Matching zustande kommt, da sich der Parameterwert (hier der Nwell-Flächenwiderstand) wegen der großen Distanz sehr unterschiedlich auf die Bauelemente A und B auswirkt. Aus dieser Überlegung können wir ein weiteres grundlegendes Matching-Konzept ableiten.

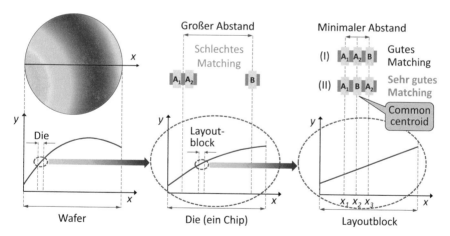

Abb. 6.28 Ortsabhängige Gradienten in den Bauelementparametern aufgrund von Fertigungstoleranzen. Als Beispiel wird der Nwell-Schichtwiderstand (y-Achse) auf dem Wafer (links), innerhalb eines Chips auf dem Wafer (Mitte) und innerhalb des Layoutblocks eines Chips (rechts) betrachtet

Matching-Regel

Gematchte Bauelemente sollten immer so dicht wie möglich nebeneinander platziert werden. Je geringer der Layoutabstand ist, desto weniger können unbekannte Gradienten – egal welche Ursache und Ausprägung sie haben – zu einem Mismatch beitragen.

Common-Centroid-Layout

Abb. 6.28 (rechts) zeigt einen nochmals vergrößerten (in x- und y-Richtung gedehnten) Ausschnitt der Kurve. In der Layoutvariante (I) sind die Bauelemente auf Minimalabstand (nun im μm-Bereich) platziert. In diesem Fall wird sich ein gutes Matching einstellen.

Durch das Splitting der Bauelemente ergibt sich aber die Möglichkeit, das Matching noch weiter zu verbessern, indem man die Basiselemente noch untereinander verschachtelt anordnet. Dadurch rücken die Schwerpunkte der Bauelemente einer Matching-Gruppe noch näher zusammen, wodurch sich ihr effektiver Abstand zueinander weiter verringert.

Im optimalen Fall gelingt es, die Schwerpunkte genau aufeinander zu bringen, wie in der Layoutoption (II) in Abb. 6.28 (rechts) gezeigt. Mit dieser Methode lässt sich also sogar ein effektiver Abstand von Null erreichen. Eine derartige Anordnung wird als Common-Centroid-Layout (engl. *Common centroid layout*) bezeichnet. Deren Wirkung wollen wir nun mit einer fiktiven Rechnung plausibilisieren.

Da der y-Wert (in unserem Beispiel $R_\square$ der Nwell) das elektrische Verhalten direkt beeinflusst, lässt sich das Matching bezüglich dieses Parameters quantifizieren. Innerhalb der geringen Abmessungen eines Schaltungsblocks können wir die Parameterkurve in guter Näherung als *linear* annehmen, so dass wir eine einfache Geradengleichung der Form $y = mx + b$ ansetzen können. Dann können wir folgende Rechnung durchführen:

Layoutvariante (I): $A_1 \triangleq y(x_1) = mx_1 + b$, $A_2 \triangleq y(x_2) = mx_2 + b$, $B \triangleq y(x_3) = mx_3 + b$

$$\text{und damit } A\!\!\not{\,}_B = \frac{A_1 + A_2}{B} = \frac{m(x_1 + x_2) + 2b}{mx_3 + b} \neq 2 \text{ , da } x_1 + x_2 < 2x_3$$

Layoutvariante (II): $A_1 \triangleq y(x_1) = mx_1 + b$, $A_2 \triangleq y(x_3) = mx_3 + b$, $B \triangleq y(x_2) = mx_2 + b$

$$\text{und damit } A\!\!\not{\,}_B = \frac{A_1 + A_2}{B} = \frac{m(x_1 + x_3) + 2b}{mx_2 + b} = 2 \text{ , da } x_1 + x_3 = 2x_2$$

Die Rechnung zeigt, dass die Layoutvariante (I) aufgrund des Gradienten zu einer Abweichung vom gewünschten Verhältnis 2:1 führt. Platziert man das Element B genau in der Mitte zwischen A_1 und A_2 (Layoutvariante II), fallen die Schwerpunkte zusammen. Für einen konstanten Gradienten ergibt die Mittelwertbildung bei Bauelement A denselben Wert wie bei B, so dass sich das gewünschte Verhältnis von A:B = 2 exakt einstellt.

Dieser Effekt wird auch in der Anordnung in Abb. 6.26 (rechts) genutzt. In dieser Layoutlösung werden also nicht nur Randeffekte, sondern zusätzlich auch noch un-

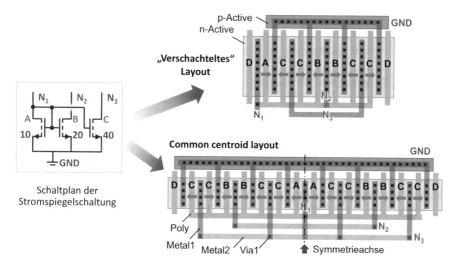

Abb. 6.29 Stromspiegelschaltung von NMOS-FETs mit Stromverhältnis 1:2:4 (links); verschachteltes Layout (oben), Common-Centroid-Layout (unten), (alle Layouts schematisch, D ist ein Dummy-Element)

bekannte Gradienten kompensiert. Die Wahl der Seitenverhältnisse von 2:1 für die einzelnen Kondensatoren ergibt in dem Beispiel zudem ein kompakteres Layout, was sich hinsichtlich Gradienten positiv auswirkt.

Wir wollen ein weiteres typisches Beispiel zum Verschachteln gesplitteter Bauelemente betrachten. Abb. 6.29 zeigt zwei Layoutversionen einer Stromspiegelschaltung, die den Referenzstrom des Netzes N_1 im Verhältnis 1:2:4 in die Netze N_2 und N_3 spiegeln. In der ersten Version (Abb. 6.29, oben) ist Transistor B in zwei und C in vier Finger gefaltet. Diese Layoutversion matcht perfekt hinsichtlich Randeffekten. Ein Common-Centroid-Layout gelingt, wenn man alle Basistransistoren nochmals faltet (Abb. 6.29, unten).

Matching-Regel

Durch Splitting von Bauelementen und verschachteltes Anordnen der Basiselemente kann man den effektiven Abstand weiter minimieren. Dadurch lassen sich unbekannte Gradienten noch wirksamer kompensieren. Der Idealfall ist eine Common-Centroid-Anordnung, bei der der effektive Abstand ganz verschwindet. Derartige Anordnungen sind stets durch eine Achsen- oder Punktsymmetrie gekennzeichnet

6.6.4   Matching-Konzepte für bauelementexterne Randeffekte

Gute Matching-Anordnungen bestehen – wie wir jetzt wissen – aus identischen, eng platzierten, möglicherweise sogar verschachtelten, Basiselementen. Im Inneren einer solchen Matching-Gruppe haben alle Elemente dieselbe Nachbarschaft. Das gilt aber nicht für die außenliegenden Elemente. Diese Diskontinuität am Rand einer Matching-Gruppe kann zu Missmatch führen, wenn durch die benachbarten Strukturen lokalen Inhomogenitäten in einzelnen (oder mehreren) Fertigungsschritten auftreten.

Zum Beispiel kann es vorkommen, dass die neben einer Matching-Gruppe platzierten Strukturen eine besonders starke (oder schwache) Ätzung erfordern. Dies kann dann zu einer lokalen Über- bzw. Untersättigung des Ätzmediums führen, welche die Eigenschaften eines Bauelements am Rand der Matching-Gruppe gegenüber den anderen der Gruppe verändert. Derartige Effekte lassen sich eliminieren, indem man die Matching-Gruppe mit sogenannten *Dummy-Elementen* (kurz: *Dummies*) umgibt, die mit den Basiselementen in der Matching-Gruppe identisch sind, aber keine elektrische Funktion haben. Ihr Zweck ist es, die gleichen „Nachbarschaftsbedingungen" für alle Basiselemente der Gruppe zu schaffen.

Auch die beiden Layoutversionen in Abb. 6.29 haben derartige Dummy-Elemente an beiden Seiten. Es sind die mit „D" gekennzeichneten, nicht angeschlossenen Poly-Gates.

Bei Widerständen kann man ebenfalls Dummies an den Anfang und das Ende einer matchenden Reihe setzen. Zweidimensionale Kondensator-Arrays werden oft komplett mit Dummies umgeben, was allerdings sehr flächenintensiv ist.

Well proximity effect (WPE)
Der WPE ist ein bekannter und gefürchteter Effekt. Bei der Ionenimplantation von Wannen kommt es im Randbereich auf einer Breite von etwa 1 µm zu einer Abweichung der Dotierkonzentration [9]. Ursachen hierfür sind die Streuung der Ionen und – wenn der Ionenstrahl schräg auf den Wafer gelenkt wird[9] – die Abschattung der Ionen an der Fotolackkante. Der erste Effekt bewirkt eine Erhöhung, der zweite eine Verminderung der Dotierkonzentration. In jedem Fall ergibt sich eine signifikante Veränderung der Schwellspannung U_{th} von MOS-FETs im Randbereich einer Wanne, was zu erheblichem Missmatch führen kann.

Mechanischer Stress durch Grabenisolation
Dieser Effekt ist nicht auf Fertigungstoleranzen zurückzuführen. Die Oxide der Grabenisolationen üben auf das direkt benachbarte Silizium mechanischen Druck aus (bekannt als *STI-Stress, DTI-Stress*). Wegen der unterschiedlichen thermischen Ausdehnungskoeffizienten von Silizium und Oxid ist dieser Druck temperaturabhängig. Druckerhöhung verstärkt die Mobilität (Ladungsträgerbeweglichkeit) von Löchern und senkt sie bei Elektronen, was zu einer Verminderung bzw. Erhöhung des jeweiligen effektiven Schichtwiderstands führt. Dieser ebenfalls gefürchtete Effekt kann auch zu erheblichem Missmatch führen.

---

[9]Eine Methode zur Verhinderung des „Channeling-Effekts" besteht darin, den Ionenstrahl nicht senkrecht, sondern in einem bestimmten Winkel auf den Wafer zu lenken (Kap. 2, Abschn. 2.6.3).

Matching-Regeln

- Zur Vermeidung allgemeiner (nicht vorhersehbarer) bauelementexterner Randeffekte, muss man dafür sorgen, dass für die Elemente am Rand einer Matching-Gruppe dieselben Nachbarschaftsverhältnisse herrschen wie für die Elemente in ihrem Inneren. Hierzu umgibt man die Matching-Gruppe mit denselben Elementen wie im Inneren. Diese sogenannten Dummy-Elemente haben keine elektrische Funktion.
- Der Well proximity effect (WPE) kann durch Einsatz von Dummy-Elementen oder durch Abstand von der Wannenkante verringert werden.
- Gegen den durch Grabenisolation verursachten mechanischen Stress (STI-Stress, DTI-Stress) wird grundsätzlich der Einsatz von Dummy-Elementen empfohlen [9].

6.6.5   Matching-Konzepte für bekannte Gradienten

Bekannte Gradienten ergeben sich aus Bedingungen der Anwendung eines IC. Hierzu gehören die Wärmeverteilung auf dem Chip und Verpackungsstress. Selbstverständlich wirken die Matching-Konzepte für unbekannte Gradienten aus Abschn. 6.6.3 auch hier. Da wir in diesen Fällen aber etwas über die Gradienten wissen, ergeben sich hinsichtlich des Matchings weitere Optimierungsmöglichkeiten. Diese wollen wir nachfolgend aufzeigen.

Wärmeverteilung auf dem Chip
Integrierte Schaltkreise haben oft sehr hohe Leistungsdichten. Deshalb generieren sie viel Verlustwärme, die nach außen abgeführt werden muss. Die Wärme wird nicht gleichmäßig auf dem Chip erzeugt, sondern in einzelnen Bauelementen. Dadurch ergibt sich eine inhomogene Wärmeverteilung über den Chip. Da die elektrischen Eigenschaften (z. B. Widerstand, Diodenflussspannung) teilweise sehr temperaturabhängig sind, ist dies für das Matching von Bauelementen von hoher Relevanz.

Besonders starke Verlustwärmequellen sind Leistungstransistoren (DMOS-FETs), die auf einem Chip Temperaturdifferenzen von mehreren 10 K verursachen können. Zugute kommt uns hierbei, dass es beim Matching nicht auf die absolute Temperatur ankommt, sondern auf die Temperaturdifferenz. Da DMOS-FETs wegen der hohen Ströme immer am Chiprand platziert werden, lässt sich die Richtung des Temperaturgradienten gut abschätzen. Ein Chip mit einem DMOS-FET ist in Abb. 6.30 (links) schematisch dargestellt. Eingezeichnet sind die Linien gleicher Temperatur, die sogenannten *Isothermen*, und die Richtung des darauf senkrecht stehenden Temperaturgradienten.

Matching-Regel
Matchende Bauelemente sollten entlang von Isothermen platziert werden. Dadurch lässt sich temperaturbedingter Missmatch minimieren. Dies gilt auch für Common-Centroid-Layouts.

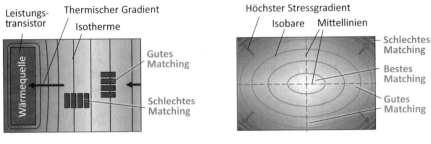

Abb. 6.30 Empfehlungen zur Anordnung von Matching-Gruppen auf einem Chip bei thermischen Gradienten (links) und bei mechanischem Stress durch Chipverpackung (rechts). Im ersten Fall sollten die Bauelemente entlang von Isothermen platziert werden. Im zweiten Fall sollten die Bauelemente nicht in Bereiche mit hohen Gradienten des mechanischen Drucks (z. B. nicht in Ecken des Chips) platziert werden

Mechanischer Stress durch die Aufbau- und Verbindungstechnik

Damit Chips ihre Funktion in der jeweils vorgesehenen Systemumgebung übernehmen können, müssen sie dort eingebaut und elektrisch kontaktiert werden. Hierfür gibt es heute verschiedene Montagetechniken. Jede dieser „Aufbau- und Verbindungstechniken" übt spezifische mechanische Einflüsse auf den Chip aus.

Eine klassische Montagetechnik ist das Verpacken eines Chips in ein Kunststoffgehäuse (vgl. Abb. 3.24 in Kap. 3). Während des Spritzgussvorgangs übt die eingespritzte Moldmasse einen Druck auf den Chip aus. Der Die verformt sich dadurch (vergleichbar zu einem rechteckigen Segel im Wind), wobei sich diese Verformung nach Erkalten der Moldmasse nicht komplett zurückbilden kann, d. h. zu einem gewissen Ausmaß erhalten bleibt. Dadurch werden dem Siliziumkristall dauerhafte mechanische Spannungen eingeprägt. Dieser mechanische Stress hat – wie wir bereits oben gesehen haben (s. STI-Stress) – einen großen Einfluss auf die Beweglichkeit der Ladungsträger und verändert damit die elektrischen Eigenschaften der Bauelemente. Da die Auswirkungen auch von der Ausrichtung des Kristallgitters abhängen, kann man zumindest generelle Aussagen machen, welche Regionen auf einem Chip günstig und ungünstig sind.

In Abb. 6.30 (rechts) sind die Linien konstanten mechanischen Drucks im Kristall, die sogenannten *Isobaren*, dargestellt. Sie verlaufen senkrecht zum Stressgradienten. Wie auf einer Landkarte, bei der man aus dem Abstand der Höhenlinien die Steigung des Geländes ablesen kann, veranschaulicht der Abstand der Isobaren die Höhe des Stressgradienten. Man erkennt, dass der geringste Stressgradient im Chipzentrum (hell), der höchste in den Ecken (dunkel) auftritt. In der Mitte der Chipkante ist der Stressgradient noch moderat.

Matching-Regel

Bei hohen Matching-Anforderungen sollte man den mechanischen Stress aus der angewendeten Aufbau- und Verbindungstechnik abschätzen und die Chipregionen mit hohen Gradienten dieses Stresses meiden. Ideal ist oft das Chipzentrum. Gute Ergebnisse werden auch entlang der beiden Chip-Mittellinien erzielt.

6.6.6 Matching-Konzepte für orientierungsabhängige Effekte

Unter der Orientierung verstehen wir den Winkel, unter dem ein Bauelement in Bezug auf das durch die Chipkanten aufgespannte zweidimensionale Koordinatensystem im Layout platziert ist. Im Normalfall haben die Bauelemente die Außenform eines Rechtecks, dessen Kanten im Layout parallel zu den Achsen angeordnet wird. Für die Orientierung gibt es also typischerweise vier Optionen.

Matching-Regel

Bei Kondensatoren spielt die Ausrichtung im Layout keine Rolle. Alle anderen Bauelementtypen sind grundsätzlich immer parallel zueinander auszurichten, wenn sie matchen sollen. Wir werden im Folgenden die Gründe für diese Empfehlung erläutern.

Justiertoleranzen

Justiertoleranzen führen zu Overlay-Fehlern und sind grundsätzlich unvermeidlich (Kap. 2, Abschn. 2.4.1). Indem man alle Elemente einer Matching-Gruppe in gleicher Orientierung anordnet, kann man aber sicherstellen, dass sich eine Justiertoleranz auf alle Elemente in gleicher Weise auswirkt. Ein Beispiel ist die Justierabweichung von Kontakten bei Widerständen. Im Beispiel in Abb. 6.31 sind die Kontaktlöcher gegenüber dem Layer der Widerstandsbahn (z. B. Poly) nach oben verschoben. Vertikale Widerstände bleiben in ihrem Verhalten davon unbeeinflusst. Bei horizontalen Widerständen sitzt dadurch das Kontaktloch aber außermittig, was zu einer Widerstandserhöhung im Widerstandskopf führt. Werden Widerstände einer Matching-Gruppe parallel ausgerichtet (s. Abb. 6.31, Mitte und rechts), bleiben sie unabhängig von einer solchen Justierabweichung immer gematcht.

Mobilität von Ladungsträgern

Wie bereits oben angesprochen, verändert sich die Ladungsträgermobilität unter mechanischem Stress abhängig von der Ausrichtung des Siliziumkristalls. Damit sich diese Einflüsse bei allen Elementen einer Matching-Gruppe gleichartig auswirken, müssen alle Elemente in derselben Orientierung angeordnet sein.

Thermoelektrischer Effekt

Jede Kontaktfläche zwischen zwei unterschiedlichen Materialien erzeugt eine Potentialdifferenz. Das gilt für alle Grenzflächen, wie p-n-Übergang, Silizium-Metall

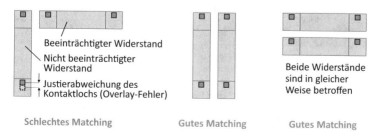

Beeinträchtigter Widerstand

Nicht beeinträchtigter Widerstand

Justierabweichung des Kontaktlochs (Overlay-Fehler)

Beide Widerstände sind in gleicher Weise betroffen

Schlechtes Matching   Gutes Matching   Gutes Matching

Abb. 6.31 Parallelausrichtung gematchter Widerstände zur Kompensation von Justierabweichungen

oder Metall-Metall. Innerhalb eines Stromkreises heben sich diese normalerweise auf. Da der Effekt temperaturabhängig ist, ist dies allerdings dann nicht der Fall, wenn an den Kontaktstellen unterschiedliche Temperaturen herrschen. Die Abhängigkeit wird über die materialspezifischen *Seebeck-Koeffizienten* definiert und führt an den Grenzschichten zu sogenannten *Seebeck-Spannungen*, die zwischen 0,1 und 1 mV/K liegen [4]. Da man es auf dem Chip oft mit großen Temperaturunterschieden zu tun hat, wirkt sich dies stark auf das Matching von Bauelementen aus.

Von besonderer Relevanz sind die Metall-Silizium-Kontakte. Verwendet man beim Matching gesplittete Bauelemente, sollte man anstreben, den Strom in den Basiselementen eines Bauelements möglichst hälftig in beide Richtungen fließen zu lassen. Dann heben sich auch unterschiedliche Seebeck-Spannungen gegenseitig auf. Wir betrachten hierzu den linken Teil von Abb. 6.32, der zwei Varianten eines in vier Basiselemente gesplitteten Widerstands schematisch darstellt. (Hinweis: Gezeigt wird hier keine Matching-Gruppe, sondern nur ein Bauelement.) In der linken Variante fließen alle Teilströme in derselben Richtung, wodurch sich die (aufgrund des Temperaturunterschieds) unterschiedlichen Seebeck-Spannungen *nicht* gegenseitig aufheben. In der rechten Variante erreicht man eine Kompensation des Effekts durch die antiparallel ausgerichteten Ströme.

Auch das Common-Centroid-Layout des Stromspiegels in Abb. 6.29 (unten) profitiert von diesem Konzept der antiparallelen Stromrichtungen, wie man an den durch die blauen Pfeile veranschaulichten Stromrichtungen in den Basistransistoren erkennt.

Arbeitet man beim Matching *ohne* Splitting oder ist eine antiparallele Stromrichtung in Basiselementen nicht oder nur unvollständig möglich, dann sollte man darauf achten, dass die Ströme in den Bauelementen einer Matching-Gruppe in *dieselbe* Richtung fließen. Ein schematisches Beispiel hierfür zeigt der rechte Teil von Abb. 6.32. Der Vergleich dieser beiden Varianten lehrt, dass sich ein Layouter in seinem Streben nach Symmetrie nicht „blind" auf die geometrische Symmetrieachse verlassen sollte. Wie in der linken Variante in Abb. 6.32 (rechts) gezeigt, kön-

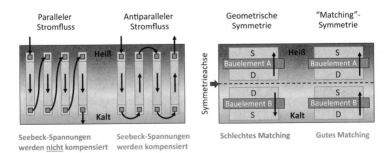

Abb. 6.32 Kompensation der Seebeck-Spannung in einem gesplitteten Bauelement (das zu einer hier nicht dargestellten Matching-Gruppe gehört) durch antiparallele Ströme (links). Ist eine solche Stromaufteilung innerhalb eines Bauelements nicht möglich, so sollten die zu matchenden Bauelemente (hier: A und B) so angeordnet werden, dass die jeweiligen Ströme in die gleiche Richtung fließen (rechts)

nen sich dadurch unkompensierte Ströme in den beteiligten Bauelementen spiegeln, was man – wie wir jetzt wissen – vermeiden sollte.

Matching-Regel
Zur Kompensation von temperaturbedingt unterschiedlichen Seebeck-Spannungen sind Ströme in den Basiselementen gesplitteter Bauelemente möglichst *antiparallel* auszurichten. Ist dies nicht umsetzbar, sollten die Ströme in den Bauelementen einer Matching-Gruppe (ggf. verhältnismäßig) in der *gleichen* Richtung fließen.

6.6.7 Matching-Konzepte im Überblick

Zum Schluss wollen wir die in den Abschn. 6.6.2 bis 6.6.6 beschriebenen Matching-Konzepte in einer Übersicht (Tab. 6.2) zusammenfassen. Wir unterscheiden hierbei Matching-Regeln für (a) normale, (b) gehobene und (c) höchste

Tab. 6.2 Zusammenfassung der Matching-Konzepte für den Layoutentwurf analoger integrierter Schaltungen (T = Transistor allgemein, M = MOS-FET, R = Widerstand, C = Kondensator)

Matching-Konzept, Matching-Regel	BE-Typ	Wirkung/Erläuterung	Abschn.
(a) Matching für normale Anforderungen			
Gleicher Bauelementtyp	Alle	Grundvoraussetzung für Matching!	
Gleiche Größe und Form der Bauelemente (ggf. Splitting in identische Basiselemente)	Alle	Bauelementinterne Randeffekte	6.6.2
Mindestabstand	Alle	Unbekannte Gradienten	6.6.3
Gleiche Orientierung	R, T	Justiertoleranzen, Ladungsträgermobilität	6.6.6
Gleiches Verhältnis von Fläche zu Umfang als Alternative zum Splitting	C	Bauelementinterne Randeffekte	6.6.2
(b) Matching für gehobene Anforderungen			
Splitting und verschachteln (ein- oder zweidimensional)	Alle	Unbekannte Gradienten	6.6.3
Gleiche Temperatur (Platzierung auf Isothermen)	Alle	(Bekannter) thermischer Gradient	6.6.5
Gleiche Umgebung (Dummy-Elemente)	Alle	Bauelementexterne Randeffekte	6.6.4
Stromflussrichtung beachten	R, T	Thermoelektrischer Effekt	6.6.6
Abmessungen proportional erhöhen	R, T	Bauelementinterne Randeffekte	6.6.2
Abstand zur Wannengrenze >1 μm	M	Well proximity effect	6.6.4
(c) Matching für höchste Anforderungen			
Common-Centroid-Layout	Alle	Unbekannte Gradienten	6.6.3
Platzierung in stressarmer Chipregion	Alle	Montagestress, Ladungsträgermobilität	6.6.5
Symmetrisches Routing	Alle	Je nach Funktion der Schaltung	

Matching-Anforderungen. Diese Klassifizierung soll den Layouter in der Auswahl der geeigneten Matching-Maßnahmen unterstützen. Schließlich muss er/sie sich stets klarmachen, „wieviel" Matching für ein Problem nötig ist und worauf man verzichten kann, um keinen überflüssigen Aufwand an Layoutzeit und -fläche zu spendieren.

In der Tabellenspalte „BE-Typ" sind die Bauelementtypen angegeben, auf die die jeweiligen Maßnahmen anwendbar sind. Die Maßnahmen für „normale Anforderungen" (Teil a) sind obligatorisch für jedes Matching!

Offensichtlich beziehen sich alle unsere Betrachtungen auf das Matching von Bauelementen. Wir wollen an dieser Stelle nicht versäumen, darauf hinzuweisen, dass das Matching auch durch die Leiterbahnführung bei der Verdrahtung beeinflusst wird. Jede Leiterbahn hat einen nach Gl. (6.4) abschätzbaren parasitären Widerstand. Auch besitzt sie über die Metallfläche und das umgebende Oxid zu angrenzenden Elektroden, die durch benachbarte Leiterbahnen oder das Substrat gebildet werden können, eine parasitäre Koppelkapazität. Beides zusammen wirkt zusätzlich noch als RC-Glied (Kap. 7, Abschn. 7.3). Je nach Matching-Ziel kann es also lohnend, manchmal auch zwingend nötig sein, die gelernten Matching-Konzepte sinngemäß auf das Layout der Leiterbahnen auszudehnen. Am Ende der Tab. 6.2 taucht daher auch diese Empfehlung auf.

Literatur

1. O. Kononchuk, B.-Y. Nguyen, *Silicon-On-Insulator (SOI) Technology: Manufacture and Applications*, Woodhead Publishing Series in Electronic and Optical Materials, Bd. 58 (Elsevier, Amsterdam, 2014). ISBN 978-0857095268
2. Y. Taur, T. H. Ning, *Fundamentals of Modern VLSI Devices*, 2. Aufl. (Cambridge University Press, Cambridge, 2013). ISBN 978-0-521-83294-6
3. Cadence Design Systems. https://www.cadence.com. Zugegriffen am 01.01.2023
4. A. Hastings, *The Art of Analog Layout*, 2. Aufl. (Pearson, London, 2005). ISBN 978-0131464100
5. D. Marolt, J. Scheible, G. Jerke, et al., SWARM: a self-organization approach for layout automation in analog IC design. Int. J. Electron. Electr. Eng. (IJEEE) **4**(5), 374–385. https://doi.org/10.18178/ijeee.4.5.374-385
6. B. Prautsch, U. Hatnik, U. Eichler, et al., Template-driven analog layout generators for improved technology independence, in *Proceedings of the ANALOG 2018*, S. 156–161. https://ieeexplore.ieee.org/document/8576850. Zugegriffen am 01.01.2023
7. G. Jerke, et al., Hierarchical module design with Cadence PCell designer, CDNLive! EMEA, 2015, Session CUS02. https://www.cadence.com/content/dam/cadence-www/global/en_US/documents/services/cadence-vcad-pcell-ds.pdf. Zugegriffen am 01.01.2023
8. B. Razavi, *Design of Analog CMOS Integrated Circuits*, 2. Aufl. (McGraw-Hill Education, New York, 2016). ISBN 978-1259255090
9. P. G. Drennan, M. L. Kniffin, D. R. Locascio, Implications of proximity effects for analog design, in *IEEE Custom Integrated Circuits Conference (CICC)* (2006), S. 169–176. https://doi.org/10.1109/CICC.2006.320869

Kapitel 7
Layoutmaßnahmen zur Verbesserung der Zuverlässigkeit

Die Zuverlässigkeit elektronischer Schaltungen, die schon immer ein wichtiges Thema war, wird aufgrund der ständigen Verkleinerung der Strukturmaße und der stetig steigenden Leistungsanforderungen immer wichtiger. Dieses letzte Kapitel befasst sich mit den zahlreichen Möglichkeiten, die einem Layouter angesichts des enormen Einflusses des Layoutentwurfs auf die Zuverlässigkeit von Schaltungen zur Verfügung stehen. Ziel dieses Kapitels ist es, den aktuellen Stand der Technik im Bereich des zuverlässigkeitsorientierten Layoutentwurfs und der damit verbundenen Abhilfemaßnahmen zusammenzufassen.

Wir beginnen mit der Darstellung von Zuverlässigkeitsproblemen, die zu vorübergehenden Fehlfunktionen von Schaltungen führen können. Wir diskutieren in diesem Zusammenhang parasitäre Effekte im Silizium (Abschn. 7.1), an dessen Oberfläche (Abschn. 7.2) und in den Verbindungsschichten (Abschn. 7.3). Unser Hauptziel ist es zu zeigen, wie diese Effekte durch geeignete Layoutmaßnahmen unterdrückt werden können.

Nach der Darstellung vorübergehender Fehlfunktionen und ihrer Abhilfemöglichkeiten diskutieren wir die wachsenden Herausforderungen bei der Verhinderung irreversibler Schäden an ICs. Dies erfordert die Untersuchung von Überspannungsereignissen (Abschn. 7.4) und Migrationsprozessen, wie Elektro-, Thermo- und Stressmigration (Abschn. 7.5). Auch hier erörtern wir nicht nur die physikalischen Hintergründe dieser Schäden, sondern stellen auch geeignete Gegenmaßnahmen vor.

7.1 Parasitäre Effekte im Silizium

Die Betrachtung von Schaltplänen kann leicht zu der – falschen – Vorstellung verleiten, das Abbild einer physikalisch realen Schaltung vor sich zu haben. Ein Schaltplan ist jedoch nur ein idealisiertes Modell der physikalischen Realität (Kap. 3, Abschn. 3.1.2). Es gibt immer ungewollte, aber unvermeidliche Nebenwirkungen, die ein Schaltplan nicht zeigt. Wir nennen sie *parasitäre Effekte*. Jeder Entwerfer eines Layouts („Layouter") muss mit diesen Effekten vertraut sein und die passenden Gegenmaßnahmen kennen und anwenden können.

Die Wirkung parasitärer Effekte lässt sich mit den bekannten konzentrierten Bauelementtypen beschreiben: parasitäre Widerstände, Kondensatoren, Induktivitäten, Bipolar- und Feldeffekttransistoren. Diese (virtuellen) Bauteile werden als *Parasiten* bezeichnet. In den Bildern dieses Kapitels stellen wir sie als violette Symbole dar. Parasitäre Effekte lassen sich berechnen, wenn die elektrischen Parameter der Parasiten bekannt, aus einem Layout extrahierbar oder auf andere Weise abschätzbar sind.

Im Halbleiterkristall eines integrierten Schaltkreises „wimmelt es" geradezu von n- und p-dotierten Gebieten. Diese Gebiete haben parasitäre Bahnwiderstände. Kombiniert bilden sie parasitäre Dioden und Bipolartransistoren. Wir besprechen in den folgenden Abschn. 7.1.1 bis 7.1.4 einige wichtige dieser Parasiten und Gegenmaßnahmen im Layout. Die Layoutmaßnahmen zielen stets darauf, diese Parasiten in ihrer Wirkung zu schwächen.

7.1.1 Modulation des Substratpotentials

Das (typischerweise p-dotierte) Substrat bildet das Bezugspotential für alle Schaltkreise auf einem Chip. Es wird als *Masse*, oft kurz auch als *GND* oder *VSS* bezeichnet. Fließt in diesem Substrat ein Strom I_{sub}, so führt das über den parasitären Bahnwiderstand R_{sub} des Substrats zu einer lokalen Anhebung des Massepotentials, die zur Quelle des Stroms hin ansteigt und dort diesen Wert annimmt:

$$\Delta U = R_{sub} \cdot I_{sub}. \qquad (7.1)$$

Da dieser Effekt natürlich unerwünscht ist, sind Substratströme immer parasitär.[1] Daher ist man bestrebt, das Substrat soweit als möglich von Strömen freizuhalten.

In dem in Abb. 7.1 schematisch dargestellten Beispiel wird I_{sub} über zwei Substratkontakte in das Netz „SUB" eingespeist und über das Masse-Bondpad abgeführt. R_{sub} setzt sich hier näherungsweise aus den parallelen parasitären Bahnwiderständen R_{sub1} und R_{sub2} und den Kontaktwiderständen R_{cont} zusammen.

Da sich Substratströme nicht immer verhindern lassen, arbeitet man oft mit einem hochdotierten (also niederohmigen) p-Substrat, um einen eventuellen Spannungsabfall ΔU, auch *IR-Drop* genannt, nach Gl. (7.1) gering zu halten. Darüber benötigt man dann aber immer (mindestens) eine zusätzliche schwach dotierte Schicht, denn nur in einer solchen Umgebung lassen sich die zur Erzeugung von Bauelementen notwendigen mehrfachen Umdotierungen durchführen (Kap. 2, Abschn. 2.6.4). Dies ist einer der Gründe für die Verwendung von p⁺-Substrat und p⁻-Epi, wie in Abb. 7.2 dargestellt.

---

[1] Eine Ausnahme hiervon ist der sogenannte Substrat-PNP-Transistor, dessen Kollektor durch das Substrat gebildet wird. Sein Gebrauch sollte wegen des beschriebenen Effekts aber möglichst vermieden werden. Als weiterführende Lektüre empfehlen wir [1].

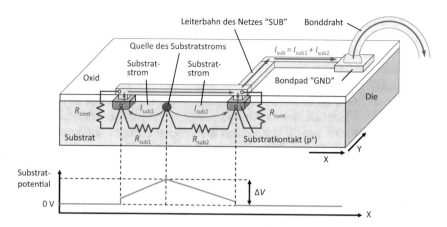

Abb. 7.1 Lokale Anhebung des Massepotentials durch einen parasitären Substratstrom I_{sub}

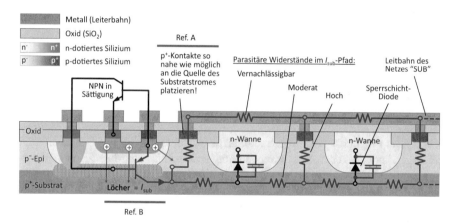

Abb. 7.2 Substratkontakte zur elektrischen Anbindung des Massepotentials (Ref. A) sollten möglichst nahe zur potentiellen Substratstromquelle (Ref. B) platziert werden. Die als Kreise dargestellten Bauelementpins sind auf die Dotiergebiete gezeichnet, welche den jeweiligen Teil des Bauelements bilden

Substratströme können verschiedene Ursachen haben. Häufig sind es NPN-Transistoren, die bei einem möglichst geringen Kollektorpotential, also in „Sättigung" betrieben werden. Das ist z. B. bei Leistungstransistoren[2] ein angestrebter Zustand, um den Spannungsabfall an der Basis-Kollektor-Diode und damit Verluste gering zu halten. Gerät hierbei die Basis-Kollektor-Diode in Durchlass, wirkt sie als Basis-Emitter-Diode eines parasitären PNP-Transistors, der nun Löcher

---

[2] In BCD-Prozessen für Leistungselektronik arbeitet man auch mit zwei schwach dotierten Epi-Schichten und ordnet dazwischen den n-buried Layer an, um damit die Durchbruchspannung des NPN-Kollektors gegen Masse zu erhöhen (vgl. Kap. 6, Abschn. 6.2.2). Wir haben im Beispiel in Abb. 7.2 der Einfachheit halber hierauf verzichtet.

in die n-Wanne (Basis des parasitären PNP) emittiert. Von diesen Löchern gelangt ein Teil in das p-Substrat und die p-Epi (Kollektor des parasitären PNP) und bildet dort den Substratstrom I_{sub} (s. Abb. 7.2).

Die weiteren Betrachtungen gelten unabhängig von der Quelle des Substratstroms. Die Löcher eines Substratstroms fließen an benachbarten n-Wannen vorbei, da sie als Majoritäten von den Feldern der gesperrten JI-Dioden (JI: *Junction isolation*, Sperrschicht-Dioden in Abb. 7.2) abgestoßen werden. Dadurch wächst der IR-Drop ΔU. Die resultierende Potentialanhebung kann im schlimmsten Fall dazu führen, dass die JI einer Wanne versagt, wodurch die Funktion der darin liegenden Bauelemente natürlich gefährdet ist. Hinzu kommt, dass die in Flussrichtung gegangene JI-Diode zusätzlich Elektronen in das p-Substrat injiziert. Diese Elektronen sind dort Minoritätsträger, die weitere Fehlfunktionen auslösen können. Diese Effekte werden wir im nächsten Abschn. 7.1.2 genauer betrachten.

Auch wenn es nicht zu diesem Worst-Case-Szenario kommt, können Substratströme unangenehme Folgen haben. Bleibt die JI wirksam, so bilden die Verarmungszonen (aufgrund der Raumladungen) stets parasitäre Sperrschichtkapazitäten (s. Abb. 7.2). Die Änderungen des Massepotentials koppeln über diese Parasiten ein und „modulieren" dadurch angrenzende Schaltungen. Der Effekt wird auch *Ground bounce* genannt.[3] Darüber hinaus führt der Substratstrom zu erhöhtem Rauschen.

Gegenmaßnahmen im Layout

Substratkontakte Im Layoutentwurf geht es darum, Substratströme möglichst effektiv aus dem Substrat herauszuführen, um den IR-Drop zu begrenzen. Hierzu bietet man möglichst viele Substratkontakte an, über die der Strom in das Metall abfließen kann, wo er einen sehr niederohmigen Pfad bis zum Masse-Bondpad vorfindet. Entscheidend dabei ist, dass der Bahnwiderstand zum nächstgelegenen Substratkontakt klein genug ist, damit der größte Teil des Stroms auch diesen Weg einschlägt. Hierzu muss der Kontakt möglichst in unmittelbarer Nähe liegen, wie in Abb. 7.2 dargestellt. Andernfalls wird sich der Strom verteilen und dabei auch den Weg in die Tiefe des Substrats nehmen (Chips sind bis zu etwa 1 mm dick), von wo er nicht mehr wirksam „eingefangen" werden kann.

Maximalabstände Die Entwurfsregeln schreiben deshalb oft einen maximalen Abstand zwischen benachbarten Substratkontakten vor. Über diese Vorgabe wird eine „Mindestdichte" von Substratkontakten über den gesamten Chip erzwungen.

Guard-Ringe Ist eine potenzielle Substratstromquelle bekannt, wie im Beispiel der Abb. 7.2, so wird man Substratkontakte in deren direkter Nachbarschaft platzieren. Die beste Wirkung erzielt man, indem man den I_{sub}-Injektor komplett mit Substratkontakten umgibt. Man spricht in diesem Fall dann auch von einem *Guard-Ring*.

---

[3] Insbesondere in Mixed-Signal-Schaltungen hat die Problematik des Ground bounce noch weitere Aspekte, die wir hier nicht behandeln. Wir empfehlen hierzu [2].

„Stromlose" Masse Bereits in Kap. 6 (Abschn. 6.2.1) hatten wir empfohlen, zum Anschließen der Substratkontakte an das Masse-Bondpad nicht das Massenetz (GND oder VSS) der Schaltung zu verwenden, sondern hierfür ein separates, über einen Sternpunkt am Pad angeschlossenes Netz zu verlegen, das wir hier „SUB" nennen (Abb. 6.4 in Kap. 6). Wichtig ist, dass an diesem Netz keine stromführenden Bauelementpins angeschlossen sind, da diese Ströme ansonsten ihrerseits zu einer Anhebung der Masse beitragen, was wir ja gerade verhindern wollen. Ein solches Netz „SUB" wird deshalb von Layoutern gerne als „stromlos" bezeichnet. Wir verstehen nun, was hiermit gemeint ist; nämlich, dass keine bestimmungsgemäßen Schaltungsströme darüber fließen. Gleichwohl fließen aber die parasitären (und um Größenordnungen kleineren) Ströme aus dem Substrat über dieses Netz. Das ist gerade seine Aufgabe.

7.1.2 Injektion von Minoritätsträgern

Wie wir in Kap. 6 (Abschn. 6.2.1) gelernt haben, ist es Aufgabe der JI-Dioden, die n-Wannen von der p-dotierten Umgebung elektrisch zu trennen (d.h. zu isolieren), um ungewollte Ströme zu verhindern. Hierzu muss die JI-Diode dauerhaft in Sperrrichtung gepolt sein. Es gibt zwei Möglichkeiten, wie diese erforderliche Polarität außer Kraft gesetzt werden kann: (i) das Massepotential steigt unabsichtlich über das Wannenpotential oder (ii) das Wannenpotential fällt unabsichtlich unter das Massepotential. Die Ursache des ersten Falls sind die gerade in Abschn. 7.1.1 besprochenen Substratströme.

Das zweite Szenario betrifft vorwiegend Wannen, die elektrisch direkt an Pads des Chips angeschlossen sind. Es wird durch Transienten ausgelöst, welche über Impedanzen im System, zu dem der Chip gehört, auf die Leiterbahn, mit der eine solche Wanne an das Pad angeschlossen ist, einkoppeln (Abb. 7.3, oben links). Das kann dazu führen, dass die Wanne unter das Massepotential „abtaucht" wodurch ihre JI-Diode in Flussrichtung gepolt wird. Die Wanne liefert dann einen nicht bestimmungsgemäßen Strom, der vom Masseanschluss des Chips über die nächst-

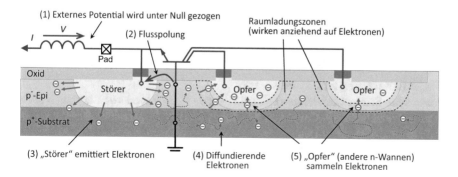

Abb. 7.3 Der Prozess der Minoritätsträgerinjektion, dargestellt in fünf Schritten (1)–(5)

liegenden Substratkontakte in das Substrat und die jetzt leitende JI-Diode in die Wanne fließt. (Dies entspricht dem in Abb. 7.1 abgebildeten Strom, nur in umgekehrter Richtung, wenn wir dort die Substratstromquelle durch die Wanne ersetzen.) Die Wirkung dieses Löcherstroms bleibt normalerweise auf die betroffene Wanne beschränkt und ist daher in Abb. 7.3 nicht dargestellt.

Viel kritischer ist der Umstand, dass eine vorwärts gepolte JI-Diode Elektronen in die p-dotierte Umgebung emittiert. Dort sind die injizierten Elektronen Minoritäten, die sich per Diffusion ausbreiten. Erreichen sie benachbarte n-Wannen, werden sie von den Feldern dieser (bestimmungsgemäß) gesperrten JI-Dioden angezogen und bilden dort einen unerwünschten Leckstrom. Abb. 7.3 zeigt den Vorgang in fünf Schritten (1) bis (5).

Der Effekt lässt sich deuten als Wirkung eines parasitären NPN-Transistors mit der abgetauchten n-Wanne als Emitter („Störer"), der p-Umgebung als Basis und allen weiteren n-Wannen („Opfer") als Kollektoren (s. Abb. 7.3, violett dargestellt).

Um die parasitäre Wirkung einzuschätzen, betrachten wir die „Stromverstärkung" B dieses parasitären NPN-Transistors. Die n-Wanne emittiert am stärksten in Oberflächennähe, wo sie am höchsten dotiert ist und n^+-Wannenkontakte sitzen. Die p-Epi stellt eine „gute" Basis dar, weil sie schwach dotiert ist und deshalb nur wenig Löcher existieren, mit denen die Elektronen rekombinieren. Bei direkt benachbarten Wannen (das bedeutet eine kleine parasitäre Basisweite) kann B daher größer als 1 werden.

Noch kritischer sind die Verhältnisse, wenn es eine hoch n-dotierte vergrabene Schicht (NBL) gibt, aus der bei BiCMOS der Kollektor des NPN-Transistors oder bei BCD das Drain eines Power-MOS-FETs gebildet wird (in Abb. 7.3 nicht dargestellt). Wirkt diese NBL-Schicht als parasitärer Emitter, kann die Stromverstärkung bis zu 10 ansteigen [1].

Es liegt auf der Hand, dass hierdurch massive Fehlfunktionen ausgelöst werden können. Aber auch wenn über ein (höher dotiertes) p-Substrat in einer entfernteren Wanne (große Basisweite) nur einige Promille des Emitterstroms ankommen, kann dies ausreichen, empfindliche Analogschaltungen, die im µA-Bereich arbeiten, noch „außer Tritt" zu bringen.

Ideal wäre es, wenn sich die beschriebenen Ursachen bereits beim Schaltungsentwurf des ICs und des Systems unterbinden ließen. Das ist bei den schnellen Signalanstiegszeiten moderner Anwendungen praktisch aber kaum möglich. Damit ist das „Feindbild" klar. Das Ziel ist es, die beschriebenen Effekte durch Schwächung des parasitären NPN-Transistors im Layout zu minimieren. Hierzu stellen wir nachfolgend mögliche Maßnahmen vor.

Gegenmaßnahmen im Layoutentwurf

Potenzielle Störer (Injektoren) identifizieren Große Impedanzen kommen praktisch nur außerhalb des Chips vor. Ein hohes Risiko, als parasitäre Emitter („Störer") in Erscheinung zu treten, haben also alle n-Wannen, die eine direkte Verbindung zu einem Pad des Chips haben. Typische Störer sind Leistungstransistoren, die Aktoren treiben. Man denke z. B. an Wicklungen von E-Motoren. Aber bereits die Impedanz eines Bonddrahts kann bei hinreichend steilen Schaltflanken ausreichen, eine Wanne temporär zum Störer zu machen.

Substratkontakte Diese Kontakte (um den Störer platziert) schwächen die parasitäre Basis, indem sie Löcher nachliefern, welche zur Rekombination mit den diffundierenden Elektronen gebraucht werden.

Abstände Größere Wannenabstände erhöhen die parasitäre Basisweite, wodurch sich die Rekombinationsrate erhöht. Nachteilig ist aber der größere Flächenbedarf. In einer schwach dotierten p-Epi ist die Maßnahme nicht sehr effektiv. Hinzu kommt, dass an der Grenzschicht zum hoch dotierten p-Substrat eine kleine Raumladungszone existiert, deren Feld die Elektronen abstößt, so dass diese in der p-Epi verbleiben, wo sie große Strecken zurücklegen können.

Erhöhen der p-Dotierung Die parasitäre Basis lässt sich theoretisch noch dadurch schwächen, dass man lokal die Konzentration der p-Dotierung und damit die Rekombinationsrate erhöht. Im CMOS-Standardprozess gibt es dazu neben den bereits angeführten Substratkontakten keine weiteren Möglichkeiten. In der BiCMOS-Variante kann man noch die Base-Dotierung hinzufügen, die allerdings nicht sehr tief geht und damit wenig Wirkung bringt. Ein hoch dotiertes p-Substrat zeigt in dieser Hinsicht zumindest unterhalb der n-Wannen eine gute Wirkung, was ein weiterer wichtiger Grund für dessen Einsatz in BCD-Prozessen ist.

Hilfskollektoren Eine sehr wirksame Maßnahme ist es, dem Diffusionsstrom aus Elektronen in unmittelbarer Nähe des parasitären Emitters (Störer) sogenannte *Hilfskollektoren* anzubieten. Darunter versteht man zusätzliche n-Wannen, die mit dem Feld ihrer JI-Dioden die Elektronen aufsammeln und unschädlich machen, ansonsten aber keine Funktion in der Schaltung haben. Ihre Wirkung steigt mit (i) der Höhe ihres elektrischen Potentials (vergrößert die Ausdehnung der Raumladungszone und damit den Einzugsbereich des Feldes), (ii) ihrer Dotierstärke (sorgt für eine niederohmige Stromableitung in das Metall), (iii) ihrer Breite und (iv) ihrer Tiefe (erhöhen ebenfalls den Einzugsbereich). In Abb. 7.4 zeigen wir hierzu einige Beispiele.

Bei BiCMOS nutzt man alle verfügbaren n-Dotierungen (s. Abb. 7.4, rechts). NBL sorgt hier für größtmögliche Tiefe, Deep-n⁺ für eine niederohmige Ableitung. Ist die Dotierung zu gering, besteht die Gefahr der Sättigung und der Hilfskollektor wird selbst zum parasitären Emitter. Im CMOS-Prozess (Abb. 7.4, Mitte) verzichtet

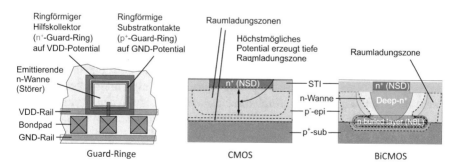

Abb. 7.4 Hilfskollektoren zum Einsammeln diffundierender Elektronen. Schematisches Layout (links) und Beispiele zum inneren Aufbau für CMOS (Mitte) und BiCMOS (rechts) mit zugehörigen Raumladungszonen

man deshalb sogar auf die zu hochohmige n-Wanne [1]. Wichtig ist hier, NSD auf das höchstmögliche Potential zu legen. In einer niedrig dotierten p-Schicht (hier p-Epi oder p-Substrat im CMOS-Standardprozess) erstreckt sich dann die Raumladungszone sehr tief. Hilfreich wirkt sich hier die (ebenfalls eingezeichnete) kleine Raumladungszone an der Grenze zwischen p-Epi und p-Substrat aus, deren Feld Elektronen zur p-Epi zieht, wo sie in der Regel bleiben.

Die Störer werden im Layout mit solchen Hilfskollektoren vom Rest des Layouts abgeschirmt. Abb. 7.4 (links) zeigt ein schematisches Layoutbeispiel. Der innere Guard-Ring aus Substratkontakten liefert Löcher, um die Rekombinationsrate in der parasitären Basis zu erhöhen. Er wird deshalb auch als *Hole-providing guard ring* bezeichnet. Den ringförmigen Hilfskollektor, der die vagabundierenden Elektronen einsammelt, nennt man daher auch *Electron-collecting guard ring*.

Platzierung am Chiprand Die emittierenden Wannen (Störer) gehören typischerweise zu Leistungstransistoren, die externe Lasten treiben. Aufgrund der hohen Ströme, die sie verarbeiten, liegen sie daher meistens sowieso in unmittelbarer Nähe der Bondpads. Diese Platzierung macht auch ihre Abschirmung i. Allg. einfacher. Der Autor von [1] empfiehlt, die Guard-Ringe bis zum Chiprand zu ziehen, so dass drei – in der Chipecke sogar nur zwei – Streifen ausreichen.

7.1.3 Latchup

Latchup ist ein unerwünschter niederohmiger Pfad von VDD zu VSS (Masse), der durch das Zusammenwirken zweier komplementärer parasitärer Bipolartransistoren, die durch eine n-p-n-p-Dotierfolge gebildet werden, zustande kommt. Eine typische Konstellation, in der sie auftreten, sind benachbarte NMOS- und PMOS-FETs, die mit ihren Backgates und Sources an VSS bzw. VDD liegen. Diese Situation gibt es auf einem IC unzählige Male. Eine sehr einfache und typische Verschaltung, die in Digitalschaltungen (als Inverter) und auch in Analogschaltungen (in Verstärkern oder als Leistungsschalter) Verwendung findet, ist in Abb. 7.5 als „beabsichtigte Schaltung" eingezeichnet.

Die n-p-n-p-Folge besteht in diesem Beispiel (Abb. 7.5) aus NSD, p-Substrat, n-Wanne und PSD (NSD und PSD bezeichnen hier die n- und p-Dotierungen, die für Source- und Drain-Bereiche von MOS-FETs verwendet werden). Die „äußeren" Gebiete sind die Sources des NMOS- und des PMOS-FETs. Sie repräsentieren die Emitter der parasitären Bipolartransistoren Q_{NPN} und Q_{PNP}. Die „inneren" Gebiete der Folge, also die n-Wanne und der p-dotierte Bulk des Chips, bilden wechselseitig deren Basen und Kollektoren. Durch diese Doppelrollen der beiden Backgates sind Q_{NPN} und Q_{PNP} miteinander verkoppelt. Mit R_{well} und R_{sub} bezeichnen wir die parasitären Bahnwiderstände dieser beiden Gebiete. In der Querschnittsdarstellung in Abb. 7.5 ist die parasitäre Schaltung eingezeichnet, wobei die Position der ringförmigen Pins das jeweils zugeordnete Dotiergebiet kennzeichnet. Im rechten Teil sind die beabsichtigte und die parasitäre Schaltung nochmals zur besseren Lesbarkeit in gewohnter Form angegeben.

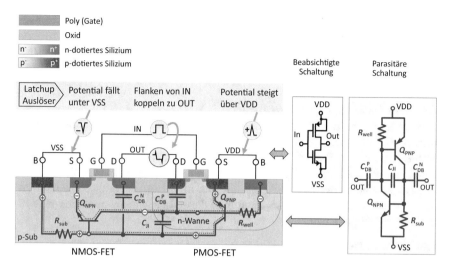

Abb. 7.5 CMOS-Inverterschaltung mit den charakteristischen Störeinflüssen (violett) und Auslösern (gelb) für Latchup. Die Strompfade beim Latchup sind mit gestrichelten Linien in blau (Elektronen) und rot (Löcher) dargestellt

Im normalen Betrieb sind alle p-n-Übergänge gesperrt. Der Latchup-Effekt wird ausgelöst, wenn aus irgendeinem Grund die Basis-Emitter-Diode von Q_{NPN} (oder Q_{PNP}) hinreichend Vorwärtsspannung erhält, so dass in die parasitäre Basis, gebildet durch das p-Substrat (bzw. die n-Wanne), Minoritäten injiziert werden. Dadurch steuert der Transistor auf und es fließt ein parasitärer Kollektorstrom in der n-Wanne (bzw. im p-Substrat). Der aus Majoritäten bestehende Kollektorstrom führt zu einem Spannungsabfall über R_{well} (bzw. R_{sub}), der die Basis-Emitter-Diode des komplementären Transistors Q_{PNP} (bzw. Q_{NPN}) stärker in Vorwärtsrichtung polt. Daraufhin steuert dieser ebenfalls auf und erzeugt einen Kollektorstrom, dessen Spannungsabfall über R_{sub} (bzw. R_{well}) nun zu einem weiteren Aufsteuern des ersten Transistors führt.

Man erkennt, dass es sich um eine Mitkopplungsschleife handelt, bei der sich Q_{NPN} und Q_{PNP} gegenseitig verstärken. Es entstehen zwei parallele Strompfade aus Elektronen und Löchern (in Abb. 7.5 rot und blau eingezeichnet) zwischen VDD und VSS. Ist das Produkt der beiden Stromverstärkungen $B_{NPN} \cdot B_{PNP} \geq 1$, stabilisiert sich der Stromfluss selbst, was als *Latchup* bezeichnet wird. Dieser Zustand kann nur verlassen werden, indem man die externe Spannungsversorgung unterbricht. Normalerweise ist die Schaltung danach wieder funktional. Im schlimmsten Fall kann der Strom die Schaltung aber auch zerstören.

Mögliche Auslöser des Latchup-Effekts sind Störspannungsspitzen auf den Versorgungsleitungen. Wird das VDD-Potential kurzzeitig „nach oben" oder das VSS-Potential „nach unten" gezogen, fließt über die Sperrschichtkapazität C_{JI} der JI-Diode (s. Abb. 7.5) zwischen n-Wanne und p-Substrat ein kurzzeitiger Ladestrom, dessen IR-Drop über R_{sub} (bzw. R_{well}) dann den Transistor Q_{NPN} (bzw. Q_{PNP}) aktiviert.

Auch steile Signalflanken, die einkoppeln, können den Latchup-Effekt auslösen. In [3] wird hierzu folgender Mechanismus beschrieben: Die Schaltflanke am

Inverter-Eingang „IN" koppelt über die Gate-Drain-Kapazitäten (in Abb. 7.5 nicht eingezeichnet) und die Drain-Backgate-Kapazitäten C^N_{DB}, C^P_{DB} (s. Abb. 7.5) direkt auf „OUT". Dadurch schwingt „OUT" kurzzeitig in dieselbe Richtung wie „IN". Dieser Über- bzw. Unterschwinger kann ebenfalls den für einen Latchup ausreichenden IR-Drop erzeugen.

Gegenmaßnahmen im Layoutentwurf

Abstände Durch Vergrößerung des Abstands der beiden MOS-FETs erhöht sich die parasitäre Basisweite für Q_{NPN}. Dadurch wird die Schleifenverstärkung $B_{NPN} \cdot B_{PNP}$ kleiner. (Auf den vertikal wirkenden Q_{PNP} hat dies keinen Effekt. Dessen Basisweite hängt von der Tiefe der n-Wanne ab, die durch das Layout nicht beeinflussbar ist.) Diese Maßnahme erfordert zusätzliche Fläche. In Analogschaltungen, die noch andere Bauelementtypen enthalten, kann man diese Bauelemente zwischen NMOS- und PMOS-FETs platzieren.

Höhere Dotierung Theoretisch könnte man die parasitären Basen durch Einbringen hochdotierter Gebiete schwächen. Diese Option ist in der Praxis aber kaum anzutreffen. Für den lateralen Q_{NPN} ist das wenig effizient. Oft fehlen auch passende Prozessoptionen.

Niederohmige Anbindung der Backgates Am wirksamsten ist es, die parasitären Widerstände R_{well} und R_{sub} soweit zu reduzieren, dass unter keinen Umständen ein für Latchup hinreichender IR-Drop mehr auftreten kann. (Man schließt sozusagen die parasitären Basis-Emitter-Dioden kurz.) Das wird erreicht, indem man die Backgates (n-Wanne und p-Substrat) grundsätzlich so nahe wie möglich an den Transistoren mit Metall kontaktiert. Betrachtet man die Strompfade in Abb. 7.5, so stellt man fest, dass sich eine besonders gute Wirkung erzielen lässt, wenn man die Kontakte direkt an der Nahtstelle zwischen den MOS-FETs anordnet (Abb. 7.6, links).

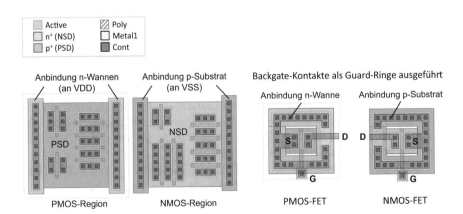

Abb. 7.6 Verhinderung des Latchup-Effekts. Trennen von NMOS- und PMOS-Regionen mit breiten Backgate-Kontakten (links), MOS-FETs mit Backgate-Kontakten als Guard-Ringe ausgeführt (rechts)

Guard-Ringe Bestmögliche Latchup-Unterdrückung erzielt man, indem man die MOS-FETs komplett mit Backgate-Kontakten umgibt. Auch hier spricht man dann von *Guard-Ringen*. In vielen PDKs gibt es PCells, die solche Guard-Ringe erzeugen können. Abb. 7.6 (rechts) zeigt hierzu je ein Beispiel für einen NMOS- und PMOS-FET. Man beachte, dass die geschlossenen NSD- bzw. PSD-Ringe durchgehend mit Metal1 kontaktiert sind, um den Widerstand zu minimieren. Das Metall ist lediglich für den Drain-Anschluss unterbrochen.

Hinweis Bei modernen CMOS-Prozessen besteht aufgrund der eingesetzten Dotierung nicht mehr die Gefahr, dass ein Chip durch Latchup schwer beschädigt wird. Daher ist der Latchup-Effekt heute nicht mehr so gefürchtet wie in der Vergangenheit. Dennoch ist es wichtig, diesen Effekt zu kennen und in analogen Schaltungslayouts zu unterdrücken, da schon kleine Fehlerströme zu Fehlfunktionen in analogen Schaltungen führen können.

7.1.4 Durchbruchspannung (Sperrfähigkeit) von p-n-Übergängen

Die meisten p-n-Übergänge auf einem Chip werden in Sperrpolung betrieben. Jeder dieser p-n-Übergänge hat eine spezifische Durchbruchspannung U_{BD}, die im Normalbetrieb nicht erreicht werden sollte. Für die Einhaltung dieser Forderung ist der Schaltungsentwickler durch Auslegung der Schaltung sowie Auswahl und Dimensionierung der Bauelemente verantwortlich. Die Eigenschaften der Bauelemente sind durch das PDK vorgegebenen und die Spannungsfestigkeiten zwischen ihnen wird durch Entwurfsregeln gesichert. Für den Layouter gibt es hier also wenig Spielraum.

In speziellen Fällen kann es aber möglich und erforderlich sein, durch Maßnahmen auf die Durchbruchspannung eines p-n-Übergangs Einfluss zu nehmen. Hierzu verweisen wir auf Kap. 6 (Abschn. 6.2.2), wo wir das Thema bereits behandelt haben. Zur Bestimmung der richtigen Layoutmaßnahmen wiederholen wir hier nochmals die wichtigsten **Merkregeln**:

- Die Sperrfähigkeit eines p-n-Übergangs sinkt mit steigender Dotierkonzentration.
- Für eine hohe Sperrfähigkeit muss mindestens eine Seite schwach dotiert sein.

7.2 Oberflächeneffekte

Nachdem wir parasitäre Effekte im Bulk des Siliziums vorgestellt haben, die zu reversiblen Fehlfunktionen von Schaltungen führen können, diskutieren wir nun parasitäre Effekte, die an der Siliziumoberfläche auftreten. Auch hierzu zeigen wir geeignete Layoutmaßnahmen zur Unterdrückung potentieller Fehlfunktionen.

7.2.1 Parasitäre Kanaleffekte

MOS-FETs bestehen aus lateralen n-p-n- oder p-n-p-Folgen, über denen eine durch ein Dielektrikum getrennte leitende Struktur angeordnet ist. Derartige Konstellationen gibt es auf einem IC auch außerhalb der gewollten MOS-FETs in großer Anzahl. Sie können ungewollte, d. h. parasitäre MOS-FETs bilden (Abb. 7.7). Die mittlere Dotierung spielt dabei die Rolle des parasitären Backgates; die äußeren Dotierungen bilden die parasitäre Source und die parasitäre Drain und die darüber liegende Leiterbahn (Poly oder Metall) ist das parasitäre Gate. Ein solcher parasitärer MOS-FET wird aufgrund der gegenüber dem Gate-Oxid wesentlich dickeren Oxidschicht auch als *Dickschichttransistor* bezeichnet.

Wird die Schwellspannung des Dickschichttransistors erreicht und liegen die parasitären Sources und Drains auf unterschiedlichen Potentialen, fließt jeweils ein Fehlerstrom. Das parasitäre Gate kann auch durch Metall statt durch Poly entstehen. Für Metal1 ist dies in Abb. 7.7 gestrichelt angedeutet. Wegen des zusätzlichen Interlevel-Oxids (ILO) ist der Kanaleffekt dann aber schwächer ausgeprägt.

Merkregel (Wiederholung) In Kap. 2 (Abschn. 2.9) haben wir gelernt, dass der Feldeffekt umso stärker ist, je dünner das Dielektrikum und je schwächer das Backgate dotiert ist. Hieraus können wir für unsere Betrachtungen mehrere wichtige Schlüsse ziehen.

Entstehung des parasitären Kanals
Eine erste Schlussfolgerung ist, dass zur Aktivierung des Dickschichttransistors eine entsprechend höhere Schwellspannung erforderlich ist, da das als parasitäres Gate-Oxid (GOX) wirkende Feldoxid (FOX) plus evtl. weitere Zwischenoxide etwa zwei Größenordnungen dicker sind als das Gate-Oxid. Zusätzlich werden in vielen Prozessen vor dem Erzeugen des Feldoxids sogenannte *Channel-stop implants* eingebracht. Diese Implantationen sorgen dafür, dass das p-Substrat und die n-Wanne unterhalb des Feldoxids (in unserem Beispiel STI) eine höhere p- bzw. n-Dotierung bekommen, wodurch sich die Schwellspannungen der NMOS- bzw. PMOS-Dickschichttransistoren weiter erhöhen.

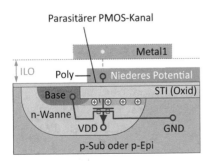 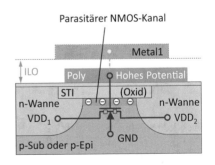

Abb. 7.7 Entstehung eines parasitären PMOS-FET (links) und eines parasitären NMOS-FET (rechts). Das Feldoxid (FOX) ist durch STI (Shallow trench isolation) erzeugt. Angedeutet ist auch das erste Zwischenoxid (ILO = interlevel oxide)

Bei ICs mit Betriebsspannungen von nur wenigen Volt muss man sich daher keine Sorgen um parasitäre Kanäle unter dem FOX machen. Bei höheren Betriebsspannungen ist es dagegen sehr wichtig, sich mit dem Thema zu befassen,[4] da die Channel-stop implants – insbesondere zum Erhalt von Spannungsfestigkeiten – nicht beliebig hoch gemacht werden können. Wir empfehlen, sich im PDK über die für die Poly- und Metallschichten geltenden Schwellspannungen der Dickschichttransistoren zu informieren.

Layoutmaßnahmen für aktive Gebiete
In aktivem Gebiet (innerhalb „Active") besteht wegen fehlendem FOX grundsätzlich ein höheres Risiko parasitärer Kanalbildung. Deshalb sollte man die unteren Metallebenen hier nur zum Anschluss der Bauelemente verwenden. Zusätzlich minimiert man damit auch die Gefahr ungewollter kapazitiver Kopplungen. Für empfindliche Analogschaltungen empfiehlt es sich, aktives Gebiet von externer Verdrahtung ganz frei zu halten.

Layoutmaßnahmen für nicht aktive Gebiete
Hat man Spannungsverhältnisse, die im nicht aktiven Gebiet (also über FOX) parasitäre Kanäle auslösen können, gibt es zu deren Vermeidung folgende methodischen Ansätze:

(1) Auf gefährdete Stellen achten und parasitäre Gates im Routing vermeiden.
(2) In höheren Metallebenen routen, um das parasitäre Gate-Oxid dicker zu machen.
(3) Das parasitäre Backgate (lokal) höher dotieren (sogenannte *Channel-Stopper*).
(4) Parasitäre Gates in Metall mit darunterliegenden Leiterbahnstrukturen abschirmen.

Die Methoden (2) und (3) leiten sich direkt aus unserer obigen Merkregel ab. Die Anwendung der Methoden vereinfacht sich dadurch, dass es grundsätzlich ausreicht, einen parasitären Kanal an einer Stelle zu unterbrechen. Wir geben hierzu einige Beispiele.

Abb. 7.8 (links) zeigt einen PMOS-FET, dessen Gate-Anschluss über Poly bis außerhalb der n-Wanne verläuft. In Hochvoltanwendungen ist es denkbar, dass die angelegte Steuerspannung U_{GB} die Schwellspannung des Dickschichttransistors von Poly zur n-Wanne erreicht. Dann entsteht ein parasitärer p-Kanal, der den gewollten Kanal des PMOS-FETs (parasitäre Source) mit dem p-Substrat verbindet (parasitäre Drain) [1].

Durch Vergrößerung der n-Wanne (Abb. 7.8, rechts) wird der parasitäre Kanal vor Erreichen des p-Substrats unterbrochen. Wenn die Schwellspannung des Dickschichttransistors von Metall zur n-Wanne größer ist als U_{GB} am NMOS-FET, ist der parasitäre Kanal auch in dieser Richtung unterbrochen. Diese Lösung entspricht der Methode (2). Ist dies nicht ausreichend, so kann man Methode (3) anwenden, indem man NSD als *Channel-Stopper* unter dem Metall einbringt. In Abb. 7.8 (rechts) ist das durch Verlängerung der Wannenanschlussdotierung realisiert.

---

[4] Smart-Power-Chips in der Automobilelektronik haben eine Spannungsfähigkeit von typisch 60 V. Für andere Anwendungen gibt es BCD-Chips (Bipolar-CMOS-DMOS), die bei über 100 V arbeiten.

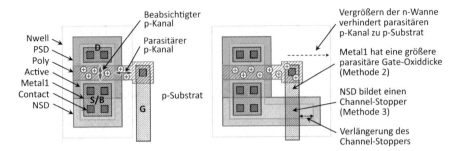

Abb. 7.8 Parasitäre Kanalbildung am Gate-Anschluss eines Hochvolt-PMOS-FET (links) und Methoden zur Unterbrechung des parasitären Kanals (rechts). Außerhalb der n-Wanne (Layer „Nwell", hellblau) befindet sich p-Substrat

Obwohl hier das FOX fehlt, liegt die Schwellspannung des Dickschichttransistors hier oft höher als in der vorigen Lösung. Bei dieser Lösung muss man darauf achten, dass der Channel-Stopper das Metall weit genug überragt. Man sollte die Justiertoleranz der Masken plus 2-mal die Oxiddicke wählen, um auch vom Metall seitlich ausgehende Streufelder sicher abzudecken.

Methode (3) lässt sich auch relativ einfach zur Verhinderung parasitärer n-Kanäle zwischen n-Wannen (wie in Abb. 7.7, rechts) anwenden, indem man zwischen die Wannen PSD einbringt. Oft ist der vorgeschriebene Wannenabstand so groß, dass das ohne oder mit wenig zusätzlicher Fläche möglich ist. In vielen Prozessen, insbesondere mit schwach dotierter p-Epi, wird dies standardmäßig angewendet, indem man alle n-Wannen mit PSD-Ringen umgibt (Abb. 7.9, links). Die Ringe lassen sich dann auch ideal zur Substratkontaktierung einsetzen.

Die Geometrie der sogenannten *PSD-Channel-Stop-Ringe* lässt sich mit Grafikoperationen (Kap. 3, Abschn. 3.2.3) sehr einfach aus den Strukturen des Nwell-Layers generieren. Es ist daher möglich, dies automatisch im Schritt „Layout-to-mask pre-

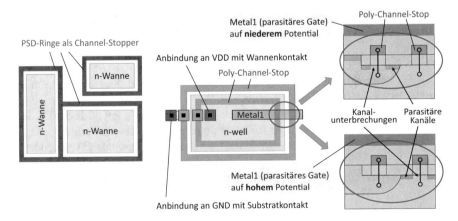

Abb. 7.9 Schematische Layoutdarstellung von Channel-Stop-Ringen aus PSD (links) und aus Poly (Mitte). Die Querschnittsbilder (rechts) veranschaulichen die abschirmende Wirkung der Polystrukturen

paration" (Kap. 3, Abschn. 3.3.4) auszuführen. In dem Fall sind die Ringe im Layout natürlich nicht sichtbar. (Deshalb ist das PDK zu beachten!) Die Abstandsregeln müssen dann dafür sorgen, dass sie nicht mit aktiven Strukturen außerhalb von n-Wannen kollidieren. Es ist allerdings unwahrscheinlich, diese Option in modernen Prozessen anzutreffen.

Ein letztes Beispiel demonstriert die Methode (4). Die Wanne in Abb. 7.9 (Mitte) ist am inneren und äußeren Rand mit je einem *Poly-Channel-Stop-Ring* versehen. Legt man den äußeren Ring auf das Substrat- und den inneren auf das Wannenpotential, so schirmen die Polyleitungen jegliche von Metallen ausgehende Felder nach unten ab. Es können daher keine parasitären n- oder p-Kanäle nach Abb. 7.7 mehr entstehen. In Abb. 7.9 sind beide Fälle im Querschnitt angedeutet: Unterbrechung eines parasitären PMOS-Kanals (Abb. 7.9, rechts oben) und Unterbrechung eines parasitären NMOS-Kanals (Abb. 7.9, rechts unten).

Poly-Channel-Stop-Ringe werden insbesondere in Hochvolt-Chips eingesetzt. Da sie flächenintensiv sind, beschränkt man die Anwendung der „inneren" Ringe auf Wannen, die auf hohem Potential liegen. Die Wannen inklusive Poly-Channel-Stop werden oft durch Layoutgeneratoren erzeugt. Natürlich kann man Poly-Channel-Stopper auch individuell generieren und punktuell einsetzen. Poly-Channel-Stop sollte man nicht mit NSD- oder PSD-Channel-Stop kombinieren, da dann nur noch das (dünne) Gate-Oxid vorhanden ist.

7.2.2 Injektion heißer Ladungsträger

Wir wissen, dass sich ein leitender Inversionskanal bildet, wenn ein NMOS-FET mit einer Spannung $U_{GS} = U_{GB} > U_{th}$ (Annahme $U_{BS} = 0$) zwischen Gate und Source angesteuert wird. Über diesen Kanal fließt ein Strom, wenn wir eine Spannung U_{DS} zwischen Drain und Source anlegen. Für $U_{DS} \geq U_{GS} - U_{th}$ geht der MOS-FET in die Sättigung. Dabei schnürt sich der Kanal beginnend beim Drain zunehmend ein (Abb. 7.10, links) [2]. Hier hat das elektrische Feld, das den Driftstrom im Kanal erzeugt, seinen höchsten Wert.

Ab einer Feldstärke von etwa 1 V/µm erreichen die Elektronen in Silizium eine Driftgeschwindigkeit von 10^5 m/s, die sich nicht weiter erhöhen lässt. Sie werden in diesem Zustand als *heiße Elektronen*[5] bezeichnet. Sie können dann genügend kinetische Energie besitzen, um (i) Siliziumatome zu ionisieren und (ii) die Energiebarriere zum angrenzenden GOX zu überwinden. Ersteres (i) erzeugt weitere Elektron-Loch-Paare, was den Drain-Strom erhöht (Elektronen) und zu einem spürbaren Substratstrom führt (Löcher driften im Feld der Raumladungszone zum Backgate). Letzteres (ii) kann dazu führen, dass Ladungsträger in das GOX eindringen und dort eingeschlossen bleiben oder sogar das GOX durchdringen und als

---

[5] Der Begriff „heißes Elektron" bezieht sich auf die „effektive Temperatur", die zur Modellierung der Ladungsträgerdichte verwendet wird. Dies hat nichts mit der Temperatur des Siliziummaterials zu tun. Bei heißen Elektronen übersteigt die Driftgeschwindigkeit die durch thermische Bewegung verursachte Geschwindigkeit.

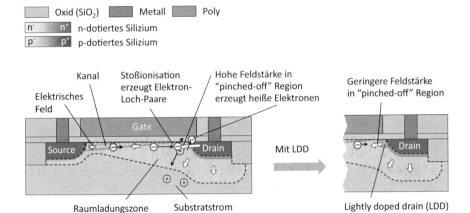

Abb. 7.10 Injektion heißer Elektronen im NMOS-FET (links) und Verbesserung mit einer lokal geringeren Dotierung (Lightly doped drain, LDD, rechts)

Leckstrom am Gate auftreten. Denselben Effekt gibt es auch bei PMOS-FETs, weshalb man allgemein von *heißen Ladungsträgern* spricht.

Die im GOX eingeschlossenen Ladungen können bei beiden Transistortypen negativ und auch positiv geladen sein. Sie bilden Störstellen, welche die Schwellspannungen der MOS-FETs verändern und auch ihre Gate-Durchbruchspannung verschlechtern. Wird der Transistor regelmäßig in diesem Bereich betrieben, reichern sich die Ladungen mit zunehmender Betriebsdauer im GOX an. Hieraus resultiert ein Alterungseffekt, der die Schwellspannungen U_{th} wegdriften lässt.

Da die lateralen Feldstärken bei kürzeren Kanallängen zunehmen, nimmt auch die Injektion heißer Ladungsträger zu. In älteren Prozessen wurde empfohlen, die Kanallänge nicht kürzer als etwa 3 μm auszulegen, um den Effekt auszuschließen. Diese Empfehlung ist für heutige Prozesse natürlich längst nicht mehr umsetzbar. Man hat daher Methoden entwickelt, die Feldspitzen, die an der Grenze zum Drain-Gebiet auftreten, abzusenken.

Die wichtigste dieser Methoden ist das sogenannte LDD-Konzept (*Lightly doped drain*). In Kap. 6 (Abschn. 6.2.2) haben wir gelernt, dass sich die Feldstärke in einer Raumladungszone umgekehrt proportional zu der Dotierkonzentration verhält. Das macht man sich beim MOS-FET mit LDD zunutze. Durch die lokal geringere Dotierung kann sich das Feld nun weiter in das Drain-Gebiet ausbreiten. Dadurch wird die Feldspitze an dieser kritischen Stelle abgesenkt. Dies schwächt nicht nur die Injektion heißer Ladungsträger, sondern erhöht auch die Durchbruchspannung am Drain.

LDDs haben den Nachteil, dass man für NMOS- und PMOS-FETs jeweils einen zusätzlichen Dotierschritt einführen muss. Sie erhöhen auch den Bahnwiderstand des Drains leicht. Bei den sehr kurzen Kanallängen moderner Prozesse sind LDDs aber praktisch unverzichtbar geworden. Da sie mittlerweile zum Standard gehören, haben wir sie in die Prozessbeschreibung in Kap. 2 (Abschn. 2.10.2) mit aufgenommen. LDDs sind – auch wenn sie im jeweiligen Kontext nicht nötig wären – in allen unseren Layoutbeispielen enthalten. Den technischen Hintergrund dieser Prozesserweiterung haben wir hiermit nachgeliefert.

7.3   Parasitäre Effekte in der Metallisierung

Nachdem wir parasitäre Effekte im Inneren des Siliziums (Abschn. 7.1) und an seiner Oberfläche (Abschn. 7.2) untersucht haben, wenden wir uns nun Fehlermechanismen zu, die durch parasitäre Effekte in den Leiterbahnebenen entstehen können. Auch hierzu zeigen wir geeignete Layoutmaßnahmen, wie diese Effekte unterdrückt werden können.

In Kap. 3 (Abschn. 3.1.2) haben wir bereits angesprochen, dass reale Leitungen keine idealen Kurzschlüsse sind. Entlang einer Leiterbahn treten generell ein *Widerstandsbelag R'*, ein *Induktivitätsbelag L'*, ein *Kapazitätsbelag C'* und ein *Ableitungsbelag G'* als Parasiten auf.[6] In dem Ersatzschaltbild einer Zweidrahtleitung in Abb. 7.11 (links) sind diese als konzentrierte (parasitäre) Bauelemente R, L, C und G veranschaulicht. Die Rolle der zweiten (unteren) Leitung kann auch das Trägersubstrat der Schaltung übernehmen.

Solange die Frequenzen nicht zu weit in den GHz-Bereich gehen, können wir die Eigeninduktivität auf einem Chip wegen der sehr kleinen Abmessungen vernachlässigen. Darüber hinaus ist der Ableitungsbelag (Leitwertbelag) aufgrund der hervorragenden Isolationseigenschaften der Oxide in der Regel vernachlässigbar. Die parasitären Elemente R und C spielen jedoch eine wichtige Rolle auf einem Chip (Abb. 7.11, Mitte).

7.3.1   *Leitungsverluste*

Wir betrachten zunächst nur den parasitären Bahnwiderstand R (Abb. 7.11, rechts), der wie folgt berechnet wird:

$$R = R_\square \frac{l}{w} \tag{7.2}$$

Dieser Widerstand R, den eine Leiterbahn dem in ihr fließenden Strom I entgegensetzt, führt zu einer Verlustwärme $I^2 \cdot R$ und zu einem Spannungsabfall $I \cdot R$, um den

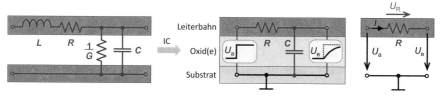

Abb. 7.11 Ersatzschaltbilder einer allgemeinen Zweidrahtleitung (links), einer RC-Leitung (Mitte) und einer Leitung mit nur ohmschem Bahnwiderstand (rechts) zur Veranschaulichung der parasitären Leitungsbeläge in den verschiedenen Leitungsmodellen

---

[6] Ein „Belag" ist die jeweilige physikalische Größe bezogen auf die Leiterlänge, z. B. Ω/m.

die Spannung U_e am Ende der Leiterbahn von der Spannung U_a an deren Anfang abweicht. Diesen IR-Drop muss man beim Routing stets im Auge haben. Er kann bei bekanntem I im Layout durch Anpassung von R beeinflusst werden. Gemäß Gl. (7.2) stehen dem Layouter hierfür die Leitungslänge l, die Leiterbahnbreite w und (über die Wahl der Metallebene) der Schichtwiderstand $R_\square$ zur Verfügung. Als einfache Faustregel empfehlen wir, IR-Drops über 10 mV stets hinsichtlich schaltungsfunktionaler Auswirkungen abzuklären.

Die Leitungslänge hängt natürlich maßgeblich von der Entfernung der zu verbindenden Bauelementpins ab. Bauelemente, zwischen denen ein hoher Strom fließt, sollte man also möglichst nahe zueinander platzieren, da sonst die Leiterbahnbreite w zu groß gewählt werden muss. Bei der Wahl von w ist unbedingt auch auf eine ausreichende Stromtragfähigkeit zu achten. Hierauf gehen wir in Abschn. 7.5 näher ein.

7.3.2 Signalverzerrungen

Aufgrund der geringen Schichtdicken auf einem IC ist jede Leiterbahn auch mit einem signifikanten parasitären Kapazitätsbelag C' zum IC-Substrat behaftet. Dies ist im Ersatzschaltbild in Abb. 7.11 (Mitte) vereinfachend mit einer konzentrierten Kapazität C modelliert. Für jedes Signal, das über die Leiterbahn übertragen wird, muss diese Kapazität C über den Widerstand R geladen werden (sogenanntes RC-Glied). In Abb. 7.11 (Mitte) ist dies für eine ideale Signalflanke am Leitungsanfang angedeutet. Am Leitungsende kommt das Signal zeitlich verzögert und verzerrt an.[7] Der Zeitverzug ist charakterisiert durch das Produkt $R{\cdot}C$, das als Zeitkonstante des RC-Glieds bezeichnet wird (nach dieser Zeit hat U_e 67 % von U_a erreicht). Wie können wir $R{\cdot}C$ im Layout minimieren?

Die Minimierung von R haben wir bereits in Abschn. 7.3.1 besprochen. Zur Minimierung von C stellen wir uns vor, dass jede Leiterbahn eine Kondensatorelektrode und das Substrat ihre Gegenelektrode ist. Dann erinnern wir uns an die bekannte Gleichung für den Plattenkondensator:

$$C = \varepsilon_0 \varepsilon_r \frac{A}{d}, \tag{7.3}$$

in der $\varepsilon_0\,\varepsilon_r$ die Permittivität der Isolationsschicht, d den Plattenabstand und A die Fläche der Platten bedeuten. Die Gl. (7.3) zeigt uns, dass C mit der Leiterbahnoberfläche A, (d. h. mit der Leiterbahnbreite w und der Leiterbahnlänge l) skaliert und

---

[7] Die Wirkung des parasitären RC-Belags einer Leitung ist aus der Perspektive des Analogdesigners eine *Signalverzerrung*. Aus Sicht des Digitaldesigners ist es eine *Signalverzögerung*, da in der Digitaltechnik nur interessiert, wann ein Ereignis (Wechsel des Signalpegels zwischen 0 und 1) am Ziel ankommt.

umgekehrt proportional zur Oxidschichtdicke d (Abstand der Leiterbahn vom Siliziumsubstrat) ist. Letzteres bedeutet, dass die unteren Metalllagen größere parasitäre Kapazitäten haben als die oberen.

Zur genauen Kapazitätsbestimmung einer Leiterbahn ist Gl. (7.3) allerdings untauglich, da beim Plattenkondensator wegen $w \gg d$ und $l \gg d$ die Streufelder vernachlässigbar sind. Bei einer IC-Leiterbahn ist dies offensichtlich nicht der Fall. Hier liefern die seitlichen Streufelder erhebliche Beiträge zu C. Für typische „schmale" Leiterbahnen (z. B. $w < 2$ μm in Metal1, $w < 4$ μm in Metal2) überwiegt sogar der durch Streufelder verursachte Kapazitätsbelag C'_{fringe} den Anteil des Plattenkapazitätsbelags C'_{plate} (Abb. 7.12a). Das wirkt sich auf mögliche Layoutmaßnahmen aus.

$R{\cdot}C$ optimieren

Die Qualität einer Schaltung können wir optimieren, indem wir die parasitären RC-Beläge der beteiligten Leiterbahnen verkleinern. Zur Bestimmung von Layoutmaßnahmen betrachten wir Gl. (7.2) und Gl. (7.3) und berücksichtigen noch den Beitrag des Streufelds.

Leiterbahnen kürzen   Das Verringern von l senkt sowohl C als auch R, d. h. $R{\cdot}C$ sinkt proportional zu $1/\,l^2$. Eine Leiterbahnverkürzung wirkt also äußerst effektiv.

Höhere Metalllagen nutzen   Mit größerem Abstand d zum Substrat lässt sich $R{\cdot}C$ ebenfalls wirksam minimieren, da sich C proportional zu $1/d$ verhält.

Leiterbahnen verbreitern   Eine Änderung der Leiterbahnbreite w wirkt auf C und R zwar gegenläufig. Trotzdem lässt sich $R{\cdot}C$ durch Verbreitern einer (insbesondere „schmalen") Leiterbahn senken, da die Zunahme von C nur den Anteil C_{plate} betrifft, also stets geringer ist als die zu w proportionale Abnahme von R.

Es ist lohnend, sich die Werte von C'_{fringe} und C'_{plate} für die Metallebenen eines Prozesses im PDK genau anzuschauen. Typisch sind zweistellige Werte in aF/μm² für C'_{plate} bzw. in aF/μm für C'_{fringe}. Eine Wertetabelle für einen CMOS-Prozess ist in [3] gegeben.

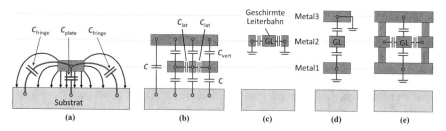

Abb. 7.12 Parasitäre Kapazitäten zwischen Leiterbahnen und Substrat (**a**); Koppelkapazitäten zwischen Leiterbahnen (**b**); und laterale (**c**), vertikale (**d**) sowie allseitige (**e**) Abschirmung von Leiterbahnen

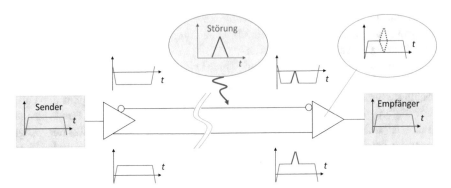

Abb. 7.13 Entstörung einer Signalübertragung durch differenzielle Signalverdrahtung

Differenzielle Signalverdrahtung (Differential-Pair-Routing)
Externe Störungen sind eine weitere Quelle für Signalverzerrungen auf Leitungen. Empfindliche Analogsignale lassen sich relativ unbeschadet über längere Strecken transportieren, indem man das Signal invertiert und dieses in einer zweiten Leitung parallel zum Originalsignal zum Zielort führt (Abb. 7.13). Durch eine bewusst eng benachbarte Führung beider Leitungen strebt man an, dass von außen kommende Störungen auf beide Leitungen gleichermaßen einwirken (Kap. 5, Abschn. 5.3.3). Am Ziel subtrahiert man das invertierte Signal vom Original. Dabei verdoppelt sich das Original und alle Störungen werden herausgelöscht. Die Wirkung lässt sich noch erhöhen, indem man die beiden Leitungen mittig oder auch mehrfach kreuzt.

Darüber hinaus legt man das Leitungspaar so aus, dass beide Leitungen dieselbe parasitäre Impedanz $R{\cdot}C$ aufweisen (s.o.), um auch interne Verzerrungen symmetrisch zu gestalten.

7.3.3 Übersprechen

Neben den Kapazitäten zum Substrat entstehen noch zahllose Koppelkapazitäten zwischen lateral benachbarten Leiterbahnen (C_{lat}) und vertikal benachbarten Leiterbahnen (C_{vert}) (s. Abb. 7.12b). Über diese Parasiten können Signale in andere Netze koppeln und damit die Schaltungsfunktion stören. Diesen Fehlermechanismus nennt man *Übersprechen*. Aufgrund der kontinuierlichen Strukturverkleinerung nimmt dieser parasitäre Effekt tendenziell ständig zu. Mit dem Damascene-Verfahren können Leiterbahnabstände deutlich schmaler als die Schichtdicke realisiert werden (Abb. 7.12c). In modernen Prozessen ist daher C_{lat} deutlich signifikanter als C_{vert}. Zur Reduzierung des Übersprechens empfehlen sich die nachfolgend genannten Layoutmaßnahmen.

Trennung Analog und Digital Steile Signalflanken, wie sie für digitale Signale typisch sind, enthalten hohe Frequenzen. Diese koppeln besonders stark auf kapazitiv verkoppelte Leitungen (wegen des Wechselstromwiderstands beim Kondensator

$X_C = 1/\omega C$). Man sollte also insbesondere empfindliche analoge Signale (z. B. Sensorsignale) möglichst entfernt von digitalen Signalen routen. Taktnetze sind die stärksten Störer.

Abschirmung Ist eine hinreichende räumliche Trennung nicht möglich, so kann man ein Übersprechen minimieren, indem man Leitungen mit anderen Leiterbahnen umgibt, die auf Massepotential liegen. Dadurch werden sie von Störsignalen abgeschirmt. Die Abschirmung kann nur lateral, nur vertikal oder allseitig erfolgen (s. Abb. 7.12c–e).

Minimalabstände vermeiden Die Oxiddicke der ILOs lässt sich im Layout nicht beeinflussen, wohl aber der laterale Leiterbahnabstand innerhalb eines Layers. Es ist daher ratsam, bei kritischen Leitungen (ob störend oder sensitiv) auf Minimalabstände zu verzichten, soweit dies vom Platzbedarf vertretbar ist. Wenn alle Netze geroutet sind, nutzen erfahrene Layouter den noch „übrigen" Platz, um die Leiterbahnabstände von kritischen Netzen nachträglich nochmals „aufzulockern".

7.4 Schadensmechanismen durch Überspannungen

Die in den bisherigen Abschn. 7.1 bis 7.3 behandelten parasitären Effekte lösen Fehlfunktionen aus, welche die Schaltung i. Allg. nicht dauerhaft schädigen. In den folgenden Abschnitten beschäftigen wir uns nun mit Fehlermechanismen, die zu irreversiblen Schäden führen können. Durch die immer kleineren Strukturgrößen ist es eine stetig wachsende Herausforderung, ICs vor solchen Schadensereignissen zu bewahren. In diesem Abschn. 7.4 gehen wir auf die häufigsten Überspannungseffekte ein: die elektrostatische Entladung (ESD) und den Antenneneffekt. Beide können katastrophale Schäden in Chips verursachen, die sich jedoch durch spezielle Layoutmaßnahmen verhindern lassen.

7.4.1 Elektrostatische Entladung (ESD)

In den Anfangsjahren der Mikroelektronik wurden Chips häufig durch elektrische Überlastung zerstört, bevor sie eingebaut wurden. Untersuchungen ergaben, dass die Schäden durch unerwünschte elektrische Entladungen verursacht wurden, die bereits bei der Herstellung, beim Transport oder bei der Montage auftraten. Wie kann das passieren?

Jeder kennt den unangenehmen elektrischen Schlag, der beim Berühren eines (geerdeten) metallischen Einrichtungsgegenstands, z. B. einer Autotür, auftreten kann. Dies passiert immer dann, wenn man sich kurz zuvor statisch aufgeladen hat, z. B. indem man über einen Teppichboden gegangen ist. Hierbei baut sich auf der Hautoberfläche ein Potential auf, das einige 10 kV erreichen kann. Diese Potentialdifferenz wird durch den *triboelektrischen Effekt* verursacht; auch der Prozess der *Induktion* kann Elektrostatik auslösen. (Zur Erläuterung dieser Ursachen verweisen wir auf die Literatur, z. B. auf Abschn. 6.5 in [4]). Der kleine Schock kommt zustande, wenn diese elektrostatische Ladung durch Berühren eines leitenden Gegenstandes in sehr kurzer Zeit zu einem geerdeten Punkt abfließt.

Elektrostatische Entladung (Electrostatic discharge, ESD) ist definiert als der plötzliche Stromfluss zwischen zwei elektrisch geladenen Objekten. Genauer gesagt handelt es sich um eine elektrische Entladung aus einem elektrisch isolierten Material mit einer hohen Potentialdifferenz, die einen sehr kurzen und hohen elektrischen Stromimpuls verursacht. Eine elektrostatische Entladung ist ab etwa 3 kV spürbar. Aber nur ein Bruchteil dieser Spannung ist erforderlich, um elektronische Schaltungen zu beschädigen oder zu zerstören.

Wenn jemand, der statisch aufgeladen ist, einen Chip berührt, kann dieser Entladungsstrom durch den Chip fließen. Dies wird als *ESD-Ereignis* bezeichnet. ESD-Ereignisse auf einem Chip können auch von statisch aufgeladenen Geräten oder Verpackungsmaterialien ausgehen. Die Auslösespannungen (U_{zap}) können im Bereich von 100 V bis zu vielen kV liegen. Bei der Entladung werden jedoch nur wenige µJ umgesetzt. Aufgrund der sehr kurzen Entladedauer (meist etwa 100 ns) hat das aber beträchtliche Ströme im Ampere-Bereich zur Folge. Da diese zudem in einem eng begrenzten Gebiet des ICs (typischerweise 100×100 µm^2) fließen, steigt dort die Temperatur sprunghaft an.

In [5] werden verschiedene Schadensmechanismen beschrieben. Hierzu gehören die Durchbrüche von Oxiden in Folge überhöhter Feldstärken sowie thermische Schäden in Folge lokaler Stromspitzen. Besonders betroffen sind im ersten Fall die Gate-Oxide, weil sie sehr dünn und daher besonders empfindlich sind. Im zweiten Fall kann es bei p-n-Übergängen zu niederohmigen Kurzschlüssen und bei Metallen zu Unterbrechungen kommen. Allerdings führen ESD-Schäden nicht immer zu Funktionsausfällen. Oft werden auch nur die Parameter einer Schaltung, z. B. die Schwellspannungen U_{th} einiger MOSFETs verschoben. In jedem Falle sind die auftretenden Schäden aber irreversibel.

Grundprinzip von ESD-Schutzmaßnahmen auf einem Chip
Der Schutz einer Schaltung gegenüber ESD-Ereignissen erfolgt grundsätzlich dadurch, dass man dem Entladestrom einen *Nebenschlusspfad*, d. h. einen parallel zu der Schaltung führenden niederohmigen Strompfad, zur Verfügung stellt, über den er (möglichst komplett) abfließen kann (Abb. 7.14, rechts). Dies ist dasselbe Prinzip, mit dem ein Blitzableiter ein Gebäude vor Blitzeinschlägen schützt (Abb. 7.14, links). Auf einem IC sind es spezielle *ESD-Schutzschaltungen*, die diese „Blitzableiter-Funktion" übernehmen. Kompliziert wird diese Aufgabe dadurch, dass es auf einem IC viele unterschiedliche Anschlusspins gibt, über die ein ESD-Impuls ein- und austreten kann, wobei das erforderliche Schutzniveau nicht für alle Fälle gleich ist.

Die ESD-Schutzschaltung auf einem Chip muss folgende Anforderungen erfüllen:

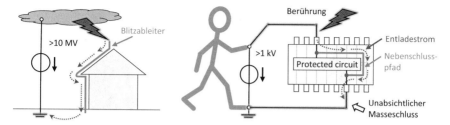

Abb. 7.14 Schutz eines Gebäudes gegen Überspannungsentladungen mit einem Blitzableiter (links) und eines integrierten Schaltkreises gegen ESD-Ereignisse mit einem Nebenschlusspfad (rechts)

- Sie darf die normalen Funktionen der zu schützenden Schaltung nicht beeinträchtigen.
- Sie muss ausreichend schnell auf ein ESD-Ereignis reagieren.
- Sie muss für jeden Pin, der zu einem geschützten Schaltungsblock führt, einen Pfad zur Stromableitung bereitstellen. Diesen Nebenschlusspfad nennen wir *ESD-Pfad*.

Der ESD-Pfad muss die folgenden Eigenschaften aufweisen:

- Er verläuft außerhalb der zu schützenden Schaltung.
- Sein elektrischer Widerstand ist hinreichend gering.
- Er ist ausreichend robust gegen die auftretende (thermische) Verlustenergie.
- Er ist im normalen Betriebsmodus der Schaltung passiv, d. h. hinreichend hochohmig.
- Die Aktivierung erfolgt bei einem Überspannungspegel, der für die an den jeweiligen Pins angeschlossenen Schaltungsteile (das geschützte „Modul") noch unkritisch ist.

Aus diesem Forderungskatalog können wir bereits einige für den Layoutentwurf wichtige Schlussfolgerungen ziehen.

Die ersten drei Eigenschaften des ESD-Pfades erreicht man, indem man die Bauelemente für die ESD-Schutzschaltung ausreichend „groß" auslegt und möglichst direkt neben die betreffenden Bondpads platziert. Durch eine große Dimensionierung des ESD-Bauelements (quer zur Stromrichtung) verringert sich der Bahnwiderstand und damit die Verlustwärme. Zudem verteilt sich die Verlustwärme dadurch auf eine größere Fläche, was zu einer weiteren Absenkung der Spitzentemperatur führt. Dadurch steigt die Robustheit insgesamt erheblich. Selbstverständlich sollte die Größe der ESD-Schutzelemente auf das notwendige Maß beschränkt werden, um keine unnötige Fläche zu verbrauchen. Die direkte Nachbarschaft der ESD-Elemente zu den Bondpads ermöglicht kurze, und damit niederohmige Verbindungen. Weitere Hinweise zum Routing der ESD-Elemente geben wir am Ende dieses Abschnitts.

Aus den obigen Anforderungen (insbesondere „passiv im Normalbetrieb, aktiv im ESD-Fall") folgt, dass ESD-Schutzvorrichtungen bestimmte Bedingungen in Bezug auf ihre Strom-Spannungs-Charakteristik (*I-U*) erfüllen müssen. Hieraus er-

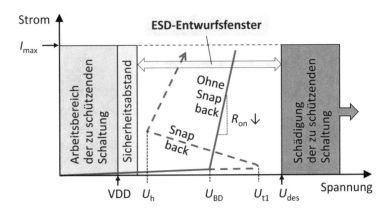

Abb. 7.15 Das ESD-Entwurfsfenster visualisiert erforderliche Grenzwerte für ESD-Schutzschaltungen und typische I-U-Kennlinien mit und ohne Snap-Back-Charakteristik (gestrichelte bzw. durchgezogene Kurven, mit U_h Haltespannung, U_{BD} Durchbruchspannung, U_{t1} Triggerspannung und U_{des} Zerstörspannung)

gibt sich das sogenannte *ESD-Entwurfsfenster* (Abb. 7.15). Im Arbeitsbereich des zu schützenden Moduls (gegeben durch die Versorgungsspannung VDD) muss das ESD-Element passiv, also sehr hochohmig sein (flacher Teil der blauen I-U-Kurve). Übersteigt die Spannung diesen Wert um einen Sicherheitsabstand (typisch 10 bis 20 % von VDD), wird das ESD-Element aktiviert (Durchbruchspannung U_{BD}) und stellt den gewünschten ESD-Pfad bereit (steiler Teil der blauen I-U-Kurve mit kleinem R_{on}). Die Spannung wird dadurch auf knapp über U_{BD} „geklammert". U_{BD} und die gesamte Kurve müssen unterhalb der Zerstörspannung U_{des}, bei der das zu schützende Modul Schaden erleidet, liegen. Das ESD-Element selbst muss den im ESD-Ereignis auftretenden Maximalstrom I_{max} ohne Schädigung aushalten.

Zur Bestimmung der Werte U_{BD} und I_{max} für das ESD-Schutzelement sowie der Zerstörgrenze U_{des} des zu schützenden Moduls bedient man sich genormter Modelle, welche die typischen ESD-Ereignisse in einfachen Ersatzschaltungen abbilden. Die für ICs gebräuchlichsten sind das *Human body model (HBM)*, das *Machine model (MM)* und das *Charge device model (CDM)* [5]. HDM und MM beschreiben die Entladung statisch geladener Personen bzw. Maschinenteile über einen IC. Beim CDM trägt der verpackte Chip, d. h. das Gehäuse selbst, eine statische Ladung, die über ein Pin entladen wird. Da in diesem Fall der Ort, wo die Ladung in die Schaltung eindringt, nicht genau bestimmbar ist, ist diese Anforderung oft nur zu erfüllen, indem man ESD-Schutzelemente (abweichend zum oben Gesagten) in der Nähe eines zu schützenden Bauteils platziert [1].

Die durchgezogene I-U-Kurve in Abb. 7.15 ist typisch für Dioden. Einfache ESD-Schutzschaltungen sind daher aus Dioden aufgebaut. Da der für U_{BD} erforderliche Wert weit über der Diodenflussspannung liegt, nutzt man die Durchbruchspannung von Z-Dioden im Sperrbetrieb als Klammerwert. Z-Dioden sind so konstruiert, dass der Durchbruch (durch den *Avalanche-Effekt* [6]) reversibel, d. h. nicht zerstörend, auftritt.

Neben Dioden werden je nach Anforderung noch andere spezielle ESD-Bauelemente und -Schaltungen eingesetzt. Hierunter gibt es solche, die einen sogenannten *Snap-Back-Effekt* nutzen (siehe gestrichelte *I-U*-Kurve in Abb. 7.15), die eine Klammerung bei einer sogenannten *Haltespannung* $U_h < U_{BD}$ ermöglichen. Wie behandeln diese später genauer.

Grundstruktur einer ESD-Schutzschaltung

Der gelb hinterlegte Bereich in Abb. 7.16 zeigt die Grundanordnung einer ESD-Schutzschaltung auf einem IC. Eingezeichnet sind die Anschlüsse der Energieversorgung des ICs mit der Versorgungsspannung VDD und dem Masseanschluss VSS, sowie als Stellvertreter für alle weiteren Anschlüsse zwei I/O-Pins P_i und P_j (für Ein- oder Ausgangssignale). Die gemäß des ESD-Entwurfsfensters entworfene *ESD-Schutzdiode* D_{DS} liegt zwischen VDD und VSS. Sie klammert die Spannung auf einen Wert innerhalb des ESD-Entwurfsfensters, weshalb sie auch als *Klammerdiode* bezeichnet wird.

Jeder I/O-Pin P_i ist über zwei ESD-Dioden D_{Di} und D_{Si} mit VDD bzw. VSS verbunden. Solange die Spannung U_i am Pin P_i zwischen VDD und VSS liegt, sperren diese beiden ESD-Dioden (Normalbetrieb). Wenn U_i über VDD steigt oder unter VSS fällt, geht eine der beiden ESD-Dioden in Durchlass und klammert die Spannung U_i auf einen Wert, der um die (sehr kleine) Diodenflussspannung über VDD bzw. unter VSS liegt. Die Dioden D_{Di} und D_{Si} sorgen also zunächst dafür, dass der an P_i liegende Schaltungsteil keiner Spannung ausgesetzt wird, die nennenswert außerhalb des Versorgungsspannungsbereichs liegt. Dies gilt wohlgemerkt im Normalbetrieb, d. h., wenn der Chip im System verbaut ist.

Um die ESD-Schutzwirkung zu verstehen, müssen wir den nicht-montierten Chip betrachten, in dem normalerweise alle Pins potentialfrei sind („floaten"). Wird nun ein Pin (Pin P_i in Abb. 7.16) einem Spannungsimpuls U_{zap} ausgesetzt und ein anderer Pin bekommt (versehentlich) Kontakt zum Bezugspotential der Spannungs-

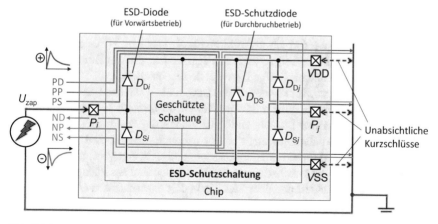

Abb. 7.16 Grundtopologie einer ESD-Schutzschaltung auf einem Chip, bestehend aus mehreren Dioden, die im Falle eines ESD-Ereignisses den ESD-Impuls in Vorwärtsrichtung (vier ESD-Dioden $D_{D,i}$ und $D_{S,i}$) und im Durchbruch (eine ESD-Schutzdiode D_{DS}) ableiten. Sechs verschiedene Zapping-Modi (PD, PP, PS, ND, NP, NS) mit ihren jeweiligen Nebenschlusspfaden sind ebenfalls dargestellt

quelle U_{zap} (man sagt: „der Pin wird geerdet"), schließt sich der Stromkreis (die möglichen Fälle sind in Abb. 7.16 als „unabsichtliche Kurzschlüsse" dargestellt) und es kommt zum ESD-Ereignis.

U_{zap} kann dabei zwischen zwei beliebigen Pins des ICs auftreten und positiv oder negativ sein. Insgesamt lassen sich sechs verschiedene „Zapping-Modi" unterscheiden, die wir in Anlehnung an [5] als PS-, NS-, PD-, ND-, PP- und NP-Modus bezeichnen.[8] Der erste Buchstabe steht für die Polarität der Anregung (P = positiv, N = negativ). Der zweite Buchstabe bezeichnet den „geerdeten" Pin (D = VDD, S = VSS, P = Signal-Pin).

In jedem Zapping-Modus existiert ein spezifischer ESD-Pfad, über den sich der ESD-Impuls entladen kann. Die Strompfade sind in Abb. 7.16 für die drei Px-Modi in rot und für die drei Nx-Modi in blau eingezeichnet. Man erkennt, dass in allen Fällen die ESD-Dioden der Signal-Pins (D_D und D_S) vorwärts, die klammernde ESD-Schutzdiode (D_{DS}) des Versorgungsnetzes jedoch rückwärts (Durchbruch) betrieben wird. Selbstverständlich gibt es noch den (nicht eingezeichneten) Fall, dass U_{zap} zwischen VDD und VSS anliegt. In diesem Fall fließt der Entladungsstrom nur über D_{DS} (vorwärts oder rückwärts).

Diese Schaltungstopologie sorgt dafür, dass zwischen zwei beliebigen Pins des Chips maximal die Pin-zu-Pin-Spannung U_{pp} anliegen kann. U_{pp} ist abhängig vom Zapping-Modus und vom verwendeten Typ des ESD-Schutzelements, wobei gilt

$$U_{pp} \leq \begin{cases} U_{BD} + 2U_{on} & \text{ohne Snap back,} \\ U_h + 2U_{on} & \text{mit Snap back.} \end{cases}$$

Hierin steht U_{BD} für die Durchbruchspannung der ESD-Schutzdiode, U_h für die Haltespannung und U_{on} für die Flussspannung der ESD-Dioden. Der Maximalwert wird in den Modi PP und NP erreicht. Den Snap-Back-Effekt, bei dem die Haltespannung U_h zum Tragen kommt, diskutieren wir weiter unten.

ESD-Schutzelemente werden nur in Ausnahmefällen projektspezifisch entworfen. Üblicherweise werden sie als Bibliothekselemente in PDKs zur Verfügung gestellt. Oftmals sind sie Teil sogenannter Pad-Zellen, die das Bondpad inkl. der ESD-Schutzbeschaltung als fertige Layoutzelle bereitstellen.

Als Beispiel zeigen wir in Abb. 7.17 das Layout einer solchen Pad-Zelle aus dem Prozess „XH350", ein modularer 0,35 μm CMOS-Prozess für Hochvoltanwendungen der Foundry X-Fab® [7]. Die Pad-Zelle enthält das Bondpad, die Dioden D_D und D_S und Leiterbahnsegmente der sogenannten „Power-Rail" (VDD) und „Ground-Rail" (VSS) für die Energieversorgung des ICs. Zur Vereinfachung haben wir Metalllagen nur bis Metal2 dargestellt. Die Dioden sind aus Platzgründen direkt unter den „Rails" platziert und über Vias direkt dort angeschlossen (Anode von D_S, Kathode von D_D.)

---

[8] In [5] werden tatsächlich nur vier dieser Modi eingeführt. Wir erweitern diese um die PP- und NP-Modi.

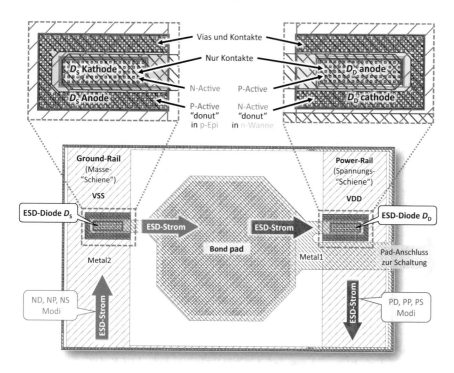

Abb. 7.17 Ein Pad-Zellen-Layout bestehend aus Bondpad, Leiterbahnsegmenten für VDD und VSS und zwei ESD-Dioden. Letztere leiten bei einem ESD-Ereignis den ESD-Stromimpuls vom Bondpad zur Power- bzw. Ground-Rail und schützen so die (rechts im Metal1) angeschlossene Schaltung auf dem IC

Die ESD-Dioden in Abb. 7.17 D_D und D_S mögen auf den ersten Blick recht „klein" erscheinen. Da sie im ESD-Fall nur vorwärts betrieben werden, fällt lediglich die geringe Diodenflussspannung U_{on} ab, weshalb die Verlustleitung entsprechend gering bleibt. Daher genügt die geringe Fläche. Die Verlustleistung wird überwiegend in der ESD-Schutzdiode in Wärme umgesetzt, weshalb diese entsprechend großflächig auszulegen ist.

Zweistufiger ESD-Schutz für empfindliche Eingänge (Gate-Oxide)
Eingangspins sind oft direkt mit Gates von MOS-FETs verbunden. Gate-Oxide können laut [6] einer Feldstärke von etwa 1 V/nm standhalten. Da sie nur wenige nm dick sind (in neuesten nm-CMOS-Prozessen < 2 nm), sind sie also schon bei wenigen Volt gefährdet. Gate-Oxide sind die mit Abstand empfindlichsten Stellen auf einem IC und es liegt auf der Hand, dass die bisher besprochenen ESD-Maßnahmen hierfür nicht ausreichen.

Die Betriebsspannungen von CMOS-Schaltkreisen liegen oft nur wenig unter der o. g. Belastungsgrenze. Gibt es also überhaupt ein nutzbares ESD-Fenster? Glücklicherweise hängt die Spannung U_{od}, bei dem das Gate-Oxid durchbricht (od, Oxid-Durchbruch), stark davon ab, wie lange das Feld einwirkt. Bei der typischen ESD-Ereignisdauer von 100 ns liegt U_{od} etwa um den Faktor 3 über der Versorgungsspannung VDD [8]. Hierzu ein reales Beispiel: ein IC-Kern in einem 100 nm-Prozess arbeitet bei VDD = 1,1 V. Das für ESD-Ereignisse relevante U_{od} liegt hier bei etwa 4,5 V. Das verfügbare ESD-Entwurfsfester ist also etwa 3 V breit [8].

Zum Schutz der Gate-Oxide wird eine zweistufige ESD-Schutzschaltung verwendet, die aus zwei ESD-Elementen zur Spannungsklammerung und einem Widerstand besteht. In Abb. 7.18 ist diese Schaltung mit zwei Z-Dioden D_1 und D_2 als ESD-Elementen dargestellt. Bei negativer ESD-Anregung (Nx-Modi) kann das primäre ESD-Element D_1 im Vorwärtsbetrieb auch die Aufgabe der Diode D_S aus Abb. 7.16 übernehmen. Bei positiver ESD-Anregung (Px-Modi) klammert es den Eingang auf einen „Zwischenwert" U_1, der durch das sekundäre ESD-Element D_2 dann auf einen hinreichend kleinen Wert U_2 im ESD-Fenster der Gate-Oxide geklammert werden kann.

Der Widerstand R_1 hat dabei zwei Aufgaben. Erstens soll er den größten Teil der Spannung U_1 aufnehmen, wofür er gut eine Größenordnung über dem Bahnwiderstand von D_2 liegen muss. Zweitens soll er den Strom I_2 auf etwa zwei Größenordnungen weniger als I_1 begrenzen, so dass D_2 deutlich kleiner als D_1 ausgelegt werden kann.

Verwendet man Z-Dioden als ESD-Elemente, kann U_1 bei einem hohen ESD-Strom (> 10 A im CDM) in dieser Schaltung deutlich über 100 V steigen, da auch „große" Z-Dioden noch einen recht hohen Bahnwiderstand (> 10 Ω) haben. Um in diesem Fall die extrem dünnen Gate-Oxide moderner nm-Prozesse noch wirksam schützen zu können, müsste R also sehr hohe Werte annehmen (> 10 kΩ). Da R im Signalpfad liegt, sind so hohe Werte für den Normalbetrieb meistens nicht mehr tolerierbar, da dies die Anstiegszeit („slew rate") der Gate-Spannung verlängert, wodurch sich die Schaltzeiten zu stark erhöhen.

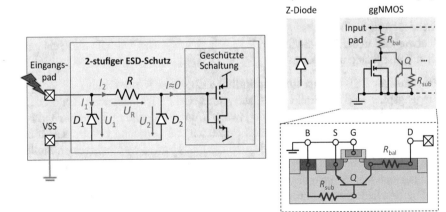

Abb. 7.18 Zweistufige ESD-Schutzschaltung zum Schutz hochempfindlicher Eingänge (links). Zwei mögliche ESD-Bauelemente für dieses Konzept, eine Z-Diode und ein ggNMOS, sind rechts dargestellt

Statt Z-Dioden werden in modernen Prozessen deshalb ESD-Elemente mit *Snap-Back-Charakteristik* eingesetzt (siehe gestrichelte *I-U*-Kurve in Abb. 7.15). Ab der sogenannten *Triggerspannung* U_{t1} fällt die Spannung bei weiter steigendem Strom bis zur sogenannten *Haltespannung* U_h. Dort steigt die Kurve wieder mit positivem aber kleinem Bahnwiderstand R_{on}. Diese Eigenschaft verbessert das Klammerverhalten, indem es für geringere Spannungen sorgt und dadurch die thermische Verlustleistung verringert.

Ein weit verbreitetes ESD-Element mit dieser Charakteristik ist ein NMOS-FET, der als Diode verschaltet wird, indem man Source (*S*), Backgate (*B*) und Gate (*G*) an Masse und das Drain (*D*) an das Eingangs-Pad legt. Abb. 7.18 (rechts) zeigt diese Konstellation, die als *grounded gate NMOS-FET* (*ggNMOS*) bekannt ist. Zusätzlich eingezeichnet sind die für die Funktion relevanten parasitären Elemente (in violett). Zum Verständnis der Funktion dieses ESD-Elements müssen wir uns daran erinnern, dass *S* und *D* durch die NSD-Dotierung und *B* durch das p-Substrat oder die p-Epi gebildet wird. Diese drei Dotiergebiete bilden eine n-p-n-Folge, die beim normalen NMOS-FET einen parasitären NPN-Transistor bilden (in Abb. 7.18 rechts mit *Q* gekennzeichnet), dessen Eigenschaften beim ggNMOS genutzt werden. *Q* tritt hier also als gewollter NPN-Transistor in Aktion.

Wie funktioniert der ggNMOS (Abb. 7.18, rechts)? Der p-n-Übergang zwischen Drain und Backgate („DB-Diode") sperrt bis zum Avalanche-Durchbruch. Der Durchbruchstrom (Löcher) fließt im Backgate bis zum Backgate-Anschluss. Er fließt dabei an der Source vorbei und erzeugt im parasitären (lateralen) Widerstand R_{Sub} des Backgates einen IR-Drop, der die Source-Backgate-Diode in Flussrichtung bringt. Da das gleichzeitig die Basis-Emitter-Diode von *Q* ist, steuert *Q* auf und löst den Snap-Back-Effekt aus.

Wichtig ist, dass sich der Strom auf die gesamte Fläche des Elements verteilen kann, bevor lokale Hotspots zu thermischer Instabilität (sogenannter *zweiter Durchbruch*, siehe z. B. [6]) und damit zur Zerstörung führen können. Dies erreicht man durch zusätzliche „Ballast"-Widerstände R_{bal} an den Drain-Anschlüssen jedes Fingers. Diese lassen sich elegant erzeugen, indem man einfach die Drain-Kontakte mit einem Abstand zum Gate platziert (Abb. 7.19, oben). Dadurch wird der Strom gezwungen, noch eine Strecke im Drain zurücklegen. R_{bal} begrenzt die Spannung an der DB-Diode eines Fingers, wodurch andere Finger die Chance bekommen, ebenfalls Strom aufzunehmen.

Abb. 7.19 zeigt als Beispiel einer solchen Anordnung eine Pad-Zelle aus dem 0,35 μm CMOS-Prozess „XH350" der X-Fab® [7]. Auch hier sind die Metall-Lagen zur Vereinfachung nur bis Metal2 dargestellt. Man erkennt die unterschiedliche Dimensionierung der beiden ESD-Elemente D_1 und D_2. Der Serienwiderstand *R* ist hier in Poly ausgeführt. Da er im ESD-Fall mehrere 10 mA führen muss, ist er entsprechend breit ausgelegt und mit ausreichend vielen Vias angeschlossen, um die ESD-Robustheit zu sichern. Er sollte auch nicht geknickt werden, um Feldspitzen an Ecken zu vermeiden. Aus demselben Grund sind die Außenkanten der Metal1-Leitbahnen abgeschrägt.

Da bei ESD-Ereignissen erhebliche Substratströme auftreten können, besteht das Risiko, dass trotz dieses Schutzes die Spannung am Gate-Oxid durch Anhebung des

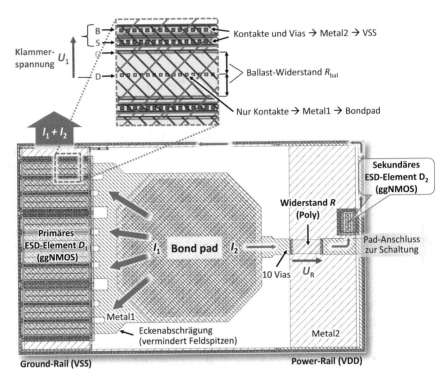

Abb. 7.19 Layout einer Pad-Zelle für eine zweistufige ESD-Schutzschaltung mit einem NMOS-FET als ggNMOS gemäß Abb. 7.18 ausgeführt. Dargestellt sind auch auftretende Spannungen und Stromflüsse

Substratpotentials (Abschn. 7.1.1) über U_{od} steigt. Wenn das zu schützende Bauelement nicht in der Nähe des Bondpads liegt, ist es daher ratsam, die Diode D_2 in die Nähe des Bauelements zu platzieren. Die Zuleitung muss man dann natürlich für I_2 dimensionieren.[9]

Neben den hier vorgestellten ESD-Elementen gibt es noch eine Fülle weiterer. Zu deren Studium verweisen wir den interessierten Leser auf [1, 5]. ESD-Elemente haben aufgrund ihrer Größe signifikante parasitäre Kapazitäten, die die Schaltung beeinflussen und sie sind auch anfällig für Latchup [2]. Sie werden normalerweise für jeden Prozess neu entwickelt und charakterisiert. Man sollte daher nur diese bekannten ESD-Elemente verwenden und für den jeweiligen Bedarf sorgfältig auswählen. Diese Entscheidung obliegt dem Schaltungsentwickler. Nicht weniger wichtig ist es, diese Elemente sinnvoll zu platzieren und zu verdrahten. Dies liegt in der Verantwortung des Layouters. Hierzu geben wir nun noch einige Hinweise.

---

[9] Hierzu ein Praxistipp: Da ESD-Schutzschaltungen normalerweise Teil der Pad-Zellen aus der Bibliothek sind, muss man eine solche Änderung in einer lokalen Kopie der Pad-Zelle vornehmen, um zu verhindern, dass andere Instanzen dieser Zelle unbeabsichtigt geändert werden.

Anordnung und Verdrahtung von ESD-Schutzschaltungen

Für die Leiterbahnen, die den ESD-Strom vom Ein- zum Austrittspin des ICs führen, gibt es normalerweise Vorgaben und Layouthinweise in den jeweiligen PDKs. Sind solche nicht verfügbar, empfehlen wir die Befolgung folgender Richtlinien:

- Der Gesamtwiderstand sollte etwa 2 Ω nicht überschreiten. Dies muss zwischen zwei beliebigen Punkten des Chips erfüllt sein, also z. B. auch zwischen zwei gegenüberliegenden Chipecken.
- Die Leiterbahnbreite sollte überall für mindestens 100 mA Dauerstrom ausgelegt sein. (Für Dauerstrombelastung gibt es in PDKs Rechenvorschriften. Der ESD-Strom ist zwar wesentlich größer, fließt aber nur sehr kurze Zeit.)
- Die äußeren Ecken sollten abgeschrägt werden, um lokale Feldspitzen zu minimieren.
- Der seitliche Abstand zu benachbarten Metallen sollte mindestens so groß sein wie die Oxidschichtdicke zwischen den Metallebenen. Wir empfehlen mindestens 2 µm.

Zur Energieversorgung eines Chips benötigt man breite Leiterbahnen von den Pads zu den Schaltungsblöcken des ICs. Da auch der ESD-Strom über diese Versorgungspfade fließt, empfiehlt es sich, diese an der Peripherie rund um den Chip zu führen (Abb. 7.20). Auf diese Weise sind sie von allen Bondpads, die stets am Rand liegen, direkt zugänglich. Da die meisten ESD-Elemente elektrisch den Bondpads zugeordnet sind, ermöglicht das sehr kurze Verbindungen sowohl zu den Pads als auch zu den Versorgungsleitungen. Die Anschlüsse lassen sich somit auch problemlos ESD-robust (d. h. breit) auslegen, wodurch ihr Beitrag zum Gesamtwiderstand praktisch vernachlässigbar wird. Aus diesen Überlegungen heraus werden ESD-Elemente in PDKs in der Regel auch in Form kompletter Pad-Zellen, wie wir sie in Abb. 7.17 und 7.19 kennengelernt haben, angeboten.

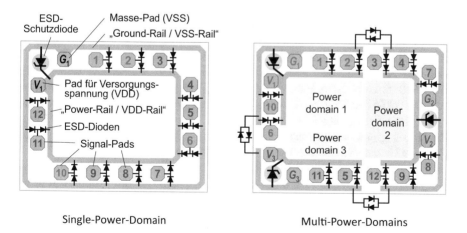

Abb. 7.20 Verbreitete Konzepte zur Anordnung der Versorgungsleitungen und der ESD-Schutzbeschaltung auf einem Chip mit einer Versorgungsspannung (Single-Power-Domain, links) und auf einem Chip mit mehreren Versorgungsspannungen (Multi-Power-Domains, rechts)

Der parasitäre Widerstand der Zuleitungen zu den ESD-Elementen wird i. Allg. also ausschließlich durch die Versorgungsleitungen bestimmt. In Abb. 7.16 sind dies die schwarz gezeichneten Teilnetze. Eine Ausnahme bilden ESD-Elemente, die von mehreren Pads geteilt werden. Dieses Szenario kommt in unseren Beispielen nicht vor, ist schaltungsabhängig aber durchaus möglich und wird zur Flächeneinsparung auch genutzt. Derartige Fälle muss man beim Routing besonders beachten. Es gibt auch die Möglichkeit, mehrere ESD-Schutzdioden über den Chip zu verteilen.

Ein oft angewendetes Konzept, an dem sich auch die in Abb. 7.17 und 7.19 gezeigten Pad-Zellen orientieren, besteht darin, die Masseleitung außerhalb und die Leitung der Versorgungsspannung innerhalb der Pads als geschlossene Ringe zu führen. Dieses Verdrahtungskonzept ist in Abb. 7.20 (links) schematisch dargestellt. Zur Nutzung als Masseleitung kann in diesem Konzept auch der *Seal ring* (Kap. 3, Abschn. 3.3.2, Abb. 3.15) genutzt werden, wenn der Hersteller dies zulässt. Der Seal ring enthält typischerweise alle Metalllagen und ermöglicht daher eine sehr niederohmige Anbindung.

In modernen Mixed-Signal und Smart-Power-ICs gibt es üblicherweise unterschiedliche Versorgungsspannungen (man spricht dann von *Multi-Power-Domains*) und damit mehrere separate ESD-Pfade. Zur Entkopplung von Schaltungsblöcken gegen Übersprechen werden oft auch noch getrennte Masseleitungen verlegt. Wir sprechen dabei nicht von einer logischen Trennung, wie in Kap. 6 (Abschn. 6.2.1) beschrieben (dort gibt es einen physikalischen Sternpunkt), sondern von elektrischer Trennung. In diesem Fall ist es eine gute Idee, diese Masseleitungen über antiparallele Dioden (evtl. auch mehrere gestapelt) zu koppeln, damit der ESD-Strom alle Masseleitungen nutzen kann. Abb. 7.20 (rechts) zeigt den Floorplan einer solchen Konstellation. (Hinweis: Bei Verwendung des Seal rings ist diese Lösung nicht möglich.) Weitere Konzepte zur Auslegung von Multi-Power-Domains sind in [9] zu finden.

Auswirkung des Versorgungs- und ESD-Konzepts auf das Floorplanning

Das Beispiel in Abb. 7.20 (rechts) zeigt, wie wichtig es ist, bereits zu Beginn der Layoutphase das Versorgungs- und das damit zusammenhängende ESD-Konzept genau zu planen. Warum? Man stelle sich dazu vor, die zwölf Signalanschlüsse des Chips in Abb. 7.20 sollen drei unterschiedlichen Versorgungsspannungen (*Power domains*) gemäß den Farben rot, blau und grün zugeordnet werden. Würden die Pads wie in Abb. 7.20 (links) platziert, müsste man die Versorgungsleitungen dreifach fast um den gesamten Chip herumführen. Eine viel elegantere Lösung mit örtlich separierten Versorgungsleitungen ermöglicht eine Pad-Anordnung wie in Abb. 7.20 (rechts). Diese Entscheidung muss zu Beginn der Layoutarbeit getroffen werden, da sie sich auf den gesamten Floorplan und damit auf die Gestaltung aller Blöcke auswirkt.

Hieraus ergibt sich unser letzter Ratschlag in diesem Abschnitt: Bei der Zuordnung von Netzen zu den Pads eines Chips (sogenanntes *Pinning*) sollte man nicht nur auf den Signalfluss achten (Kap. 5, Abschn. 5.3.1), sondern immer auch die Versorgungsleitungen für die Blöcke und das ESD-Konzept in die Überlegungen einbeziehen. Wer das missachtet, läuft Gefahr, einen hohen Preis zu zahlen: ein signifikanter Mehraufwand an Layoutzeit und zusätzliche Chipfläche bei gleichzeitig schlechterer Layoutqualität!

7.4.2 Antenneneffekt

Im Verlauf einer Halbleiterfertigung entstehen viele Leiterbahnstrukturen, die zu Netzen gehören, welche noch nicht vollständig sind, da die darüber liegenden Schichten des Wafers noch nicht prozessiert wurden. Unter einer *Antenne* verstehen wir im vorliegenden Kontext ein derartiges Leiterbahnsegment (aus Polysilizium oder Metall), wenn es weder elektrisch mit dem Silizium verbunden noch geerdet ist. Auf diesen (temporär isolierten) Strukturen kann sich während des Herstellungsprozesses so viel Ladung ansammeln, dass dadurch die dünnen Gate-Oxide (GOX) der Feldeffekttransistoren bereits bei der Fertigung dauerhafte Schäden erleiden, die zu einem sofortigen oder verzögerten Ausfall führen.

Diese Gefahr tritt auf in Prozessschritten, bei denen der Wafer mit geladenen Teilchen in Kontakt kommt. Hierzu gehört insbesondere das Trockenätzen durch RIE (reaktives Ionenätzen, Kap. 2, Abschn. 2.5.3). Das in Form eines Plasmas angewendete Ätzmedium enthält i. Allg. verschiedenartige Ladungen. Diese werden von der Waferoberfläche teilweise aufgenommen und fließen so über die bereits vorhandenen Poly- und Metallstrukturen weiter. Hierbei können lokal so große Potentialdifferenzen zum Wafer-Substrat entstehen, dass diese zur Ursache der o. g. Schädigung der Gate-Oxide werden. Dieser Vorgang ist als *Antenneneffekt* bekannt.

Poly-Schichten werden direkt durch RIE strukturiert, was zu einem starken Antenneneffekt führt (Abb. 7.21, links). Im Gegensatz dazu ist der Antenneneffekt von Metallen (s. Abb. 7.21, rechts) im gebräuchlichen Damascene-Prozess (Kap. 2, Abschn. 2.8.3) heutzutage reduziert, da die RIE-Strukturierung in der isolierenden Oxidschicht stattfindet. Die Ladung wird hier nur noch über die kleinen Oberflächen der Vias aufgenommen, die die Verbindung zum nächsthöheren Metall bilden. Daher konzentrieren wir unsere weiteren Betrachtungen auf die Strukturierung der Poly-Schicht (s. Abb. 7.21, links).

Abb. 7.22 veranschaulicht die Strukturierung des Polys mit RIE in vier Phasen (1) bis (4). Im RIE-Verfahren gibt es starke Fluktuation der Ladungsverteilung im Plasma. Dies führt zu Ladungsdifferenzen auf dem Wafer. Solange das Poly noch nicht in Teilstücke separiert ist (Phase 1), gleichen sich diese aus, da die Ladungen

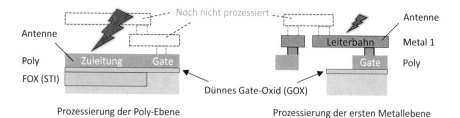

Abb. 7.21 Veranschaulichung des Antenneneffekts, bei dem sich während des Herstellungsprozesses auf temporär isolierten Leiterbahnstrukturen Ladungen ansammeln, die das dünne Gate-Oxid schädigen (Schnittdarstellung). Poly-Leitungen (links) und Metallleitungen (rechts) können als Antennen wirken

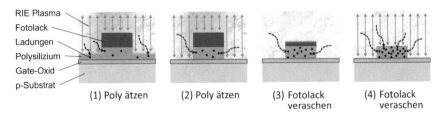

RIE Plasma
Fotolack
Ladungen
Polysilizium
Gate-Oxid
p-Substrat

(1) Poly ätzen   (2) Poly ätzen   (3) Fotolack   (4) Fotolack
    veraschen   veraschen

Abb. 7.22 Statische Aufladung von Poly-Strukturen während des RIE (reaktives Ionenätzen) in vier Phasen. Anreicherung von Ladungen auf dem strukturierten Poly in den Phasen (2) und (3) über die Seitenwände und in Phase (4) über die gesamte Oberfläche der Poly-Strukturen

im Poly noch frei über den gesamten Wafer fließen können. In dieser Phase kommt es noch nicht zu kritischen Spannungen.

Wenn die Poly-Schicht durchgeätzt ist (Phase 2), können sich die Ladungen nur noch innerhalb der entstandenen Strukturen bewegen. In dieser kritischen Phase nehmen die Strukturen an ihren seitlichen Kanten weitere Ladungen auf. Diese Phase dauert eine gewisse Zeit, da die Ätzdauer so eingestellt ist, dass die erforderliche Ätztiefe überall auf dem Wafer sichergestellt ist. Auf Poly-Elementen in Bereichen hoher Ladungsdichte reichern sich die Ladungen deshalb an.

Da der Fotolack beim Ätzen des Polys aushärtet, benötigt man zu dessen Entfernung einen weiteren RIE-Schritt, bei dem der Lack in einer Sauerstoffumgebung durch *Veraschung* zerstört wird (Phase 3). Dabei treten weitere Ladungen auf, die sich zusätzlich auf dem Poly anreichern, besonders intensiv in Phase (4), wo der Fotolack bereits entfernt ist.

In den Phasen (2)–(4) wirken die Poly-Strukturen damit als Ladung empfangende „Antennen", was dem Effekt seinen (etwas missverständlichen) Namen gegeben hat. Die Fachliteratur spricht hier auch von *Plasma induced damage* (PID).

Ist das Poly Teil eines Gates, ergibt sich die in Abb. 7.23 (links) dargestellte Situation mit zwei parasitären Kondensatoren zwischen Gate und Backgate und zwischen Poly und Substrat (violett dargestellt) mit den Kapazitäten C_{GB} und C_{PS}. Nach Ausgleich aller Potentialunterschiede liegt an beiden dieselbe Spannung U an (Abb. 7.23, Mitte).

Aus der bekannten Beziehung $Q = C \cdot U$ sowie der Gl. (7.3) für die Kapazität eines Flächenkondensators lässt sich für die Flächenladungsdichten q_{GB} und q_{PS} auf den Kondensatoren leicht folgendes ableiten:

$$q_{GB} = \beta \cdot q_{PS} \text{ mit } \beta = \frac{d_{FOX}}{d_{GOX}} \tag{7.4}$$

Geht man von einer flachen Grabenisolation (STI) aus, so beträgt die Schichtdicke d_{FOX} des Feldoxids typischerweise mehrere 100 nm, während die Schichtdicke d_{GOX} des Gate-Oxids nur bei wenigen Nanometern liegt. Das ist Ursache dafür, dass sich die Ladung Q sehr stark auf dem Gate akkumuliert. Entscheidend für die Gefährdung des GOX ist die dabei entstehende Spannung U, die sich mit den obi-

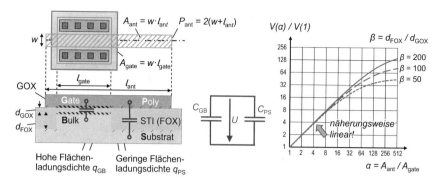

Abb. 7.23 Ladungs- und Spannungsverhältnisse in Abhängigkeit von den Größenverhältnissen der beteiligten Strukturen beim Antenneneffekt (GOX: Gate-Oxid, FOX: Feldoxid)

gen Formeln als Funktion der Antennen- und Gate-Flächen A_{ant}, A_{gate} sowie der Schichtdicken der Dielektrika d_{FOX}, d_{GOX} (s. Abb. 7.23, links) ausdrücken lässt:

$$U = \frac{e_{ant}}{\varepsilon_0 \varepsilon_r} \cdot \frac{\alpha}{\alpha + \beta - 1} \cdot d_{Fox} \quad \text{mit } \alpha = \frac{A_{ant}}{A_{gate}} \quad \text{und } e_{ant} = \frac{Q}{A_{ant}} \qquad (7.5)$$

Hierbei wurde angenommen, dass die von der Antenne aufgenommene Ladung Q proportional zu ihrer Fläche A_{ant} wächst. Den Proportionalitätsfaktor nennen wir die *Antenneneffizienz* e_{ant}. Ebenfalls wird davon ausgegangen, dass die Dielektrika GOX und FOX die gleiche Dielektrizitätskonstante $\varepsilon_0 \varepsilon_r$ besitzen.

Die Kurven in Abb. 7.23 (rechts) zeigen, dass die Spannung und damit die Gefährdung der Gate-Oxide nahezu linear mit dem Verhältnis α der Antennenfläche A_{ant} zur Gate-Fläche A_{gate} skaliert. Dieser Zusammenhang macht den Antenneneffekt so gefährlich! Erst wenn das Flächenverhältnis α (Antennenfläche zu Gate-Fläche) in die Größenordnung des Dickenverhältnisses β (FOX-Dicke zu GOX-Dicke) kommt, verringert sich der Anstieg und die Kurven streben gegen β.

Abschließend sei darauf hingewiesen, dass die Annahme, dass Q mit A_{ant} skaliert, eine Vereinfachung darstellt. In den Phasen (2) und (3) (s. Abb. 7.22) ist es eher die Länge der Außenkante der Antenne, die die aufgenommene Ladungsmenge bestimmt, also ihr Umfang P_{Ant} (in Abb. 7.23, oben links). In Phase (4) wirkt dann ihre gesamte Oberfläche. Dies gilt auch für die auf das RIE folgende Ionenimplantation der Source- und Drain-Gebiete (Kap. 2, Abschn. 2.6.3, nicht in Abb. 7.22 dargestellt). Im Regelsatz jedes Prozesses gibt es daher Entwurfsregeln, welche für die Verhältnisse $\alpha = A_{ant}/A_{gate}$ und P_{ant}/A_{gate} (oder nur eines davon) Maximalwerte vorschreiben, um die an den GOX auftretenden Spannungen zu begrenzen.

Ausgehend von den diskutierten Ursachen des Antenneneffekts und seinen elektrischen und physikalischen Parametern können wir nun geeignete Gegenmaßnahmen für den Layoutentwurf ableiten.

Gegenmaßnahmen im Layoutentwurf: Jumper und Leaker

Grundsätzlich sollte man bestrebt sein, Gates möglichst nahe über metallische Leiterbahnen anzuschließen, um den parasitären Anschlusswiderstand gering zu halten. Dadurch entstehen dann auch keine gefährlichen Antennen in Poly. Wo das nicht möglich ist, sollte man Poly-Zuleitungen zumindest durch Metallbrücken (sogenannte *Jumper*) in der Nähe der Gate-Anschlüsse unterbrechen. Da die Metalle zum Zeitpunkt der Strukturierung des Polys noch nicht existieren, ist dadurch auch die Antenne unterbrochen. Abb. 7.24 (links) zeigt hierzu ein Beispiel.

Grundsätzlich können auch Strukturen in Metall als GOX-schädigende Antennen wirken, wenn sie über die darunterliegenden Ebenen (nur diese existieren zum jeweiligen Fertigungszeitpunkt) eine Verbindung zu Gates haben. Auch hier lässt sich durch Jumper in höheren Metallebenen Abhilfe schaffen, indem man lange Zuleitungen an beiden Enden durch Brücken in einer darüber liegenden Metallschicht unterbricht. Dadurch ist das Zuleitungsstück beim Ätzvorgang isoliert (Abb. 7.24, unten rechts). In der oberen Metallschicht ist die Antenne dann wieder „kurz".

Zur Absicherung eines Layouts gegen den Antenneneffekt gibt es Entwurfsregeln, die mit dem DRC automatisch prüfbar sind. Die Grenzwerte dieser Antennenregeln hängen stark von den in den BEOL-Layern (BEOL, Back-end-of-line; Kap. 2, Abschn. 2.10.3) angewendeten Prozessschritten ab. Wie bereits eingangs erwähnt, tritt der Antenneneffekt in Metall bei den heute üblichen Damascene-Verfahren (Kap. 2, Abschn. 2.8.3) deutlich weniger stark auf, da die Strukturierung durch RIE in der isolierenden Oxidschicht stattfindet. Die Ladungsaufnahme erfolgt dabei nur über die Flächen, welche die Vias zum nächsthöheren Metall bilden.

Die obigen Hinweise zur Verwendung von Jumpern bei Metallantennen gelten also insbesondere für Prozesse, in denen das Metall durch RIE strukturiert wird. Grundsätzlich empfiehlt es sich, hierzu die Entwurfsregeln eines Prozesses anzuschauen.

Eine zweite Möglichkeit, den Antenneneffekt zu entschärfen, ähnelt ein wenig dem Ansatz zum Schutz gegen ESD-Schäden. Er besteht darin, die Ladungen bei deren Entstehung abzuleiten. Da die Ströme hier nur gering sind, kann die Ableitung einfach in das Substrat erfolgen. Dazu bringt man zusätzliche p-n-Übergänge ein und nutzt deren Diodeneigenschaften. Diese *Antenna-Dioden* müssen im Normal-

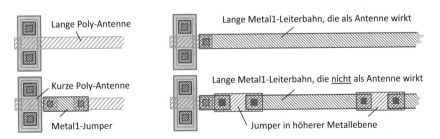

Abb. 7.24 Verwendung von Brücken („Jumper") zum Schutz von Gate-Oxiden gegen den Antenneneffekt. Vermeidung gefährlicher Poly-Antennen mit Metall1-Jumpern (links) und gefährlicher Metall-Antennen mit Jumpern in höheren Metallebenen (rechts)

betrieb eines ICs sperren, um die Funktion einer Schaltung nicht zu beeinträchtigen. Da sie allerdings immer kleine Leckströme verursachen, nennt man sie auch *Leaker*. Abb. 7.25 zeigt zwei Ausführungsformen, die wir nachfolgend erläutern.

Die Diode NSD/p-Sub (a) sperrt im Normalbetrieb. Bei negativer Aufladung der Antenne leitet sie die Ladung im Vorwärtsbetrieb ab (blau dargestellter Strom). Dasselbe passiert natürlich auch, wenn die Antenne an Source oder Drain eines anderen Transistors angeschlossen ist. In diesem Fall ist eine Diode nach (a) entbehrlich. Bei positiver Antennenladung kann in älteren Prozessen die Durchbruchspannung U_{BD} dieser Diode genutzt werden. Für die dünnen GOX moderner Prozesse ist ihr U_{BD} aber deutlich zu hoch.

Der Autor von [1] empfiehlt daher, diese Diode mit der Anordnung nach Abb. 7.25b, die aus zwei Dioden besteht, zu ergänzen. Für den Normalbetrieb sorgt die sperrende Diode Nwell/p-Sub für die nötige Isolation gegen das Substrat. Bei positiver Aufladung der Antenne geht die Diode PSD/Nwell in Vorwärtsbetrieb. Die Diode Nwell/p-Sub sperrt zwar auch in diesem Fall. Da im RIE-Prozess das Plasma zum Leuchten angeregt wird, werden in der Diode durch den fotoelektrischen Effekt aber zusätzliche Ladungsträger erzeugt. Diese reichen aus, den Leckstrom so weit zu erhöhen, dass sich die Antenne hierdurch wirksam entladen kann (rot dargestellter Strom). Man muss bei Nutzung dieses Leakers nach (b) dafür sorgen, dass ein ausreichender Teil der Diode Nwell/p-Sub nicht durch Metalle abgedeckt ist, so dass sie genügend Licht empfangen kann. (Im Normalbetrieb des dann verpackten ICs tritt dieser fotoelektrische Effekt nicht mehr auf.)

Die Methode mit Leakern funktioniert erst ab der Metal1-Ebene, da sich Poly nicht direkt auf das Substrat kontaktieren lässt. Sie ist i. Allg. einfacher anzuwenden als der Einsatz von Jumpern, weshalb viele Layouter sie bevorzugen (wenn zwischen beiden Methoden eine Wahl besteht). Die Leaker müssen in den Schaltplan

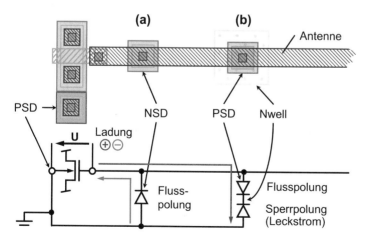

Abb. 7.25 Schutz gegen den Antenneneffekt mit Antenna-Dioden („Leaker") für negative (**a**) und positive (**b**) Antennenladungen

eingetragen werden, da der LVS-Check (Kap. 5, Abschn. 5.4.6) ansonsten kein fehlerfreies Ergebnis erzeugt. Allerdings wird dadurch dann auch ihr Verhalten in der Simulation berücksichtigt.

Es gibt IC-Entwurfsteams, die sich dafür entscheiden, die Leaker gleich in die Layoutzellen der Digitalbibliotheken einzubauen. Dies benötigt meist aber zusätzliche Fläche. Aufgrund des Leckstroms, der in Summe den Energieverbrauch im Normalbetrieb erhöht, geht man in modernen Prozessen jedoch wieder verstärkt zur Methode mit Jumpern über. Hierfür existieren verschiedene (automatisierte) Implementierungsalgorithmen (z. B. [10]), die teilweise auch Eingang in kommerzielle Routing-Tools gefunden haben.

7.5 Migrationseffekte in der Metallisierung

Neben Überspannungsereignissen gibt es einen weiteren Effekt, der ICs irreversibel beschädigen kann: Materialtransport, auch *Migration* genannt. Dieser betrifft die metallischen Verbindungsstrukturen (Leiterbahnen). Wir unterscheiden dabei zwischen drei Arten des Materialtransports, welche die Zuverlässigkeit von Schaltkreisen erheblich beeinträchtigen können: Elektromigration, Thermomigration und Stressmigration.

Diese Migrationsarten werden zunächst einzeln beschrieben (Abschn. 7.5.1, 7.5.2 und 7.5.3), bevor wir anschließend Gegenmaßnahmen vorstellen, welche ein Layoutentwerfer zur Vermeidung von Migrationsschäden ergreifen kann (Abschn. 7.5.4 und 7.5.5). Obwohl wir die drei Migrationsarten getrennt behandeln (Elektromigration, Thermomigration und Stressmigration), ist es wichtig, darauf hinzuweisen, dass es sich dabei um eng gekoppelte Prozesse handelt. Die treibenden Kräfte weisen sowohl untereinander als auch zu den jeweils resultierenden Migrationserscheinungen Abhängigkeiten auf. Für eine tiefergehende Beschreibung dieser Wechselwirkungen und gegenseitigen Abhängigkeiten sei auf die Literatur verwiesen, z. B. Abschn. 2.5 in [11].

7.5.1 Elektromigration

Der Stromfluss durch einen Leiter erzeugt zwei Kräfte, welche auf die Metallionen in diesem Leiter wirken. Dabei handelt es sich einerseits um die elektrostatische Kraft F_{Feld}, welche durch die elektrische Feldstärke in der Leiterbahn verursacht wird. Da die negativen Elektronen die positiven Metallionen im Leiter bis zu einem gewissen Grad abschirmen, kann diese Kraft in den meisten Fällen vernachlässigt werden. Die zweite Kraft F_{Wind} wird durch die Impulsübertragung zwischen Leitungselektronen und Metallionen im Kristallgitter erzeugt. Diese Kraft wirkt in Richtung des Stromflusses und ist die Hauptursache der *Elektromigration* (*EM*, Abb. 7.26).

Übersteigt die resultierende Kraft in Richtung des Elektronenwindes (und damit die auf die Ionen übertragenen Energie) einen Schwellwert, der als Aktivierungs-

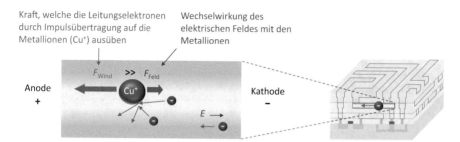

Abb. 7.26 Zwei Kräfte wirken auf Metallionen (Cu), die das Gitter des Leiterbahnmaterials bilden [11]. Die Elektromigration resultiert aus der dominierenden Kraft, d. h. der Impulsübertragung von Elektronen, die sich im angelegten elektrischen Feld bewegen

energie E_a bezeichnet wird, beginnt ein gerichteter Migrationsprozess. Die Metallionen bewegen sich dabei in Richtung des Elektronenflusses, also von der Kathode (−) zur Anode (+).

Die tatsächlichen Migrationspfade sind materialabhängig und werden in erster Linie durch die jeweiligen Aktivierungsenergien bestimmt. Jedes Material hat mehrere verschiedene Aktivierungsenergien für die Migration, nämlich für die Migration (i) innerhalb des Kristalls, (ii) entlang von Korngrenzen und (iii) an Oberflächen. Die Beziehungen zwischen den einzelnen Energieniveaus bestimmen, welcher der Migrationsmechanismen (i)–(iii) dominiert und wie der Migrationsfluss insgesamt zusammengesetzt ist [11].

Die Leiterbahnen auf einem IC enthalten zahlreiche, nicht zu vermeidende Inhomogenitäten; demzufolge sind auch die Migrationsprozesse selbst inhomogen. Daraus resultieren Abweichungen im Migrationsfluss, aus denen Zug- und Druckstress in der Nähe solcher Inhomogenitäten entstehen. Zugstress kann zu Leerstellen, sogenannten *Voids*, führen, während Druckstress Metallanhäufungen, sogenannte *Hillocks*, verursachen kann. Ein weiteres Anzeichen für EM in Leiterbahnen ist das *Whiskering*, ein kristallin-metallurgisches Phänomen, bei dem spontan winzige, fadenförmige Härchen aus einer metallischen Oberfläche wachsen.

EM-Ausfälle in modernen Halbleitertechnologien sind meist auf Voids (und damit auf Zugstress) zurückzuführen [12]. Ihre Entstehung umfasst zwei Phasen der EM-Degradation: In der *Phase der Void-Nukleation* nimmt der Zugstress mit der Zeit zu, aber es ist noch kein Void entstanden. Wenn der Stress einen kritischen Schwellwert erreicht, kommt es zur Void-Bildung und die *Phase des Void-Wachstums* beginnt. Das lässt sich an einem Anstieg des Leitungswiderstands erkennen. Die Leitfähigkeit der Leitung nimmt also ab, wird aber (in den meisten Fällen) nicht auf Null sinken, da weiterhin Strom durch die Barriereschicht der Leiterbahn (Metal liner) fließen kann [12].

In ICs gibt es zwei durch Voids verursachte Schadensszenarien: Leitungsverarmung (*Line depletion*) und Viaverarmung (*Via depletion* oder *Via voiding*) (Abb. 7.27). Im ersteren Fall kann der Elektronenfluss von einem Via zu einer angeschlossenen Verbindungsleitung (unterhalb des Vias) aufgrund eines behinderten Materialflusses durch die Barriereschicht zu einer Verarmung der Leitung führen. Die Umkehrung des Elektronenflusses, also wenn die Elektronen von einer Leitung

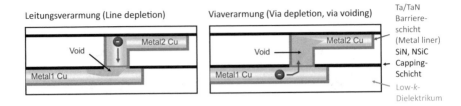

Abb. 7.27 Leitungsverarmung (links) und Viaverarmung (rechts) sind häufige Ausfallmechanismen aufgrund von EM in integrierten Schaltungen

in ein Via (oberhalb der Leiterbahn) fließen, kann den zweiten Fall und damit eine Viaverarmung erzeugen. Auch hier liegen die Ursachen in der Kombination aus Verdrahtungsgeometrie und Herstellungsprozess. Wie bei der Leitungsverarmung wird die Migration durch die Barriereschicht gestoppt. Außerdem muss das Via aufgrund des zunehmenden Verhältnisses von Leitungsquerschnitt zu Viaquerschnitt eine höhere Stromdichte führen als die Leiterbahn, was das Via anfälliger für die Bildung von Voids macht.

Leiterbahnen mit Strömen, welche immer in dieselbe Richtung fließen (z. B. Versorgungsnetze und analoge Signalleitungen), sind am anfälligsten für EM-Schäden. Im Gegensatz dazu ändert sich die Stromrichtung in digitalen Signal- und Taktleitungen ständig, wodurch diese von einem sogenannten „Selbstheilungseffekt" (umgekehrte und sich damit ausgleichende Materialwanderung) profitieren.

7.5.2   Thermomigration

Die *Thermomigration* (*TM*) wird durch Temperaturgradienten hervorgerufen. Dabei bewirken hohe Temperaturen einen Anstieg der durchschnittlichen Geschwindigkeit der atomaren Bewegungen. Atome in Regionen mit höherer Temperatur haben aufgrund ihrer temperaturbedingten Aktivierung eine größere Wahrscheinlichkeit, den Gitterplatz zu wechseln als in kälteren Regionen. Dies führt dazu, dass eine größere Anzahl von Atomen aus Regionen mit höherer Temperatur in Regionen mit niedrigerer Temperatur diffundiert als Atome in umgekehrter Richtung. Das Ergebnis ist eine Atomdiffusion, also ein Materialtransport, in Richtung der negativen Temperaturgradienten (Abb. 7.28).

Die Hauptgründe für Temperaturgradienten in metallischen Leiterbahnen sind

- Eigenerwärmung (*Joule heating*) im Inneren der Leiterbahn durch hohe Ströme,
- externe Erwärmung der Leiterbahn, z. B. durch Transistoren mit hoher Leistung in der Nähe und
- externe Kühlung der Leiterbahn, die durch Durchkontaktierungen (Through silicon vias, TSV), welche mit einem Kühlkörper verbunden sind, entsteht. (Im Vergleich zu TSVs haben die schmalen Leiterbahnen und das sie umgebende Dielektrikum eine geringe Wärmeleitfähigkeit.)

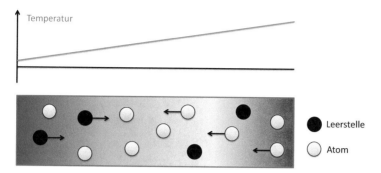

Abb. 7.28 Die Thermomigration (TM) äußert sich durch die Bewegung von Atomen und Leerstellen, ähnlich wie bei der EM. Der Unterschied besteht darin, dass die TM durch ein Temperaturgefälle und nicht, wie bei der EM, durch ein elektrisches Potentialgefälle (bzw. einen elektrischen Strom) verursacht wird [11]

Interessanterweise trägt die Thermomigration auch selbst zum Wärmetransport bei, da die Wärme an die transportierten Atome gekoppelt ist. Das bedeutet, dass die TM ihre eigene Antriebskraft direkt schwächt. Das steht im Gegensatz zur EM, wo die Stromdichte nur in einigen Fällen indirekt durch einen erhöhten Widerstand reduziert wird.

7.5.3 Stressmigration

Stressmigration (*SM*), manchmal auch als *Stress voiding* oder *Stress induced voiding* (*SIV*) bezeichnet, ist eine atomare Diffusion, die einen Ausgleich der mechanischen Spannung bewirkt. (Nachfolgend sprechen wir jedoch nicht von „Spannung", sondern verwenden das englische Wort „Stress", um Verwechslungen mit der elektrischen Spannung zu vermeiden.) Atome bewegen sich dabei in Bereiche, in denen Zugstress wirkt, während sie aus Bereichen mit Druckstress herausfließen. Ähnlich wie bei der TM führt dies zu einer Diffusion in Richtung des positiven Stressgradienten (Abb. 7.29). Infolgedessen wird die Leerstellenkonzentration entsprechend der mechanischen Spannung ausgeglichen.

Die Hauptgründe für den Stress als treibende Kraft hinter SM in Leiterbahnen sind thermische Ausdehnung, Elektromigration und Verformung durch das Verpacken des Chips. Unterschiede zwischen den Wärmeausdehnungskoeffizienten (Coefficient of thermal expansion, CTE) von Metall, Dielektrikum und Chipmaterial, die Temperaturänderung von der Herstellung bis zur Lagerung des ICs sowie die Einsatzbedingungen verursachen den meisten Stress.

Metallgitter enthalten in der Regel Leerstellen, d. h. einige der Atompositionen im Gitter sind unbesetzt. Obwohl sie im Gitter ausgerichtet sind, nehmen Leerstellen weniger Platz ein als Atome an derselben Position. Daher ist das Volumen eines Kristalls, der Leerstellen enthält, etwas kleiner als das Volumen desselben Kristalls

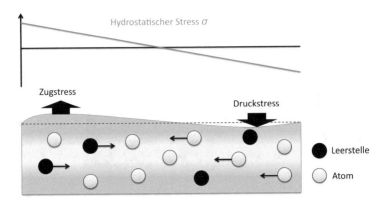

Abb. 7.29 Stressmigration ist das Ergebnis eines Stressgradienten, welcher entweder durch äußere Kräfte oder durch interne Prozesse, wie EM oder thermische Ausdehnung, entstehen kann [11]. Voids bilden sich als Folge der durch das hydrostatische Stressgefälle ausgelösten Leerstellenwanderung

mit Atomen an den Gitterpositionen der ehemaligen Leerstellen. Aus diesem Grund spielen Leerstellen eine wichtige Rolle für die Stressmigration.

Das Stressgefälle treibt die Atome aus den Bereichen mit hohem Druck (negativem Stress) in die Bereiche mit Zugstress (positivem Stress) und drängt die Leerstellen in die entgegengesetzte Richtung. Dieser Effekt ist vergleichbar mit einer hochviskosen Flüssigkeit, die nur langsam auf ein äußeres Druckgefälle reagiert. Strukturelle Verformungen minimieren in diesem Fall das externe Stressgefälle. Anfänglich wird dieser Prozess durch mikroskopische Atom- oder Leerstellenbewegungen erleichtert. Die Temperatur hat einen entscheidenden Einfluss auf den Prozess, da sie den „Platzwechsel" der Atome ermöglicht, der wiederum die Bewegung der Leerstellen bewirkt.

Bei *äußerem* mechanischen Stress wird das Kristallgitter je nach Art des Stresses gedehnt oder gestaucht. Während die Wahrscheinlichkeit, dass Atome in die gedehnten Bereiche wandern, zunimmt, werden die Atome aus den gestauchten Bereichen „herausgeschoben", wodurch sich die Anzahl der Leerstellen erhöht; das benötigte Volumen und der Stress verringern sich dadurch (Abb. 7.30). Das Ergebnis ist ein atomarer Fluss von Bereichen mit Druckstress zu Bereichen mit Zugstress, bis ein statischer Zustand ohne Stressgradient erreicht ist.

Wenn der Stress *intern* durch Migrationsprozesse, z. B. durch EM, entsteht, kommt es zu einer größeren Konzentration von Leerstellen in Regionen mit Zugstress. Diese Konzentration wird durch Stressmigration bis zu einem stabilen Zustand ausgeglichen, bei dem SM den durch EM verursachten Atomfluss kompensiert.

Übersteigt die Anzahl der durch äußeren oder inneren (EM-)Stress verursachten Leerstellen einen Schwellenwert, so vereinigen sich die Leerstellen aufgrund von Leerstellenübersättigung zu einem Void (Abb. 7.31). Dieses Phänomen wird häufig als *Void-Bildung* bezeichnet, deren Ergebnisse in Abb. 7.31 (unten) dargestellt sind. In der Folge reduziert sich der Zugstress durch den entstehenden Riss auf Null [13].

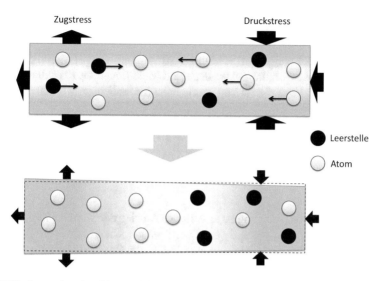

Abb. 7.30 Stressmigration führt zur Diffusion von Atomen und Leerstellen (oben), um die Ursache dieser Migration zu beseitigen (unten) [11]. Atome wandern in die gedehnten Bereiche (linke Seite, nach außen gerichtete Stresspfeile), während Atome in den gestauchten Bereichen aus diesen Bereichen „herausgeschoben" werden (rechte Seite, nach innen gerichtete Pfeile). Man beachte, dass dieser Materialfluss von Druck- zu Zugstress in die entgegengesetzte Richtung zum EM-Fluss verläuft

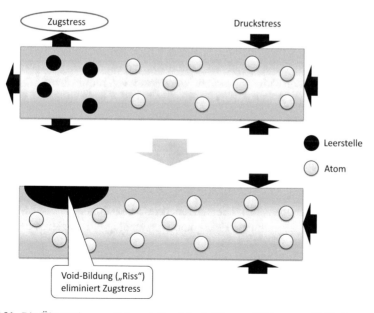

Abb. 7.31 Die Übersättigung mit Leerstellen (oben) führt zur Bildung von Voids (unten), was auch als Void-Nukleation bezeichnet wird [11]. Der resultierende Riss eliminiert den (externen) Zugstress

7.5.4 Abschwächung der Elektromigration

Wie in Abschn. 7.5.1 eingeführt, wird die Elektromigration (EM) durch die Impuls-übertragung zwischen Leitungselektronen und Metallionen im Kristallgitter verursacht. Grund für diesen Prozess sind häufig hohe Stromdichten, weshalb die Stromdichte J ein fundamentaler Parameter für die Untersuchung von EM ist. Die Stromdichte wird aus dem Quotienten des Stroms I und der Querschnittsfläche der Leiterbahn A wie folgt berechnet:

$$J = \frac{I}{A}. \tag{7.6}$$

Der aktuelle und auch zukünftig zu erwartende Anstieg der Ströme (der I im Zähler von Gl. (7.6) erhöht und damit J vergrößert), einhergehend mit einer sich verringernden Strukturgröße der Leiterbahnen, wie z. B. die Querschnittsfläche (was A im Nenner von Gl. (7.6) reduziert und damit ebenfalls J vergrößert), unterstreichen die Dringlichkeit, Maßnahmen zur Eindämmung der Elektromigration zu ergreifen und einen EM-robusten Layoutentwurf anzustreben [14].

Neben der Stromdichte J als Bewertungskriterium zur Beschreibung des EM-Risikos in Leiterbahnen (Black-Modell [15]), verwendet man heute verstärkt den EM-induzierten hydrostatischen Stress σ (Korhonen-Modell[10] [16]), um EM-Risiken abzuschätzen und gezielt Maßnahmen zur Risikominderung zu treffen. So kommt es z. B. zur Entstehung eines Voids, wenn der hydrostatische Stress einen vordefinierten Grenzwert σ_{Grenz} überschreitet.

Elektromigration lässt sich bei metallischen Leiterbahnen nicht verhindern, sondern nur ausgleichen oder in ihrer Wirkung einschränken. Dies geschieht, indem man (i) den Materialtransport in der Leiterbahn reduziert oder (ii) die zulässigen Grenzwerte für diesen Transport erhöht. Letzteres wiederum bedeutet, dass wir die erlaubte Stromdichte erhöhen, d. h. ihre zulässigen Grenzen anheben. Schließlich (iii) können wir auch die erforderliche Stromdichte unserer Layout-Konfiguration reduzieren.

Ausgehend von diesen Erkenntnissen fassen wir im Folgenden die wichtigsten Gegenmaßnahmen zusammen, die im Layoutentwurf ergriffen werden können. Während die erste Maßnahme (Längenbegrenzung) dem Materialtransport entgegenwirkt (i), zielen Reservoire und die Via-Konfiguration darauf ab, die zulässige Stromdichte zu erhöhen (ii). Die letzten drei Maßnahmen (Via-Arrays, nichtrechtwinklige bzw. abgerundete Ecken und Netztopologie) reduzieren die Spitzenwerte der auftretenden Stromdichte (iii).

Längenbegrenzungen Jede Leiterbahn, deren Länge einen bestimmten Grenzwert (die sogenannte „Blechlänge") nicht überschreitet, ist EM-robust [17]. In diesem

---

[10]Während das Black-Modell die EM-Robustheit eines einzelnen Leiterbahnsegments berechnet, ermitteln das Korhonen-Modell und seine nachfolgenden Erweiterungen (z. B. von Chatterjee et al. [12]) den Materialfluss in allen Zweigen eines Netzes, die sich innerhalb einer Metallisierungsschicht befinden.

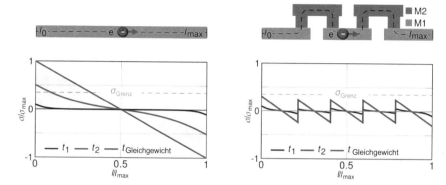

Abb. 7.32 Entwicklung des EM-induzierten Stresses im Laufe der Zeit in einer langen (links) und einer in kurze Segmente aufgeteilten Leiterbahn (rechts), bei der die Stresswerte σ der kurzen Segmente unter dem kritischen EM-Grenzwert bleiben [18]

Fall bewirkt der Aufbau des hydrostatischen Stresses eine der EM entgegenwirkende Stressmigration (SM), die den EM-Fluss kompensiert. Eine wirksame Maßnahme zur EM-Unterdrückung besteht darin, eine lange Leiterbahn in mehrere kurze Segmente unterhalb der Blechlänge zu unterteilen, wie in Abb. 7.32 [18] gezeigt. Alle Segmente werden dann „EM-robust" und die Bildung von Voids wird verhindert. Der Nachteil ist, dass man aufgrund der zusätzlichen Ebenenwechsel wesentlich mehr Verdrahtungsressourcen benötigt. Ein alternativer Ansatz besteht darin, die einzelnen Segmentlängen eines Netzes auszugleichen. Dies spart Verdrahtungsressourcen, da keine zusätzlichen Vias erforderlich sind (die Vias werden nur verschoben, um die Längen der Segmente anzupassen). Diese „Ausgleichsmethode" reduziert insbesondere den hydrostatischen Stress im Segment mit dem höchsten EM-Risiko (d. h. dem längsten Segment), da dieses verkürzt wird.

Reservoire Reservoire am Kathodenende einer Leiterbahn, wie z. B. vergrößerte Via-Überlappungen, erhöhen die maximal zulässige Stromdichte, indem sie Material für die Migration bereitstellen und so verhindern, dass das Void-Wachstum die Verbindung beschädigt. Die Wirkung des Reservoir-Effekts liegt in der Verschiebung des vorherrschenden Stressgleichgewichts während der Sättigung des Void-Wachstums (und damit in der Reduktion des Zugstresses) [11]. Reservoire können sich jedoch in AC-Netzen negativ auf die Zuverlässigkeit auswirken, da die Stressmigration in diesem Fall reduziert wird [11, 14].

Via-Konfigurationen Die Robustheit von Cu-Leiterbahnen, die im Dual-Damascene-Prozess hergestellt werden, hängt davon ab, ob die Kontaktierung durch Vias von „oben" (via-above) oder „unten" (via-below) erfolgt [11]. Via-below-Konfigurationen sind aus Sicht der EM-Vermeidung besser als Via-above-Konfigurationen, da die höheren zulässigen Void-Volumina bei Via-below-Konfigurationen höhere Stromdichten erlauben (Abb. 7.33).

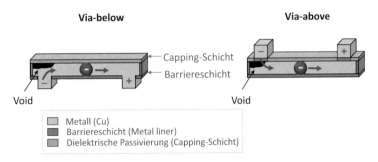

Abb. 7.33 Da sich Voids an der Oberseite der Cu-Leiterbahnen bilden, sind Segmente mit Via-below-Konfigurationen (links) aufgrund des höheren zulässigen Void-Volumens robuster als Via-above-Konfigurationen (rechts)

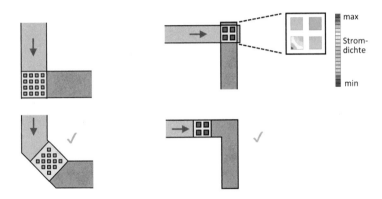

Abb. 7.34 Via-Arrays, die zwei übereinanderliegende Metallebenen verbinden. Wenn das Array senkrecht zueinander angeordnete Leiterbahnen verbindet, können die „inneren" Vias durch Stromüberlastung EM-Schäden erleiden (oben). Die EM-Robustheit kann verbessert werden, indem das Via-Array so angeordnet wird, dass der Strom die laterale Richtung nicht ändert (unten)

Via-Arrays Mehrere (redundante) Vias erhöhen die Robustheit gegen EM-Schäden [11]. Sie sollten „in Linie" mit der Stromrichtung platziert werden, so dass alle möglichen Strompfade die gleiche Länge haben. Damit wird eine gleichmäßige Stromverteilung gewährleistet und eine lokal überhöhte Stromdichte in einzelnen Vias vermieden (Abb. 7.34).

Ecken Auch auf die Topologie der Ecken in Verbindungen ist zu achten. Insbesondere 90-Grad-Ecken sollten vermieden werden, da die Stromdichte an diesen Stellen deutlich höher ist als z. B. in stumpfen Winkeln von 135 Grad (Abb. 7.35) [17].

Stromoptimierte Netztopologie Der rektilineare minimale Steinerbaum (RSMT, rectilinear Steiner minimum tree) und der sogenannte „Trunk tree" (Hauptpfad mit Abzweigungen) sind die wichtigsten Netztopologien, die in den heutigen Verdrahtern verwendet werden, um sowohl die Leitungslänge als auch die Verdrahtungs-

Abb. 7.35 Visualisierung der Stromdichte bei unterschiedlichen Winkeln in einer Verdrahtungsstruktur

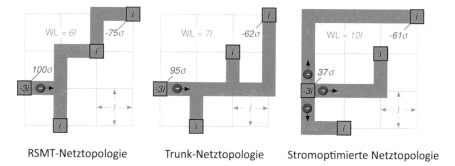

RSMT-Netztopologie   Trunk-Netztopologie   Stromoptimierte Netztopologie

Abb. 7.36 Verdrahtungsergebnisse eines vierpoligen Netzes mit einem Ausgang, der drei Eingänge mit dem Strom *i* treibt [18]. Die RSMT-Netztopologie auf der linken Seite ergibt die geringste Verdrahtungslänge (WL), aber den höchsten EM-induzierten hydrostatischen Stress (σ). Die Netztopologie in der Mitte erzeugt etwas weniger Stress, erhöht aber die WL. Die Netztopologie auf der rechten Seite hat die beste EM-Resistenz der drei Netze

dichte zu minimieren. Das Verdrahtungsverfahren lässt sich jedoch auch hinsichtlich der EM-Robustheit verbessern. Dazu optimiert man die resultierenden Netztopologien, indem man die Ströme auf verschiedene Pfade aufteilt, womit der EM-induzierte Stress reduziert wird. Abb. 7.36 enthält Beispiele für drei verschiedene Netztopologien, die jeweils durch den EM-induzierten hydrostatischen Stress (σ) und die Verdrahtungslänge (WL) charakterisiert sind [18].

Zusammenfassend erfordert ein Layoutentwurf mit dem Ziel der Vermeidung von EM-Schäden, dass (i) die oben genannten Maßnahmen mit geeigneten EM-berücksichtigenden Entwurfswerkzeugen umgesetzt werden – z. B. stromgesteuerte Verdrahtung [19, 20], Weitenanpassung von Leiterbahnen [21, 22] oder stressbewusste Verdrahtungsmethoden [18, 23] – und (ii) man diese Maßnahmen mit Analysewerkzeugen bewertet.

Die zuletzt angesprochenen EM-Analysemöglichkeiten sind heute zunehmend Bestandteil moderner Entwurfswerkzeuge, wobei sie aber in den meisten Fällen auf vereinfachten Modellen beruhen. Genaue Ergebnisse, wie sie in Analog- und Leistungsschaltungen benötigt werden, lassen sich nur mit aufwändigen numerischen Simulationen erzielen. Die Finite-Elemente-Methode (FEM) kann die Auswirkungen von Stromdichte, hydrostatischem Stress und anderen Entwurfsparametern auf die Migrationsprozesse räumlich darstellen, so dass die mit EM verbundenen Effekte und Maßnahmen durch Simulationen analysiert werden können. Wir verweisen auf die Literatur, z. B. [24] oder die Abschn. 2.6 und 3.5 in [11], für eine detaillierte Darstellung dieser auf die EM ausgerichteten Simulations- und Verifikationstechniken.

7.5.5 Abschwächung der Thermo- und Stressmigration

Thermomigration (TM) und Stressmigration (SM) sind durch thermische Ausdehnung eng miteinander verkoppelt und wirken daher oft in dieselbe Richtung. Deshalb sind die Maßnahmen zur Verringerung von SM und TM ebenfalls miteinander verbunden.

Die zuvor diskutierten Methoden zur Reduzierung von EM (s. Abschn. 7.5.4) sind auch hier nützlich, da diese auch die SM als gegenläufigen Prozess zu EM schwächen. Gleichzeitig wird die TM gesenkt, wenn die lokalen Stromdichten (und die Eigenerwärmung) infolge dieser EM-vermindernden Maßnahmen abnehmen. Es ist bekannt, dass eine Verringerung der Stromdichte von Wechselströmen in Signalnetzen dazu beitragen kann, Thermomigration zu verhindern.

Um TM und SM direkt im Layoutentwurf weiter abzuschwächen, ist der Platzierung von Hochleistungstransistoren besondere Aufmerksamkeit zu widmen. Das allgemeine Ziel besteht darin, lokale Hotspots zu vermeiden, indem Transistoren mit hoher Last über eine große Chipfläche verteilt werden.

Darüber hinaus sollte man die Verdrahtung so organisieren, dass hohe Stromdichten und Hotspots in der Leiterbahn durch Eigenerwärmung vermieden werden. Das lässt sich erreichen durch (i) die Verwendung breiter Leiterbahnen für hohe Ströme, z. B. durch Nutzung einer höheren Ebene in den Metalllagen (engl. *Metal stack*), und (ii) die Vermeidung benachbarter Leiterbahnen, die beide hohe Ströme führen.

TM kann zusätzlich durch die Reduzierung von Temperaturgradienten geschwächt werden. Diese Gradienten entstehen durch externe Erwärmung oder Abkühlung und interne Erwärmung von Schaltungselementen, insbesondere von Transistoren. Eine Möglichkeit ist die gezielte Verringerung der Leistungsaufnahme von Transistoren.

Erfahrene Layoutdesigner beziehen oft zusätzliche Leiterbahnen und Vias als Wärmeleiter ein (sogenannte *thermische Leiterbahnen* und *thermische Vias*), unabhängig von ihrer Strombelastbarkeit bzw. -nutzung. Diese zusätzlichen Leiterbahnen und Vias können die Wärmeleitfähigkeit erheblich verbessern und thermische Hotspots und Gradienten reduzieren. Eine gute Wärmeleitfähigkeit im gesamten Chip ist immer von Vorteil, da sie gemeinsam mit dem oben erwähnten niedrigen Stromverbrauch Temperaturgradienten reduziert.

Eine andere Möglichkeit besteht darin, entlang kleinerer Temperaturgradienten zu verdrahten, z. B. hauptsächlich entlang isothermer Linien (falls möglich), bis der Bereich mit großen Temperaturgradienten verlassen wird. Erst dann erfolgt eine

Wegführung der Leiterbahn vom thermischen Hotspot (vgl. Abb. 6.30, links, in Kap. 6).

SM kann durch Anpassungen im Metal stack adressiert werden, um die Materialverteilung in diesen Metalllagen möglichst gleichmäßig zu gestalten und einen einheitlichen Wärmeausdehnungskoeffizienten zu erreichen. Diese Anpassungen sind jedoch nicht immer mit den thermischen Leiterbahnen und Vias vereinbar, die zur Abschwächung von TM verwendet werden, da letztere Metall an einer Stelle akkumulieren.

Die Verwendung „weicher" Dielektrika mit geringer Steifigkeit ist eine weitere vielversprechende Maßnahme zur SM-Unterdrückung, da sie eine ungehinderte thermische Ausdehnung der Leiterbahn ermöglicht. Infolgedessen wird fast kein mechanischer Stress in die Leiterbahnen eingebracht. Völlig „stressfreie" Leiterbahnen leiden kaum unter SM. Beim Layoutentwurf lässt sich die „Weichheit" der dielektrischen Umgebung der Leiterbahn weiter verbessern, indem man möglichst wenige der verfügbaren Leiterbahnmaterialien (die „steifer" sind als das Dielektrikum) verwendet oder indem weniger dichte Bereiche um die ansonsten mechanisch belasteten Leiterbahnen herum eingeführt werden. Dies steht jedoch im Widerspruch zu den Maßnahmen gegen EM-Schäden, da SM häufig als (nützliche) Gegenkraft zur EM wirkt und so die Lebensdauer der Leiterbahnen erhöht [25].

Dreidimensionale Schaltungen, d. h. 3D-ICs mit mehreren aktiven Schichten, erfordern besondere Aufmerksamkeit, wenn es um die Reduzierung von SM und TM geht. Vias, welche das Silizium durchdringen (Through silicon vias, TSVs), stellen in diesen Schaltungen relativ große Hindernisse dar [26], in die Material eingefügt wird, das sich vom Substrat unterscheidet. Dies führt zu Fehlanpassungen aufgrund von unterschiedlichen Wärmeausdehnungskoeffizienten. Daher führen die Produktion und die Nutzung des Schaltkreises (d. h. seine thermische Belastung) zu mechanischen Spannungen im Bereich der TSVs. Leiterbahnen in der Nähe von TSVs sind besonders von SM betroffen.

Als Vorsichtsmaßnahme werden häufig um TSVs *Sperrzonen* eingerichtet, in denen sich keine Leiterzüge oder Bauelemente befinden dürfen. Diese Zonen vermeiden nicht nur SM in Leiterbahnen, sondern minimieren auch stressbedingte Mobilitätsänderungen in aktiven Bauelementen [11, 27]. TM in 3D-ICs kann durch das Einbringen der oben erwähnten TSVs als thermischen Vias (sogenannte *thermische TSVs*) weiter geschwächt werden, da sich mit diesen die Temperaturgradienten gezielt verringern lassen.

Literatur

1. A. Hastings, *The Art of Analog Layout*, 2. Aufl. (Pearson, London, 2005). ISBN 978-0131464100
2. B. Razavi, *Design of Analog CMOS Integrated Circuits*, 2. Aufl. (McGraw-Hill, New York, 2015). ISBN 987-0-07252493-2
3. R. J. Baker, *CMOS – Circuit Design, Layout, and Simulation*, 3. Aufl. (Wiley, Hoboken, 2010). ISBN 978-0-470-88132-3
4. J. Lienig, H. Brümmer, *Elektronische Gerätetechnik* (Springer, Berlin, 2014). ISBN 978-3-642-40961-5. https://doi.org/10.1007/978-3-642-40962-2

 5. O. Semenov, H. Sarbishaei, M. Sachdev, *ESD Protection Device and Circuit Design for Advanced CMOS Technologies* (Springer, Dordrecht, 2008). ISBN 978-1-4020-8300-6. https://doi.org/10.1007/978-1-4020-8301-3

 6. S. M. Sze, K. K. Ng, *Physics of Semiconductor Devices and Technology* (Wiley, Hoboken, 2007). ISBN 978-0-471-14323-9

 7. https://www.xfab.com/home/. Zugegriffen am 01.01.2023

 8. H. Gossner, ESD protection for the deep sub-micron regime – a challenge for design methodology, in *Proceedings of the International Conference on VLSI Design (VLSID)* (2004), S. 809–818. https://doi.org/10.1109/ICVD.2004.1261032

 9. C. Saint, J. Saint, I. C. Mask Design, *Essential Layout Techniques* (McGraw-Hill Education, New York, 2002). ISBN 978-0-07-138996-9

10. C.-C. Lin, W.-H. Liu, Y.-L. Li, Skillfully diminishing antenna effect in layer assignment stage, in *International Symposium on VLSI Design, Automation and Test (VLSI-DAT)* (2014), S. 1–4. https://doi.org/10.1109/VLSI-DAT.2014.6834859

11. J. Lienig, M. Thiele, *Fundamentals of Electromigration-Aware Integrated Circuit Design* (Springer, 2018). ISBN 978-3-319-73557-3. https://doi.org/10.1007/978-3-319-73558-0

12. S. Chatterjee, V. Sukharev, F. N. Najm, Power grid electromigration checking using physics-based models. IEEE Trans. Comput. Aided Des. Integr. Circuits Syst. **37**(7), 317–1330 (2017). https://doi.org/10.1109/TCAD.2017.2666723

13. A. Heryanto, K. L. Pey, Y. Lim, et al., Study of stress migration and electromigration interaction in copper/low-k interconnects, in *IEEE International Reliability Physics Symposium (IRPS)* (2010), S. 586–590. https://doi.org/10.1109/IRPS.2010.5488767

14. J. Lienig, Electromigration and its impact on physical design in future technologies, in *Proceedings of International Symposium on Physical Design (ISPD)* (ACM, 2013), S. 33–40. https://doi.org/10.1145/2451916.2451925

15. J. R. Black, Electromigration – a brief survey and some recent results. IEEE Trans. Electron. Dev. **16**(4), 338–347 (1969). https://doi.org/10.1109/T-ED.1969.16754

16. M. A. Korhonen, P. Borgesen, K. N. Tu, et al., Stress evolution due to electromigration in confined metal lines. J. Appl. Physiol. **73**(8), 3790–3799 (1993). https://doi.org/10.1063/1.354073

17. J. Lienig, Introduction to electromigration-aware physical design, in *Proceedings of the International Symposium on Physical Design (ISPD)* (ACM, 2006), S. 39–46. https://doi.org/10.1145/1123008.1123017

18. S. Bigalke, J. Lienig, G. Jerke, et al., The need and opportunities of electromigration-aware integrated circuit design, in *Proceedings of the IEEE/ACM International Conference on Computer-Aided Design (ICCAD)* (2018). https://doi.org/10.1145/3240765.3265971

19. G. Jerke, J. Lienig, J. Scheible, Reliability-driven layout decompaction for electromigration failure avoidance in complex mixed-signal IC designs, in *Proceedings of the Design Automation Conference (DAC)* (2004), S. 181–184. https://doi.org/10.1145/996566.996618

20. J. Lienig, G. Jerke, Current-driven wire planning for electromigration avoidance in analog circuits, in *Proceedings of the ASP-DAC* (2003), S. 783–788. https://doi.org/10.1109/ASPDAC.2003.1195125

21. Z. Moudallal, V. Sukharev, F. N. Najm, Power grid fixing for electromigration-induced voltage failures, in *Proceedings of the 2019 IEEE/ACM International Conference on Computer-Aided Design (ICCAD)* (2019), S. 1–8. https://doi.org/10.1109/ICCAD45719.2019.8942141

22. A. Todri, M. Marek-Sadowska, Reliability analysis and optimization of power-gated ICs. IEEE Trans. Very Large Scale Integr. (VLSI) Syst. **19**, 457–468 (2011). https://doi.org/10.1109/TVLSI.2009.2036267

23. S. Bigalke, J. Lienig, FLUTE-EM: electromigration-optimized net topology considering currents and mechanical stress, in *Proceedings of 26th IFIP/IEEE International Conference on Very Large Scale Integration (VLSI-SoC)*. https://doi.org/10.1109/VLSI-Soc.2018.8644965

24. G. Jerke, J. Lienig, Hierarchical current-density verification in arbitrarily shaped metallization patterns of analog circuits. IEEE Trans. CAD Integr. Circuits Syst. **23**(1), 80–90 (2004). https://doi.org/10.1109/TCAD.2003.819899

25. C. Thompson, Using line-length effects to optimize circuit-level reliability, in *15th International Symposium on the Physical and Failure Analysis of Integrated Circuits (IPFA)* (2008), S. 1–4. https://doi.org/10.1109/IPFA.2008.4588155

26. J. Knechtel, E. F. Y. Young, J. Lienig, Planning massive interconnects in 3D chips. IEEE Trans. Comput. Aided Des. Integr. Circuits Syst. **34**(11), 1808–1821 (2015). https://doi.org/10.1109/TCAD.2015.2432141

27. J. Knechtel, I. L. Markov, J. Lienig, Assembling 2-D blocks into 3-D chips. IEEE Trans. Comput. Aided Des. Integr. Circuits Syst. **31**(2), 228–241 (2012). https://doi.org/10.1109/TCAD.2011.2174640

Stichwortverzeichnis

© Der/die Herausgeber bzw. der/die Autor(en), exklusiv lizenziert an Springer Nature Switzerland AG 2023
J. Lienig, J. Scheible, *Grundlagen des Layoutentwurfs elektronischer Schaltungen*, https://doi.org/10.1007/978-3-031-15768-4

Printed in the United States
by Baker & Taylor Publisher Services